移动式空心排桩导流和支挡设计与施工

耿明全　主编

黄 河 水 利 出 版 社
·郑州·

内 容 提 要

本书系统地介绍了预应力钢筋混凝土预制空心管桩与盖梁、连接销柱有机组合，利用高压射水沉桩和拔桩技术，在黄河下游滩地快速修做或拆除移动导流桩坝，实现工程建设材料重复使用。同时，还选择性地介绍了地上快速安插和拔除管桩技术，可能应用于深基坑支挡、水利工程和码头建设等领域相关设计、施工及实例等内容。

本书内容丰富、资料翔实，是水利、交通、土木、港航等专业工程技术人员较好的参考用书。

图书在版编目(CIP)数据

移动式空心排桩导流和支挡设计与施工/耿明全主编. 郑州：黄河水利出版社，2011.7

ISBN 978-7-5509-0072-1

Ⅰ. ①移… Ⅱ. ①耿… Ⅲ. ①水利工程-导流-排桩-支挡结构-设计②水利工程-导流-排桩-工程施工 Ⅳ. ①TV551.1

中国版本图书馆 CIP 数据核字(2011)第 116968 号

组稿编辑：王琦　电话：0371-66023343　E-mail：wq3563@163.com

出 版 社：黄河水利出版社

地址：河南省郑州市顺河路黄委会综合楼 14 层　邮政编码：450003

发行单位：黄河水利出版社

发行部电话：0371-66026940、66020550、66028024、66022620(传真)

E-mail：hhslcbs@126.com

承印单位：河南省瑞光印务股份有限公司

开本：787 mm×1 092 mm　1/16

印张：19

字数：440 千字　印数：1—1 000

版次：2011 年 7 月第 1 版　印次：2011 年 7 月第 1 次印刷

定价：95.00 元

序

为保证黄河防洪安全，自20世纪60年代黄河下游即开始了系统而全面的中水河槽整治，在很大程度上约束了河势游荡范围，改变了洪水时常顶冲堤防的被动局面。但随着黄河水资源的不断开发利用和平流水库调节，黄河下游小水历时延长，游荡性河段小水畸形河势发育，部分河段河势演变发展至约束范围以外，威胁滩区群众和防洪工程安全，影响河槽排洪输沙和引黄取水，必须及时加以遏制。但现有的土石河道整治工程措施投资大、建设周期长，彻底拆除困难，不适用于这种随机性的畸形河势调整和控制，必须研究设计新型的河道整治工程措施。

利用桩进行工程建设已有很长的历史，20世纪中期以来，钢桩和钢筋混凝土（含无筋素混凝土）桩已广泛应用于河道治理、港航、桥涵、深基坑围护工程中，桩体材料、结构形式和施工方法也多种多样，既有无噪声一体化的静力压桩机，又有因时因地制宜采用桩锤、桩架和动力装置组合而成的打（沉）桩设备；既有实心的水下灌注桩、预制的空心桩，还有依据设计制作的T形、L形、圆形、方形等各种形状、尺寸的预制桩，不仅使用期内坚固可靠，使用年限达50年以上，且无须进行常规的岁修维护工序，长年没有维护费用或维护费用极少，效果十分显著。

以作者为骨干的科技攻关小组，根据黄河下游游荡性河段河道治理需要，充分吸取和利用前人工程建设成果，利用水利部社会公益性项目经费资助，开展了“黄河下游移动式不抢险潜坝应用研究”，巧妙地利用高压射水和装配式钢筋混凝土结构工作原理，将空心管桩、盖梁和连接销柱等钢筋混凝土预制构件有机组装成不抢险导流桩坝，利用高压射水拔桩器、吊车、水泵等装置或设备进行滩地快速插桩做坝和拔桩拆除移动，较好地解决了黄河下游河道整治工程永久性和临时性互为结合使用的难题，一次性投资重复使用，不留隐患，非常适合于黄河下游游荡性河段畸形河势调整和控制使用，并取得6项国家专利。

该书是作者依据自己多年工作经验，在“黄河下游移动式不抢险潜坝应用研究”科研成果的基础上，根据目前水利工程建设、深基坑支护和码头建设需求，以及钢筋混凝土预制空心管桩可以重复使用的情况，有意推广钢筋混凝土预制空心管桩高压射水插、拔技术用于码头、水利工程、深基坑支护等工程领域，并选择性地编入了钢筋混凝土预制空心管桩作为支挡工程应用的部分设计、施工内容及实例，扩展了科研成果的应用范围。《移动式空心排桩导流和支挡设计与施工》的出版，对促进治黄科技进步和黄河下游游荡性河段河道治理，以及深基坑支护、材料重复利用等都将起到积极作用。我愿借此机会，将该书推荐给水利、交通、土木、港航等专业工程技术同仁参考和指正，同时，我也深信广大工程技术同仁在各自的工作岗位上，将用他们的聪明才智和辛勤劳动，丰富和发展空心排桩导流及支挡应用技术，为江河治理和工程建设作出新的贡献。

陈效国

2011年3月

前　言

江河治理事关社稷民生，从古至今无不如此，工程防护、河势变化的调控都需要统筹考虑。目前，我国水电开发建设事业前进的势头正盛，而且正在从一般的工程水利向广义的和谐水利发展。实现江河治理与自然和谐相处及可持续发展，不仅需要建立尊重江河特性、按照客观规律办事的理念，在没有真正发现和掌握客观规律的情况下与江河洪灾作斗争，还需要有战之能胜、过后能拆、重复利用，且能恢复工区于自然的工程手段与措施。

随着我国经济建设的飞速发展，需要修建大量的土木工程，为保证各项工程的实施与安全，钢筋混凝土预制管桩作为支挡结构在公路、铁路、水利、港湾、矿山、民用与工业建筑的土木工程中得到了广泛应用。为保证支挡结构工程的合理应用及运营的安全，给广大工程技术人员提供一本《移动式空心排桩导流和支挡设计与施工》参考用书是十分必要的。本书正是根据这一宗旨，力求从工程需求、技术原理、结构设计与计算、工程施工与观测，以及实例分析等角度阐述钢筋混凝土预制空心管桩应用于江河治理、深基坑支护等方面的设计与施工内容，该书既总结编入了新近水利部社会公益性项目“黄河下游移动式不抢险潜坝应用研究”相关成果，同时编入了《支挡结构设计手册》、《板桩法》等参考文献中有关支挡结构设计、内力计算和施工实例，以及 09YG101 混合配筋预应力混凝土管桩标准图集等方面的部分内容。相信这本书的问世，对推动江河治理、深基坑支护事业的发展与河道防洪、整治问题的研究，都将起到有益的作用。

全书共分三篇。第一篇主要是介绍钢筋混凝土预制管桩修做黄河下游不抢险导流桩坝，进行河道治理、遏制和控制小水畸形河势，以及拆除移动、重复利用和还河道以自然状态的有关设计、模型试验、专用设备研制、施工工艺研究和工程运用观测等内容，其中前三章由耿明全编写，第四、五、六章由常晓辉编写，第七、八、九章由李怀前编写；第二篇主要是介绍钢筋混凝土预制管桩进行深基坑支挡、围堰修筑等方面应用的设计和施工实例内容，由李怀志编写；第三篇主要是介绍河南省工程建设标准设计图集《09YG101 混合配筋预应力混凝土管桩》有关内容，由楚景记编写。全书由耿明全统稿。书中结合科研攻关、科学试验、工程观测，以及工程建设方面的实例，介绍了不少最新的研究成果。因此，该书对水利、交通、土木、港航等专业工程技术人员具有较高的参考实用价值。

本书在编著出版过程中得到了陈效国、胡一三等老一代水利专家的指导，以及建华管桩集团曾晓文经理的帮助，王琦在文稿编辑方面进行了大量有益的工作，在此一并向他们表示衷心感谢。由于编著者水平所限，书中难免有遗漏和不足之处，恳切希望广大读者对本书中的缺点和错误进行批评指正。

作　者
2011 年春

目 录

第二篇　可移动空心排桩支挡技术应用

第三篇　09YG101 混合配筋预应力混凝土管桩

第一篇　黄河下游可移动不抢险潜坝应用技术研究

第一章　绪　论

第一节　研究背景

黄河是一条强烈的堆积性河道，黄河下游游荡性河道宽浅散乱，历史上具有善淤、善决、善徙的特点，洪水决溢泛滥北达津沽，南至江淮，纵横 25 万 km^2。每次决口不仅淹没耕地、房舍，口门一带还会造成土地沙化，有的长达数十年才能恢复生产能力，黄河安危直接关系社会的稳定与可持续发展。

历史上各朝各代都十分重视黄河防洪问题。20 世纪 60 年代，在驱逐外寇、推翻军阀战争中诞生的新中国，在百废待兴、困难重重的艰苦条件下，即开始了旨在防洪保安全为目标的黄河系统治理，并坚持不懈，逐步建立了“上拦下排、两岸分滞”的黄河防洪体系。特别是针对黄河“善徙”的特性，结合两岸险工和滩区护村工程，缩小黄河游荡范围，护滩保村，控导主流，防止“横河、斜河”顶冲堤防，对黄河下游河道 5 000 m^3/s(2000 年以后为 4 000 m^3/s)的中水河槽进行整治，并随着对河道演变规律认识的不断深化，从最初的哪里塌滩，就在哪里抢修土石坝垛工程，“背着石头撵河”的修建方式，逐渐过渡到后期的主动布点、有计划、因势利导地修建河道整治工程，为缩小黄河主流游荡范围起到了重要作用，保证了半个多世纪以来的黄河安澜，并变黄河水害为黄河水资源开发利用，支持了黄河沿岸经济社会的可持续发展。截至 2008 年，黄河下游中水河槽整治工程布点已基本完成，黄河大中洪水流路也已基本控制在规划范围内，大、中洪水情况下的险恶河势基本消除，黄河防洪安全得到很大程度的保障。

但是，黄河水沙组合复杂，泥沙级配关系多变，黄河水少沙多、水沙关系不协调的状况一直没有改变，黄河下游河道演变的很多内在机理和规律还没有被彻底地发现和利用，河道治理的方法和措施仍存在一定程度的分歧和争执。特别是近十几年来，随着工农业用水的增加和黄河干流水库拦蓄作用的增强，尤其自 2000 年小浪底水库建成运用以来，汛期的大量径流被调控到非汛期使用，黄河下游出现 4 000 m^3/s 以上洪水的概率大大减小，小流量洪水(1 000 m^3/s 左右)出现次数增多，且持续时间长达 340 天以上。长时间的小流量级水流在 2.0 ~ 2.5 km 规划排洪河宽的河槽内游荡不定，部分河段河势畸形发育，常年塌滩坐弯演变，超出了规划控制范围，使得主流失去控制，小水险情增多，严重威胁滩区耕地和群众的生命财产安全，造成水闸引水困难等许多新矛盾、新问题，在很大程度上影响和制约了黄河滩区经济社会稳定和沿岸经济社会可持续发展。并且一旦发生大洪水，由于河槽输沙效能降低，洪水极易沿着恶化的河槽形态发展演变，给汛期大、中洪水排泄提供极其不利的河槽演变基础，横河、滚河出现的概率加大，从而严重威胁着下游堤防的防洪安全。另外，在长期小水作用下，泥沙主要淤在主河槽内，使主河槽萎缩，排洪能力减小，“槽高、滩低、堤根洼”的不利局面日趋严峻。随着滩区横比降的加大，洪水漫滩后，水流直冲堤防，造成平工段出大险，甚至可能冲决堤防，从而加大了出现巨大灾难的可能性。虽然，小浪底水库运用后，黄河下游主槽冲刷下切，“二级悬河”不利局面会有所改善，但随着水库拦沙库容的淤积减小，黄河下游又将重新面临河床淤积抬高并逐渐加剧的“二级悬河”的防洪不利局面。

针对黄河下游近期出现的一系列新问题，黄河水利委员会（以下简称黄委）对黄河下游河道治理提出了“稳定主槽”的新要求，并决定开展新一轮河道整治。目前，黄河下游河道整治工程是按中常洪水进行设计和布置的，根据《黄河下游游荡性河道河势演变机理及整治方案研究总报告》（黄河水利科学研究院，2005 年）的研究成果以及《黄河下游2001 年至 2005 年防洪工程建设可行性研究报告》（黄河勘测规划设计有限公司）的规划安排，目前黄河下游河道整治工程建设仍维持原河道整治流量进行规划。考虑到目前黄河下游河道整治工程布点工作已经基本完成，根据已建工程的情况，规划安排的河道整治工程多为已建工程的上延、下续等续建工程。其中，多数下续的坝垛布置在直线送流段，其目的主要是送流至对岸，控制不利河势发生。而实际上，部分工程的布置位置已超出按原中水整治方案布置的工程范围，且部分已布置在预留的排洪河宽之内。为减小这些坝垛可能对大洪水以及滩槽水沙交换产生的不利影响，这部分坝垛已不适宜采用传统土石结构形式。再者，由于部分河段河势仍没得到很好的控制，畸形河势时有发生，为避免该类不利河势的继续发展，不得不在河道整治规划范围外修建一些临时工程。随着河势得到控制，此类工程不仅会失去作用，还会因其大多修建在行洪河道内，对大洪水的通过有不利影响又不得不全面拆除，而目前又没有合适的坝垛结构形式，不得不继续采用传统常规的修建土石坝的方法进行抢护，由于土石坝抢修费用高和基建计划时间长等原因，在很大程度上影响和制约了畸形河势及时、快速地规顺与调整，造成畸形河势发育，致险生灾。因此，研究同时满足自身稳定、不影响滩槽水沙交换和排洪，又能控导河势，且拆除简单、移动方便、经济合理的坝垛结构形式是十分必要的。

同时，目前进一步控制小水河势、增大现有河槽输沙能力面临着难得的大好机遇，小浪底水库运用使黄河下游小水持续时间大幅度增长，且出现概率增加，大洪水在水库调节的情况下，洪峰减小，历时延长，且出现概率降低。因此，利用长时间的小水、清水和已有工程控制条件，形成较为稳定的小水河槽，具备较初始整治中水河槽还要好的条件和基础，加之目前小浪底水库处在拦沙运用初期的优势，利用修建可移动的不抢险潜坝工程塑造和稳定主槽，使黄河大、中、小洪水均能溜走主槽，具有难得的大好机遇和条件。

“可移动不抢险潜坝结构设计及其应用研究”项目是紧密结合黄河治理实际，针对黄河下游游荡性河道治理方向和焦点问题，根据《国家中长期科学和技术发展规划纲要》（2006 ~ 2020 年）公共安全领域中有关突发公共事件防范与快速处置和重大自然灾害监测与防御优先主题的相关要求，申请承担的水利部公益性行业科研专题项目，目的是研究解决不妨碍河道排洪、滩槽水沙交换条件下的小水河槽整治与稳定难题，是实现黄河下游游荡性河道高效排洪、输沙、供水和滩槽水沙交换多功能合一，维持黄河长治久安与人水和谐的急需研究课题。

第二节　研究的主要任务及目标

为抵御河水对坝岸的冲击破坏风险，国内外有很多相关方面的尝试和努力，美国、日本等发达国家比较常用的是钢板桩防护堤岸，采用捶击、振动等方式进行施工，可以拆除和重复利用，但需要重型装备，施工技术复杂，工程造价很高，在我国很难大规模使用。针对黄河主流游荡不定，经常造成工程出险的情况，在20世纪80年代末，河南黄河河务局联合华中理工大学开展了“多功能导流船”研究，旨在改变“背着石头撵河”为行船导流外移，从生险根源上缓解或免除工程险情，其研究思路是将导流船沿河开至需要导流外移的河段，自岸边开始按导流方向一字摆开、固定后，在船舷两侧固定向水下悬插导流钢板，利用船体和导流钢板共同作用构成导流坝主体。2006年，黄河防汛抗旱总指挥部办公室针对目前“二级悬河”发育的现有河槽条件，大、中洪水极易将小水的畸形河势演变成“横河、斜河或滚河”，造成河势失控、顶冲堤防，威胁防洪大局安全，以及造成河道整治工程出险和滩区村庄被水冲击的实际，从及时进行小水畸形河势调整和小水险情抢护的需要出发，安排黄河防汛抢险研究所研究编制了国家防汛抗旱总指挥部办公室项目“可移动导流船研究”项目建议书。但因黄河河道宽浅散乱、水流湍急，船只行驶困难，特别是黄河河道冲刷迅速、深度大和水流冲击力大，可移动导流船（坝）水中固定极为困难，因而运用作业风险极大，加之资金限制，研究成果至今不能应用于实际。

针对黄河下游实际情况和近十年我们试验修做不抢险坝的经验，结合现代科学技术发展水平和社会已有可能用于修坝的产品构件情况，在大量分析研究的基础上，我们选用了组装式钢筋混凝土预制透水管桩坝，作为可移动不抢险潜坝的结构主体，其特点主要有以下三点：

（1）可移动。采用组装式结构设计，盖梁（预设连接孔）与预制空心管桩之间通过钢筋混凝土元台连接销柱，形成顶部铰接式的框架结构。

（2）不抢险。遵循深基做坝原则，一次性将设计刚度、长度的管桩打入河床冲刷坑底部的稳定深度，保证每根钢筋混凝土预制空心管桩抵抗设计水流冲击有足够的稳定性，不发生倾倒、歪斜和折断情况。为此，要求桩坝管桩具有足够的强度和长度，以保证管桩插入河床锚固。

（3）潜坝。允许坝顶溢流过洪，无论是大于800 m^3/s 的洪水溢流，还是大于4 000 m^3/s 的洪水溢流，都能发挥正常导流、护岸作用。

为实现可移动不抢险潜坝在黄河下游的顺利应用，与水利部签订的研究主要任务是：研究可移动不抢险潜坝与现有河道整治工程配套使用，可有效控制大、中、小洪水均能溜走主槽，且不影响安全排洪和滩槽水沙交换的结构形式，以及滩地潜坝快速施工及拆除移动的施工设备，并进行相关技术探索（旱工拆除不影响重复使用）。

与水利部签订的项目研究总体目标是:提交“黄河下游可移动不抢险潜坝应用研究”报告,及主要附件报告:大、中、小洪水不同运用工况条件下潜坝设计运用效果模型试验报告,不抢险移动潜坝结构设计研究报告。

第三节 研究技术路线

由于该项目研究难度大,涉及学科多,加之黄河洪水的复杂性,我们采取了多个单位联合攻关的模式开展工作:由河南黄河河务局牵头负责完成“黄河下游可移动不抢险潜坝应用技术综合研究”;由多次承担完成黄河下游河道整治及其新结构坝垛研究项目,具有设计不抢险坝垛经验的河南黄河设计研究院负责完成“可移动不抢险潜坝设计研究”;由华北水利水电学院负责完成“可移动不抢险潜坝运行参数模型试验”;由多年从事基础工程施工、有桩基施工经验的中牟黄河工程有限公司负责完成“可移动不抢险潜坝施工技术研究”;由多年从事起重设备制造、加工,具有吊机施工经验的河南黄河河务局机械修造厂负责完成“可移动不抢险潜坝施工专用设备研制”。

根据可移动不抢险潜坝结构设想和黄河下游实际,特别是目前国内外高强度预应力钢筋混凝土预制空心管桩工厂化制作情况,以及各种桩基施工方法和技术要求,可移动不抢险潜坝研究总体思路是充分借鉴和吸收已有相关研究成果,通过计算研究和物理模型试验等方法,研究探索坝顶高程平 800 m^3/s 流量的相应水位,在不同透水率、不同桩坝布置形式条件下,不抢险潜坝与现有河道整治工程配套使用,有效约束大、中、小洪水溜走主槽,且不影响安全排洪和滩槽水沙交换的不抢险移动潜坝结构形式;通过研制专用机具和不损伤桩体、不影响桩体重复使用条件下的滩地桩坝修建与拆除的实际施工试验,进行滩地潜坝快速施工及拆除移动的施工工艺研究和技术探索,并尽可能选择适宜滩地位置,修建坝顶平 800 m^3/s 水位,可移动不抢险潜坝试验工程,在 2009 年黄河调水调沙中进行实际洪水检验,验证可移动不抢险潜坝工程与现有河道整治工程配套使用、单独使用调整河势的可能性和可行性。技术关键是潜坝顶部高程的合理确定、结构形式的选定与设计,以及大直径、大深度钢筋混凝土预制管桩拔除专用设备的研制;技术难点是潜坝在大、中、小洪水不同运用工况条件下坝前后冲刷坑深度确定,钢筋混凝土预制管桩滩地拔除施工。

可移动不抢险潜坝研究采取的研究技术路线是充分借鉴和利用已有研究成果,在进行黄河下游河道演变规律、坝垛出险机理、不抢险坝结构设计、桩体施工技术等情况调查和实测资料统计分析的基础上,利用数学公式计算、物理模型试验、现场试验和观测等方法及手段,进行可移动不抢险潜坝结构形式的选定和设计,对可移动不抢险潜坝控导水流、顶面溢洪、抗冲稳定等情况进行分析研究;利用水力喷射、钻机钻进配合吊车,以及进行高压射水拔桩器等技术和设备进行无损伤的滩地插桩做坝和拔桩拆坝的现场试验,探索黄河下游滩地可移动不抢险潜坝的施工工艺。

第二章　可移动不抢险潜坝研究现状及评价

据文献介绍,国内外利用修建防护工程进行控导水流、稳定河势的实例很多,但由于受施工技术、机械设备等因素限制,大多都是利用土石或混凝土材料进行永久性或一次性工程修建,利用松散土石材料修筑的坝垛无法彻底清除,钢筋混凝土灌注桩不能拔除,利用钢板桩结合松散土体修做的桩坝也仅仅是钢板桩可拔出重复利用,钢筋混凝土预制桩坝拆除极为困难或须进行破坏性拆除,不能重新利用拆除的材料进行同等强度和规模的工程恢复,因此很少考虑移动的情况。根据黄河下游游荡性河段随机性的河势变化经常造成工程险情的情况,为改变“背着石头撵河”的被动抢险局面,河南黄河河务局也仅仅是进行了多功能导流船的初步研究,黄河水利科学研究院提出了可移动导流船研究的项目建议书,没有进行实际应用。但国内外在不抢险坝、潜坝方面有不同程度的研究和应用。因此,下面仅就不抢险坝和潜坝研究情况进行评价。

第一节　不抢险坝研究现状及评价

据文献介绍,国内外进行不抢险坝修筑,大都采用深基做坝的方式进行桩坝实现,其采用的结构形式主要有钢板桩、钢筋混凝土灌注桩和钢筋混凝土预制桩。黄河各级河务部门也在不断利用新材料、新技术和新工艺进行新型坝垛结构的试验研究,寻求能够有效防御水流冲刷的不抢险的坝垛结构形式。目前,在黄河下游所采用的不抢险坝体包括钢筋混凝土灌注桩坝以及水力插板桩坝。

一、钢筋混凝土灌注桩坝研究

近年来,钢筋混凝土灌注桩坝在黄河下游游荡性河段河道整治中得到了较广泛的应用。钢筋混凝土灌注桩坝由一组具有一定间距的桩体组成,按照丁坝冲刷坑可能发生的深度,将新筑河道整治工程的基础一次性做至坝体稳定的设计深度,当坝前河床土被水流冲失掉以后,坝体依靠自身仍能维持稳定而不出险,继续发挥其控导河势的作用。钢筋混凝土灌注桩坝是近几年在黄河下游逐步推广的不抢险坝,该坝型充分利用桩坝的导流作用及透水落淤造滩作用,使坝前冲刷、坝后落淤,冲淤相结合,从而达到规顺水流、控导河势的目的。到目前为止,钢筋混凝土灌注桩已先后应用于韦滩、东安、张王庄等控导工程(见图2-1)。

钢筋混凝土灌注桩坝修做主要是采用目前已经十分成熟的钻机成孔技术,其工作原理是(以正循环钻机为例):在预先确定的桩位,开动钻机,驱动钻具旋转下降松动孔内的沙土,同时用泥浆泵通过管道和钻杆内孔向孔底输送冲洗液(清水,主要是泥浆)冲洗孔底,携带松动的泥沙沿钻杆与孔壁间的外环空间上升,排入沉淀池,形成正循环排渣体系。同时利用泥浆固壁,防止孔壁坍塌。成孔后用吊车将钢筋笼置入孔中,定位后浇筑混凝土，完成整桩施工过程(见图 2-2、图 2-3)。

图 2-1　已修建的钢筋混凝土灌注桩长坝

图 2-2　钻机造孔

图 2-3　吊放钢筋笼

钻孔成孔沉放钢筋笼和混凝土浇筑的施工工艺流程为：确定桩位→钻机就位，钻头对准桩位中心→下钻的同时泥浆泵提供固壁泥浆→第一根钻杆打到深度后提钻接杆再下钻→钻至埋桩深度→提起钻杆钻头→用吊车将钢筋笼安放孔中定位→浇筑混凝土，然后继续下一工艺流程。

钻机成孔适用于填土层、淤泥层、黏土层、粉土层、砂土层，也可在卵砾石含量不大于15%、粒径小于 10 mm 的砂卵石层和软质基岩等地层中使用。利用钻机成孔进行钢筋笼沉放和混凝土浇筑具有设备简单、质量轻、噪声低，以及施工方便、速度较快、成本较低、工艺技术成熟等特点，在河道滩地施工中经常采用。

二、水力插板桩坝研究

水力插板桩一般都采用预制混凝土空心方桩、管桩或钢管桩，可以利用桩的空腔形成高压射流通道。其施工工艺的主要技术特点是水力切割(内冲外排)、导向定位和整体联结。即在钢筋混凝土板桩内预埋导向定位滑槽、滑板和(横)喷射管，施工时带压力的水流从板桩底部射出，冲击桩尖处的土体而切开地层(见图 2-4 及图 2-5)，并用水体回流将土颗粒带走，形成沉桩孔，板桩沿被水切成的空槽在自重作用下自然下沉达到预定深度。

水力插板桩施工不受地下水位的影响，具有工序少，桩体不受损伤，施工进度快，在陆地、沼泽地、水中均能施工的特点，避免了开槽和降水所引起的工期长、土方量大的缺点，非常适用于软土地层上抢修工程的应急施工。

图 2-4　水力插混凝土板桩切割地层均匀布空喷射水

图 2-5　水中插混凝土板桩施工

钢筋混凝土插板桩坝目前在黄河河口地区河道整治八连控导、十四公里工程、轻 3 控导工程中应用。另外，插板桩结构也在沉沙池边墙、码头、小桥涵的基础中得到应用。从应用情况看，在黄河河口修建的控导工程，因板桩深度偏小、坝顶高程高，当其出现不同程度的倾倒趋势时，须采取必要的加固措施（见图 2-6）。

图 2-6　建成运用的插板桩丁坝及其坝头

三、其他板桩结构

根据文献资料查询和调研考察情况，板桩结构除混凝土结构外，目前钢板桩在国内外也广泛应用于护岸工程、防波堤等场所（见图 2-7），其中重要的原因是这种结构的安全性较有保障。另外，不需开挖，最大限度地减少了废渣的处理，如需要，打入的板桩还可被拔出，地形以及地下水的深度对板桩结构的影响很小，但也存在投资大的缺点。为降低工程造价，近十几年又开发应用了塑料板桩、木板桩或玻璃纤维板桩、乙烯基板桩等板桩结构，因其强度、耐久性等因素，其应用大都局限于临时、浅基施工。

图 2-7　钢板桩应用情况照片

钢板桩是带锁口的热轧型钢，靠锁口互相咬合而形成封闭的钢板桩墙，可用于挡水或挡土工程，特别适用于在水中围堰抗水流冲击保护或工程防渗。其形状有U字形、一字形、T字形、Z字形和H字形。长江堤防工程采用U字形钢板（宽度为400 mm）进行2 km堤防防渗。U字形钢板桩抗弯截面大，刚度好，可插入深度在20 m左右。钢板桩的特点是强度高、接合紧密、不易漏水、施工简便、速度快，适用于软弱地层及地下水丰富的地区，且因其锁口处接合紧密，避免了其他工法施工防渗墙时在接合部位易开叉的问题。

第二节　水射流研究现状及评价

一、水射流理论研究现状

射流是自然界和工程领域中普遍存在的现象，是指从孔口狭缝喷射出至周围另一流体区域内的一束运动流体。按流动形态可分为层流射流和紊动射流，工程实际中多为紊动射流；按流体性质可分为可压缩流体和不可压缩流体；按射流断面形状可分为平面射流、轴对称（圆形）射流及三维射流；按环境是否有固体边界可分为自由射流和限制射流，如有一贴附固体边界称附壁射流；以射入周围流体性质是否与射流性质相同而分为淹没射流和非淹没射流，如周围流体是流动的称随动射流；按射流原动力分为动量射流、浮力射流和浮射流三类；按射流流体性质分为气体射流、液体射流及多相流射流等，而工程射流大部分是紊动射流。总之，射流类型繁多，是流体动力学中最复杂的研究内容之一。

射流的研究开始于20世纪初，由于研究射流问题的难度较大，至今其理论的研究还仅建立在试验的基础上。特别是紊动射流的研究，由于紊流的复杂性，只建立了半经验的理论。最早的紊动射流研究就是从试验开始的，它采用量纲分析的方法整理试验数据求得经验公式进行分析。现在对于复杂的射流问题，如浮力射流和浮射流仍然采用此方法。

Trupel（1915）首先对圆形自由射流等几种最基本的射流形态进行了试验。后来Zimm（1921）和Gottingen（1923）进行了相同试验，得到了轴对称射流主段速度分布、不同横断面速度分布、轴向速度变化关系等。以后，Forthmann（1934）、Albertson（1948）等又进行了相同的试验，再一次证实了Trupel的结论。

理论分析方面，1926年Tollmien首先对无限平面平行射流边界层、从极窄出口流出的平面平行射流以及圆形断面射流进行了分析。Tollmien在进行分析时，以1925年Prandtl建议的混合长度半经验理论作为湍流理论，尤其是纵向尺度远大于横向尺度，射流所形成的类似于边界层的流动是由两部分流速不同的流体的间断面发展而来的，对紊流附面层方程利用流动中的自相似性，引入相应的相似变换后把湍流射流边界层偏微分方程转化为一般可分析求解或不太冗长的常微分方程，得到了射流轴心速度沿轴线的变化规律和沿轴线断面的速度分布。

由于工程射流大部分是紊动射流，1942年Gortler采用了Prandtl提出的新的紊流半经验理论作为自由紊流的切应力分工求解紊流的附面层，采用偏微分方程进行求解，研究了平面平行射流边界层与平面射流问题。Schlichting（1968）采用与Gortler同样的方法通过求解圆形断面对射流问题进行了研究。Reichardt通过试验对Tollmien和Gortler圆形平面射流理论计算结果进行了对比，得出 Gortler 的结果比较准确接近试验曲线，而他的理论计算结果也比较简单。

1960 年，俄罗斯科学家提出了动量积分法，研究了紊动射流初始段、主体段边界及射流轴心线上速度变化规律，根据试验证实各断面流速分布是相似的，因而可以事先通过试验或理论分析设定断面上流速分布的规律和模式，这样就可以计算射流动量沿流程的变化。结合试验进行理论分析，各断面上动能量守恒，按单位宽度考虑写成积分形式进行积分来求解射流问题。为此，还必须对射流边界条件作一假定，可以对射流的厚度变化作线性扩展的假设，也可以对射流从侧边卷吸周围流体流量和边界上的流速进行假定。由于分析方法和试验资料的不同，不同的研究者对于射流断面流速建立的分布函数也会有不同，这样就得出了稍有不同的关系式。对最简单、最基本射流进行求解，与试验结果比较也有较好近似。

从最基本的射流研究发展起来的采用量纲分析对试验结果整理得出经验公式、采用求解紊流边界层偏微分方程或积分射流动量方程得到解析式以及目前的对边界层甚至紊流方程直接求数值解的方法和数值模拟方法，都成为研究射流问题的主要方法，正在用来解决自然界和工程领域中的复杂射流问题。

二、水射流技术应用现状

最初，水射流技术主要是在采矿界开始应用，源于美国加利福尼亚的采金业并迅速传播到世界各地。1935 年，俄国首先进行了地下煤炭水力开采的试验，并于 1952 年正式投产第一个水力开采矿，此后中国、日本、加拿大、德国也采用了这种方法。我国在 20 世纪 50 年代后期，北京矿业学院、煤炭科学研究总院唐山分院、中国矿业大学分别和淮南矿务局及枣庄矿务局合作，取得了一定的进展。随着水力采煤的应用，科技工作者们把注意力转移到岩石的切割方面。最先研制成功的是水炮，一次脉冲水压可达 30 MPa，这种装置能够比较有效地破岩及进行钻孔。接下来的研究与试验表明，水炮破岩技术具有一定的工业可行性，尤其在破煤方面试验效果更佳，因此水炮技术在采矿业得到了稳定的发展。

在随后的十几年里，英国、苏联、西德等国开始水力机械切割方法的研究，研制了许多水射流采矿机械。英国采矿安全研究所克·莫德在 1976 年举行的第三届国际水射流切割会议上，介绍了脉冲高压水射流刨煤机的研制和试验。苏联研制了一种 КШ－Г 型水射流采煤机，在井下试验表明：由于有了高压细射流，截管的受力和磨损都减少了，动力质量降低了 44%～55%。我国淮南煤矿研制的射流犁头式采煤机于 1978 年首先进行试验，取得了良好的效果。进入 80 年代以后，水射流技术以其高效、低耗、无污染等特点，在机械制造、化工、冶金、交通、航空、船舶、建筑、水利等各行业得到了广泛应用。随着国民经济的不断发展，各工业部门将对高压水射流设备提出新的要求。总的说来，我国矿业、石油、冶金行业自始至终处于活跃、积极的态势。目前，已研制开发过这方面的产品及正在开发应用的单位有南京大地水力股份有限公司、无锡市弗朗超高压系统设备公司、长沙矿山研究院、成都飞机工业（集团）有限责任公司、北京航杰新技术开发公司等。从事水射流加工技术研究的高校有中国矿业大学、焦作矿业学院、天津轻工业学院、哈尔滨科技大学、上海大学、南京理工大学、大连理工大学、西安矿业学院、北京科技大学、广东工业大学等。

在1996年9月原国务院副总理姜春云同志到福建漳州九江视察防洪堤工作时，对水射流法建造地下混凝土防渗墙技术给予了高度评价，自此水射流法技术开始引进黄河、长江大堤的防渗加固上。

从以上水射流理论及其应用研究也可以看出，将水射流技术引入拆除混凝土预制桩坝，应用在黄河上是可行的。

第三节　潜坝研究现状及评价

国内外潜坝研究应用成果较多，但主要体现在航道整治方面。黄河上为解决大洪水排泄和控导主流游荡范围而修建的部分控导工程坝垛，虽然是按潜坝来进行设计的，但由于黄河下游大洪水较少和坝垛安全超高等因素，修建的控导工程坝垛很少发挥潜坝作用，因为从少数过流的坝垛运用情况看：要么坝垛的土坝体都被过坝水流冲走，剩余的散石因缺乏土坝体支撑很快塌落；要么坝垛基础被水流冲刷淘空，坝垛土坝体的散石裹护体迅速下蛰、坝体出险，不能发挥导流作用。为解决控导工程土石坝垛暴露的问题，在近几年黄河下游游荡性河段所修建的铁谢下延潜坝、马庄下延潜坝和顺河街下延潜坝中，普遍采用了加强坝垛溢流面保护和加固基础等措施，但仍然没能解决遗留的问题。

一、铁谢下延潜坝

铁谢工程位于孟津县铁谢村，依附在孟津黄河大堤上。铁谢险工为河出山谷进入平原后第一处险工。铁谢下延潜坝修建于2000年汛前，在下延1~5坝的坝头连线延长线上修筑潜坝，下延潜坝起点为5坝坝头，险工潜坝中心线与下延5坝轴线成30°夹角，长300 m，顶宽3 m。下延潜坝设计流量2 000 m^3/s，设计水位为相应2000年2 000 m^3/s流量水位，即116.70 m，潜坝顶高程同设计水位。潜坝设计边坡1∶1.2。采用散抛石进占，铅丝笼裹护。

2003年，为妥善解决支援地方交通工程建设与维护黄河防洪整体要求的矛盾，以南岸原15坝坝头为依托，与原5坝下延潜坝轴线成41°夹角，即与铁谢险工15坝轴线成50°夹角，修建下挑潜坝。15坝坝头至规划治导线的距离为550 m，水边线距依托点为150 m。该潜坝长430 m，其中水中进占400 m、旱工30 m，连坝长120 m。潜坝设计流量、设计水位和坝顶高程同已建潜坝。潜坝体结构设计采用铅丝笼进占、散抛石填充、填充体外铅丝笼裹护。潜坝坝顶宽3 m，临、背河边坡均为1∶1.2。该潜坝距原潜坝约1 km。

以5坝坝头计算河段排洪河宽为1 500 m，下延潜坝后以潜坝坝头计算河段排洪河宽为1 372 m，排洪河宽缩窄128 m。随着太澳高速防护补救措施下延潜坝的修建，河段排洪河宽进一步缩减至1 028 m，排洪河宽又在原基础上缩减了344 m。

二、马庄下延潜坝

马庄控导工程位于原阳县马庄村西南黄河滩地，该工程处于黄河铁桥至东坝头游荡性河段之首，上迎对岸南裹头之来溜，下送流至花园口险工。马庄潜坝布置在马庄弯道下游直线段上，以8坝坝头与花园口闸连线为潜坝轴线方向（即规划治导线直线段方向）修建而成。潜坝总长200 m,其中,1990 年修建长度100 m,2000 年又续建100 m。潜坝设计流量为当年平滩流量4 000 m^3/s,坝顶高程92. 80 m。

前100 m潜坝结构采用长管袋沉排护底、抛石堆砌坝基、坝坡网护石的结构,坝前排宽35 m,坝后排宽15 m,坝顶宽4 m。续建潜坝采用长管袋褥垫式护底沉排,坝体用充沙长管袋堆砌坝体,边坡用1 m厚的土工网块石笼护坡,坝顶用1. 5 m厚的土工网块石压重,顶宽5 m。坝坡均为1∶2。

以8 坝坝头计算河段排洪河宽为1 761 m,下延潜坝后以潜坝坝头计算河段排洪河宽为1 650 m,排洪河宽缩窄了111 m。

三、顺河街下延潜坝

顺河街工程位于大张庄至大宫河段左岸封丘县荆隆宫乡低滩内,其主要作用是迎托黑岗口之来溜,送流至柳园口险工。顺河街工程总体规划中设潜坝1 道,长1 000 m。现该潜坝生根于31 坝坝头,已建坝长300 m,顶宽5 m,为充土褥垫沉排护底,长管袋进占,铅丝网石笼护坡、护根结构。潜坝设计整治流量为2000 年当地大河流量4 000 m^3/s,设计水位为相应整治流量下当年水位81. 35 m。充泥长管袋褥垫沉排迎水面长32. 5 m,背水面长19 m。迎水面充泥长管袋褥垫沉排上游侧土工网石笼压重,压重长3 m。距31 坝0 ~70 m处坝体挖槽铺设护底沉排,充泥长管袋进占筑坝基,铅丝网石笼护坡,护坡边坡1∶2。

2003 年2 月潜坝着溜,受大河冲深影响,护底沉排下蛰,7 月23 日发生不均匀沉陷,部分管袋被拉裂、拉断,管内充填物被淘空。潜坝中段沉排整体滑塌,并造成坝前20 m长护根铅丝笼塌入水中,河水直接淘刷潜坝坝基。为此,黄委又紧急改建加固了潜坝。在其临河侧迎水面上修筑10 个散石堆,背水侧帮宽坝体20 m,并增加备防石3 000 m^3。散石堆沿潜坝坝身布置,堆间中心距25 m,数量为10 个。堆体采用斜三角形式,斜度以迎水面与坝轴线夹角45°控制,垂长8 m,根部宽10. 0 m,坡度1∶1,高2 m。坝体向背河帮宽20. 0 m,帮宽部分高程与原坝体持平,为81. 35 m,边坡1∶2。

以31 坝坝头计算河段排洪河宽为2 730 m,下延潜坝后以潜坝坝头计算河段排洪河宽为2 586 m,排洪河宽缩窄了144 m。

第四节　可移动不抢险潜坝管桩施工技术研究现状及评价

一、静压沉桩施工技术及特点分析

(一)静压沉桩机理和施工技术

静压沉桩施工是利用液压静压桩机自身的重量(包括配重)作为动力,克服压桩过程中桩壁摩阻力和桩端土的阻力,将桩徐徐压入土中(见图2-8)。

液压静压沉桩施工属于挤土桩,桩在压入过程中对周围土体进行排挤,使桩基侧向应力增加,提高桩基周围土的密度。它的挤土效应取决于桩的截面几何形状和压桩力,对截面相同的桩来说,静压桩的挤土效应小于打入桩。

图 2-8 静压沉桩

一般来说，采用静压沉桩工艺的地基土含水量较高，孔隙比较大，在桩垂直受静压的过程中，桩尖直接对土产生冲剪破坏，伴随着沿桩身土体也产生剪切破坏，从而形成超孔隙水压力，扰动了土体结构，使桩周围约一倍桩径的土体抗剪强度降低，发生严重软化(黏性土)或稠化(粉土、砂土)，出现土的重塑现象，从而可连续地将静压桩送入较深的地基中。相反，若遇砂层，超孔隙水压力消散，使摩阻力增加，压桩困难。

静压沉桩施工工艺分为定位、桩尖对中、调直、压桩、接桩、再压桩、送桩等过程。

(二)静压沉桩施工特点及适用范围

静压沉桩具有较多优点：无振动，无噪声，施工场地小，能定量监测单桩承载力，施工引起的土体隆起和水平挤动比打入式桩小，压桩力能自动记录和显示，能避免锤击过度产生桩顶或桩身开裂的现象，由于避免了锤击应力，减少了桩的钢筋和水泥用量，工程造价低。但是压桩力有限，单桩垂直承载力相对锤击桩低，同时静压桩机施工因其自重过大而对施工场地承载力要求比较高(要求地耐力 $>120\ kN/m^2$)。适合在人口密集、地下管线多的市区及危房、精密仪器房、岸边等建筑群内施工，适应于软土地基；不宜用于贯穿厚度大于 2 m 的中密度以上的砂土夹层或进入中密度以上的砂土持力层。静压沉桩，由于设备笨重且造价高、适用地质条件单一和存在挤土环境效应，因此其应用也具有一定的局限性。

二、锤击沉桩施工技术及特点分析

(一)锤击沉桩机理和施工技术

锤击沉桩是利用各种桩锤(包括落锤、蒸汽锤、柴油锤和液压锤等)的反复跳动冲击力和桩体的自重，克服桩身的侧壁摩阻力和桩端土层的阻力，将桩体沉到设计标高的施工方法(见图 2-9)。

各种锤中，以筒式柴油锤使用最为广泛，它以轻质柴油为燃料，利用桩锤的冲击力和燃烧压力为驱动力，引起锤头跳动夯击桩顶。

早期锤击桩采用钢筋混凝土预制实心桩，这种桩挤土扰动大，易引起土体隆起，对周

图 2-9　锤击沉桩

围环境影响较大，只适宜郊外施工。近年来，为减少锤击桩的挤土效应和对环境的影响，采用了预应力钢筋混凝土管桩、钢管桩和 H 型钢桩，同时对沉桩的噪声、振动、挤土的监控、检测和防护措施有了较大改进，减少了锤击桩对环境的不利影响。

锤击沉桩施工工艺分为桩机就位、吊桩入位、起锤轻压、沉桩锤击、对正接桩焊接、再锤击沉桩、拔出送桩器、桩机移位等过程。

（二）锤击沉桩的施工特点及适用范围

锤击沉桩施工具有施工简单，施工质量易控制，工期较短，在相同土层地质条件下单桩的承载力最高，造价较低等优点，但振动大、噪声高，对桩头和桩身容易造成损伤，施工时应采取保护措施。锤击沉桩主要用于高层建筑的桩基施工，尤其适宜在郊区及周围建筑物稀少或无重要地下管线通过的区域。施工区域的土层宜以淤泥质黏土、黏土、粉土和贯入度 $N<30$ 的土层为主，对于贯入度 $N>30$ 的砂土层或以碎石为主的土层，沉桩有一定的困难。应根据土层特性、不同的桩尖持力层及单桩承载力要求，分别选用钢筋混凝土预制桩、钢管桩或钢筋混凝土预应力管桩。

三、高频液压振动沉桩和拔桩施工技术及特点分析

（一）高频液压振动沉桩和拔桩机理与施工技术

高频液压振动锤是 20 世纪末迅速发展起来的一种新型液压桩工机械，它依靠柴油机提供强大动力，采用高频振动来实现沉桩（管）和拔桩（管）作业。高频液压振动锤在德国、美国、意大利、荷兰等西方发达国家已是技术非常成熟的一种环保、高效的工程机械。它具有施工速度快、功能多、适应地质广、运输方便和环保等特点，已广泛应用于社会建设的诸多领域，经济效益显著。在我国，高频液压振动锤在高速铁路、公路软地基处理，填海

及桥梁、码头工程，深基坑支护，普通建筑物的基础处理等方面也得到了广泛的应用（见图2-10）。

图2-10 振动沉桩

振动沉桩的施工机理是：将桩和振动机连接在一起，利用振动器所产生的激振力带动桩身及土体产生振动，使土体的内摩擦角减小、强度降低而将桩在其自重或很小的附加压力作用下沉入土中，或是在较小的提升力作用下而拔出土。高频液压振动桩的工作原理是通过液压动力源使液压马达作机械旋转运动，从而实现振动箱内每组成对的偏心轮以相同的角速度反向转动，这两个偏心轮旋转产生的离心力，在转轴中心连线方向上的分量在同一时间内将相互抵消，而在转轴中心连线垂直方向的分量则相互叠加并最终形成沉桩（管）激振力。应用高频振动沉桩时，高频振动锤通过综合夹具固定连接在桩顶上。桩体在受到上述周期性荷载作用时将会产生上下剧烈的运动，如此经过一定时间后就可以使桩周围和桩端土体扰动软化甚至液化，既而使土对桩体的阻力得到明显的减小。当地基土对桩体的总阻力降低到小于桩体自重和管锤振动力幅之和时，桩体由于自重克服桩面及桩尖的阻力而挤开土体、穿破地层下沉，还可以利用共振原理，加强沉桩效果。

振动沉桩的施工流程为：桩机就位→振动液压钳夹紧桩头→ 系好桩的保险绳→起吊安装就位→用振动机配合扶桩定位→开机振打→控制桩顶高程→取下保险绳→沉桩结束。

（二）振动沉桩和拔桩施工特点及适用范围

振动沉桩在降低施工噪声、振感等方面较锤击沉桩有了很大程度的提高和改进，在简化设备、降低设备对地基承载力要求等方面较静压沉桩有了很大程度的提高和改进，适应地质范围较两者都有很大的扩展。特别是高频液压振动锤与电动锤、柴油锤相比，它施工时振感小、噪声低，如果配备降噪动力箱工作，几乎无噪声，非常适合市区、人群较集中的地方和周围有较严格限制的地方施工。

振动沉桩一般适用砂性土质地基和粉质土地基。高频液压振动沉桩则适应地质范围更为广泛。高频液压振动锤分常规型、高频型、无共振三大系列，根据地质情况和工程需要可选用不同系列、不同激振力的高频液压振动锤作为施工机械。高频液压振动锤穿透卵石层、砂层、建筑垃圾等地质层的能力很强，除不能入岩外，其他任何地质条件都能适应，而且通过采用封闭式结构，还可适用于水下作业。但振动沉桩在沉桩过程中仍然存在对预制混凝土桩头和桩体上部有不同程度的损害，而且没有大直径、大桩长预制混凝土桩体的沉拔施工实例，利用大型设备也仅仅是沉拔大直径、大桩长的钢桩。

第三章　可移动不抢险潜坝设计研究

第一节　可移动不抢险潜坝结构形式研究

黄河下游修建的丁坝多为传统土石结构，为改变其频繁抢险缺陷、降低造价，近年来，随着新技术、新材料的推广，也修建了一些混凝土灌注桩、充沙土工长管袋、混凝土铰链式模袋、插管桩、散抛石等试验坝型。就试验结果看，混凝土灌注桩坝、散抛石坝、充沙土工长管袋坝和混凝土铰链式模袋坝得到了不同程度的推广应用。混凝土灌注桩坝为深基做坝，做到了不抢险；散抛石坝因整个坝体均为抗水流冲击的石料，坝基做得较深，坝身又有备险石料，故险情较少，出险后可以通过续抛散石的办法加固；充沙土工长管袋坝和混凝土铰链式模袋坝为护底沉排原理形式，受施工、管理等因素影响，仍然存在相当程度的出险情况。因此，根据目前黄河下游桩坝施工以及竣工后的工作情况，选择混凝土桩坝作为潜坝的结构形式也将成为一种新的探索。下面，从不同方面就已经采用的几种坝型结构形式进行比较，以选择经济合理、工程安全、适应性好且适合目前河道整治特点的可移动不抢险潜坝结构形式。

一、工程自身安全性比较

散抛石+铅丝笼坝　使用散抛石配合铅丝笼进占进行水中筑坝，工程竣工后，占体也成为坝体的一部分。相对传统进占筑坝而言，由于使用散抛石和铅丝笼代替了传统筑坝用的秸料，因此大大降低了工程出险的概率。从近几年的观测看，铁谢潜坝自修建后，工程一直靠主流，但工程运行情况良好，没有大的险情发生。根据以往的设计经验，按传统方式每道坝用8 000 m^3 左右的石方，工程基本能保持稳定。采用散抛石配合铅丝笼进占的铅丝笼坝，所用石方略小于保持坝体稳定所需的石方，这也是为什么铅丝笼坝自身稳定性好的原因。铅丝笼坝坝体由铅丝笼和散抛石堆填而成，在坝体遭到冲刷后，散抛石有良好的适应性，加上铅丝笼体积大，耐冲刷，因此该类型坝是今后潜坝修建可采用的主要坝型之一。

长管袋沉排坝、混凝土铰链式模袋坝　所谓的长管袋沉排坝、混凝土铰链式模袋坝，就是利用充沙土或混凝土的土工长管袋或模袋形成沉排，当坝前冲刷时管袋可适应河床的变化，设计的坝体沉排满足最大冲深时边坡长度的要求。在没有外力破坏的情况下，基本上实现了坝体自身稳定的要求。然而，由于施工、阳光暴晒、管理等原因，坝袋易破裂，一旦坝体破裂后，维持坝体稳定的泥沙会被水流带走，长管袋沉排坝自身的安全就很难得到保证。顺河街潜坝、枣树沟工程的出险就是典型的例证。

钢筋混凝土灌注桩桩坝　利用沿规划工程位置线一字布置一定深度的钢筋混凝土灌注桩导流坝，并为方便管理巡视和加强灌注桩整体效应，顶部设置连接盖梁而排列组合成的导流坝，桩深超过最大冲刷深且满足自身稳定的河床锚固要求，而且桩体横断面呈圆形，桩体对不同方向水流冲击力适应性强。因此，桩坝是目前黄河下游不抢险坝的一种主要型式。

插管桩坝 与钢筋混凝土灌注桩坝布置形式相同，但修筑理念上做了很大改动：首先桩体改圆形为管桩，改水下浇筑混凝土成桩为工厂预制成型、水力冲击下沉成桩，改透水桩坝为实体桩坝，同时因施工、地质等因素影响，管桩深度也没有超过最大冲刷深而满足自身稳定的河床锚固要求，而且桩体横断面呈长方形，桩体对不同方向水流冲击力适应性不如钢筋混凝土灌注桩好。因此，也是目前黄河下游不抢险坝的一种主要型式，但需要进一步优化设计。

二、可移动性

散抛石坝、铅丝笼坝 坝体上部易拆除，拆除的石方可重复利用；埋深较大的部分很难被拆除，不能被拆除的部分在洪水期间仍然有明显的阻水作用，会对河势产生一定的影响。

长管袋沉排坝、混凝土铰链式模袋坝 拆除困难，一旦拆除，必然造成沉排损坏，不能重复利用。而且，埋深较大的残留部分在洪水期间仍然有明显的阻水作用，也会对河势产生一定的影响。

钢筋混凝土灌注桩坝 因采用钻机造孔、泥浆固壁和水下浇筑混凝土施工方法修筑而成，不可避免地存在扩孔和桩身混凝土凸凹粗糙的问题，桩身周围混凝土成树根状（不同高程情况不同）的分布造成桩身与其周围土层产生巨大的摩擦力，不能拔出；若采用开挖方法拆除，工程量巨大，几乎不可能；若采用射水方法使桩身土体与桩身分离，不仅射水冲刷位置难以把握，需很大的射水造孔半径，工作量巨大，而且相邻桩身极易因扩孔而使它们的桩身连为一体，单根拆除变成群桩拔除，难度极大，也是不可能的；就是采用爆破拆除方法，残留的深基部分在洪水期间也仍然有明显的阻水作用，也会对河势产生一定的影响。

插管桩坝 管桩为工厂预制成型，外观规则、可知，加之其深度较小，采用射水或振动加强力吊拔等方法，设计之初如考虑有管桩的拆除受力问题，可以将其从地层中拆除，拆除后不会对河势变化产生不利的影响。但若采用振动加强力吊拔方法拆除，可能还要使管桩受到一定程度的伤害，且其坝顶现场浇筑的连接帽梁，需要击碎方能拆除，不能重复利用，帽梁与管桩连接方式需要进一步优化改进，是目前唯一一种可以进行彻底拆除的结构坝型。

三、坝顶溢流适应性

散抛石坝、铅丝笼坝 坝体外面有铅丝石笼罩面，具有一定的抗水流冲击和表面溢流适应性。但因其修筑时机选择在枯水期，坝体基础不是最危险运用工况下形成的稳定形态，在洪水期间极易出现基础坍塌而造成坝顶塌陷，从而影响溢流状态下的坝体导流效用。

长管袋沉排坝、混凝土铰链式模袋坝 仅仅在坝体裹护部位设置有护底沉排和具有一定抗水流冲击和表面溢流适应性的散石护坡，其他部位均为土坝体，抗水流冲击强度很低。如发生表面溢流，土坝体土颗粒必然被溢流水体冲刷带走，造成坝体裹护体因失去土坝体支撑而塌落、散失，坝体失去导流作用，该坝型不属溢流坝型。

钢筋混凝土灌注桩坝 灌注桩及其盖梁都是采用现场浇筑的钢筋混凝土结构，强度大，整体性好，且为深基修筑而成，具有稳定、可靠的抗水流冲刷和稳定性，具有比较理想的坝顶溢流适应性。

插板桩坝 管桩在地层中子母榫状连接，加之其顶部又有现场浇筑的连接帽梁，具有强度大、整体性好的特点，但因其顶面高程较高、板桩插入河床深度较小，在洪水期会发生板桩失稳倾倒情况。因此，该坝型虽为较好的溢流坝型，但需要优化设计。

四、经济耐久性

根据已建工程的经验，散抛石坝、铅丝笼坝投资最大，而且存在散石流失和后期出险加固的运行成本，运行负担重、费用高；钢筋混凝土灌注桩坝投资次之，但可以做到不抢险，后期管理运用费用低；混凝土铰链式模袋坝投资排第三位，且可以做到少抢险，但也存在后期抢险问题，后期管理运用费用较低；若考虑插管桩坝做到稳定深度和不抢险，其费用排在第四位，而且后期管理运用费用低；长管袋沉排坝最为便宜，也可以实现少抢险，但将充沙长管袋全部做到最低枯水位以下较困难，后期运用中存在长管袋土工布因阳光暴晒而损坏、出险的问题，后期管理运用费用相当于散抛石坝、铅丝笼坝。

从耐久性方面分析，散抛石坝、铅丝笼坝和钢筋混凝土灌注桩坝、插管桩坝属于一个层次，都可以说是经久耐用，只是散抛石坝、铅丝笼坝因水流冲击而存在块石个块散失造成的坝体“老化”问题；混凝土铰链式模袋坝耐久性居中；长管袋沉排坝因土工布寿命较石料、混凝土为低，特别是抗阳光暴晒和含沙水体磨损性能差，其耐久性最差。

综合上述，设计选用可移动不抢险潜坝结构应借鉴和吸收钢筋混凝土灌注桩坝经久耐用、不抢险、适应坝顶溢流、圆形受力性能好等优点，借鉴和吸收插管桩坝水上和陆地均能快速施工、桩体空心、混凝土用量小、造价低、质量可靠等优点，克服两者盖梁或帽梁需敲碎方能拆除的缺点，改盖梁或帽梁与桩体现场浇筑连接为拼接，以便于拆分，同时，考虑已有桩体制作和施工技术情况，本次推荐采用高强预应力钢筋混凝土预制管桩组装式透水桩坝作为可移动不抢险潜坝的设计结构形式。

第二节 设计流量与坝顶高程确定

可移动不抢险潜坝设计以不影响滩槽水沙交换和大洪水安全排泄，且能与现有河道整治工程配套使用，有效约束大、中、小洪水流路，最大限度地稳定主槽为目标要求。因此，可移动不抢险潜坝设计流量和坝顶高程确定就显得尤为重要。

一、设计流量确定时需考虑的因素

（一）河槽排洪能力

河道排洪能力与河道过洪断面面积紧密相关，一个河道在比降、防洪水位一定的情况下，其排洪能力与排洪河宽关系紧密。黄河下游根据多年来河道流速、滩槽过洪比例实际观测资料统计成果，在进行河道整治工程规划布置时，依据大水趋直的洪水排泄规律，一直是按 2 ~ 3 km 河槽排洪宽度来保证大洪水期间主槽具有 80% 的排洪能力，要求南北两岸的河道整治工程在洪水趋直时约束的主流带宽度不小于 2 km 的宽度，其中 2 ~ 3 km 的河槽排洪宽度包括沿规划流路大水深演进的大溜带宽度和洪水趋直而上凸岸嫩滩的漫水区宽度两个方面。如果河道整治工程送流段部分插入排洪河槽过多，其坝顶高程又较高，势必侵占河槽排洪宽度，影响河槽嫩滩排洪；如果工程送流段部分以潜坝形式修筑，虽插入排洪河槽较多，但其坝顶高程很低，不仅低于嫩滩面高程，而且考虑洪水趋直上滩可能对凸岸嫩滩普遍刷顶降低的情况，在强化工程送流能力、加大规划流路、整治河宽区域过流比例情况下，通过潜坝坝顶预留足量过洪水深的方法，减小或避免潜坝对洪水趋直、河槽排洪能力可能带来的影响。特别是按中水河道整治规划，中水河槽整治工程逐步完善，规划工程布置逐步完成，续建工程已经位于河槽排洪宽度范围之内，势必对河段行洪能力造成一定影响的情况下，确定不抢险潜坝设计流量和坝顶高程时必须分析研究其对所在河段河槽排洪能力可能的影响。

（二）现有滩唇附近滩地高程

黄河下游两岸大堤间的广阔滩地，担负有滞洪沉沙、稳定主槽、延长河道寿命的重要使命，在黄河下游河道淤积抬高不可避免的情况下，要求滩地和主槽均衡抬升，希望在洪水涨水漫滩期间含沙水流上滩落淤、淤高滩地，落水期间落淤后的滩区"清水"回归主槽、冲刷下切河槽，实现洪水时的"滩槽水沙交换"。因此，希望修建的潜坝工程顶部高程越低越好，越低阻碍含沙水流上滩能力越小，对"滩槽水沙交换"的影响也越小。特别是在近年来，由于上游来水减少，加上上游水库调节能力增强，大洪水出险的概率大大下降，洪水漫滩次数也随之下降和滩槽水沙交换下降，致使黄河下游主槽不断淤积上升，逐渐高于临河滩地，形成"二级悬河"不利局面的情况下，这一要求就显得尤为重要。但是，"滩槽水沙交换"的首要前提是要含沙水流漫过现有滩唇附近滩地，才有可能出现含沙水流上滩、走溜、进滩落淤，即使是潜坝工程顶部高程很低，因有高昂的滩地挡水，含沙水流不能上滩也是枉然。因此，现有滩唇附近滩地高程与工程坝顶高程相比的高低，直接影响着潜坝工程设计流量的合理与否，必须认真研究对待。

（三）河势控导需要

潜坝设计流量定的越小，其坝顶高程也就越低，那么对河槽排洪能力影响也越小。但如果一味地追求避免对河槽排洪能力的影响，势必要将潜坝顶部高程定的很低，任何流量的河水都可以轻而易举地从其顶面漫过，那么其也就丧失了约束水流、控导河势的能力。特别是近几年来，在小水的不断作用下，黄河下游游荡性河段畸形河势发育，工程靠溜部位上提现象明显，部分工程上首塌滩严重，有的已超出工程控制范围，被抄后路。同时，小水的不断作用还易形成畸形河弯，造成部分工程脱河或半脱河，如柳园口、大宫、贯台等工程相继脱河，老田庵、武庄等工程靠溜长度偏短，不能有效控导主流，顺河街、王庵、蔡集等工程上首相继出险就是这种情况的典型案例。

分析近几年黄河下游游荡性畸形河势发育的原因是多方面的：除长期小水过程作用、工程不配套因素外，设计整治流量偏大、工程间距离过长、弯道半径过大导致对小水河势控制不力也是主要原因。随着黄河下游来水来沙条件的变化和人们对防洪及环境更高的要求，对河道整治也有了工程应适时续建、进一步稳定河道主槽的更高要求。为避免不利河势发生，确保防洪安全以及提高滩区群众的防洪安全系数，除要求中常洪水流量能够得到较好控制外，不能忽视小水畸形河势对黄河防洪、河槽输沙、滩区安全和引黄供水带来的不利影响，必须适时、及时进行规顺和控制。

（四）河道径流过程

为正常发挥潜坝导流、溢流功能和科学合理用材，其设计流量选定应根据其整治目标紧密结合潜坝所在河流的河道径流情况综合确定，所确定的设计流量脱离河道径流实际容易造成潜坝工程的作用降低或浪费：潜坝设计流量大于或远远大于河道正常径流流量，潜坝修建高大，不容易遇见设计运用工况，发挥设计作用的概率降低，存在“大牛拉小车”的浪费情况；设计流量过小，潜坝经常处在超标准运用状态，其控导河势能力就不能满足需要，效用降低。因此，不同整治目标下的潜坝工程设计流量应对应相应目标下的河道径流平均流量：中水河槽整治的设计流量应大致相当中常洪水的平均流量，小水河槽整治的设计流量应大致相当河道长期枯水的平均流量。

二、以往设计流量的确定

黄河下游河道整治工程设计水位是相应设计流量下的河道水位，而整治工程设计流量即为河段的河道整治流量。一般地，整治流量的选择取决于不同时段的造床流量。

造床流量是与多年流量过程的综合造床作用相当的某一级流量。在实际应用中常以平槽流量（平滩流量）作为造床流量。

“十五”期间，主要分析 1987 ~ 2000 年来水和河床边界情况，采用平滩流量法、苏联马卡维也夫法确定造床流量。

平滩流量法：利用实测大断面结合水位—流量关系，确定造床流量的方法。在黄河下游游荡性河段，由于来水来沙及河床组成的影响，造床流量不仅沿程发生变化，而且随时间而改变。当滩地淤高、主槽下切、清水冲刷时，其值增大；反之，则减小。

苏联马卡维也夫法：马卡维也夫认为，当 $Q_m JP$ 值最大时，其相应流量为造床流量。造床流量包括造床强度和历时，造床强度与水流输沙能力有关，而输沙能力与 Q_m 及比降 J 的乘积成正比，历时可用流量出现的频率 P 表示。

根据“防洪为主”、“中水整治”的原则，按上述方法，最后综合确定选择 4 000 m^3/s 的流量作为目前河道整治方案下的整治流量，但在布置工程时必须考虑 8 000 ~ 10 000 m^3/s 流量时的河床演变特性。

根据《黄河下游河道整治工程设计暂行规定》，潜坝坝顶高程应与工程设计当年当地大河流量 2 000 ~ 3 000 m^3/s 的水位或当地滩面平，顶宽 3 ~ 5 m。下面是实际已经实施的潜坝的设计流量与设计水位的资料统计。

铁谢下延潜坝设计流量 2 000 m^3/s，设计水位为相应 2000 年 2 000 m^3/s 流量水位，即 116.70 m，潜坝坝顶高程同设计水位。

马庄控导工程潜坝设计整治流量为当年平滩流量 4 000 m^3/s，坝顶高程为相应流量下当年当地水位。

顺河街工程潜坝设计整治流量为 2000 年当地大河流量 4 000m^3/s，设计水位为相应整治流量下当年水位 81.35 m。

根据上面的统计，我们可以看出，由于目前潜坝并没有大面积开展，潜坝设计还没有成熟、统一的标准。同时，由于不同位置潜坝对河势的控导作用以及对防洪带来的影响不同，给潜坝的设计和布置也带来了一定难度。随着今后河道整治工程建设的进一步开展，潜坝将越来越多地得到应用，因此研究潜坝设计流量和设计水位的确定方法，合理确定设计参数，对今后潜坝设计有着十分重要的意义。

三、设计流量研究

（一）输沙量法

分别计算在各流量级下的输沙量 W，以输沙量最大时所对应的流量作为整治流量。计算中采用的整治河宽由公式 $B = kQ^{0.5}$ 求得，中常洪水下的河宽根据黄河下游 1986～2005 年花园口实测平滩流量的河宽值平均求得，平均河宽为 1 678 m。输沙能力公式采用张原峰等根据黄河下游实测资料修正的恩格隆－汉森输沙能力公式。修正的恩格隆－汉森输沙能力公式可以简写为：

$$S = Bmu^{4.6} \tag{3-1}$$

式中 S——输沙能力；

m——系数；

u——平均流速。

则不同流量河道输沙量为：

$$W = TPS \tag{3-2}$$

式中 P——不同流量级出现的频率，按花园口水文站 2001～2005 年实测流量进行统计得出；

T——一年的总时间，s。

为便于显示，将不同流量输沙量分别与 800 m³/s 的输沙量进行比较，得到按不同整治流量方案下 Q 与 W/W_{800} 的关系（见图 3-1）。

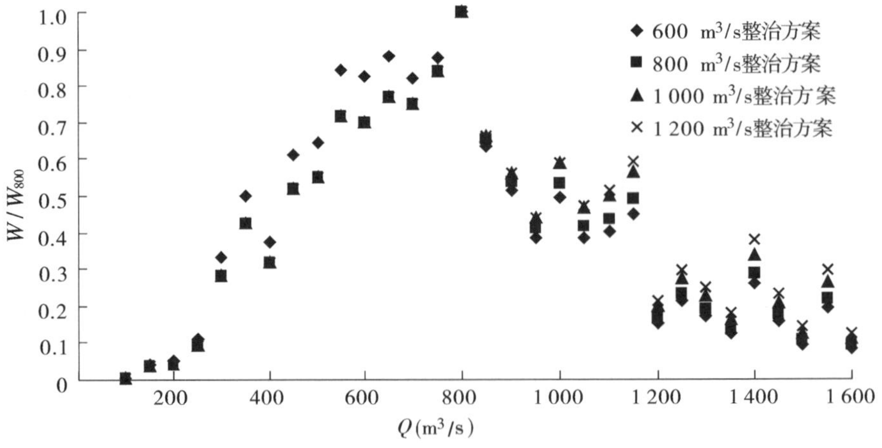

图 3-1 不同整治流量方案下 $Q \sim W/W_{800}$ 关系图

从图3-1可以看出，由于800 m^3/s出现历时相对较长，流量也相对较大，因此在不同整治流量方案下，其实际输沙量均相对其他流量级要大。这里需要说明的是，图上并未显示1 600 m^3/s以上各流量级输沙量与800 m^3/s之间输沙量的比值。根据计算，超过1 600 m^3/s以后，虽然这些流量级出现的历时短，但其输沙量仍超过800 m^3/s，并在3 500 m^3/s流量形成另一个峰值。

（二）平滩流量法

为便于分析黄河下游河道变化情况，黄委每年汛前和汛后均安排了河道断面测量。根据实测的断面，选择1996年以来典型的河道断面作为枯水河槽计算依据。主槽糙率n为0.015，河床比降i为0.000 19，按均匀流，采用实测的断面计算枯水河槽对应的平滩流量见表3-1。枯水河槽平滩流量平均为820 m^3/s。

表3-1　枯水河槽的平滩流量计算

项目	1997年		2001年		2003年		2004年		平均
	汛前	汛后	汛前	汛后	汛前	汛后	汛前	汛后	
平滩流量(m^3/s)	960	500	310	620	1 637	456	1 030	1 010	820

综上所述，取800 m^3/s作为今后河道整治潜坝的设计流量。

四、设计流量研究结果合理性分析及坝顶高程确定

根据黄河下游水资源利用和小浪底水库泄水发电运用特点，600 m^3/s是小浪底水库发电控制的下泄流量，一年中，超过60%的时间里大河流量低于800 m^3/s。从这点可以看出，前面两种方法计算得到的直线段工程布置的整治流量取800 m^3/s，对控制枯水期河势和提高输沙能力应该是比较合适的。

高强预应力钢筋混凝土预制透水管桩坝具有很强的抗冲、溢流稳定特性，不抢险，管理简单，参考黄河下游现有桩坝坝顶高程确定的经验和方法，其坝顶高程采用平工程所在地河槽800 m^3/s相应水位的要求确定：根据工程实际修建年的水位流量关系，确定潜坝的设计水位，以修建当年对应设计流量下的水位作为潜坝的设计坝顶高程。

第三节　可移动不抢险潜坝工程平面布置设计研究

根据河道整治或航道整治的不同目的，从控导河势、稳定流路等不同要求出发，依据不同结构坝型对水流适应性特点，国内外、不同河流采用了各式各样的潜坝布置形式。因此，可移动不抢险潜坝工程平面布置设计应重点借鉴和吸收黄河下游坝垛工程修建布置的经验和教训，以使在黄河下游修建不抢险潜坝能紧密结合黄河实际情况，更好地适应黄河特性。

一、黄河下游常见丁坝平面布置形式

黄河下游丁坝坝长一般为107.5 m，折合垂直水流方向长为53.75 m，坝间距一般为

100 m,坝长与坝间距比接近 1∶2。丁坝之间以连坝相连,以满足工程的交通和抢险要求。

黄河下游丁坝主要为下挑式丁坝,水流经丁坝一般在下游侧坐弯,最大冲刷坑发生在丁坝下游,且与丁坝坝头有一定距离(见图 3-2)。

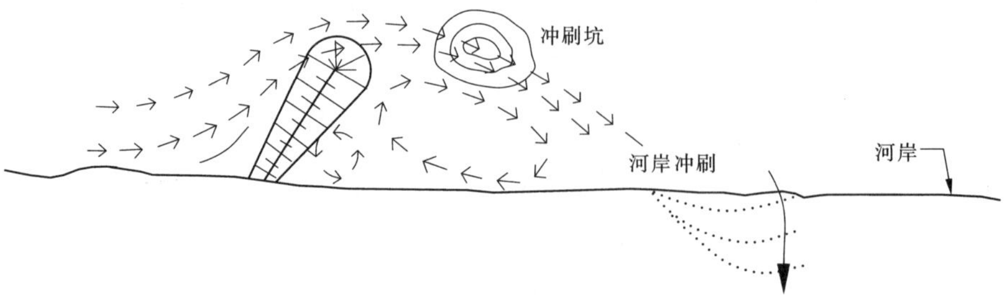

图 3-2　下挑式丁坝局部流场(单坝试验结果)

根据国内外其他河道整治的经验,黄河下游极少数丁坝也采取上挑式布置形式。这种类型坝的坝前水流流场与下挑式丁坝水流流场相似,最大冲刷坑往往发生在丁坝坝头上游侧(见图 3-3)。因此,上挑式丁坝意味着在建设时期花费更多的投资。然而,相对于下挑式丁坝而言,上挑式丁坝将主流送向对岸。目前这种布置已不再采用。

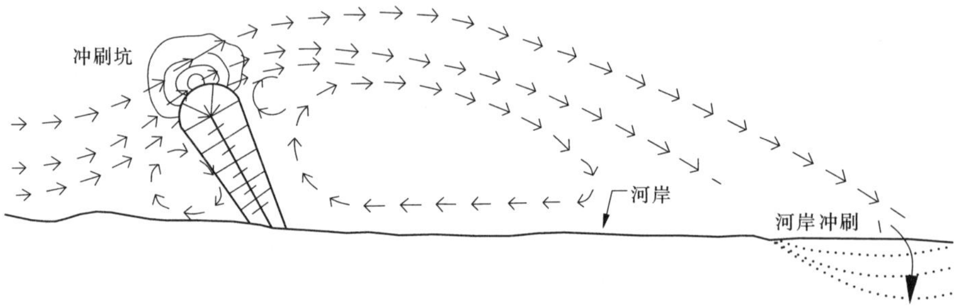

图 3-3　上挑式丁坝局部流场(单坝试验结果)

图 3-4 显示了下挑式丁坝群局部流场。从图中可以看出,由于受到上游丁坝的保护,主流被折向对岸,下游丁坝的最大冲刷坑有所减小。同时,受丁坝群的保护,丁坝坝根有所淤积,河岸也因此受到保护。

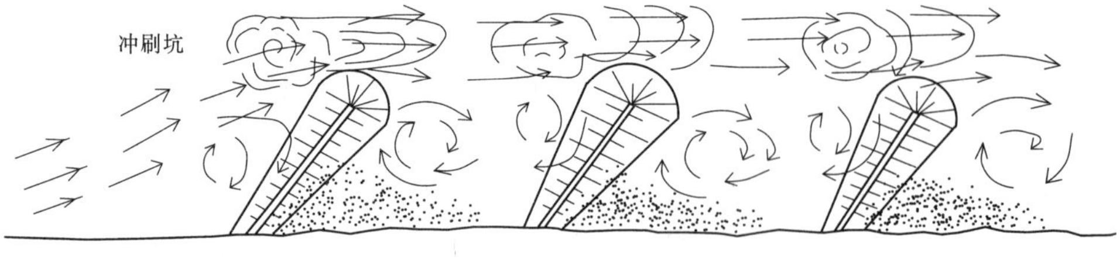

图 3-4　垂直丁坝群坝局部流场

二、已建桩坝平面布置

钢筋混凝土灌注桩坝是由一组具有一定间距的桩体组成的。按照丁坝冲刷坑可能发生的深度,将新筑河道整治工程的基础一次性做至坝体稳定的设计深度,当坝前河床土被水流冲失掉以后,坝体依靠自身仍能维持稳定而不出险,继续发挥其控导河势的作用。钢筋混凝土灌注桩坝是近几年在黄河下游逐步推广的不抢险坝,该坝型从黄河高含沙水量的实际出发,充分利用桩坝的导流作用及透水落淤造滩作用,使坝前冲刷、坝后落淤,冲淤相结合,从而达到规顺水流、控导河势的目的。

从提高桩坝的控流导流能力、落淤造滩效果,优化桩体结构受力等方面考虑,设计提出了多种方案并通过物理模型验证,对比不同透水率时桩坝的导流护滩效果,最终确定其透水率为33%。桩坝设计桩径0.8 m,桩净间距为0.3 m,结合理论计算并参考黄河下游坝垛实际冲深数值确定桩长。

钢筋混凝土灌注桩按规划治导线顺水流布置成顺坝形式。目前,钢筋混凝土灌注桩坝已在张王庄、东安和韦滩等工程中得到应用。

三、已建潜坝平面布置

黄河下游河道整治工程潜坝修建在规划治导线直线段,起送流至对岸的作用。由于潜坝主要作用是送流,大水期间允许坝顶漫顶过流,小水期间送流避免畸形河势产生,因此根据黄河下游险工及控导工程的经验,采用了沿规划治导线直线下延的顺坝形式。

目前,这种顺治导线直线布置的潜坝形式已在铁谢、马庄和顺河街得到了应用。

四、可移动不抢险潜坝工程平面布置研究

(一)潜坝工程总体布置形式

黄河下游进一步开展河道整治的目的在于进一步控制河势,规顺主流。与此同时,修建工程又要求尽可能减小对滩槽水沙交换的影响。随着河道整治工程的完善,滩区村庄以及滩地也得到了相应的保护。

考虑到目前黄河下游河道整治工程已完成布点,且弯道段工程也基本布置完毕,目前布置的工程其主要作用是根据河道整治规划要求配合已建工程,进一步控制河势。可能布置的工程平面位置如图3-5所示。

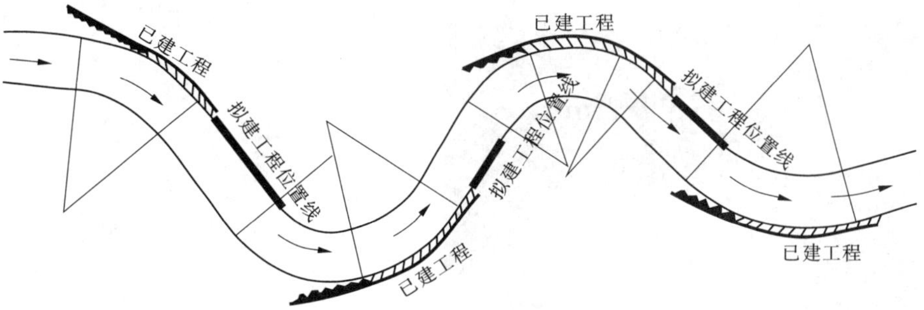

图3-5 潜坝平面布置图

由于新布置的工程多位于直线段,其作用是进一步稳定主流,使得主流能平顺地送至下一个工程,且该类工程修建后,将减小排洪河宽,因此应尽可能地降低其坝顶高程,以减小对洪水行洪的影响。其纵断面布置如图3-6所示。

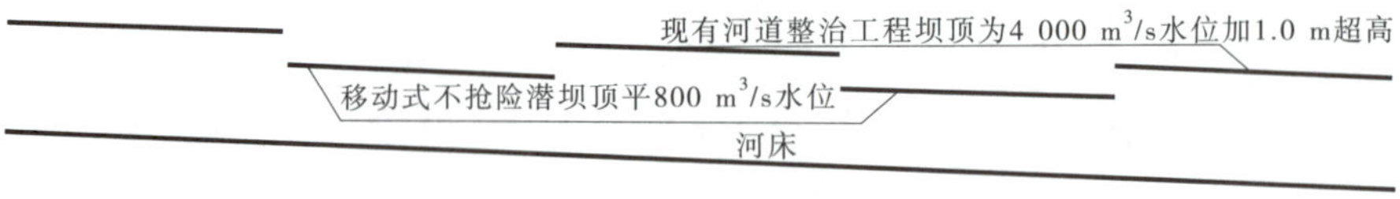

图 3-6　潜坝纵断面图

基于拟建的可移动不抢险潜坝均布置在直线段，而布置成与水流垂直的坝垛形式不利于对主流的控制，且小水流量下，主流也可能钻裆而过，因此可移动不抢险潜坝应布置成沿规划治导线的顺坝形式。

（二）潜坝工程平面布置方案比选

因为拟建潜坝为不抢险结构，根据目前在黄河下游不抢险坝垛的应用经验，采用钢筋混凝土桩坝布置是一种比较好的结构形式。

1. 透水桩坝与不透水桩坝方案比选

钢筋混凝土桩坝在平面上可以布置成不透水形式和透水形式。

不透水桩坝一般采用预制桩墙的布置形式（见图 3-7）。墙体一般由预制钢筋混凝土方桩组成，桩身通常为矩形。当考虑重复使用时，宜采用预制的预应力混凝土管桩。

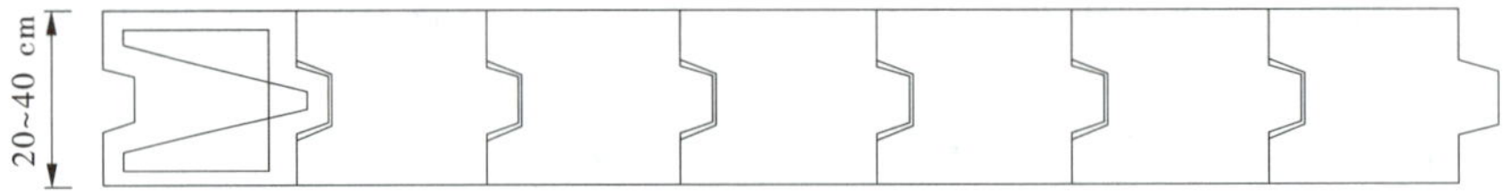

图 3-7　预制钢筋混凝土桩墙平面图

透水桩坝一般采用圆形的钢筋混凝土灌注桩，目前在黄河下游广泛采用的灌注桩坝桩中心距一般为 1.1 m，净间距 0.3 m，桩径 0.8 m，透水率为 33%（实际情况是因灌注桩施工中存在必然扩孔因素，桩与桩之间缝隙极易被扩孔混凝土填充，透水率大为减小，深度越大、地层沙性越大，透水率越小），见图 3-8。

(a) 韦滩灌注桩坝　　(b) 修建中的张王庄灌注桩坝

图 3-8　黄河下游钢筋混凝土灌注桩坝

根据对不透水桩坝及透水桩坝的比较，基于以下几点原因，决定采用透水桩坝的布置形式：

（1）透水桩坝已在张王庄、东安和韦滩等工程实施，根据东安工程靠河后导流效果，参考黄河水利科学研究院（以下简称黄科院）以韦滩工程为原型的模型试验成果，以及华北水利水电学院针对可移动不抢险潜坝所做的模型试验结果，透水桩坝工程能很好地起到传统丁坝控导水流的效果，工程适应性较好。

（2）根据黄科院模型试验，同样工况下，不透水桩坝的桩前冲刷坑深度大于透水桩坝的冲刷坑深度，据此计算不透水桩坝的管桩长度大于透水桩坝管桩长度。

（3）根据黄科院模型试验及理论分析成果，透水桩坝在桩体前后形成一个连续的冲刷坑，桩后土体被冲掉一部分，因此其受力情况也好于不透水桩坝，桩坝所受弯矩及剪力均小于不透水桩坝。

（4）比较透水桩坝与不透水桩坝，如按照黄河下游透水桩坝布置形式，即桩中心距一般为1.1 m，净间距0.3 m，桩径0.8 m，总打桩长度减少约10%，采用透水桩坝，有良好的经济效益。

2. 透水桩坝透水率的选择

对于透水桩坝的透水率选择，黄科院2001年曾受河南黄河河务局委托进行了“不同透水率桩坝导流落淤效果模型试验研究”。研究采用了三个透水率方案，即：

（1）桩径 $d=0.8$ m，净间距 $l=0.3$ m，透水率为27%；

（2）桩径 $d=1.0$ m，净间距 $l=0.5$ m，透水率为33%；

（3）桩径 $d=1.0$ m，净间距 $l=0.75$ m，透水率为43%。

根据模型试验得到以下结果：

（1）最大冲刷坑随着透水率的增加而略有减小。

（2）试验水沙条件下，透水桩坝的控导主流作用并未因部分透水过流而明显减弱。试验初期即坝后落淤之前，对于透水率为27%和33%的透水桩坝，不管入流角度是15°、30°还是60°，桩坝都能顺利地将主流导向对岸的控导工程；对于透水率为43%的透水桩坝，当入流角度为15°时，桩坝能将主流顺流导向下一个控导工程，当入流角为30°和60°时，由于坝后过流较多，主流线有所偏移。试验后期即坝后落淤后，各透水率桩坝迎流送流状况良好。

由以上模型试验结果可知，不管入流角度较大或较小，透水率只要不超过33%，桩坝即有较好的控导主流作用。鉴于可移动不抢险潜坝的布置位置在治导线的送流段，要求控导小水至下游控导工程，但在现有工程作业下潜坝工程更多情况下与主流夹角较小，且存在坝顶盖梁及桩间挂草阻水影响；大、中洪水时潜坝顶溢流，河势控导主要依靠现有控导工程。因此，不抢险潜坝的透水率可以适当加大，参考已建钢筋混凝土灌注桩坝经验，可移动不抢险潜坝透水率建议采用33.3%。

（三）可移动不抢险潜坝工程平面布置形式

可移动不抢险潜坝采用水力插桩施工，为有效、方便利用高强预应力钢筋混凝土预制管桩空心通道进行施工时射水机具安置，其管桩断面不宜过小；考虑其拔除施工因素，其管桩断面不宜过大。参考目前钢筋混凝土预制管桩规格情况，以及现有透水桩坝运行经验，拟定采用管桩外径为60 cm，内径30 cm，管桩净间距0.3 m，透水率33.3%。因此，若修建河道整治工程，确定可移动不抢险潜坝的平面布置采用沿治导线直线送流段布置修建，潜坝长度根据规划要求设计确定。若是修建临时导流坝，则要根据不同的河势控导需要，具体设计其工程平面位置线。根据现有河道整治工程控导河势效用成果，临时导流桩坝长度可控制在500 m左右。

考虑到可移动、不抢险等因素，潜坝桩体结构推荐采用预应力钢筋混凝土管桩，其截面形式采用圆环形，可适应不同的水流条件，并节省混凝土材料；采用预应力技术能够控制桩体在移动、吊装、拆卸过程中不出现裂缝；管桩能够在工厂进行预制和检测，质量有保证。

第四节　可移动不抢险潜坝冲刷深度计算

一、计算工况和相关计算参数选取

（一）计算工况

可移动不抢险潜坝设计流量采用建设期当年当地河槽流量800 m^3/s。因此，潜坝存在两种最不利运用工况：①正常运用期河槽800 m^3/s设计流量时，潜坝坝前发生最大冲刷水深，潜坝可能在水压力、土压力作用下出现最不利受力状态；②大洪水淹没运用时，潜坝坝顶淹没过流，潜坝出现类似锁坝运用情况，潜坝后发生最大冲刷水深，潜坝可能在水压力、土压力作用下出现最不利受力状态。

（二）潜坝冲刷深度计算相关参数选取

根据花园口水文站多年实测资料：在枯水期设计流量800 m^3/s下，河道最大行近水深h_0一般为2.26～3.0 m，主流局部冲刷流速2.0 m/s（见图3-9）；在中常洪水流量4 000 m^3/s下，河道最大行近水深h_0一般为4.0～5.0 m，主流局部冲刷流速2.5 m/s；大洪水期设计流量12 000 m^3/s下，河道最大行近水深h_0一般为6.0～6.5 m，水流局部冲刷最大流速3.0 m/s。在中常洪水流量4 000 m^3/s下，冲刷期最大单宽流量$q=18\ m^2/s$；8 000 m^3/s下，冲刷期最大单宽流量$q=22.5\ m^2/s$；12 000 m^3/s下，冲刷期最大单宽流量$q=28\ m^2/s$。按800 m^3/s、4 000 m^3/s、8 000 m^3/s、12 000 m^3/s四个流量级计算，来流角度α按30°、45°、60°三种情况。根据近几年实测资料，花园口站的河床泥沙平均粒径为0.218 mm，中值粒径d_{50}采用0.2 mm。

管桩坝形式布置可与锁坝简单类比，根据黄河洪水特性，锁坝的相应水力边界条件取为：

4 000 m^3/s时，锁坝上下游水位差$\Delta h=0.5\sim0.8$ m；

8 000 m^3/s时，锁坝上下游水位差$\Delta h=0.3\sim0.5$ m；

12 000 m^3/s时，锁坝上下游水位差$\Delta h=0.2\sim0.4$ m。

二、冲刷深度常用计算公式

本次研究设计的可移动不抢险潜坝为目前最新型结构，主要反映在潜坝的透水、漫流

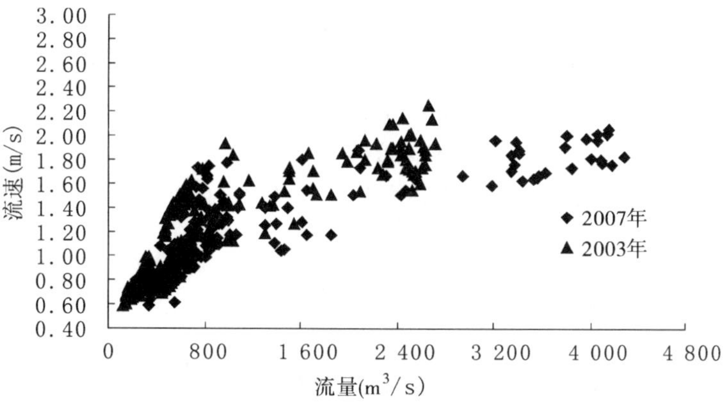

图 3-9 花园口断面 2003、2007 年流量—流速关系

和坝体长度等方面，可以直接使用的针对性公式仅有荷兰代尔伏特水力学所的淹没式透水桩丁坝冲刷深度计算公式，但国内应用很少。根据可移动不抢险潜坝在枯水时控导河势、大中洪水坝顶漫水，以及缓流落淤和长顺坝运用特点，在此选用较为成熟、工程上习用和适用条件相近的公式（见表 3-2）计算，再根据实际运用观测经验数据综合确定最终冲刷深度。

为了明确、统一各公式表述的符号意义，给出丁坝冲刷概化示意图，以下公式所表示的主要几何参数见图 3-10。

表 3-2 常用冲刷计算公式

序号	名称	出处	适用条件	内容
公式一	荷兰代尔伏特水力学所公式	孟加拉国水利部，《标准化河岸防护设计指南及设计手册》	淹没式透水桩丁坝冲刷深度计算	$h_0+y_{s,local}=K_{总}\left(h_0u_1\dfrac{B_{ch}}{B_{ch}-b}\right)^{2/3}$ $K_{总}=K_{结构}K_{护底}K_{漂浮物}$
公式二	非淹没透水丁坝冲刷深度计算公式初探	《中国农村水利水电》2002 年第 5 期，武汉大学水利水电学院，冯红春	非淹没透水丁坝冲刷深度计算	$h_s=0.6(1-p^2)^{0.4}v_1^{0.8}hD^{0.4}d_{50}^{0.03}/(B-D)^{0.1}$
公式三	水流平行于岸坡产生的冲刷计算公式	武汉水院，《水力计算手册》	顺坝及平顺护岸局部冲刷深度计算	$h_B=h_p\left[\left(\dfrac{v_{cp}}{v_{允}}\right)^n-1\right]$ $h_s=h_B-h_0$
公式四	锁坝下游冲深计算	《水力学报》论文，2003 年 7 月，文岑、赵世强	锁坝下游未经消能的冲刷深度计算	$d_s=0.33\Delta h^{0.35}P/(d^{0.33}h^{0.02})$

续表 3-2

序号	名称	出处	适用条件	内容
公式五	锁坝下游的冲刷计算	武汉大学,《水力计算手册》	锁坝下游考虑消能以后的局部冲刷后的最大水深	$h_s = 0.332q/(d^{1/3}h^{1/6})$
公式六	水流斜冲防护岸坡产生冲刷计算	武汉大学,《水力计算手册》	顺坝及平顺护岸局部冲刷深度计算	$\Delta h_p = \dfrac{23\tan\dfrac{\alpha}{2}v_j^2}{\sqrt{1+m^2}g} - 30d$
公式七	波尔达柯夫公式	武汉大学,《水力计算手册》	非淹没不透水丁坝	$h_s = H - h_0$ $H = h_0 + 2.8v^2\sin\alpha/\sqrt{1+m^2}$
公式八	马卡维也夫公式	叶东升,章敏,《桥渡设计原理与实践》第五章公式(5-28)	非淹没不透水丁坝	$h_s = H - h_0$ $H = h_0 + (23/\sqrt{1+m^2})\tan\dfrac{\alpha}{2}\dfrac{v^2}{g} - 30d$
公式九	张红武公式	武汉大学,《水力计算手册》		$h_m = \dfrac{1}{\sqrt{1+m^2}}\left[\dfrac{h_0 v_0 \sin\theta(D_{50})^{0.5}}{\left(\dfrac{\gamma_s-\gamma}{\gamma}g\right)^{2/9}v^{5/9}}\right]^{6/7}\dfrac{1}{1+1\,000S_v^{1.67}}$
公式十	K·B·马特维耶夫公式	武汉水院,《水力计算手册》	非淹没丁坝冲刷深度计算	$h_s = 27K_1 \cdot K_2 \cdot \tan\dfrac{\alpha}{2} \cdot \dfrac{v^2}{g} - 30d$ $h_s = H - H_0;K_1 = e^{-5.1\sqrt{\frac{v_0^2}{gl}}};K_2 = e^{-0.2m}$

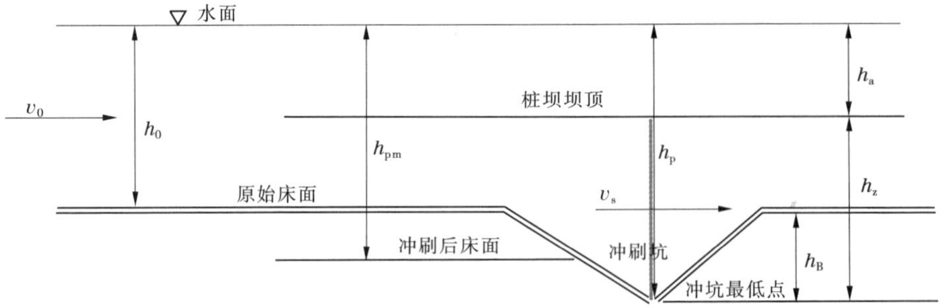

图 3-10　冲刷局部示意图

公式一,荷兰代尔伏特水力学所公式——淹没式透水桩丁坝冲刷深度计算公式:

$$h_0 + y_{s,\text{local}} = K_{总}\left(h_0 u_1 \frac{B_{ch}}{B_{ch} - b}\right)^{2/3} \tag{3-3}$$

$$K_{总} = K_{结构}K_{护底}K_{漂浮物} \tag{3-4}$$

式中　$K_{总}$——经验系数，与护岸结构形式有关，$m^{-1/3}s^{2/3}$；

B_{ch}——工程上游河宽，m；

b——工程压缩河宽的长度，m；

u_1——上游平均水深下的流速，m/s；

h_0——冲刷坑上游的水深，m；

$y_{s,local}$——局部最大冲刷深度，m；

$K_{结构}$——与透水率有关，取值范围在1.2~2.4，此处取2.1；

$K_{护底}$——有护底铺盖取1.1，无护底铺盖取1.0；

$K_{漂浮物}$——无漂浮物取1.0，漂浮物≤1.0 m取1.2，漂浮物>1.0 m取1.3。

公式二，非淹没透水丁坝冲刷深度公式：

$$h_s = 0.6(1-p^2)^{0.4}v_1^{0.8}hD^{0.4}d_{50}^{0.03}/(B-D)^{0.1} \tag{3-5}$$

式中　h_s——冲刷坑的深度，m，自河床向下算起；

p——透水强度，$p=v_2/v_1$，根据管桩坝的透水率，取$p=0.33$；

v_2、v_1——丁坝下游与上游的水流流速，m/s；

h——上游行近水深，m；

D——丁坝长度，m；

d_{50}——中值粒径，m，取$d_{50}=0.05\sim0.08$ mm；

B——河宽，m。

适用条件：非淹没透水丁坝冲刷深度计算。

出处：《中国农村水利水电》2002年第5期，武汉大学水利水电学院，冯红春。

公式三，水流平行于岸坡产生的冲刷计算公式：

$$h_B = h_p\left[\left(\frac{v_{cp}}{v_{允}}\right)^n - 1\right] \tag{3-6}$$

$$h_s = h_B - h_0 \tag{3-7}$$

式中　h_B——局部冲刷深度，m，从水面算起；

h_p——冲刷处的水深，m，以近似设计水位对应的最大深度代替；

v_{cp}——平均流速，m/s，根据实测小流量时，平均流速一般在1.0~1.5 m/s，局部河势坐弯时，流速可达2 m/s，为安全计，取2 m/s；

$v_{允}$——河床面上允许不冲流速，m/s，黄河下游河床质属于细沙，其允许不冲流速一般在0.2~0.3 m/s；

n——与防护岸坡在平面上的形状有关，$n=1/4\sim1/6$。

适用条件：顺坝及平顺护岸局部冲刷深度计算。

出处：武汉水院，《水利计算手册》。

公式四，锁坝下游冲深计算公式：

$$d_s = 0.33\frac{\Delta h^{0.35}}{d^{0.33}h^{0.02}}P \tag{3-8}$$

式中　d_s——冲刷坑的深度，m，自河床向下算起；

Δh——锁坝上下游水位差，m；

P——自河床起算的锁坝高度,m;

d——泥沙粒径,mm,取 $d = 0.05 \sim 0.08$ mm;

h——行近水深,m。

适用条件:锁坝下游未经消能的冲刷深度计算。

出处:《水力学报》论文,2003 年 7 月, 文岑、赵世强。

公式五,锁坝下游的冲刷计算公式:

$$h_s = 0.332q/(d^{1/3}h^{1/6}) \tag{3-9}$$

式中 h_s——锁坝坝下冲刷后的最大水深,m,从水面算起;

h——冲刷前锁坝下游水深,m;

q——最大单宽流量,m^2/s, $q = hv$;

d——床沙平均粒径,mm,取 $d = 0.05 \sim 0.08$ mm。

适用条件:锁坝下游考虑消能以后的局部冲刷后的最大水深。

出处:武汉大学,《水力计算手册》。

公式六,水流斜冲防护岸坡产生的冲刷计算公式:

$$\Delta h_p = \frac{23 \tan \frac{\alpha}{2} v_j^2}{\sqrt{1 + m^2} g} - 30d \tag{3-10}$$

式中 Δh_p——从河底算起的局部冲刷坑深度,m;

α——水流流向与岸坡夹角,(°);

m——防护建筑物迎水面边坡系数,取 $m = 0$;

d——坡脚处土壤粒径当量值,对非黏土,取大于 15%(按重量计)的筛孔直径,取值查表 3-3,此处取 0.02 m;

v_j——水流的局部冲刷流速,m/s, $v_j = \frac{Q}{W - W_p}$;

Q——设计流量,m^3/s;

W——原河道过水断面面积,m^2;

W_p——河道缩窄部分的断面面积,m^2。

适用条件:顺坝及平顺护岸局部冲刷深度计算。

出处:武汉大学,《水利计算手册》。

表 3-3 土壤粒径当量值

土壤性质	孔隙比(空隙体积/土壤体积)	干重度 (kN/m³)	非黏性土壤当量粒径(cm)		
			黏性及重黏性土	轻黏性土	黄土
不密实的	0.9 ~ 1.2	11.76	1	0.5	0.5
中等密实的	0.6 ~ 0.9	11.76 ~ 15.68	4	2	2
密实的	0.3 ~ 0.6	15.68 ~ 19.60	8	8	3
很密实的	0.2 ~ 0.3	19.60 ~ 21.07	10	10	6

公式七，波尔达柯夫公式：

$$H = h_0 + 2.8v^2\sin\alpha / \sqrt{1+m^2} \tag{3-11}$$

$$h_s = H - h_0 \tag{3-12}$$

式中 h_s——冲刷坑的深度，m，自河床向下算起；

H——坝前冲刷水深，m；

h_0——行近水深，m；

v——行近流速，m/s；

m——边坡系数，取 $m=0$；

α——水流轴线与丁坝交角，(°)。

适用条件：非淹没不透水丁坝。

出处：武汉大学，《水力计算手册》。

公式八，马卡维也夫公式：

$$H = h_0 + (23/\sqrt{1+m^2})\tan\frac{\alpha}{2}\frac{v^2}{g} - 30d \tag{3-13}$$

$$h_s = H - h_0 \tag{3-14}$$

式中 h_s——冲刷坑的深度，m，自河床向下算起；

H——坝前冲刷水深，m；

h_0——行近水深，m；

v——行近流速，m/s；

m——边坡系数，取 $m=0$；

α——水流轴线与丁坝交角，(°)；

d——床沙粒径，取 $d=0.05 \sim 0.08$ mm；

g——重力加速度，取 $g=9.8$ m/s^2。

适用条件：非淹没不透水丁坝。

出处：叶东升，章敏，《桥渡设计原理与实践》第五章公式(5-28)。

公式九，张红武公式：

张红武根据坝前水流的几种情况，导出细沙河床局部冲深公式为：

$$h_m = \frac{1}{\sqrt{1+m^2}}\left[\frac{h_0 v_0 \sin\theta (D_{50})^{0.5}}{\left(\frac{\gamma_s - \gamma}{\gamma}g\right)^{2/9} v^{5/9}}\right]^{6/7} \frac{1}{1 + 1\,000 S_v^{1.67}} \tag{3-15}$$

式中 h_m——坝前冲坑水深，m，自河床向下算起；

m——根石边坡系数；

θ——来流与坝轴线的夹角，(°)；

D_{50}——床沙中值粒径，m，取 $D_{50}=0.05 \sim 0.08$ mm；

γ——水流运动黏性系数；

S_v——体积百分数计的含沙量；

h_0——行近水深，m；

v_0——行近流速，m/s。

上式近年来已在黄河上使用。

出处:武汉大学,《水利计算手册》。

公式十,K·B·马特维耶夫公式——非淹没丁坝冲刷深度计算公式:

$$h_s = 27K_1K_2\tan\frac{\alpha}{2}\frac{v^2}{g} - 30d \qquad (3\text{-}16)$$

式中 h_s——冲刷坑深度,从河床算起,m;

v——丁坝的行近流速,m/s;

K_1——与丁坝在水流法线上投影长度 l 有关的系数,$K_1 = e^{-5.1\sqrt{\frac{v_0^2}{gl}}}$;

K_2——与丁坝边坡坡度 m 有关的系数,$K_2 = e^{-0.2m}$;

α——水流轴线与丁坝轴线的交角,(°);

g——重力加速度;

d——床沙粒径,mm,取 $d = 0.05 \sim 0.08$ mm。

出处:《堤防工程设计规范》(GB 50286—98);武汉水院,《水利计算手册》。

三、桩坝冲刷深度计算

根据可移动不抢险潜坝实际运用工况,桩坝分 800 m^3/s 流量平坝顶危险情况下的不淹没坝前冲深计算和大、中洪水淹没状态下坝后冲深计算两种情况,同时,考虑修建临时导流和滩区防护工程中的桩坝高程有可能定为平 4 000 m^3/s 流量水位情况,也计算桩坝顶平 800 m^3/s 流量水位危险情况下的不淹没坝前冲深计算情况。

因此,桩坝冲深计算公式可在淹没、不淹没丁坝和漫水锁坝三种类型中选用。

(一)淹没式透水丁坝前冲刷深度计算

利用荷兰代尔伏特水力学所公式进行计算。据统计,黄河下游弯道段河道中心线弯道半径 1 329 ~ 7 532 m,大多数弯道半径在 2 000 ~ 4 500 m,直线段河宽一般为 600 ~ 1 000 m。因此,h_0/h_{ch} 多为 1.87 ~ 2.07。

在设计流量 800 m^3/s 下,直线段河宽一般在 500 m 左右,h_{ch} 一般在 1.09 ~ 1.66 m,h_0 一般在 2.0 ~ 3.0 m。目前,黄河下游河道整治工程设计流量 4 000 m^3/s 下,直线段河宽一般在 1 000 m 以上,考虑黄河下游游荡性河段河道整治河宽一般也在 1 000 m,因此取河宽为 1 000 m,则 h_{ch} 一般在 2.87 m,h_0 一般在 4.5 m 左右。依据 $h_0 + y_{s,local} = K_{总}\left(h_0 u_1 \frac{B_{ch}}{B_{ch} - b}\right)^{\frac{2}{3}}$,$K_{总} = K_{结构}K_{护底}K_{漂浮物}$ 公式进行计算。$K_{结构}$ 与透水率有关,取值范围为 1.2 ~ 2.4,此处按透水率 33.3% 考虑,$K_{结构}$ 取 2.1;$K_{护底}$ 此处按无护底铺盖,取 1.0;$K_{漂浮物}$ 此处按无漂浮物,取 1.0。计算结果见表 3-4。

(二)不淹没坝前冲深计算

1. 丁坝类公式不淹没坝前冲深计算

由于丁坝束窄河床的作用,水流在丁坝的上游产生壅水,并形成水流的高压区;而在坝头附近的水流扰流作用下,流线集中,流速较大,形成水流的低压区。位于高压区的水体,除很少一部分折向河岸形成回流外,大部分水流(靠丁坝一侧)流向低压区(坝头附近),同时丁坝挡水作用而产生的下降水流所形成环绕坝头的涡流作用,而使坝头处的河床发生冲刷(见图3-11)。各个公式计算结果见表3-5~表3-9。

表3-4　荷兰代尔伏特水力学所淹没式透水桩丁坝冲刷深度计算结果(公式一)

流量(m^3/s)	水深(m)	流速(m/s)	水面下冲刷水深(m)	说明
800	2.00	1.50	5.43	①此公式计算情况为90°水流顶冲丁坝结果;②计算时采用的流速为坝前最大行近流速,不是公式中所要求的上游平均水深下的流速,计算的结果可能较公式本身要求偏大
	2.00	2.00	6.57	
	2.00	2.50	7.63	
	2.50	1.50	6.30	
	2.50	2.00	7.63	
	2.50	2.50	8.85	
	3.00	1.50	7.11	
	3.00	2.00	8.61	
	3.00	2.50	9.99	
4 000	4.00	2.00	10.14	
	4.00	2.50	11.77	
	4.00	3.00	13.29	
	4.50	2.00	10.97	
	4.50	2.50	12.73	
	4.50	3.00	14.38	
	5.00	2.00	11.77	
	5.00	2.50	13.66	
	5.00	3.00	15.42	

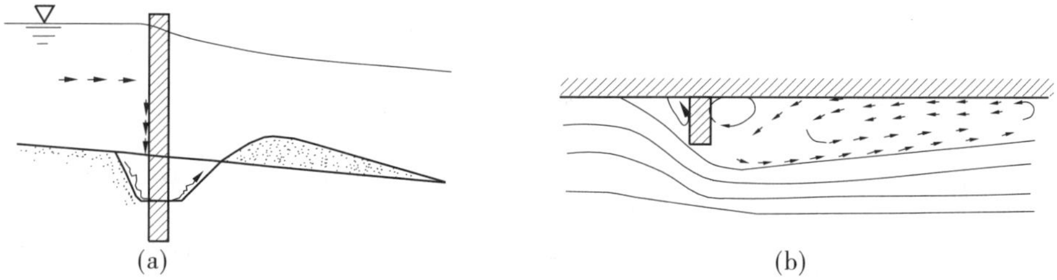

图3-11　丁坝冲刷计算简图

表 3-5　冯红春等非淹没透水丁坝前冲刷深度计算结果(公式二)

$Q = 800\ m^3/s$

h(m)	v(m/s)	p	D(m)	d_{50}(m)	B(m)	坝前水深 h_s(m)
2	1.5	0.33	122.4	0.000 05	400	4.59
2	2	0.33	122.4	0.000 05	400	5.78
2	2.5	0.33	122.4	0.000 05	400	6.91
2.5	1.5	0.33	122.4	0.000 05	400	5.74
2.5	2	0.33	122.4	0.000 05	400	7.22
2.5	2.5	0.33	122.4	0.000 05	400	8.63
3	1.5	0.33	122.4	0.000 05	400	6.88
3	2	0.33	122.4	0.000 05	400	8.67
3	2.5	0.33	122.4	0.000 05	400	10.36

$Q = 4\ 000\ m^3/s$

h(m)	v(m/s)	p	D(m)	d_{50}(m)	B(m)	坝前水深 h_s(m)
4	2	0.33	122.4	0.000 05	600	10.94
4	2.5	0.33	122.4	0.000 05	600	13.08
4	3	0.33	122.4	0.000 05	600	15.14
4.5	2	0.33	122.4	0.000 05	600	12.31
4.5	2.5	0.33	122.4	0.000 05	600	14.72
4.5	3	0.33	122.4	0.000 05	600	17.03
5	2	0.33	122.4	0.000 05	600	13.68
5	2.5	0.33	122.4	0.000 05	600	16.35
5	3	0.33	122.4	0.000 05	600	18.92

表 3-6　波尔达柯夫非淹没不透水丁坝前冲刷深度计算结果(公式七)

$Q=800\ m^3/s$						
h_0(m)	行近流速 v (m/s)	α(°)	弧度	$\sin\alpha$	h_s(m)	坝前水深 H(m)
2	1.5	30	0.523 333	0.499 77	3.15	5.15
2	1.5	60	1.046 667	0.865 76	5.45	7.45
2	1.5	90	1.57	1	6.30	8.30
2	2	30	0.523 333	0.499 77	5.60	7.60
2	2	60	1.046 667	0.865 76	9.70	11.70
2	2	90	1.57	1	11.20	13.20
2	2.5	30	0.523 333	0.499 77	8.75	10.75
2	2.5	60	1.046 667	0.865 76	15.15	17.15
2	2.5	90	1.57	1	17.50	19.50
2.5	1.5	30	0.523 333	0.499 77	3.15	5.65
2.5	1.5	60	1.046 667	0.865 76	5.45	7.95
2.5	1.5	90	1.57	1	6.30	8.80
2.5	2	30	0.523 333	0.499 77	5.60	8.10
2.5	2	60	1.046 667	0.865 76	9.70	12.20
2.5	2	90	1.57	1	11.20	13.70
2.5	2.5	30	0.523 333	0.499 77	8.75	11.25
2.5	2.5	60	1.046 667	0.865 76	15.15	17.65
2.5	2.5	90	1.57	1	17.50	20.00
3	1.5	30	0.523 333	0.499 77	3.15	6.15
3	1.5	60	1.046 667	0.865 76	5.45	8.45
3	1.5	90	1.57	1	6.30	9.30
3	2	30	0.523 333	0.499 77	5.60	8.60
3	2	60	1.046 667	0.865 76	9.70	12.70
3	2	90	1.57	1	11.20	14.20
3	2.5	30	0.523 333	0.499 77	8.75	11.75
3	2.5	60	1.046 667	0.865 76	15.15	18.15
3	2.5	90	1.57	1	17.50	20.50

续表 3-6

$Q=4\ 000\ m^3/s$						
h_0(m)	行近流速 v (m/s)	α(°)	弧度	$\sin\alpha$	h_s(m)	坝前水深 H(m)
4	2	30	0.523 333	0.499 77	5.60	9.60
4	2	60	1.046 667	0.865 76	9.70	13.70
4	2	90	1.57	1	11.20	15.20
4	2.5	30	0.523 333	0.499 77	8.75	12.75
4	2.5	60	1.046 667	0.865 76	15.15	19.15
4	2.5	90	1.57	1	17.50	21.50
4	3	30	0.523 333	0.499 77	12.59	16.59
4	3	60	1.046 667	0.865 76	21.82	25.82
4	3	90	1.57	1	25.20	29.20
4.5	2	30	0.523 333	0.499 77	5.60	10.10
4.5	2	60	1.046 667	0.865 76	9.70	14.20
4.5	2	90	1.57	1	11.20	15.70
4.5	2.5	30	0.523 333	0.499 77	8.75	13.25
4.5	2.5	60	1.046 667	0.865 76	15.15	19.65
4.5	2.5	90	1.57	1	17.50	22.00
4.5	3	30	0.523 333	0.499 77	12.59	17.09
4.5	3	60	1.046 667	0.865 76	21.82	26.32
4.5	3	90	1.57	1	25.20	29.70
5	2	30	0.523 333	0.499 77	5.60	10.60
5	2	60	1.046 667	0.865 76	9.70	14.70
5	2	90	1.57	1	11.20	16.20
5	2.5	30	0.523 333	0.499 77	8.75	13.75
5	2.5	60	1.046 667	0.865 76	15.15	20.15
5	2.5	90	1.57	1	17.50	22.50
5	3	30	0.523 333	0.499 77	12.59	17.59
5	3	60	1.046 667	0.865 76	21.82	26.82
5	3	90	1.57	1	25.20	30.20

表 3-7　马卡维也夫非淹没不透水丁坝前冲刷深度计算结果(公式八)

$Q=800\ m^3/s$,床沙粒径 $d=0.08$ mm,边坡系数 $m=0$

h_0(m)	行近流速 v (m/s)	α(°)	$\frac{\alpha}{2}$(°)	$\tan\frac{\alpha}{2}$	h_s(m)	坝前水深 H(m)
2	1.5	30	15	0.267 806 947	1.41	3.41
2	1.5	60	30	0.576 996 4	3.04	5.04
2	1.5	90	45	0.999 203 99	5.27	7.27
2	2	30	15	0.267 806 947	2.51	4.51
2	2	60	30	0.576 996 4	5.41	7.41
2	2	90	45	0.999 203 99	9.38	11.38
2	2.5	30	15	0.267 806 947	3.93	5.93
2	2.5	60	30	0.576 996 4	8.46	10.46
2	2.5	90	45	0.999 203 99	14.65	16.65
2.5	1.5	30	15	0.267 806 947	1.41	3.91
2.5	1.5	60	30	0.576 996 4	3.04	5.54
2.5	1.5	90	45	0.999 203 99	5.27	7.77
2.5	2	30	15	0.267 806 947	2.51	5.01
2.5	2	60	30	0.576 996 4	5.41	7.91
2.5	2	90	45	0.999 203 99	9.38	11.88
2.5	2.5	30	15	0.267 806 947	3.93	6.43
2.5	2.5	60	30	0.576 996 4	8.46	10.96
2.5	2.5	90	45	0.999 203 99	14.65	17.15
3	1.5	30	15	0.267 806 947	1.41	4.41
3	1.5	60	30	0.576 996 4	3.04	6.04
3	1.5	90	45	0.999 203 99	5.27	8.27
3	2	30	15	0.267 806 947	2.51	5.51
3	2	60	30	0.576 996 4	5.41	8.41
3	2	90	45	0.999 203 99	9.38	12.38
3	2.5	30	15	0.267 806 947	3.93	6.93
3	2.5	60	30	0.576 996 4	8.46	11.46
3	2.5	90	45	0.999 203 99	14.65	17.65

续表 3-7

$Q=4\ 000\ m^3/s$,床沙粒径 $d=0.08$ mm,边坡系数 $m=0$						
h_0(m)	行近流速 v (m/s)	α(°)	$\frac{\alpha}{2}$(°)	$\tan\frac{\alpha}{2}$	h_s(m)	坝前水深 H(m)
4	2	45	22. 5	0. 413 980 343	3. 88	7. 88
4	2	60	30	0. 576 996 4	5. 41	9. 41
4	2	90	45	0. 999 203 99	9. 38	13. 38
4	2. 5	45	22. 5	0. 413 980 343	6. 07	10. 07
4	2. 5	60	30	0. 576 996 4	8. 46	12. 46
4	2. 5	90	45	0. 999 203 99	14. 65	18. 65
4	3	45	22. 5	0. 413 980 343	8. 74	12. 74
4	3	60	30	0. 576 996 4	12. 19	16. 19
4	3	90	45	0. 999 203 99	21. 10	25. 10
4. 5	2	45	22. 5	0. 413 980 343	3. 88	8. 38
4. 5	2	60	30	0. 576 996 4	5. 41	9. 91
4. 5	2	90	45	0. 999 203 99	9. 38	13. 88
4. 5	2. 5	45	22. 5	0. 413 980 343	6. 07	10. 57
4. 5	2. 5	60	30	0. 576 996 4	8. 46	12. 96
4. 5	2. 5	90	45	0. 999 203 99	14. 65	19. 15
4. 5	3	45	22. 5	0. 413 980 343	8. 74	13. 24
4. 5	3	60	30	0. 576 996 4	12. 19	16. 69
4. 5	3	90	45	0. 999 203 99	21. 10	25. 60
5	2	45	22. 5	0. 413 980 343	3. 88	8. 88
5	2	60	30	0. 576 996 4	5. 41	10. 41
5	2	90	45	0. 999 203 99	9. 38	14. 38
5	2. 5	45	22. 5	0. 413 980 343	6. 07	11. 07
5	2. 5	60	30	0. 576 996 4	8. 46	13. 46
5	2. 5	90	45	0. 999 203 99	14. 65	19. 65
5	3	45	22. 5	0. 413 980 343	8. 74	13. 74
5	3	60	30	0. 576 996 4	12. 19	17. 19
5	3	90	45	0. 999 203 99	21. 10	26. 10

表 3-8　张红武非淹没不透水丁坝前冲刷深度计算结果(公式九)

$Q=800\ m^3/s, m=0, D_{50}=0.08\ mm, \gamma=9.8\ kN/m^3, \gamma_s=26\ kN/m^3$							
h_0(m)	v_0(m/s)	θ(°)	$\sin\theta$	v	S_v	h_m(m)	坝前水深 H(m)
2	1.5	30	0.500	0.000 010 1	0.005 66	2.97	4.97
2	2	30	0.500	0.000 010 1	0.005 66	3.80	5.80
2	2.5	30	0.500	0.000 010 1	0.005 66	4.60	6.60
2.5	1.5	30	0.500	0.000 010 1	0.005 66	3.60	6.10
2.5	2	30	0.500	0.000 010 1	0.005 66	4.60	7.10
2.5	2.5	30	0.500	0.000 010 1	0.005 66	5.57	8.07
3	1.5	30	0.500	0.000 010 1	0.005 66	4.21	7.21
3	2	30	0.500	0.000 010 1	0.005 66	5.38	8.38
3	2.5	30	0.500	0.000 010 1	0.005 66	6.52	9.52
2	1.5	60	0.866	0.000 010 1	0.005 66	4.76	6.76
2	2	60	0.866	0.000 010 1	0.005 66	6.09	8.09
2	2.5	60	0.866	0.000 010 1	0.005 66	7.37	9.37
2.5	1.5	60	0.866	0.000 010 1	0.005 66	5.76	8.26
2.5	2	60	0.866	0.000 010 1	0.005 66	7.37	9.87
2.5	2.5	60	0.866	0.000 010 1	0.005 66	8.93	11.43
3	1.5	60	0.866	0.000 010 1	0.005 66	6.74	9.74
3	2	60	0.866	0.000 010 1	0.005 66	8.62	11.62
3	2.5	60	0.866	0.000 010 1	0.005 66	10.44	13.44
2	1.5	90	1.000	0.000 010 1	0.005 66	5.38	7.38
2	2	90	1.000	0.000 010 1	0.005 66	6.89	8.89
2	2.5	90	1.000	0.000 010 1	0.005 66	8.34	10.34
2.5	1.5	90	1.000	0.000 010 1	0.005 66	6.52	9.02
2.5	2	90	1.000	0.000 010 1	0.005 66	8.34	10.84
2.5	2.5	90	1.000	0.000 010 1	0.005 66	10.10	12.60
3	1.5	90	1.000	0.000 010 1	0.005 66	7.62	10.62
3	2	90	1.000	0.000 010 1	0.005 66	9.75	12.75
3	2.5	90	1.000	0.000 010 1	0.005 66	11.81	14.81

续表 3-8

$Q=4\ 000\ m^3/s, m=0, D_{50}=0.08\ mm, \gamma=9.8\ kN/m^3, \gamma_s=26\ kN/m^3$							
h_0(m)	v_0(m/s)	θ(°)	$\sin\theta$	v	S_v	h_m(m)	坝前水深 H(m)
4	2	45	0.707	0.000 010 1	0.015 094	5.71	9.71
4	2.5	45	0.707	0.000 010 1	0.015 094	6.92	10.92
4	3	45	0.707	0.000 010 1	0.015 094	8.09	12.09
4.5	2	45	0.707	0.000 010 1	0.015 094	6.32	10.82
4.5	2.5	45	0.707	0.000 010 1	0.015 094	7.65	12.15
4.5	3	45	0.707	0.000 010 1	0.015 094	8.95	13.45
5	2	45	0.707	0.000 010 1	0.015 094	6.92	11.92
5	2.5	45	0.707	0.000 010 1	0.015 094	8.38	13.38
5	3	45	0.707	0.000 010 1	0.015 094	9.79	14.79
4	2	60	0.866	0.000 010 1	0.015 094	6.80	10.80
4	2.5	60	0.866	0.000 010 1	0.015 094	8.23	12.23
4	3	60	0.866	0.000 010 1	0.015 094	9.62	13.62
4.5	2	60	0.866	0.000 010 1	0.015 094	7.52	12.02
4.5	2.5	60	0.866	0.000 010 1	0.015 094	9.11	13.61
4.5	3	60	0.866	0.000 010 1	0.015 094	10.65	15.15
5	2	60	0.866	0.000 010 1	0.015 094	8.23	13.23
5	2.5	60	0.866	0.000 010 1	0.015 094	9.97	14.97
5	3	60	0.866	0.0 000 101	0.015 094	11.65	16.65
4	2	90	1.000	0.0 000 101	0.015 094	7.69	11.69
4	2.5	90	1.000	0.0 000 101	0.015 094	9.31	13.31
4	3	90	1.000	0.0 000 101	0.015 094	10.89	14.89
4.5	2	90	1.000	0.0 000 101	0.015 094	8.51	13.01
4.5	2.5	90	1.000	0.0 000 101	0.015 094	10.30	14.80
4.5	3	90	1.000	0.0 000 101	0.015 094	12.05	16.55
5	2	90	1.000	0.0 000 101	0.015 094	9.31	14.31
5	2.5	90	1.000	0.0 000 101	0.015 094	11.28	16.28
5	3	90	1.000	0.0 000 101	0.015 094	13.19	18.19

表 3-9　K·B·马特维耶夫非淹没不透水丁坝前冲刷深度计算结果(公式十)

$Q=800\ m^3/s$,床沙粒径 $d=0.2$ mm,坝坡系数 $m=0$,$K_2=1$								
h_0(m)	v_0 (m/s)	α(°)	$\frac{\alpha}{2}$(°)	$\tan\frac{\alpha}{2}$	K_1	L	h_s(m)	坝前水深 H(m)
2	1.5	30	15	0.27	0.73	61.17	1.21	3.21
2	2	30	15	0.27	0.66	61.17	1.94	3.94
2	2.5	30	15	0.27	0.59	61.17	2.73	4.73
2.5	1.5	30	15	0.27	0.73	61.17	1.21	3.71
2.5	2	30	15	0.27	0.66	61.17	1.94	4.44
2.5	2.5	30	15	0.27	0.59	61.17	2.73	5.23
3	1.5	30	15	0.27	0.73	61.17	1.21	4.21
3	2	30	15	0.27	0.66	61.17	1.94	4.94
3	2.5	30	15	0.27	0.59	61.17	2.73	5.73
2	1.5	60	30	0.58	0.79	105.97	2.81	4.81
2	2	60	30	0.58	0.73	105.97	4.63	6.63
2	2.5	60	30	0.58	0.67	105.97	6.68	8.68
2.5	1.5	60	30	0.58	0.79	105.97	2.81	5.31
2.5	2	60	30	0.58	0.73	105.97	4.63	7.13
2.5	2.5	60	30	0.58	0.67	105.97	6.68	9.18
3	1.5	60	30	0.58	0.79	105.97	2.81	5.81
3	2	60	30	0.58	0.73	105.97	4.63	7.63
3	2.5	60	30	0.58	0.67	105.97	6.68	9.68
2	1.5	90	45	1.00	0.80	122.40	4.96	6.96
2	2	90	45	1.00	0.74	122.40	8.20	10.20
2	2.5	90	45	1.00	0.69	122.40	11.90	13.90
2.5	1.5	90	45	1.00	0.80	122.40	4.96	7.46
2.5	2	90	45	1.00	0.74	122.40	8.20	10.70
2.5	2.5	90	45	1.00	0.69	122.40	11.90	14.40
3	1.5	90	45	1.00	0.80	122.40	4.96	7.96
3	2	90	45	1.00	0.74	122.40	8.20	11.20
3	2.5	90	45	1.00	0.69	122.40	11.90	14.90

续表 3-9

$Q=4\ 000m^3/s$,床沙粒径 $d=0.2$ mm,坝坡系数 $m=0$,$K_2=1$								
h_0(m)	v_0 (m/s)	α(°)	$\frac{\alpha}{2}$(°)	$\tan\frac{\alpha}{2}$	K_1	L	h_s(m)	坝前水深 H(m)
4	2	30	15	0. 27	0. 66	61. 17	1. 94	5. 94
4	2. 5	30	15	0. 27	0. 59	61. 17	2. 73	6. 73
4	3	30	15	0. 27	0. 54	61. 17	3. 55	7. 55
4. 5	2	30	15	0. 27	0. 66	61. 17	1. 94	6. 44
4. 5	2. 5	30	15	0. 27	0. 59	61. 17	2. 73	7. 23
4. 5	3	30	15	0. 27	0. 54	61. 17	3. 55	8. 05
5	2	30	15	0. 27	0. 66	61. 17	1. 94	6. 94
5	2. 5	30	15	0. 27	0. 59	61. 17	2. 73	7. 73
5	3	30	15	0. 27	0. 54	61. 17	3. 55	8. 55
4	2	60	30	0. 58	0. 73	105. 97	4. 63	8. 63
4	2. 5	60	30	0. 58	0. 67	105. 97	6. 68	10. 68
4	3	60	30	0. 58	0. 62	105. 97	8. 89	12. 89
4. 5	2	60	30	0. 58	0. 73	105. 97	4. 63	9. 13
4. 5	2. 5	60	30	0. 58	0. 67	105. 97	6. 68	11. 18
4. 5	3	60	30	0. 58	0. 62	105. 97	8. 89	13. 39
5	2	60	30	0. 58	0. 73	105. 97	4. 63	9. 63
5	2. 5	60	30	0. 58	0. 67	105. 97	6. 68	11. 68
5	3	60	30	0. 58	0. 62	105. 97	8. 89	13. 89
4	2	90	45	1. 00	0. 74	122. 40	8. 20	12. 20
4	2. 5	90	45	1. 00	0. 69	122. 40	11. 90	15. 90
4	3	90	45	1. 00	0. 64	122. 40	15. 92	19. 92
4. 5	2	90	45	1. 00	0. 74	122. 40	8. 20	12. 70
4. 5	2. 5	90	45	1. 00	0. 69	122. 40	11. 90	16. 40
4. 5	3	90	45	1. 00	0. 64	122. 40	15. 92	20. 42
5	2	90	45	1. 00	0. 74	122. 40	8. 20	13. 20
5	2. 5	90	45	1. 00	0. 69	122. 40	11. 90	16. 90
5	3	90	45	1. 00	0. 64	122. 40	15. 92	20. 92

2. 不淹没顺坝或平顺护岸局部冲刷深度计算

在桩坝很长,一字布设,非常平顺,实际上长顺坝类的平顺护岸,水流平行岸坡冲刷采用武汉水利电力学院 1978 年版的《水力计算手册》中公式 $h_B = h_p\left[\left(\frac{v_{cp}}{v_{见}}\right)^n - 1\right]$进行计算,水流斜冲岸坡冲刷采用《堤防工程设计规范》(GB 50286—98)中公式 $\Delta h_p = \frac{23\tan\frac{\alpha}{2}v_j^2}{\sqrt{1+m^2}g} - 30d$ 进行计算,黄河下游河床质属于细沙,其允许不冲流速 v 一般在 0.2 ~0.3 m/s,与防护岸坡在平面上的形状有关的 n 取 $n=\frac{1}{5}$。计算结果见表 3-10 和表 3-11。

表 3-10 不淹没顺坝水流平行岸坡冲刷坝前水深计算结果(公式三)

$Q=800\ \mathrm{m^3/s}$

h_p(m)	v_{cp}(m/s)	$v_{允}$(m/s)	h_B(m)	坝前水深 H(m)
2	1.5	0.2	1.31	3.31
2	2	0.2	1.56	3.56
2	2.5	0.2	1.76	3.76
2.5	1.5	0.2	1.64	4.14
2.5	2	0.2	1.95	4.45
2.5	2.5	0.2	2.20	4.70
3	1.5	0.2	1.96	4.96
3	2	0.2	2.33	5.33
3	2.5	0.2	2.64	5.64

$Q=4\ 000\ \mathrm{m^3/s}$

h_p(m)	v_{cp}(m/s)	$v_{允}$(m/s)	h_B(m)	坝前水深 H(m)
4	2	0.2	3.11	7.11
4	2.5	0.2	3.52	7.52
4	3	0.2	3.87	7.87
4.5	2	0.2	3.50	8.00
4.5	2.5	0.2	3.96	8.46
4.5	3	0.2	4.36	8.86
5	2	0.2	3.89	8.89
5	2.5	0.2	4.40	9.40
5	3	0.2	4.84	9.84

表 3-11　不淹没顺坝水流斜冲岸坡冲刷坝前水深计算结果(公式六)

$Q=800\ m^3/s$					
h_0(m)	v_j(m/s)	α(°)	$\tan\frac{\alpha}{2}$	Δh_p(m)	坝前水深 H(m)
2	1.5	30	0.27	1.26	3.26
2	2	30	0.27	2.36	4.36
2	2.5	30	0.27	3.78	5.78
2.5	1.5	30	0.27	1.26	3.76
2.5	2	30	0.27	2.36	4.86
2.5	2.5	30	0.27	3.78	6.28
3	1.5	30	0.27	1.26	4.26
3	2	30	0.27	2.36	5.36
3	2.5	30	0.27	3.78	6.78
2	1.5	60	0.58	2.90	4.90
2	2	60	0.58	5.27	7.27
2	2.5	60	0.58	8.31	10.31
2.5	1.5	60	0.58	2.90	5.40
2.5	2	60	0.58	5.27	7.77
2.5	2.5	60	0.58	8.31	10.81
3	1.5	60	0.58	2.90	5.90
3	2	60	0.58	5.27	8.27
3	2.5	60	0.58	8.31	11.31
2	1.5	90	1.00	5.13	7.13
2	2	90	1.00	9.23	11.23
2	2.5	90	1.00	14.51	16.51
2.5	1.5	90	1.00	5.13	7.63
2.5	2	90	1.00	9.23	11.73
2.5	2.5	90	1.00	14.51	17.01
3	1.5	90	1.00	5.13	8.13
3	2	90	1.00	9.23	12.23
3	2.5	90	1.00	14.51	17.51

续表 3-11

$Q=4\ 000\ m^3/s$					
h_0(m)	v_j(m/s)	α(°)	$\tan\frac{\alpha}{2}$	Δh_p(m)	坝前水深 H(m)
4	2	30	0.27	2.36	4.36
4	2.5	30	0.27	3.78	6.28
4	3	30	0.27	5.51	8.51
4.5	2	30	0.27	2.36	4.36
4.5	2.5	30	0.27	3.78	6.28
4.5	3	30	0.27	5.51	8.51
5	2	30	0.27	2.36	4.36
5	2.5	30	0.27	3.78	6.28
5	3	30	0.27	5.51	8.51
4	2	60	0.58	5.27	7.27
4	2.5	60	0.58	8.31	10.81
4	3	60	0.58	12.04	15.04
4.5	2	60	0.58	5.27	7.27
4.5	2.5	60	0.58	8.31	10.81
4.5	3	60	0.58	12.04	15.04
5	2	60	0.58	5.27	7.27
5	2.5	60	0.58	8.31	10.81
5	3	60	0.58	12.04	15.04
4	2	90	1.00	9.23	11.23
4	2.5	90	1.00	14.51	17.01
4	3	90	1.00	20.96	23.96
4.5	2	90	1.00	9.23	11.23
4.5	2.5	90	1.00	14.51	17.01
4.5	3	90	1.00	20.96	23.96
5	2	90	1.00	9.23	11.23
5	2.5	90	1.00	14.51	17.01
5	3	90	1.00	20.96	23.96

(三)漫水锁坝后冲刷水深计算

水流从锁坝坝顶漫溢后,水流在锁坝上游主要是产生壅水,不发生冲刷,壅水势能在坝顶因锁坝约束而转化为动能,水流流速加快,翻坝后的高速水流冲击坝后低速水流产生涡旋水流而造成锁坝下游河床产生局部冲刷。根据《水力计算手册》,采用重庆交通学院西南水运工程研究所公式 $d_s = 0.33\Delta h^{0.35} P/(d^{0.33} h^{0.02})$ 和南京水利科学研究所公式 $h_s = 0.332q/(d^{1/3} h^{1/6})$ 进行锁坝后冲刷深度计算,结果见表 3-12 和表 3-13。

表 3-12 漫水锁坝冲刷坝后水深计算结果(公式四)

$Q = 4\ 000\ m^3/s$					
h(m)	Δh(m)	d(mm)	P(m)	d_s(m)	坝后冲刷水深 H(m)
4	0.2	0.05	2.0	0.98	4.98
4	0.3	0.05	2.0	1.13	5.13
4.5	0.2	0.05	2.5	1.22	5.72
4.5	0.3	0.05	2.5	1.41	5.91
5	0.2	0.05	3.0	1.47	6.47
5	0.3	0.05	3.0	1.69	6.69
$Q = 8\ 000\ m^3/s$					
h(m)	Δh(m)	d(mm)	P(m)	d_s(m)	坝后冲刷水深 H(m)
5	0.2	0.05	2.5	1.22	6.22
5	0.3	0.05	2.5	1.41	6.41
5.5	0.2	0.05	3.0	1.46	6.96
5.5	0.3	0.05	3.0	1.69	7.19
6	0.2	0.05	3.5	1.70	7.70
6	0.3	0.05	3.5	1.96	7.96
$Q = 12\ 000\ m^3/s$					
h(m)	Δh(m)	d(mm)	P(m)	d_s(m)	坝后冲刷水深 H(m)
6	0.2	0.05	3.0	1.46	7.46
6	0.3	0.05	3.0	1.68	7.68
6.5	0.2	0.05	3.5	1.70	8.20
6.5	0.3	0.05	3.5	1.96	8.46
7	0.2	0.05	4.0	1.94	8.94
7	0.3	0.05	4.0	2.24	9.24

表 3-13　漫水锁坝冲刷坝后水深计算结果(公式五)

$Q=4\ 000\ m^3/s, d=0.08\ mm$				
h(m)	v(m/s)	q(m^2/s)	h_s(m)	坝后冲刷水深 H(m)
4	2	8	0.89	4.89
4	2.5	10	2.12	6.12
4	3	12	3.34	7.34
4.5	2	9	0.90	5.40
4.5	2.5	11.25	2.25	6.75
4.5	3	13.5	3.60	8.10
5	2	10	0.89	5.89
5	2.5	12.5	2.37	7.37
5	3	15	3.84	8.84
$Q=8\ 000\ m^3/s, d=0.08\ mm$				
h(m)	v(m/s)	q(m^2/s)	h_s(m)	坝后冲刷水深 H(m)
5	2.5	12.5	2.37	7.37
5	3	15	3.84	8.84
5	3.5	17.5	5.31	10.31
5.5	2.5	13.75	2.47	7.97
5.5	3	16.5	4.07	9.57
5.5	3.5	19.25	5.66	11.16
6	2.5	15	2.57	8.57
6	3	18	4.29	10.29
6	3.5	21	6.00	12.00
$Q=12\ 000\ m^3/s, d=0.08\ mm$				
h(m)	v(m/s)	q(m^2/s)	h_s(m)	坝后冲刷水深 H(m)
6	3	18	4.29	10.29
6	3.5	21	6.00	12.00
6	4	24	7.72	13.72
6.5	3	19.5	4.50	11.00
6.5	3.5	22.75	6.33	12.83
6.5	4	26	8.16	14.66
7	3	21	4.70	11.70
7	3.5	24.5	6.65	13.65
7	4	28	8.60	15.60

注:q 由 $q=hv$ 计算得出。

四、桩坝冲刷深度确定

根据桩坝实际观测资料和模型试验冲刷成果分析，在桩坝前形成较大冲深的根本原因是桩坝阻挡水流正常演进而产生的坝前螺旋流：洪水流经桩坝受阻挡和挑流的影响，受阻的水流一部分被严重压缩后一方面在坝迎水面形成正压力极大的涌波，使压缩的水流沿坝面爬升，另一方面在坝头形成强度很大沿坝面向下的下降水流。沿坝面的下降水流与受阻挤压流速大增的纵向水流结合形成斜向河底的马蹄形螺旋流。马蹄形螺旋流又分为两部分：一部分为向坝面旋转而流向大河的螺旋流 A，另一部分为向坝面旋转而又沿坝面绕坝头流向下游的螺旋流 B。螺旋流 B 至坝下游因坝后水流流速较小和水流间的剪切力作用而骤然降水扩散，在坝后形成尺度很大的旋涡体系和坝后回流区（见图 3-12）。

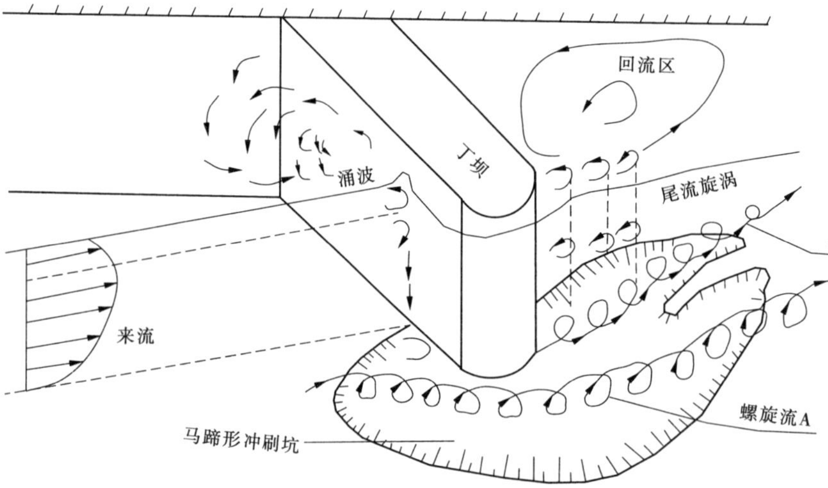

图 3-12　坝前水流形态示意图

被压缩的水流沿坝面爬升或下降，与坝坡和坝顶高度紧密相关：坝坡陡，则爬升比例小，下降比例大，坝前冲深大；坝顶低，被压缩的水流沿坝顶翻越，则爬升比例大，下降比例小，坝前冲深变小。另外，桩坝前后的冲刷坑形态、水深还与桩坝透水率紧密相关：桩坝透水率与冲刷深度成反比，透水率加大，则坝前冲刷水深变小，但坝前深泓点随透水率加大而向坝体轴线管桩之间靠近，减小桩坝根部前后河床高差；反之，则是反向变化。桩坝尾端 80 ~ 100 m 最容易遭遇大角度水流顶冲和回流淘刷情况，该部位桩坝前后水深大于桩坝其他部位的水深。

综合考虑以上各公式计算结果，特别是吸纳公式一，垂直丁坝的计算结果，再结合可移动不抢险潜坝结构和实际运用工况，参考黄河下游实际柳石搂厢水中进占抢险水深数据，确定可移动不抢险潜坝 800 m^3/s 流量下，大溜斜冲坝前水深 8.0 m，大溜顶冲坝前水深 10.0 m；4 000 m^3/s 流量下，大溜斜冲坝前水深 12.0 m，大溜顶冲坝前水深 14.0 m。

第五节　坝体结构设计

根据可移动不抢险潜坝的运用要求，并结合黄河下游滩地为砂壤土、细砂、粉砂、黏土交替淤积的地层结构特点情况，以及探索新技术、新工艺可行性与可靠性的目标要求，可移动不抢险潜坝结构设计主要是构成坝体主体的钢筋混凝土预制管桩、盖梁，以及管桩和盖梁之间连接设计等。其中，管桩设计最为关键，关系到坝体的直接稳定和安全，主要是在准确进行管桩受力分析的基础上，确定管桩的长度和直径。

一、坝体管桩运用受力分析与计算

根据模型试验结果和黄河下游已有透水桩坝运用观测情况，坝体平设计水位在河中阻挡水流运用工况为最危险情况，此时受顺坝和垂直坝体轴线冲刷影响，坝体前后形成的冲刷坑都最大，管桩之间土体被管桩间挤压的水流冲刷走失，只有紧靠管桩后面很小高度的土体因管桩遮护而残留下来，坝体前后冲刷坑因管桩缓流而出现陡坎式过渡连接，距离坝体后一定的河床还发生落淤、抬高，垂直桩坝轴线冲坑横断面可以概化为图 3-13。

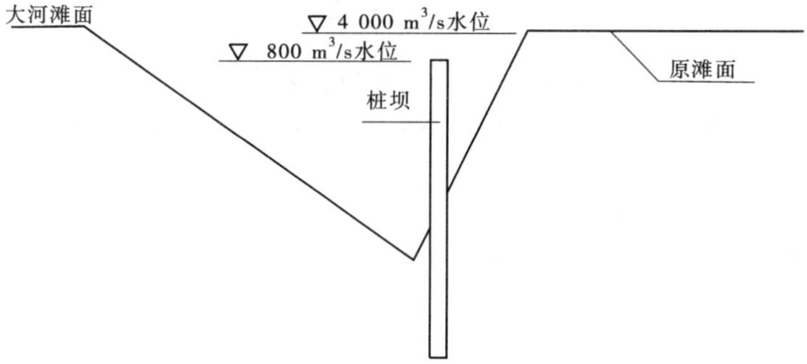

图 3-13　桩坝冲坑横断面概化图

桩坝在实际运用中，竖向主要是承受自重，因而竖向稳定有保证，而水平向因遭受水流冲击和所保护土体推压而有发生倾倒的可能，如果构成桩坝主体的每一根管桩都能保持稳定，则整体桩坝稳定。所以，在进行桩坝承受荷载计算时取单桩为分析单元，管桩所承受的水平荷载主要有动水压力、静水压力及被动土压力（见图 3-14）。根据桩坝运用观测数据资料进行坝体承受荷载计算。

坝顶平 800 m^3/s 设计流量、流速为 2.5 m/s 情况下，坝体前后水位差约 0.2 m；坝顶平中常洪水 4 000 m^3/s 设计流量、流速为 3.0 m/s 情况下，坝体前后水位差约 0.3 m。

（1）动水压力计算：

$$P_1 = \frac{KA\gamma_w v^2}{2g} \tag{3-17}$$

式中　K——动水作用系数，取 2；

A——水流作用面积，管桩计算宽度取 0.6 m；

γ_w——河水的重度，桩前河水重度取 10.6 kN/m^3（100 kg/m^3），桩后河水重度取 10.3 kN/m^3（50 kg/m^3）；

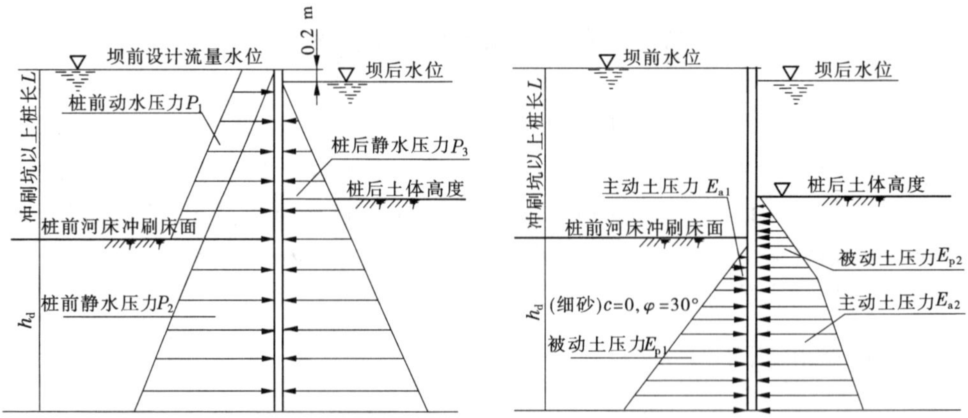

图 3-14　管桩承受水平荷载示意图

v——水流平均速度，设计流量为 800 m^3/s 时取 2.5 m/s，为 4 000 m^3/s 时取 3.0 m/s。

(2)静水压力计算：

$$P_2 = \frac{1}{2}\gamma_w H^2 \tag{3-18}$$

式中　H——水深，m，设计流量为 800 m^3/s 时桩前水深取 10.0 m、桩前后水位差取 0.2 m，为 4 000 m^3/s 时桩前水深取 14.0 m、桩前后水位差取 0.3 m；

其他符号意义同前。

(3)主动土压力及被动土压力计算：

管桩是铅直的，同时墙背后土层表面为水平面，基本上与朗肯土压力理论相符，设计计算时可采用朗肯土压力公式。

对无黏性土：

$$E_a = \frac{1}{2}\gamma H^2 K_a,\quad E_p = \frac{1}{2}\gamma H^2 K_p \tag{3-19}$$

对黏性土：

$$E_a = \frac{1}{2}\gamma H^2 K_a - 2cH\sqrt{K_a} + \frac{2c^2}{\gamma},\quad E_a = \frac{1}{2}\gamma H^2 K_p + 2cH\sqrt{K_p} \tag{3-20}$$

式中　E_a——主动土压力，kN/m；

K_a——主动土压力系数，$K_a = \tan^2\left(45° - \frac{\varphi}{2}\right)$；

E_p——被动土压力，kN/m；

K_p——被动土压力系数，$K_p = \tan^2\left(45° + \frac{\varphi}{2}\right)$；

φ——内摩擦角，取 32°；

c——黏聚力，此取 11.0 kPa。

二、坝体管桩运用内力分析与桩长计算

潜坝桩体位于黄河滩地，岩性主要为粉土、砂土等松软土层，且受水流冲刷影响较大，

不宜于设置支撑体系，潜坝桩结构主要是靠插入土中的悬臂桩体抵抗水平力实现导流、控导河势。参照管桩挡土墙结构的设计方法，本节内力计算分别按照弹性支点法和 FLAC 有限差分法两种方法进行管桩内力计算。

（一）弹性支点法

1. 计算原理

弹性支点法是把桩体分段按平面问题计算。此时，桩体竖向计算条视为弹性地基梁，计算简图见图 3-15。

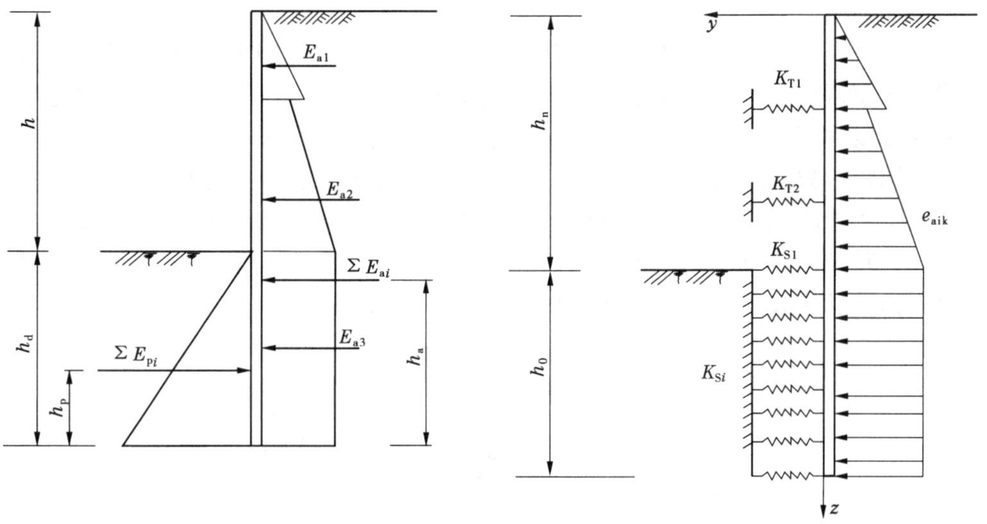

(a)受力原理　　(b)受力模拟

图 3-15　弹性支点法内力计算示意图

排桩插入土中的坑内侧视为弹性地基，则排桩的基本挠曲方程为：

$$EI\frac{d^4y}{dx^4} - e_{aik}b_s = 0 \qquad (0 \leqslant Z < h_n) \tag{3-21}$$

$$EI\frac{d^4y}{dx^4} + mb_0(Z - h_n)y - e_{aik}b_s = 0 \qquad (Z = h_n) \tag{3-22}$$

式中　EI——排桩墙计算宽度抗弯刚度；

m——地基土水平抗力系数的比例系数；

b_0——抗力计算宽度；

Z——排桩顶点至计算点的距离；

h_n——基坑开挖深度；

y——计算点水平变形；

b_s——荷载计算宽度。

弹性支点法的解法有有限单元法、有限差分法和解析法。求解之后，按下式计算支护结构的内力计算值：

弯矩　$$M_C = h_{mz}\sum E_{mz} - h_{az}\sum E_{az} \tag{3-23}$$

剪力　$$V_C = \sum E_{mz} - \sum E_{az} \tag{3-24}$$

式中　$\sum E_{mz}$——计算截面以上按弹性支点法计算得出的基坑内侧各土层弹性抗力值 $mb_0(Z-h_n)y$ 的合力；

h_{mz}——合力 $\sum E_{mz}$ 作用点到计算截面的距离；

$\sum E_{az}$——计算截面以上按弹性支点法计算得出的基坑外侧各土层水平荷载标准值 $e_{aik}b_s$ 的合力；

h_{az}——合力 $\sum E_{az}$ 作用点到计算截面的距离。

2. 有限元校核分析潜坝

1)分析方法

采用 ANSYS CIVILFEM 软件开展有限元分析，建立 2D 非线性数值模型模拟河道冲刷。梁单元模拟管桩结构，并通过接触单元考虑桩土之间的相互作用。计算中考虑混凝土材料的非线性，混凝土管桩、土和水位之间的关系如图 3-15 所示。

(1)土体。考虑了土体分层，根据试验工程地质情况确定各土层力学参数。

(2)力学模型。管桩采用梁单元模拟，考虑地下水位的变化。桩土作用通过弹簧元(Link1)模拟，如图 3-16 所示，各弹簧只能受压，当桩土之间分离时，该侧弹簧则退出工作。每对弹簧反映该方向上主动土压力和被动土压力的大小。

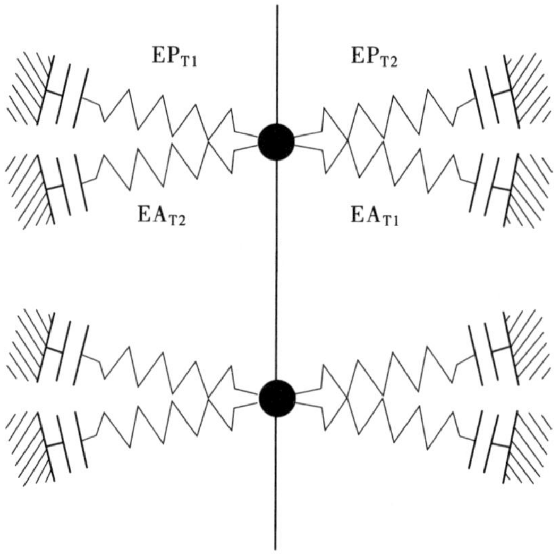

图 3-16　桩土相互作用(弹簧模拟)

弹簧的本构关系采用了非线性弹性模型，如图 3-17 所示。

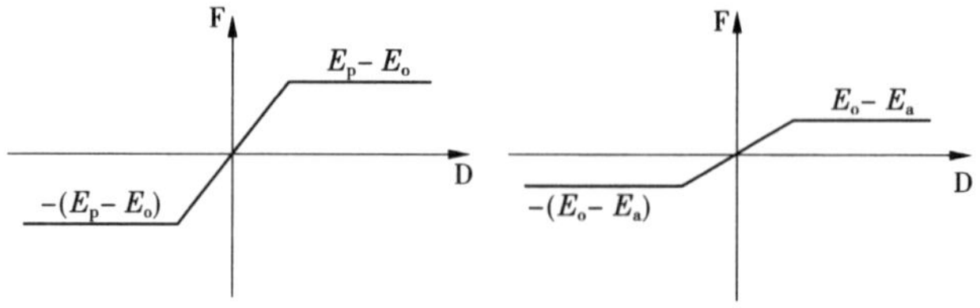

E_p—被动土压力；E_a—主动土压力；E_o—静止土压力

图 3-17　弹簧本构关系示意

(3)计算过程。有限元模型采用河道逐步冲刷方式模拟，每一个“荷载步”代表一种冲刷情况。土层冲刷采用“单元生死”技术实现。在每个冲刷阶段，模型都要进行“杀死”被冲刷土层弹簧单元、调整冲刷线下弹簧刚度、调整单元节点力、水压力和土压力等计算。

管桩上某点的土压力通过分层求和法计算该点以上土层的作用，并考虑土层的黏聚力和土层上部荷载的影响。土压力的计算如图 3-18 所示。

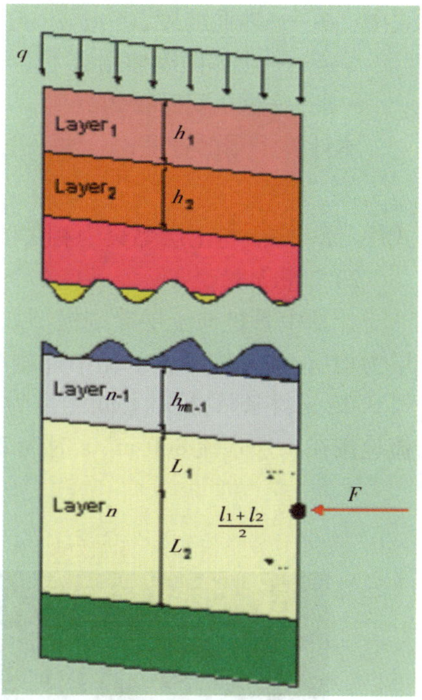

图 3-18　土压力的计算

在图 3-18 中土压力 E 的计算式为：

$$E = K_{\mathrm{h}}\left(\sum_{i=1}^{i=n-1}\gamma_i h_i + \gamma_n L_1\right) + K_{\mathrm{hc}} + K_{\mathrm{hq}} q \tag{3-25}$$

式中　K_{h}——与土层重相关的水平土压力系数；

K_{hc}——与土层黏聚力相关的水平土压力系数；

K_{hq}——与土层上部荷载重相关的水平土压力系数。

上述各系数的计算可采用朗肯理论或库仑理论。

根据朗肯理论，主动土压力系数的计算采用下式：

$$K_{\mathrm{h}} = \cos\beta\left[\frac{\cos\beta - \sqrt{\cos^2\beta - \cos^2\varphi}}{\cos\beta + \sqrt{\cos^2\beta - \cos^2\varphi}}\right] \tag{3-26}$$

$$\widehat{K}_{\mathrm{hc}} = 2\sqrt{K_{\mathrm{h}}} \tag{3-27}$$

$$K_{\mathrm{hq}} = K_{\mathrm{h}} \tag{3-28}$$

根据朗肯理论，被动土压力系数的计算采用下式：

$$K_{\mathrm{h}} = \cos\beta\left[\frac{\cos\beta + \sqrt{\cos^2\beta - \cos^2\varphi}}{\cos\beta - \sqrt{\cos^2\beta - \cos^2\varphi}}\right] \tag{3-29}$$

$$\widehat{K}_{\mathrm{hc}} = 2\sqrt{K_{\mathrm{h}}} \tag{3-30}$$

根据库仑理论，主动土压力系数的计算采用下式：

$$K_{\mathrm{h}} = \frac{\cos^2\varphi}{\cos\delta\left[1 + \sqrt{\dfrac{\sin(\varphi+\delta)\sin(\varphi-\beta)}{\cos\delta\cos\beta}}\right]^2} \tag{3-31}$$

$$\widehat{K}_{\mathrm{hc}} = 2\sqrt{K_{\mathrm{h}}} \tag{3-32}$$

$$K_{\mathrm{hq}} = K_{\mathrm{h}} \tag{3-33}$$

根据库仑理论，被动土压力系数的计算采用下式：

$$K_{\mathrm{h}} = \frac{\cos^2\varphi}{\cos\delta\left[1 - \sqrt{\dfrac{\sin(\varphi+\delta)\sin(\varphi+\beta)}{\cos\delta\cos\beta}}\right]^2} \tag{3-34}$$

$$\widehat{K}_{\mathrm{hc}} = 2\sqrt{K_{\mathrm{h}}} \tag{3-35}$$

$$K_{\mathrm{hq}} = K_{\mathrm{h}} \tag{3-36}$$

式中　β——地面坡度,(°);

　　　φ——土体内摩擦角,(°);

　　　δ——桩土间摩擦角,(°)。

本计算采用朗肯理论。水平土压力值可通过下式计算:

$$K_{hc} = c\widehat{K}_{hc} \tag{3-37}$$

式中　$\widehat{K}_{hc}$——与土层黏聚力相关的水平土压力系数。

2)有限元模型

计算中管桩与土层冲刷模型如图 3-19 所示,考虑黄河实际情况,为计算方便,假定土层为均质,并且假设各工况中冲刷一次完成。管桩横截面形状为管状,外径为 0.6 m,管厚 0.25 m,相邻管桩轴心间距离为 0.9 m,桩身混凝土等级采用 C60,桩长 18 m 和 24 m。流速按在一般水流 800 m^3/s 时为 2.5 m/s、中常洪水 4 000 m^3/s 时为 3.0 m/s 确定。

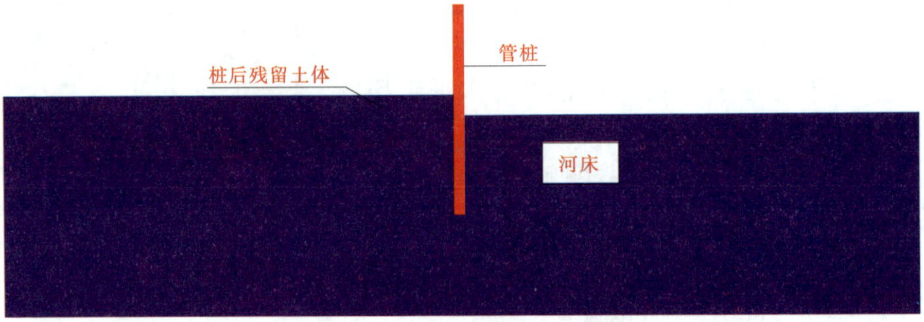

图 3-19　桩土冲刷模型示意图

计算中取单桩和周边土层进行分析。管桩与土体有限元模型采用 3 种单元来模拟:管桩采用 Beam54 单元,土体采用 Link1 单元,桩土接触采用 Contact12 单元。模型共计 738 个单元 739 个节点,其中管桩单元 82 个、土层弹簧单元 328 个、桩土接触单元 328 个。桩体横截面示意图见图 3-20,主要材料属性见表 3-14。

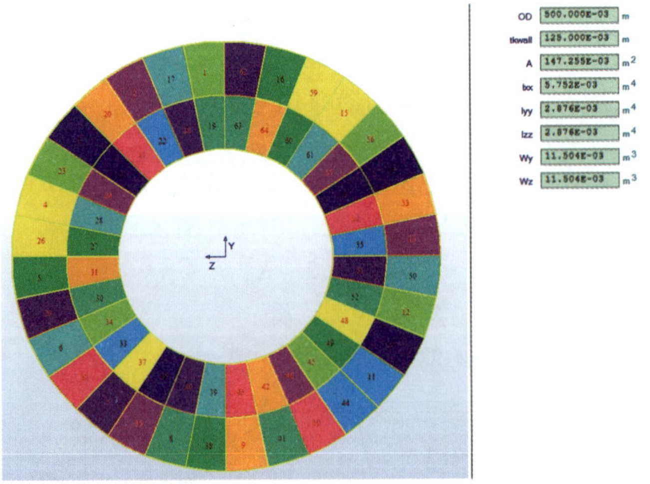

图 3-20　管桩单元横截面与系数

表 3-14 主要材料属性

材料名称	弹性模量(MPa)	泊松比	密度(kg/m^3)	热膨胀系数	内摩擦角(°)
管桩 C60	36 000	0. 167	2 500	0.1×10^{-4}	—
土层	60	0. 3	1 960	0.1×10^{-4}	30

有限元分析共取 4 种工况,分别为:设计流量 800 m^3/s 下,冲刷深度 8. 0 m 和 10. 0 m;中常洪水 4 000 m^3/s 下,冲刷深度 12. 0 m 和 14. 0 m。具体见表 3-15。

表 3-15 有限元分析工况

工况	工况特征
工况一	设计流量 800 m^3/s,冲刷水深 8. 0 m,流速 2. 5 m/s,坝前后水位差 0. 2 m ,桩后残留土体高度 1. 0 m
工况二	设计流量 800 m^3/s,冲刷水深 10. 0 m,流速 2. 5 m/s,坝前后水位差 0. 2 m ,桩后残留土体高度 1. 0 m
工况三	中常洪水 4 000 m^3/s,冲刷水深 12. 0 m,流速 3. 0 m/s,坝前后水位差 0. 3 m ,桩后残留土体高度 1. 5 m
工况四	中常洪水 4 000 m^3/s,冲刷水深 14. 0 m,流速 3. 0 m/s,坝前后水位差 0. 3 m ,桩后残留土体高度 1. 5 m

3)有限元分析

(1)工况一。

计算中管桩与土层冲刷模型如图 3-21 所示,考虑黄河实际情况,为计算方便,假定土层为均质,并且假设在各工况中冲刷一次完成。管桩横截面形状为管状,外径为 0. 6 m,管厚 0. 25 m,相邻管桩轴心间距离为 0. 8 m,桩身混凝土等级采用 C60,计算模型两侧宽度各选取两根管桩中心距离的一半,因此计算模型宽度为 0. 8 m。

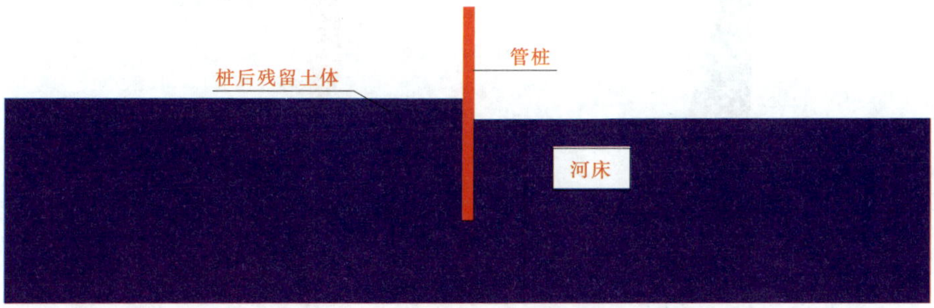

图 3-21 工况一桩长 16 m 桩土冲刷模型示意图

关键计算参数:坝前流速 2. 5 m/s,坝前水深 8. 0 m,坝前后水位差 0. 2 m,桩后残留土体高度 1. 0 m。

①试取桩长 16 m 计算。

计算中取单桩和周边土层进行分析。管桩与土体有限元模型采用 3 种单元来模拟，其中管桩采用 Beam54 单元，土体采用 Link1 单元，桩土接触采用 Contact12 单元。

工况一桩长试取 16 m 时，在水压力和土压力作用下，管桩变形如图 3-22 所示。由于桩后土体被冲刷，受动水压力作用，管桩向坝内变形，最大位移 0.056 m。

在重力、土压力和水压力作用下，16 m 桩长管桩最大弯矩为 131.7 kN · m，最大剪力为 53.3 kN。各横截面上轴向应力最大值为 11.4 MPa（发生在单元 39 中），内力情况见图 3-23 和图 3-24。单元 39 横截面上各点的应力和截面内力情况见图 3-25，其横截面上内力分别为：在 i 节点端弯矩为 131.7 kN · m，剪力为 0.2 kN；在 j 节点端弯矩为 131.6 kN · m，剪力为 0.2 kN。由图 3-23 可以看出桩长 16 m 时，管桩中横截面上具有弯矩反弯点，该点距离管桩顶点 13.3 m。因此，可初步判断最小桩长为 14 m。

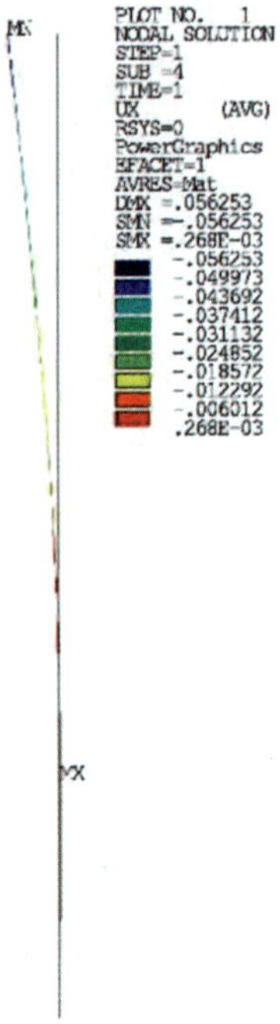

图 3-22　工况一桩长 16 m 管桩水平位移图

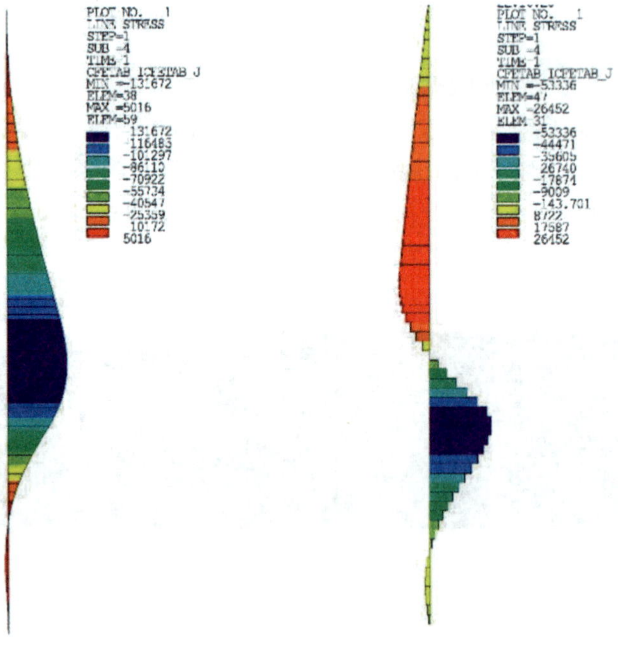

弯矩图（N · m）　　剪力图（N）

图 3-23　工况一桩长 16 m 管桩内力图

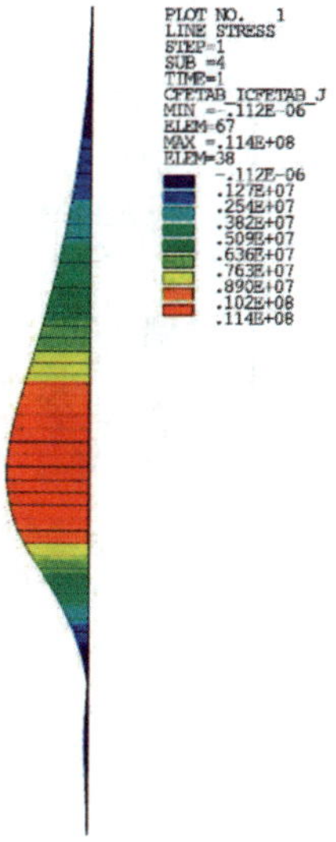

图 3-24　工况一桩长 16 m 管桩各断面最大轴向应力图　（单位：N/m^2）

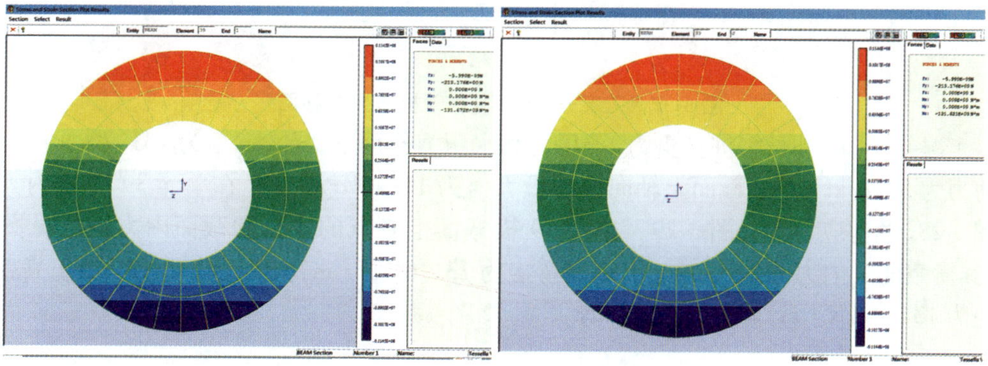

（a）i 节点端横截面　　　　（b）j 节点端横截面

图 3-25　工况一桩长 16 m 39 号单元横截面内力与应力图

②试取桩长 14 m 计算。

管桩与土层冲刷模型如图 3-26 所示。

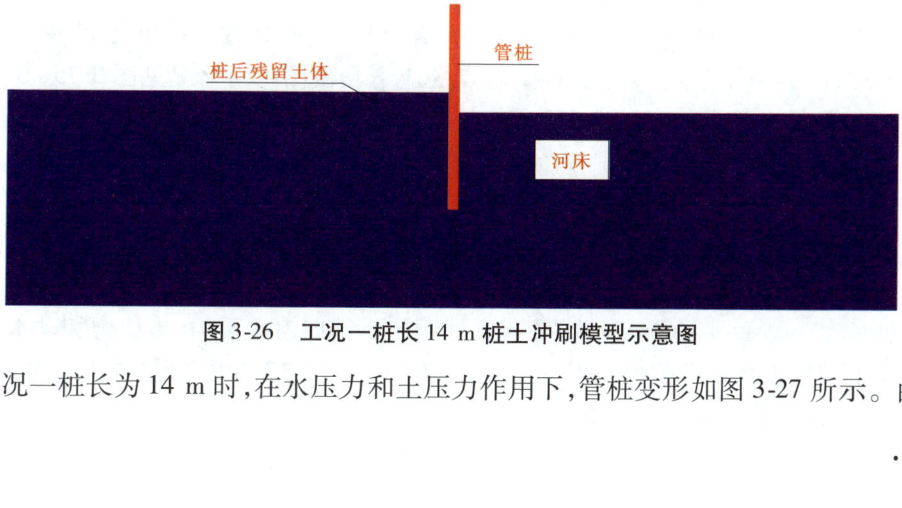

图 3-26　工况一桩长 14 m 桩土冲刷模型示意图

工况一桩长为 14 m 时，在水压力和土压力作用下，管桩变形如图 3-27 所示。由于桩后土体被冲刷,受动水压力作用,管桩向坝内变形,最大位移 0. 056 m。

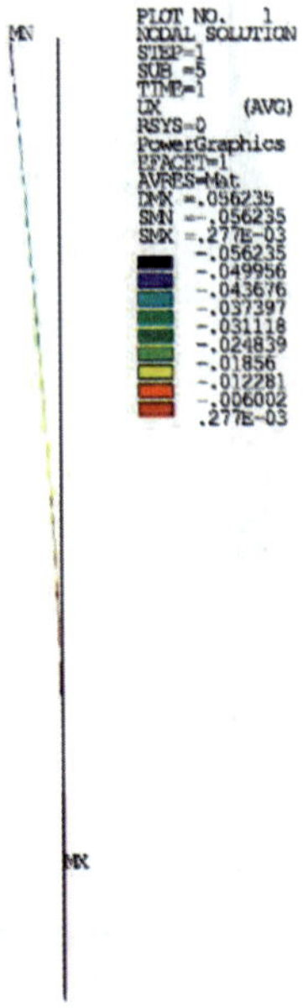

图 3-27　工况一 14 m 桩长管桩水平位移图

工况一 14 m 桩长管桩在重力、土压力和水压力作用下,最大弯矩为 131. 7 kN · m,最大剪力为 53. 3 kN,各横截面上轴向应力最大值为 11. 4 MPa(发生在单元 39 中),内力图见图 3-28、轴向应力图见图 3-29。单元 39 横截面上各点的应力和截面内力情况见图 3-30,其横截面上内力分别为:在 i 节点端弯矩为 131. 6 kN · m,剪力为 0. 07 kN;在 j 节点端弯矩为 131. 7 kN · m,剪力为 0. 07 kN。

(2)工况二。

冲刷深度 10 m,设计流量 800 m^3/s,流速 2. 5 m/s,坝前后水位差 0. 2 m,桩后残留土体高度 1. 0 m,取桩长 16 m。桩土冲刷模型如图 3-31 所示。计算时考虑重力、土压力和动水压力的大小。在土层压力和动水压力作用下,管桩的变形如图 3-32 所示。可以看出,由于冲刷,受动水压力作用,管桩向坝内变形,位移最大值达到 0. 13 m。

工况二时,16 m 管桩在重力、土压力和水压力作用下,最大弯矩为 202. 0 kN · m,最大剪力为 79. 7 kN。各横截面上轴向应力最大值为 17. 6 MPa(发生在单元 47 中),内力情况见图 3-33、图 3-34。单元 47 横截面上各点的应力和截面内力情况见图 3-35,其横截面上内力分别为:在 i 节点端弯矩为 200. 6 kN · m,剪力值 5. 7 kN;在 j 节点端弯矩为 202. 0 kN · m,剪力为 5. 7 kN。

(3)工况三。

中常洪水 4 000 m^3/s,冲刷水深 12. 0 m,流速 3. 0 m/s,坝前后水位差 0. 3 m ,桩后残留土体高度 1. 5 m。经计算,当桩长为 16 m 和 18 m 时,结果不收敛,不满足设计要求,初步选定桩长 20 m。桩土冲刷模型如图 3-36 所示。计算时考虑重力、土压力和动水压力的大小。在土层压力和动水压力作用下,管桩的变形见图 3-37。可以看出,由于冲刷,管桩向坝内变形,位移最大值达到 0. 39 m。

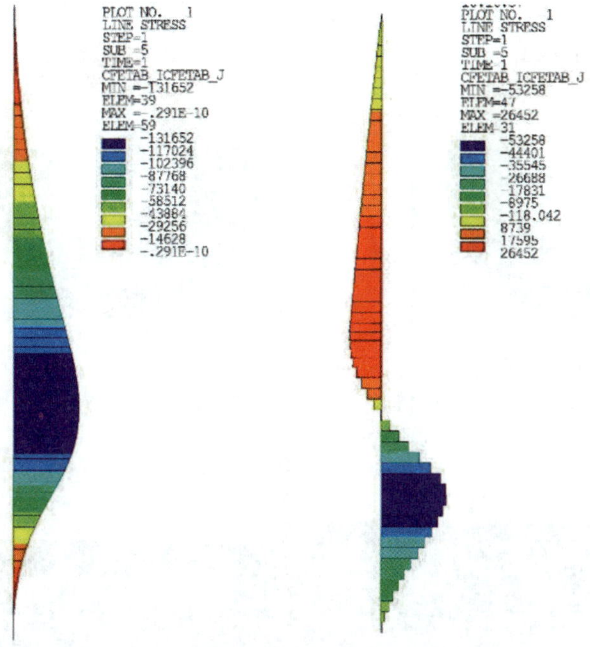

弯矩图(N·m)　　　　剪力图(N)

图 3-28　工况一桩长 14 m 管桩内力图

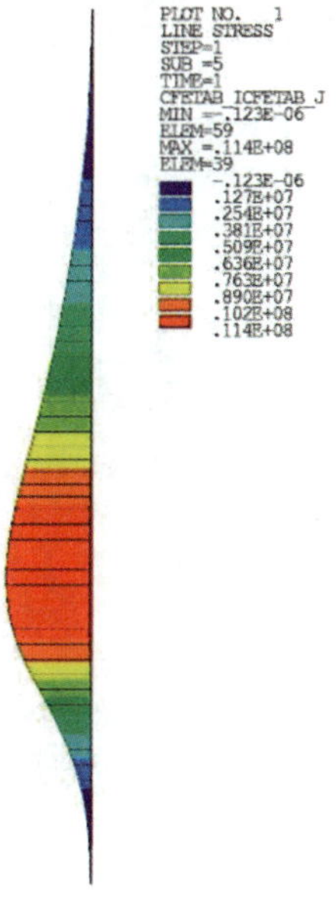

图 3-29　工况一桩长 14 m 管桩轴向应力图　(单位:N/m^2)

在重力、土压力和水压力作用下,管桩最大弯矩为 427.4 kN·m,最大剪力为 145.9 kN。各横截面上轴向应力最大值为 37.2 MPa(发生在单元 56 中),内力情况见图 3-38、图 3-39。可以看出,工况三时管桩最大轴向应力大于 $0.60f_{ck}$ = 19.2 MPa,不满足设计要求。单元 56

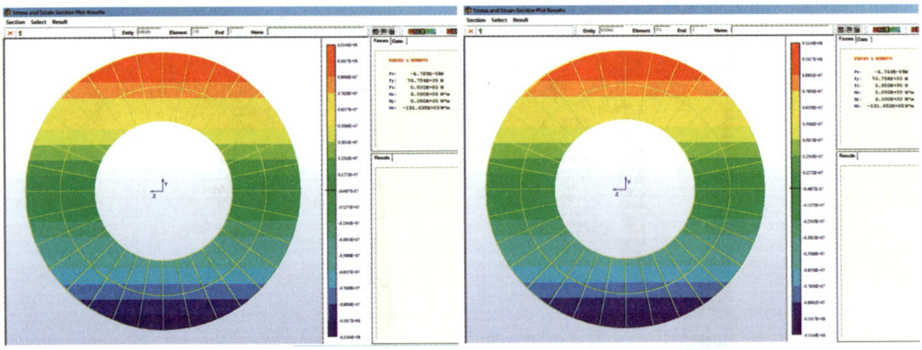

(a) *i* 节点端横截面　　(b) *j* 节点端横截面

图 3-30　工况一桩长 14 m 39 号单元横截面内力与应力图

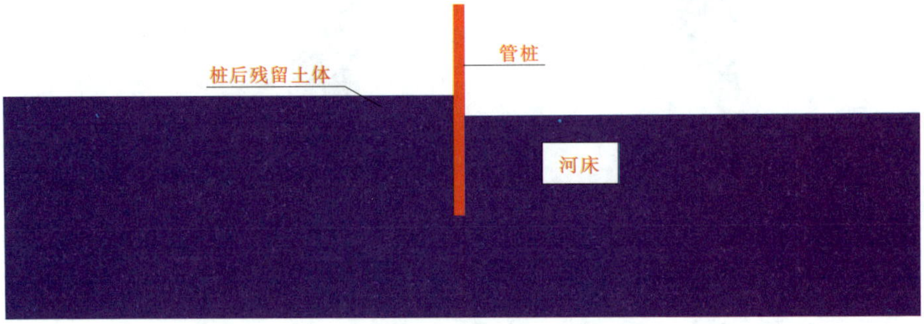

图 3-31　工况二桩长 16 m 桩土冲刷模型示意图

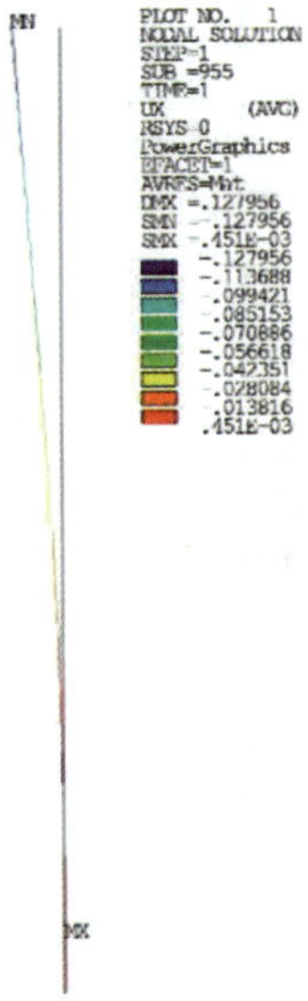

图 3-32　工况二桩长 16 m 管桩水平位移图

横截面上各点的应力和截面内力情况如图 3-40 所示，其横截面上内力分别为：在 *i* 节点端弯矩为 425. 2 kN · m，剪力为 9. 0 kN；在 *j* 节点端弯矩为 427. 4 kN · m，剪力为 9. 0 kN。

有鉴于此，应增大管桩横断面尺寸。

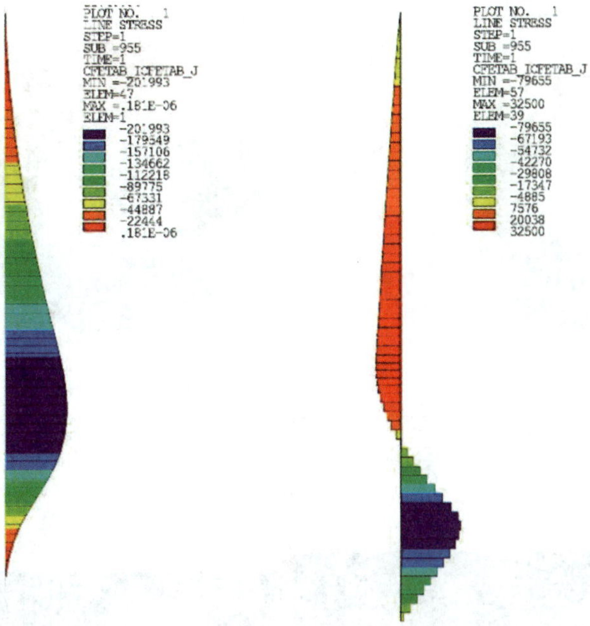

弯矩图(N·m)　　剪力图(N)

图 3-33　工况二 16 m 桩长管桩内力图

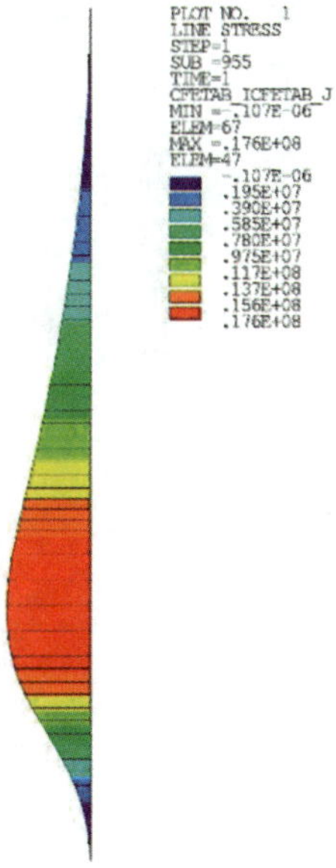

图 3-34　工况二 16 m 桩长管桩各断面最大轴向应力图　（单位:N/m^2）

(4)工况四。

中常洪水 4 000 m^3/s,冲刷水深 14.0 m,流速 3.0 m/s,坝前后水位差 0.3 m,桩后残留土体高度 1.5 m。初步确定桩长 18 m 和 20 m 时,计算不收敛,故方案一初定取桩长 25 m。计算中管桩与土层冲刷模型如图 3-41 所示。

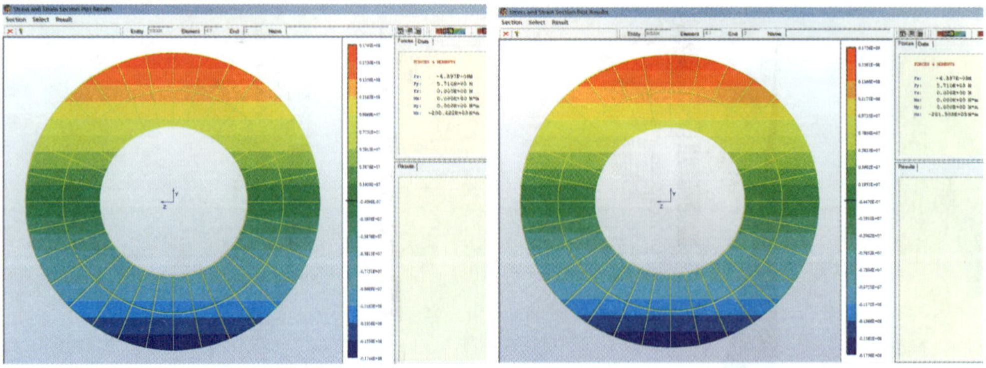

(a) i 节点端横截面　　　　(b) j 节点端横截面

图 3-35　工况二 47 号单元横截面内力与应力图

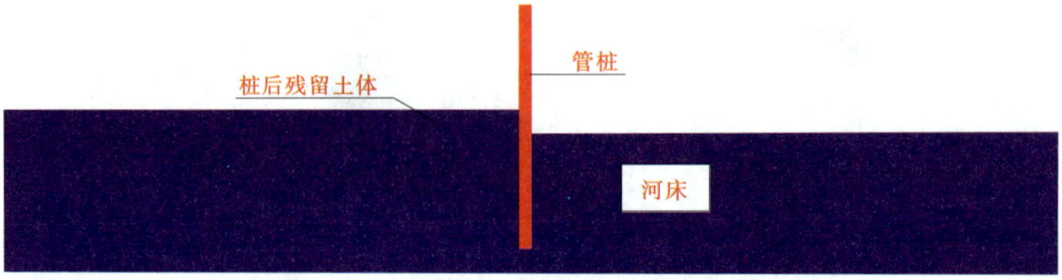

图 3-36　工况三桩长 20 m 桩土冲刷模型示意图

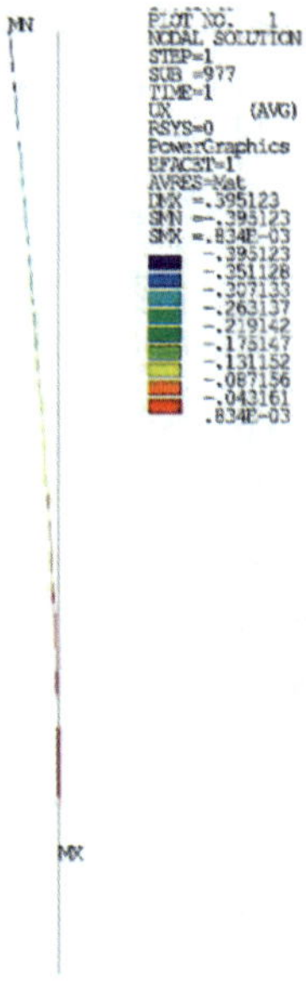

图 3-37　工况三桩长 20 m 管桩水平位移图

①试取桩长 25 m 计算。

工况四桩长为 25 m 时，在水压力和土压力作用下，管桩变形如图 3-42 所示。由于桩后土体被冲刷，受动水压力作用，管桩向坝内变形，最大位移 0.7 m。

工况四桩长 25 m 时，在重力、土压力和水压力作用下，管桩最大弯矩为575.0 kN · m，最

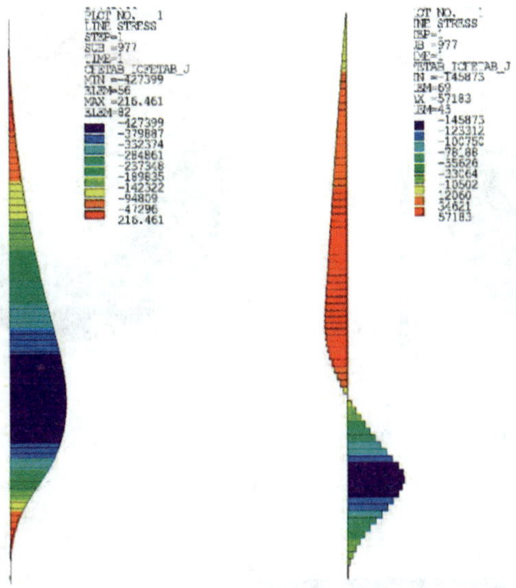

弯矩图(N·m)　　　　　　　　　　剪力图(N)

图 3-38　工况三桩长 20 m 管桩内力图

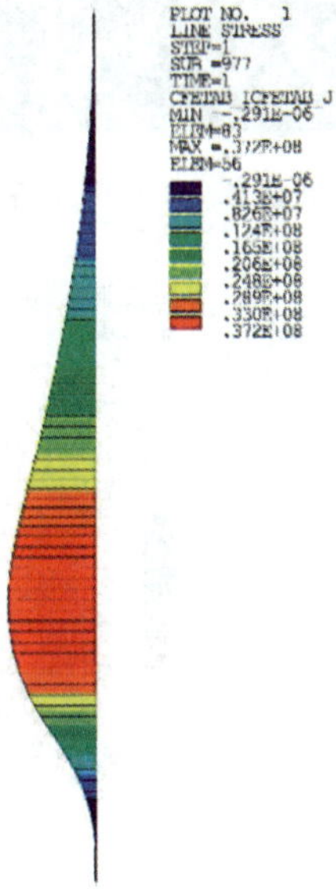

图 3-39　工况三桩长 20 m 管桩轴向应力图　(单位:N/m^2)

大剪力为 185.5 kN。各横截面上轴向应力最大值为 50.0 MPa(发生在单元 66 中),内力情况见图 3-43 和图 3-44。可以看出,工况四桩长 25 m 时,单元 66 横截面上各点的应力和截面内力情况见图 3-45,其横截面上内力分别为:在 i 节点端弯矩为575.0 kN·m,剪力为 2.8 kN;在 j 节点端弯矩为 574.3 kN·m,剪力为 2.8 kN。由图 3-43 可以看出,桩长 25 m 时,管桩中横截面上具有弯矩反弯点,该点距离管桩顶点 21.8 m。因此,取桩长 22 m 再进行分析。

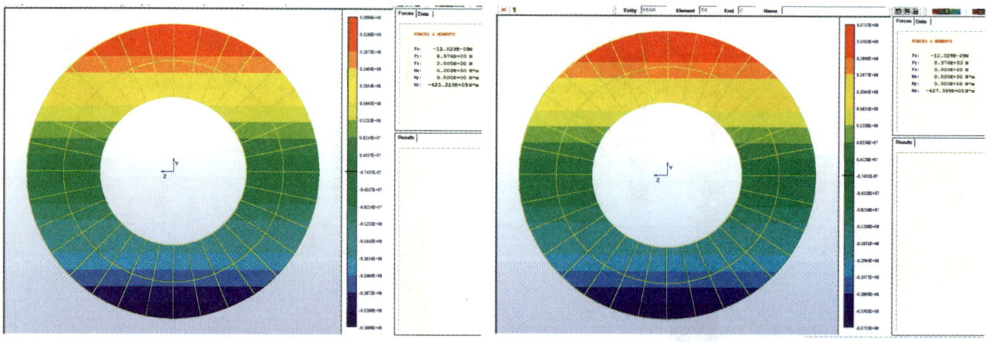

(a) i 节点端横截面　　(b) j 节点端横截面

图 3-40　工况三 20 m 桩长 56 号单元横截面内力与应力图

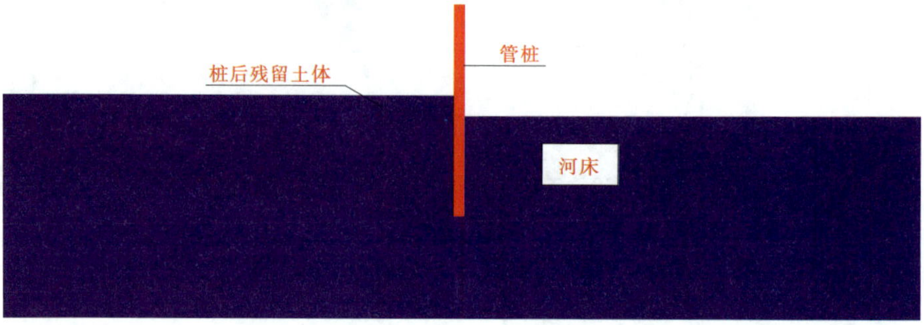

图 3-41　工况四桩长 25 m 桩土冲刷有限元模型

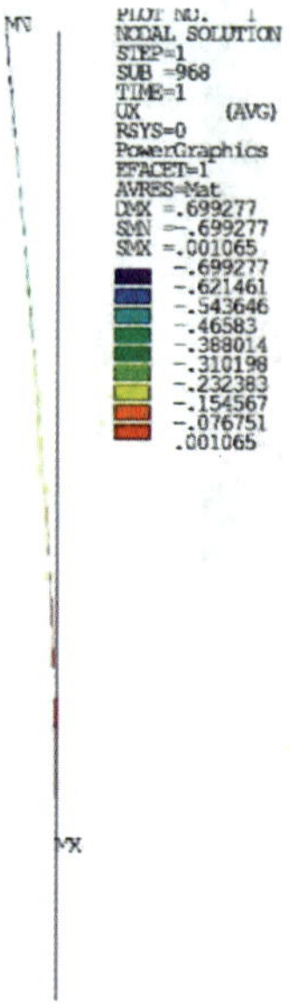

图 3-42　工况四桩长 25 m 管桩水平位移图

②试取桩长 22 m 计算。

管桩与土层冲刷模型如图 3-46 所示。

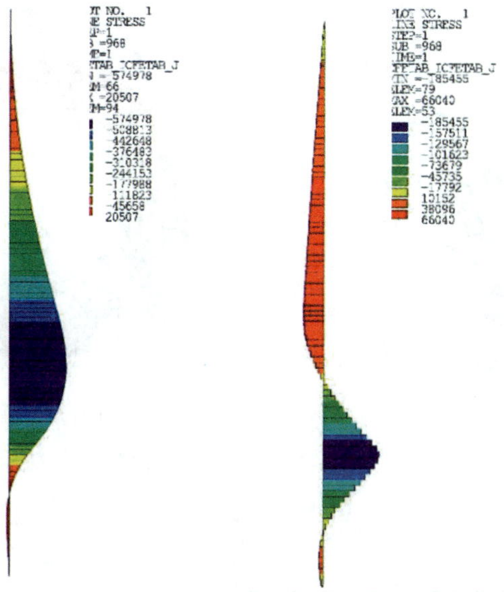

弯矩图(N·m)　　　　　　剪力图(N)

图 3-43　工况四桩长 25 m 管桩内力图

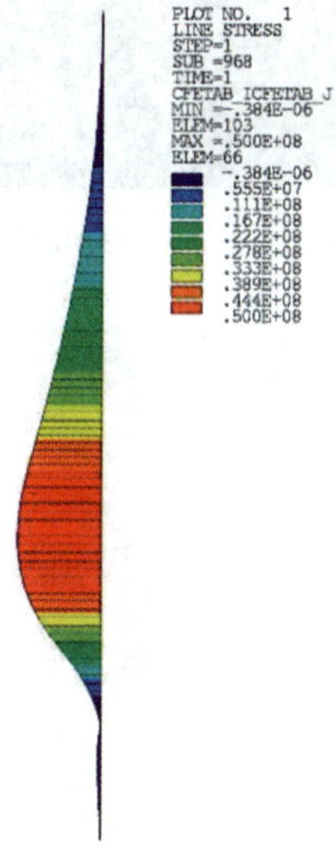

图 3-44　工况四桩长 25 m 管桩轴向应力图　（单位：N/m²）

工况四 22 m 桩长在水压力和土压力作用下，管桩变形如图 3-47 所示。由于桩后土体被冲刷，受动水压力作用，管桩向坝内变形，最大位移 0.7 m。

工况四 22 m 桩长时，在重力、土压力和水压力作用下，管桩最大弯矩为 574.9 kN·m，最大剪力为 184.1 kN。各横截面上轴向应力最大值为 50.0 MPa（发生在单元 66 中），内力情况见图 3-48 和图 3-49。单元 66 横截面上各点的应力和截面内力情况如图 3-50 所示，其横截面上内力分别为：在 i 节点端弯矩为 574.9 kN·m，剪力为 2.1 kN；在 j 节点端弯矩为 574.4 kN·m，剪力为 2.1 kN。

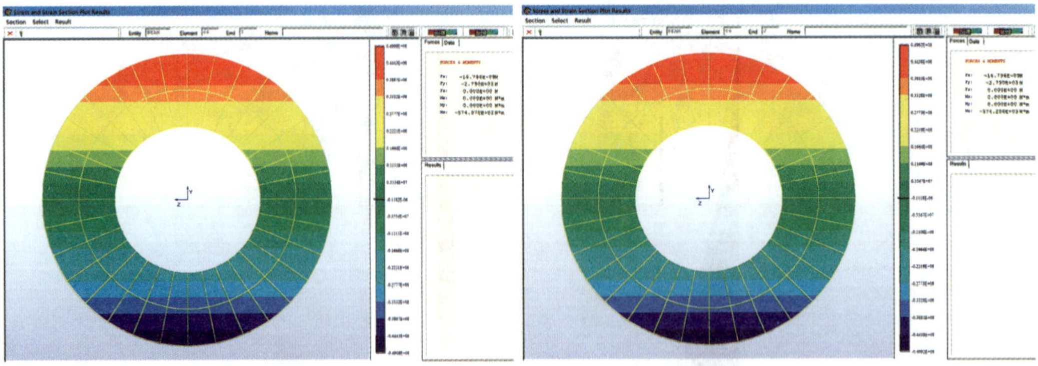

(a)i 节点端横截面　　　　(b)j 节点端横截面

图 3-45　工况四桩长 25 m 66 号单元横截面内力与应力图

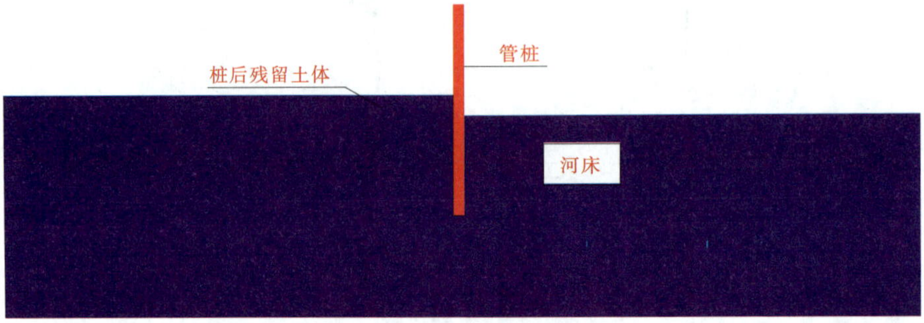

图 3-46　工况四桩长 22 m 桩土冲刷有限元模型

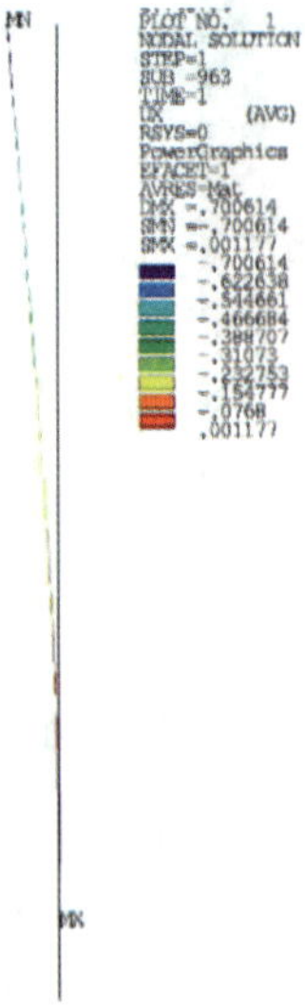

图 3-47　工况四桩长 22 m 管桩水平位移图

4)有限元分析小结

总结以上各工况计算结果,得出管桩在重力、土压力和水压力作用下各工况管桩内力与应力特征,见表 3-16。

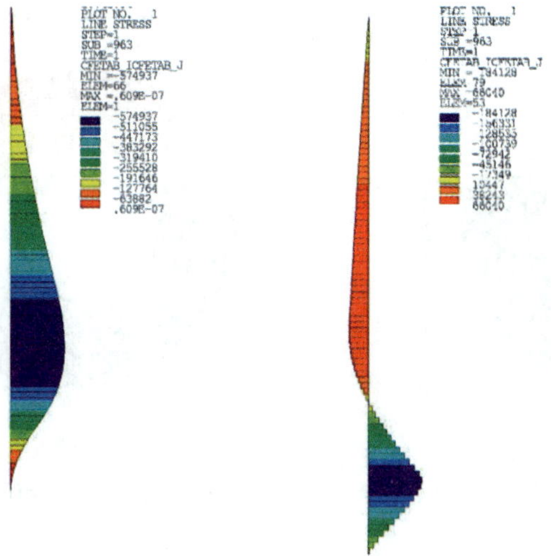

弯矩图(N · m)　　　　剪力图(N)

图 3-48　工况四桩长 22 m 管桩内力图

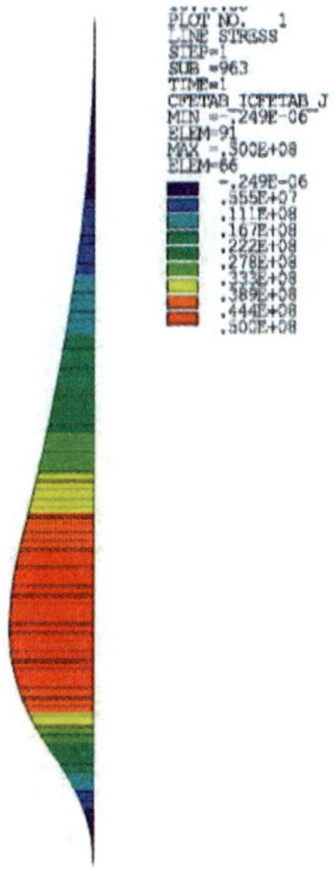

图 3-49　工况四桩长 22 m 管桩轴向应力图　(单位:N/m^2)

(二)FLAC 有限差分法

1. FLAC 基本原理

FLAC 有限差分法通过时步积分求解差分方程,随着构形的变化不断更新坐标,将位移增量累计到坐标系中,对于非线性问题、大变形问题、物理不稳定问题是最适用的,多用于进行有关边坡、基础、坝体、隧道、地下采场、洞室等的应力分析。

(1)其解题步骤主要有:①差分网格的划分,即对求解区域进行差分离散;②选择合适的差分格式逼近微分方程或偏微分方程的定解,建立差分方程;③边界及初始条件差分方程的建立;④联立差分方程,按有效计算方法求解线性代数方程组。

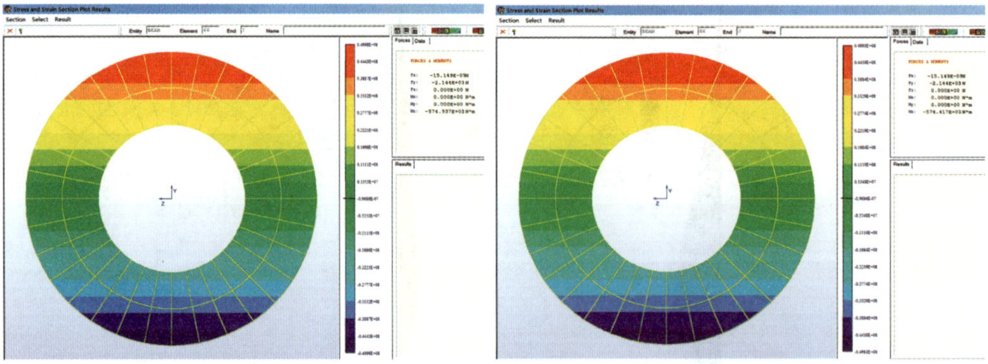

(a)i节点端横截面　　　　(b)j节点端横截面

图 3-50　工况四桩长 22 m66 号单元横截面内力与应力图

表 3-16　各工况下管桩内力与应力

工况	工况特征	桩长（m）	最大弯矩（kN·m）	最大剪力（kN）	最大弯矩单元号	最大弯矩距桩顶位置(m)	桩顶最大位移(m)
工况一	800 m^3/s，坝前水深 8.0 m，透水	16	131.7	53.3	39	8.96	0.056
	800 m^3/s，坝前水深 8.0 m，透水	14	131.7	53.3	39	8.96	0.056
工况二	800 m^3/s，坝前水深 10.0 m，透水	16	202.0	79.7	47	10.96	0.13
工况三	4 000 m^3/s，冲刷水深 12.0 m，透水	20	427.4	145.9	56	13.2	0.39
工况四	4 000 m^3/s，冲刷水深 14.0 m，透水	25	575.0	185.5	66	15.7	0.7
	4 000 m^3/s，冲刷水深 14.0 m，透水	22	574.9	184.1	66	15.7	0.7

(2)FLAC 基本力学方程：固体介质中任意给定点的应力状态可以用对称应力张量σ_{ij}描述。作用在表面上具有单位法矢量[n]的外力可由 Cauchy 公式给出：

$$t_i = \sigma_{ij} n_j \tag{3-38}$$

根据动量法则的连续形式，可获得 Cauchy 运动方程：

$$\sigma_{ij,j} + \rho b_i = \rho \frac{\mathrm{d}v_i}{\mathrm{d}t} \tag{3-39}$$

式中　ρ——介质单位体积的质量；

b_i——单位质量的体积力；

dv_i/dt——速度的材料导数。

基于物体运动与平衡的基本规律推导出处于静力平衡状态系统的三维有限差分运动方程为：

$$\rho \frac{\partial \dot{u}}{\partial t} = \frac{\partial \sigma_{ij}}{\partial x_j} + \rho g_i \tag{3-40}$$

式中 ρ——物体的质量密度；

t——时间；

x_j——坐标矢量分量；

g_i——重力加速度（体力）分量；

σ_{ij}——应力张量分量；

下标 i——笛卡儿坐标系中的分量，复标寓为求和。

根据力学本构定律，得出各向同性弹性材料本构定律为：

$$\sigma_{ij} := \sigma_{ij} + \left\{\delta_{ij}\left(K - \frac{2}{3}G\right)\dot{e}_{kk} + 2G\,\dot{e}_{ij}\right\}\Delta t \tag{3-41}$$

式中 δ_{ij}——Kronecker 记号；

Δt——时间步；

G——剪切模量；

K——体积模量。

计算出单元应力后，可以确定作用到每个节点上的等价力。在每个节点处，对所有围绕该节点四边形棱锥体的节点力求和 ΣF_i，得到作用于该节点的纯粹节点力矢量。该矢量包括所有施加的载荷作用以及重力引起的体力 $F_i^{(g)}$

$$F_i^{(g)} = g_i m_g \tag{3-42}$$

式中 m_g——聚在节点处的重力质量，定义为联结该节点的所有三角形棱锥体质量和的 1/3。

如果某区域不存在（如空单元），则忽略对 ΣF_i 的作用；如果物体处于平衡状态，或处于稳定的流动（如塑性流动）状态，在该节点处的 ΣF_i 将视为零。否则，根据牛顿第二定律的有限差分形式，该节点将被加速：

$$\dot{u}_i^{(t+\Delta t)} = \dot{u}_i^{(t-\Delta t/2)} + \sum F_i^{(t)} \frac{\Delta t}{m} \tag{3-43}$$

式中，上标表示确定相应变量的时刻。对上式再次积分，即可确定出新的节点坐标：

$$\dot{x}_i^{(t+\Delta t)} = \dot{x}_i^{(t)} + \dot{u}_i^{(t+\Delta t/2)}\Delta t \tag{3-44}$$

（3）显式有限差分算法——时间递步法。显式算法的核心概念是计算“波速”总是超前于实际波速，在计算过程中的方程总是处在已知值为固定的状态。显式有限差分计算流程如图 3-51 所示：计算过程首先调用运动方程，由固定已知的初始应力和边界力，对所有单元和结点变量进行计算更新，计算出新的速度和位移。然后，由速度计算出应变率，进而获得新的应力或力。

（4）数学算法建立。FLAC 采用显式算法来获得模型全部运动方程（包括内变量）的

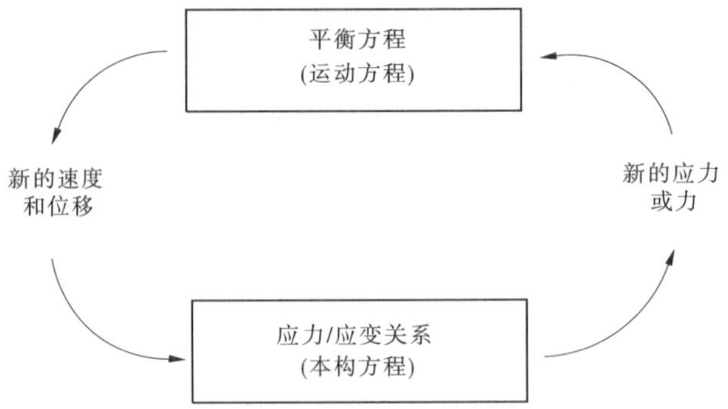

图 3-51　显式有限差分计算流程

时间步长解,追踪材料的渐进破坏和垮落,假定岩土为均质各向同性的弹塑性连续介质,塑性区的岩体满足摩尔－库仑强度准则,建立了服从三维静力平衡条件的数学模型,并在科学分析本构关系和力学参数的基础上,认为桩与土的相互作用多数情况下需要考虑交界面的相对滑动、脱离、接触以及周期性的闭合和张开。两个物体接触可能出现三种状态:①粘式。两物体的接触点无相对运动,变形前后接触点的局部坐标值相同。②滑移。两物体相接触,但变形后接触点间沿接触面有相对运动,沿接触面法线方向两接触面坐标相同。③开式。两物体表面某些部位并未接触,但随物体变形可能会接触或某些已接触的部位随物体的变形而脱离接触,此时接触约束释放。

为了表现这种特性, FLAC3D 采用一种特殊单元——接触面单元比较好的模拟以上三种状态。其接触单元具有摩擦角、黏聚力、膨胀角、法向刚度、剪切刚度及拉伸力等性质。接触面是由三角平面和相应的节点组成的。通常,接触单元可以在空间任何位置形成。两个三角形接触单元可以组成一个四边形。接触节点自动在每一个接触单元的顶点产生。两个面之间力的传递通过接触节点完成。接触面的工程性态原理见图 3-52。

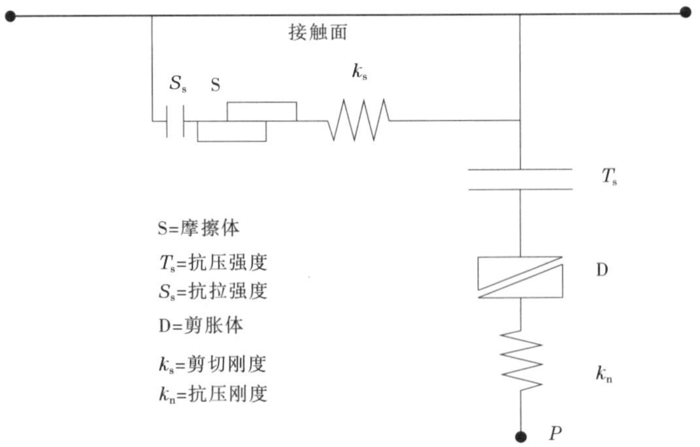

图 3-52　界面单元工程性态原理图

2. 嵌固深度计算

根据透水桩坝将来可能出现的坝前冲深、坝前流速、坝顶高程和大河流量等情况,设计桩坝 10 种运用工况见表 3-17 和图 3-53、图 3-54。根据桩体运用过程中的受力特点，将预应力管桩看做支护结构常用的悬臂式板桩墙，进行其力计算（计算简图见图 3-55）。

表 3-17　管桩嵌固深度计算结果

工况编号	工况特征	嵌固深度(m)
工况一	$Q_Z=800\ m^3/s, H_P=8\ m, v=2.5\ m/s, \Delta Z=0.2\ m, h_土=1.0\ m$	4
工况二	$Q_Z=800\ m^3/s, H_P=8\ m, v=2.5\ m/s, \Delta Z=0.2\ m, h_土=0\ m$	4
工况三	$Q_Z=800\ m^3/s, H_P=10\ m, v=2.5\ m/s, \Delta Z=0.2\ m, h_土=1.0\ m$	5
工况四	$Q_Z=800\ m^3/s, H_P=10\ m, v=2.5\ m/s, \Delta Z=0.2\ m, h_土=0\ m$	5
工况五	$Q_Z=4\ 000\ m^3/s, H_P=12\ m, v=3\ m/s, \Delta Z=0.3\ m, h_土=1.5\ m$	7
工况六	$Q_Z=4\ 000\ m^3/s, H_P=12\ m, v=3\ m/s, \Delta Z=0.3\ m, h_土=0\ m$	7
工况七	$Q_Z=4\ 000\ m^3/s, H_P=14\ m, v=3\ m/s, \Delta Z=0.3\ m, h_土=1.5\ m$	8
工况八	$Q_Z=4\ 000\ m^3/s, H_P=14\ m, v=3\ m/s, \Delta Z=0.3\ m, h_土=0\ m$	8
工况九	坝顶平 800 m^3/s 水位的桩坝在 4 000 m^3/s 洪水时发生溢流，$H_P=8.0\ m, h_水=5.0\ m; v=3\ m/s, \Delta Z=0.3\ m$	4.5
工况十	坝顶平 800 m^3/s 水位的桩坝在 4 000 m^3/s 洪水时发生溢流，$H_P=10.0\ m, h_水=5.0\ m; v=3\ m/s, \Delta Z=0.3\ m$	6.5

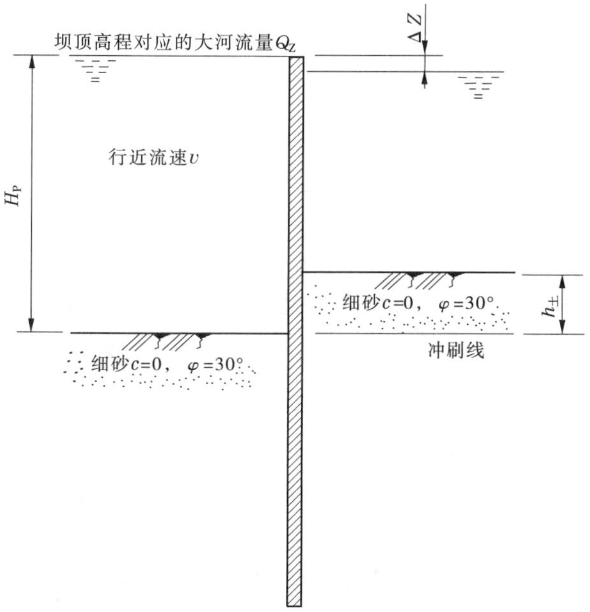

图 3-53　大河水位平桩坝顶运用工况简图

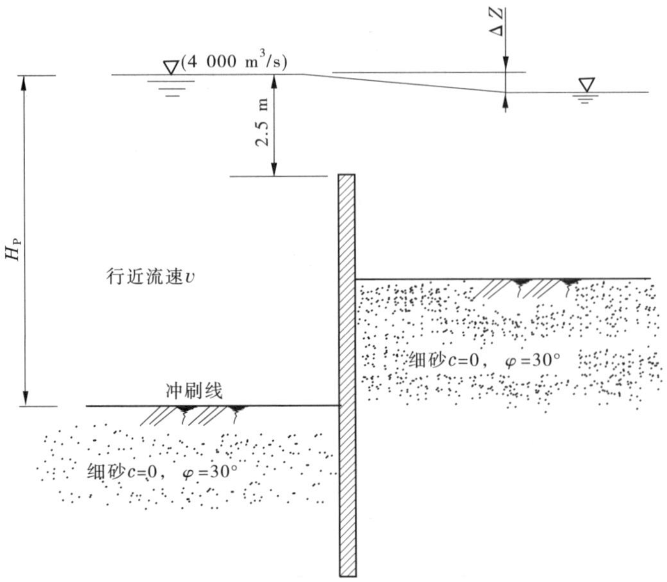

图 3-54　大洪水期桩坝顶溢流运用工况简图

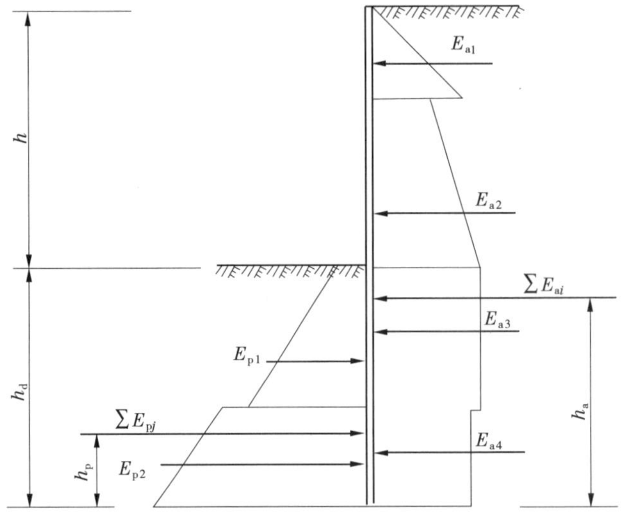

图 3-55　悬臂式支护结构嵌固深度计算简图

按《建筑基坑支护技术规程》(JGJ 120—99)，悬臂式支护结构嵌固深度设计值 h_d 宜按下式确定：

$$h_p \sum E_{pj} - 1.2\gamma_0 h_a \sum E_{ai} \geqslant 0 \tag{3-45}$$

式中　$\sum E_{pj}$——桩、墙底以上基坑内侧各土层水平抗力标准值；

h_p——合力 $\sum E_{pj}$ 作用点至桩、墙底的距离；

$\sum E_{ai}$——桩、墙底以上基坑外侧各土层水平荷载标准值；

h_a——合力 $\sum E_{ai}$ 作用点至桩、墙底的距离；

γ_0——基坑重要性系数，取 1.1。

分别计算各种工况管桩所受的静水压力、动水压力、主动土压力和被动土压力，然后分别按作用面积计算合力大小，确定合力的作用位置，按以上公式计算10种工况管桩的嵌固深度见表3-17。

从表3-17可以看出，随着冲刷深度的增加，管桩嵌固深度也随之增大，嵌固深度一般为桩长的1/3；而对于基坑支护情况，由于墙后压力由水压力变为土压力，需增大管桩入土深度才能维持桩体稳定，对于设计而言，桩体入土深度一般为桩长的1/2。

嵌固深度的计算与土的物理力学性质指标密切相关，尤其是土的重度 γ 对土压力的大小影响非常大，因此在实际工程中设计桩体的嵌固深度，必须通过相关的土力学试验弄清桩周土的物理力学性质指标。

3. 有限差分法管桩内力与桩顶位移计算

（1）模型建立。计算中管桩与土层冲刷模型如图3-56所示，考虑到黄河的实际情况，假定土层为均质，并假设各工况冲刷一次完成。预应力预制管桩外径0.6 m，桩内径0.3 m，桩净距0.3 m，桩身混凝土等级采用C60。取单桩及其周边土层进行分析，用 $FLAC^{3D}$ 中的Grid六面体单元分别针对桩体和土体建模，并且特别注意对桩体特殊结构和桩土体接触面的模拟，如图3-56所示。

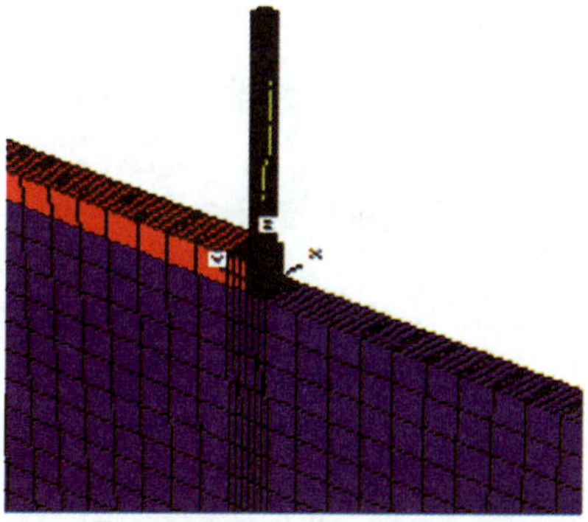

图3-56　计算模型

对地质条件进行概化，建立三维数值计算模型，预应力管桩及桩土接触面模型如图3-57所示。模型选取10 m×10 m×20 m的土体范围作为计算域，约束条件为计算域四周采用水平方向约束，底部采用竖直方向约束。

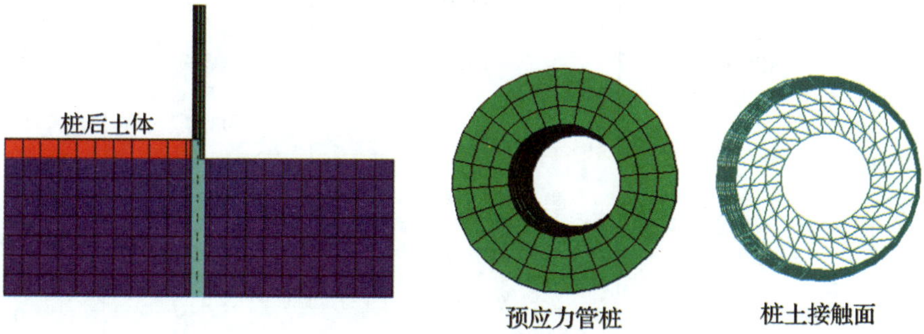

图3-57　三维数值计算模型

(2)本构模型及参数选取。考虑到莫尔－库仑弹塑性材料模型是在莫尔－库仑准则(Mohr－Coulomb)模型的基础上建立的，本次计算对于土体采用莫尔－库仑破坏准则，即：

$$\frac{1}{3}I_1\sin\varphi - \left(\cos\theta_\sigma + \frac{1}{\sqrt{3}}\sin\theta_\sigma\sin\varphi\right)\sqrt{J_2} + c\cos\varphi = 0 \tag{3-46}$$

式中　I_1、J_2——应力张量第一不变量与应力偏量第二不变量；

c——黏聚力；

φ——内摩擦角；

θ_σ——罗台应力角。

对于预应力管桩，采用弹性模型。

莫尔－库仑模型所涉及的参数有黏聚力、内摩擦角、张拉强度、剪切模量及体积模量，其中剪切模量和体积模量分别用下式计算得来：

$$shear = \frac{E}{2(1+\mu)} \qquad bulk = \frac{E}{3(1-2\mu)} \tag{3-47}$$

式中　E——岩体的弹性模量；

μ——岩体的泊松比。

其他参数根据甲方提供资料选取。

(3)管桩内力及位移计算。利用建立的数学模型计算10种工况管桩的内力及桩顶位移见表3-18及表3-19。

表3-18　各种工况下桩坝管桩所受弯矩、剪力及桩顶位移计算结果

工况编号	弯矩		最大剪力(kN)	桩顶位移(cm)
	最大弯矩(kN·m)	作用点距桩顶距离(m)		
工况一	113	8.0	44	3.23
工况二	114.6	8.0	52.12	5.25
工况三	176	10.0	55.04	5.64
工况四	187.9	10.0	68.96	7.46
工况五	311.9	11.0	68.5	10.82
工况六	400.4	13.0	103.8	16.3
工况七	432	13.0	93.7	18.71
工况八	532.5	15.0	124.1	26.59
工况九	42.08	7.0	15.51	0.78
工况十	41.73	9.0	15.8	0.97

表 3-19　各种工况下桩坝管桩所受弯矩、剪力图汇总

	A(X1)	C1(X2)	B(Y2)
Long Name	弯矩	剪力	桩长
Units	kN·m	kN	m
Comments			
1	-0.0158	-2.33	8
2	0.236	-5.06	7.8
3	4.2	-8.51	7
4	12.8	-12	6
5	24.8	-15.1	5
6	39.9	-17.8	4
7	57.8	-20.2	3
8	78	-22.1	2
9	100	-12.6	1
10	113	11.3	0
11	102	38.1	-1
12	63.5	44	-2
13	19.5	19.5	-3
14	6.27E-4	19.5	-4

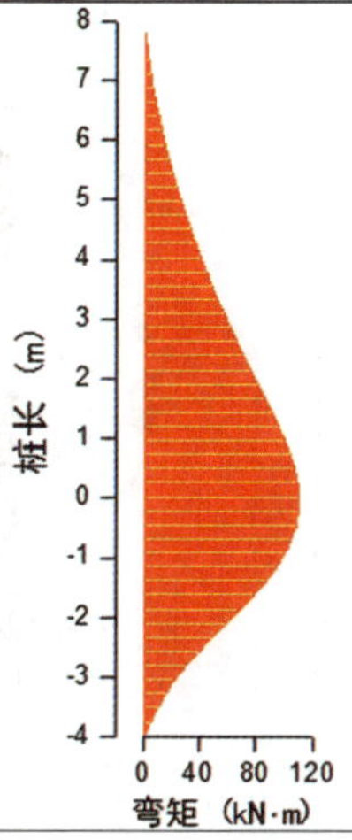

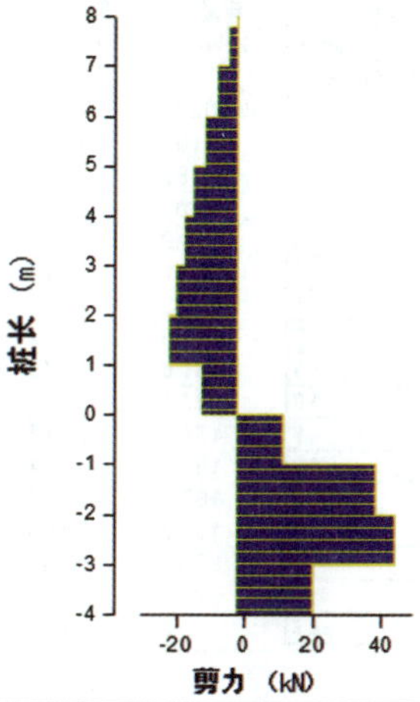

工况一:800 m^3/s,8.0 m 冲刷深度,桩后土体高程在冲刷线以上 1 m

	A(X1)	C1(X2)	B(Y2)
Long Name	弯矩	剪力	桩长
Units	kN·m	kN	m
Comments			
1	-0.0084	-1.168	8
2	0.2252	-3.936	7.8
3	3.179	-7.387	7
4	10.48	-10.86	6
5	21.38	-13.96	5
6	35.37	-16.68	4
7	52.08	-19	3
8	71.12	-20.94	2
9	92.08	-22.51	1
10	114.6	2.156	0
11	112.6	40.41	-1
12	72.15	52.12	-2
13	20.03	20.01	-3
14	0.01499	20.01	-4

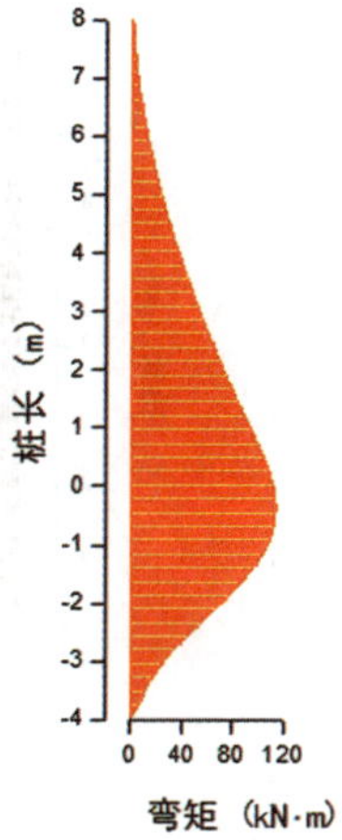

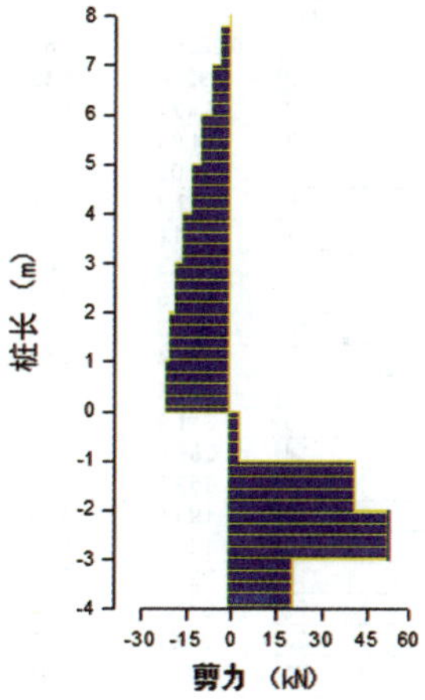

工况二:800 m^3/s,8.0 m 冲刷深度,桩前后土体平冲刷线

Long Name	弯矩	剪力	桩长
Units	kN·m	kN	m
Comments			
1	-0.00899	-1.998	10
2	0.199	-5.345	9.8
3	13.3	-8.892	9
4	25.9	-12.54	8
5	41.8	-15.89	7
6	60.7	-18.92	6
7	82.4	-21.64	5
8	107	-24.07	4
9	133	-26.18	3
10	161	-27.99	2
11	176	-15.51	1
12	166	10.72	0
13	125	40.41	-1
14	70.2	55.04	-2
15	22.8	47.36	-3
16	4.48	22.81	-4
17	-6.56E-5	22.81	-5

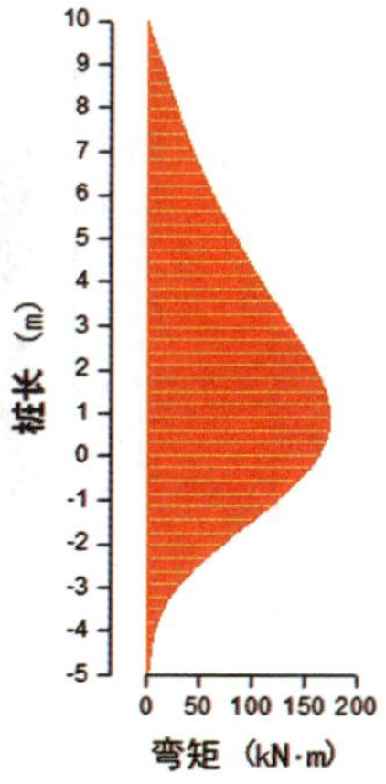

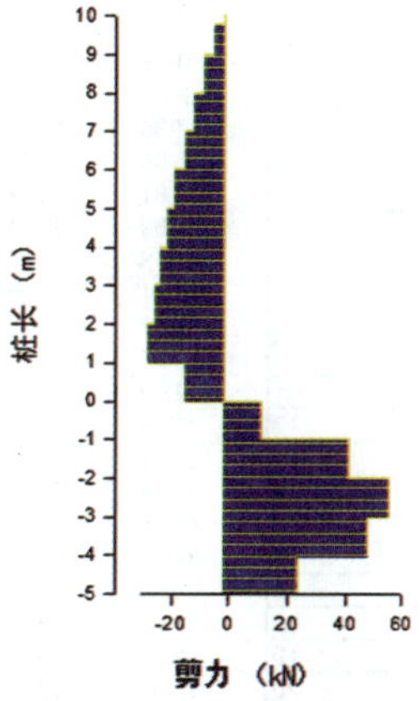

工况三:800 m^3/s,10.0 m 冲刷深度,桩后土体高程在冲刷线以上 1 m

续表 3-19

Long Name	弯矩	剪力	桩长
Units	kN·m	kN	m
Comments			
1	-0.00239	-1.611	10
2	0.3198	-4.701	9.8
3	3.887	-8.234	9
4	12.02	-11.85	8
5	23.9	-15.19	7
6	39.11	-18.19	6
7	57.33	-20.92	5
8	78.28	-23.32	4
9	101.6	-25.45	3
10	127.1	-27.25	2
11	154.4	-28.75	1
12	183.2	-4.654	0
13	187.9	36.76	-1
14	151.2	68.96	-2
15	82.21	59.31	-3
16	22.9	22.9	-4
17	0	22.9	-5

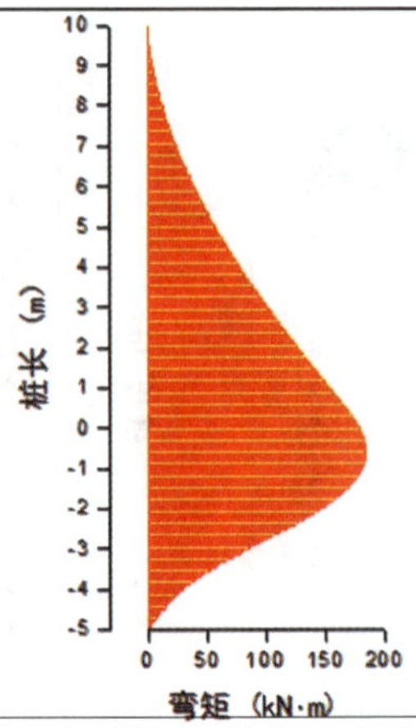

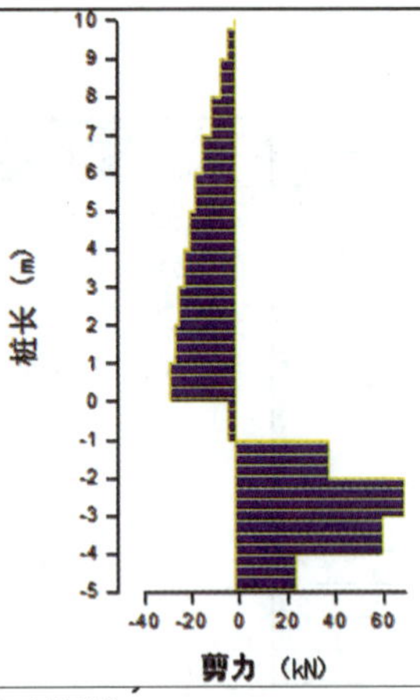

工况四:800 m^3/s,10.0 m 冲刷深度,桩前后土体平冲刷线

Long Name	弯矩	剪力	桩长
Units	kN·m	kN	m
Comments			
1	-0.00391	-1.63	12
2	0.3226	-5.48	11.8
3	4.423	-10.7	11
4	14.93	-16.1	10
5	31.02	-21.2	9
6	52.2	-25.9	8
7	78.11	-30.2	7
8	108.3	-34.2	6
9	142.5	-37.8	5
10	180.3	-41.1	4
11	221.4	-43.9	3
12	265.4	-46.5	2
13	311.9	12.5	1
14	299.5	40.1	0
15	259.6	66	-1
16	193.5	68.5	-2
17	125.1	52.7	-3
18	72.41	39.1	-4
19	33.33	23.7	-5
20	9.587	9.59	-6
21	-0.00167	9.59	-7

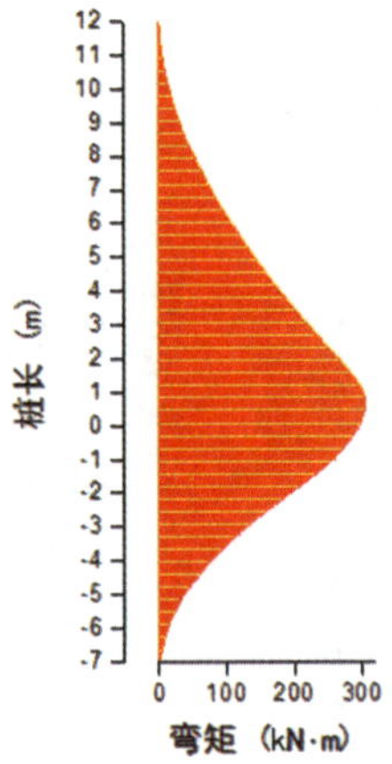

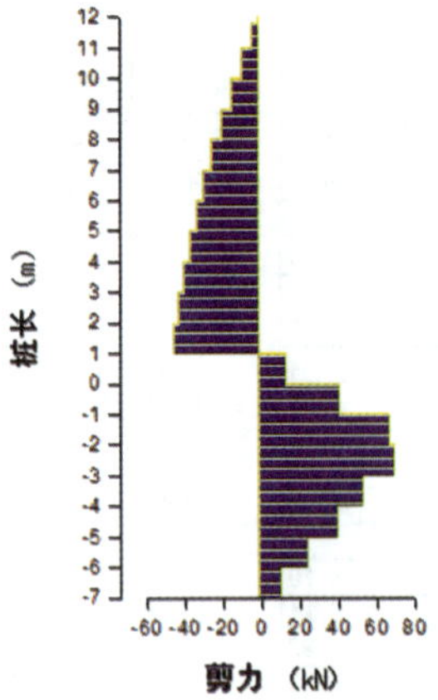

工况五:4 000 m^3/s,12.0 m 冲刷深度下,桩后土体高程冲刷线以上 1.5 m

Long Name	弯矩	剪力	桩长
Units	kN·m	kN	m
Comments			
1	-0.01699	-1.987	12
2	0.3805	-6.064	11.8
3	4.936	-11.27	11
4	16.06	-16.72	10
5	32.81	-21.8	9
6	54.63	-26.51	8
7	81.18	-30.87	7
8	112.1	-34.85	6
9	147	-38.48	5
10	185.5	-41.74	4
11	227.2	-44.63	3
12	271.9	-47.16	2
13	319.1	-49.33	1
14	368.4	-31.79	0
15	400.4	23.96	-1
16	376.4	93.98	-2
17	282.5	103.8	-3
18	178.7	89.53	-4
19	89.17	64.16	-5
20	25.01	25.01	-6
21	8.523E-5	25.01	-7

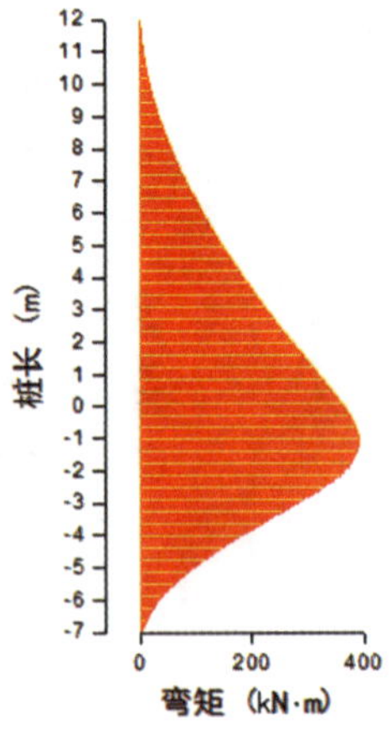

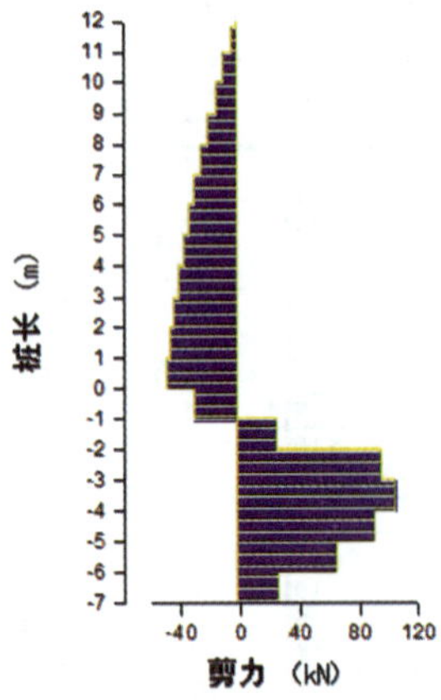

工况六:4 000 m^3/s,12.0 m 冲刷深度下,桩前后土体平冲刷线

Long Name	弯矩	剪力	桩长
Units	kN·m	kN	m
Comments			
1	0.0186	-1.59	14
2	0.0536	-5.65	13.8
3	4.41	-10.9	13
4	15.3	-16.4	12
5	31.7	-21.6	11
6	53.4	-26.5	10
7	79.9	-31.1	9
8	111	-35.4	8
9	147	-39.4	7
10	186	-43	6
11	229	-46.4	5
12	275	-49.4	4
13	325	-52.1	3
14	377	-54.6	2
15	432	20.4	1
16	411	53.6	0
17	358	90.7	-1
18	267	93.7	-2
19	173	73.1	-3
20	100	49.1	-4
21	51	31.5	-5
22	19.5	13.6	-6
23	5.92	5.92	-7
24	0.00528	5.92	-8

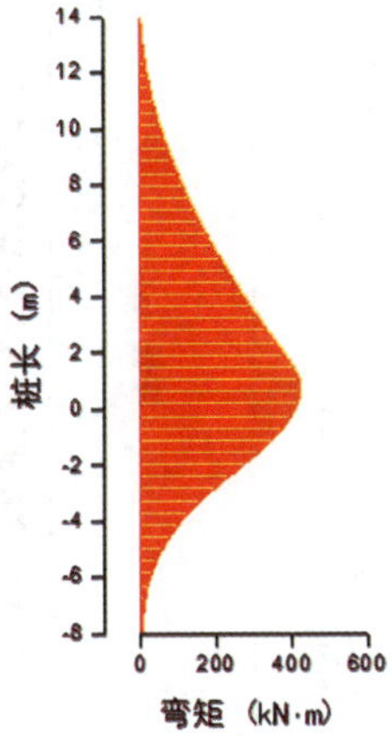

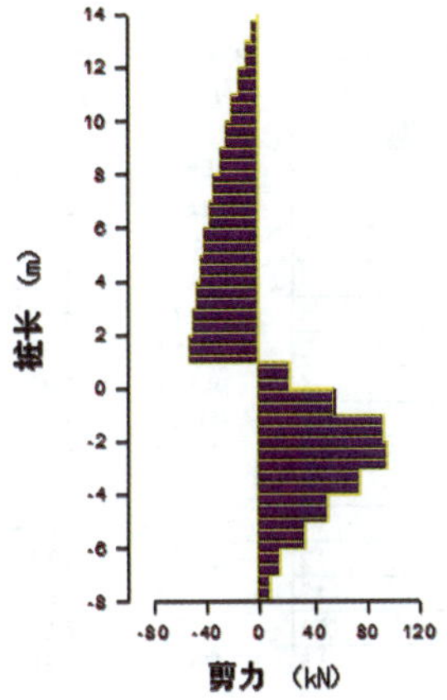

工况七：4 000 m^3/s,14.0 m 冲刷深度下,桩后土体高程冲刷线以上 1.5 m

Long Name	弯矩	剪力	桩长
Units	kN·m	kN	m
Comments			
1	-0.00801	-1.694	14
2	0.3308	-5.753	13.8
3	4.645	-11	13
4	15.49	-16.54	12
5	32.06	-21.77	11
6	53.86	-26.69	10
7	80.58	-31.29	9
8	111.9	-35.57	8
9	147.5	-39.55	7
10	187.1	-43.21	6
11	230.3	-46.57	5
12	276.9	-49.61	4
13	326.5	-52.34	3
14	378.9	-54.76	2
15	433.7	-56.86	1
16	490.6	-41.79	0
17	532.5	52.67	-1
18	479.9	93.77	-2
19	386.1	124.1	-3
20	262	105.2	-4
21	156.7	80.79	-5
22	75.95	47.44	-6
23	28.51	28.51	-7
24	3.149E-4	28.51	-8

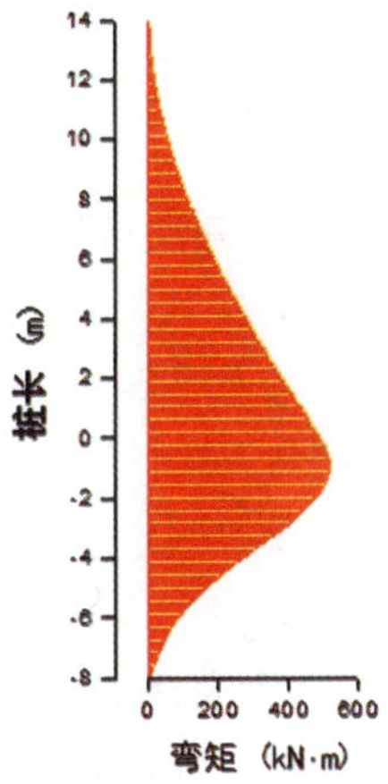

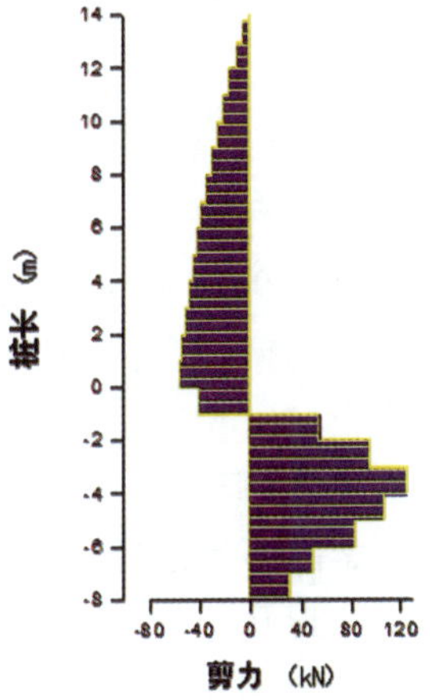

工况八：4 000 m^3/s,14.0 m 冲刷深度下,桩前后土体平冲刷线

Long Name	弯矩	剪力	桩长
Units	kN·m	kN	m
Comments			
1	-0.08469	-1.015	5.5
2	0.4227	-3.845	5
3	4.05	-7.205	4
4	11.3	-10.03	3
5	21.37	-3.675	2
6	25.09	-11.56	1
7	36.7	-4.681	0
8	42.08	10.93	-1.125
9	29.78	15.51	-2.25
10	12.33	10.96	-3.375
11	-1.469E-4	10.96	-4.5

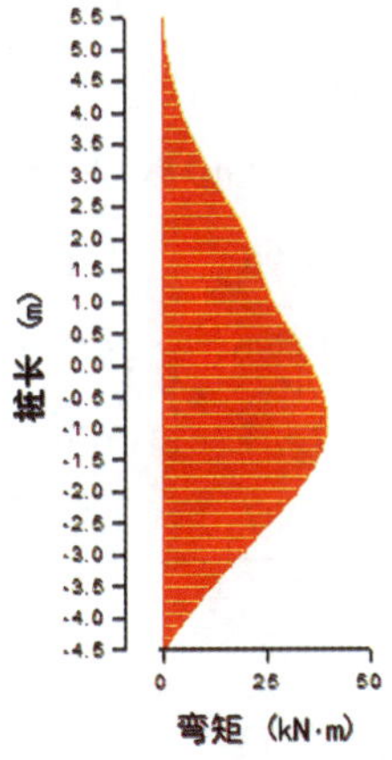

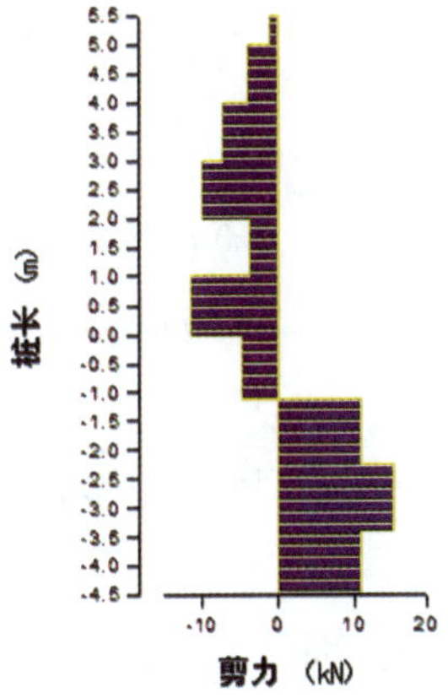

工况九:800 m^3/s,坝前 8.0 m 冲刷深度,坝顶发生溢流

续表 3-19

Long Name	弯矩	剪力	桩长
Units	kN·m	kN	m
Comments			
1	-0.0904	-1.081	7.5
2	0.4499	-4.164	7
3	4.37	-7.964	6
4	12.37	-11.33	5
5	23.74	6.783	4
6	17	7.859	3
7	9.173	-1.431	2
8	10.64	-15.8	1
9	26.48	-13.97	0
10	41.73	3.349	-1.083
11	38.1	8.84	-2.167
12	28.52	10.41	-3.25
13	17.24	9.11	-4.333
14	7.372	6.805	-5.417
15	5.119E-4	6.805	-6.5

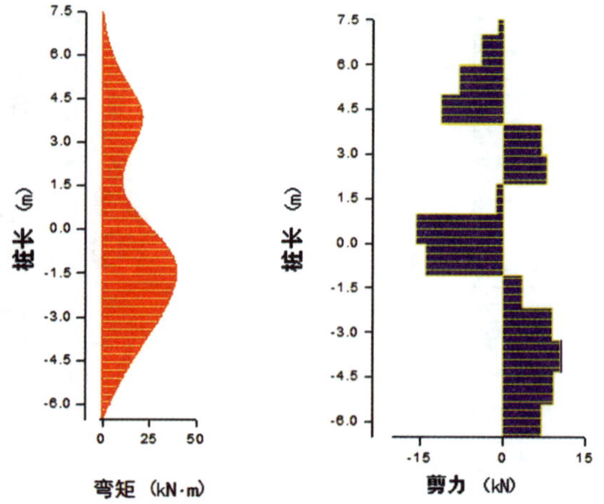

工况十:4 000 m³/s,坝前 10.0 m 冲刷深度,坝顶发生溢流

三、桩坝管桩内力及桩长计算结果选用

采用弹性支点法较 FLAC 有限差分法计算弯矩、剪力、桩顶位移结果均比较大,最大弯矩为 574.9 kN·m,这是因为在计算中忽略了管桩变形引起管桩所受土压力变化造成管桩内力的调整变化,但其较好地考虑了管桩运用的最不利运用状况,能很大程度上保证工程安全。FLAC 有限差分法较好地采用了有限元弹性理论,考虑了管桩变形引起的管桩内力变化,但其计算建立在一些理想假定基础上,内力、变形相互之间的转化、调整计算存在一定的不确定性。

结合近几年黄河下游钢筋混凝土灌注桩坝设计经验及其运用状况,特别是考虑桩坝运用过程中的安全和不抢险要求,综合分析确定可移动不抢险潜坝不同运用工况、不同部位管桩内力及桩长重点选用弹性支点法计算结果,选用结果见表 3-20。

表 3-20　管桩内力及长度计算选用结果

运用工况	最大弯矩作用点(m)	最大弯矩(kN·m)	最大剪力(kN)	横截面最大轴向应力(MPa)	计算桩长(m)
800 m^3/s,8.0 m 坝前水深	8.96	131.7	53.3	11.4	14
800 m^3/s,10.0 m 坝前水深	10.96	202.0	79.7	17.6	16
4 000 m^3/s,12.0 m 坝前水深	13.2	427.4	145.9	37.2	20
4 000 m^3/s,14.0 m 坝前水深	15.7	574.9	184.1	50.0	22

四、坝体构造设计

考虑到可移动、不抢险、探索新工艺等因素,潜坝结构采用预应力钢筋混凝土管桩,其截面形式采用圆环形,以保证不同水流条件下的桩体良好受力,并节省混凝土材料;采用预应力技术能够控制桩体在拔桩移动过程中不出现裂缝;管桩能够在工厂进行预制检测,以保证工程质量。本设计桩外径0.6 m、内径0.25 m,桩中心间距0.9 m。

根据水流冲击桩坝坝前水深计算结果,以及坝体管桩在河床的锚固和科学用材要求,桩坝管桩长度布置成阶梯状:修建坝顶平4 000 m^3/s流量对应水位的桩坝,其位于河道深处的末尾80~100 m坝体的管桩长度取值22~24 m,靠向河岸的其他坝体管桩长度可取值18~20 m;修建坝顶平800 m^3/s流量对应水位的桩坝,其管桩长度可分别取值18~20 m和15~17 m。见图3-58。

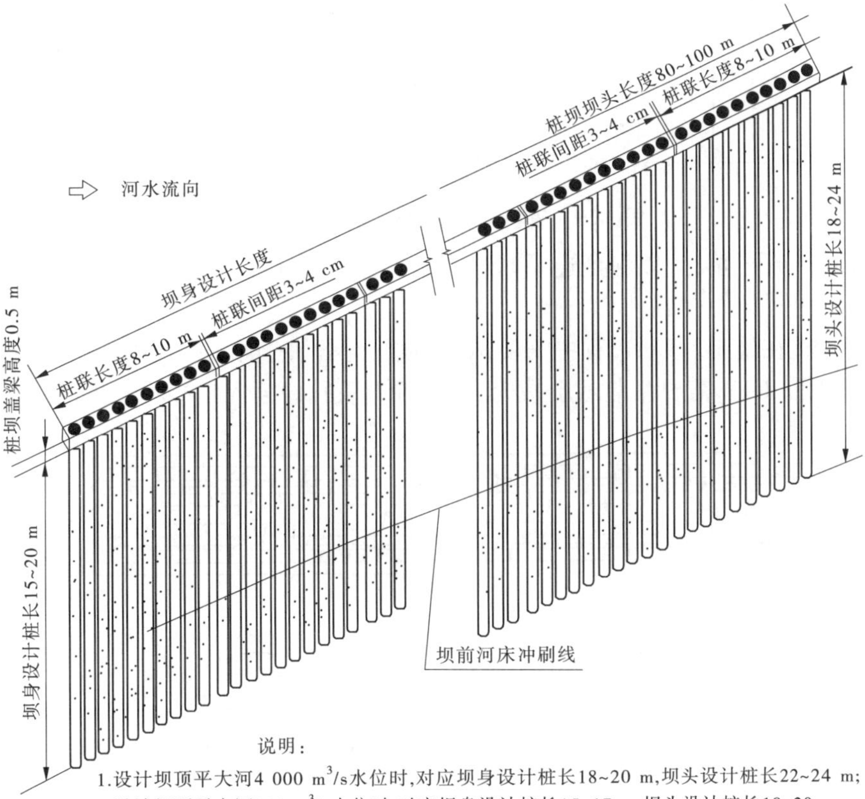

说明:

1.设计坝顶平大河4 000 m^3/s水位时,对应坝身设计桩长18~20 m,坝头设计桩长22~24 m;

2.设计坝顶平大河800 m^3/s水位时,对应坝身设计桩长15~17 m,坝头设计桩长18~20 m。

图3-58 可移动不抢险潜坝管桩布置示意图

当预制管桩定位后,为保证桩坝结构的整体性,根据观测、管理要求,管桩顶用预制的钢筋混凝土连系帽梁嵌固连接成连续的便桥形式(见图3-58)。预制连系帽梁混凝土等级采用C30,矩形截面,截面尺寸(宽×高×长)为0.6 m×1.0 m×10.0 m,为了使连系帽梁和管桩牢固结合,连系帽梁对应管桩间距每隔一定距离预设ϕ350 mm圆孔,孔中心间距0.9 m,与管桩心孔相对,用以穿过预制的圆台型连接销轴与管桩锚固,圆台型连接销轴采用C20钢筋混凝土预制构件,地面直径200 mm,顶面直径300 mm,高400 mm,顶面预埋Φ10钓饵钢筋。同时,在连系帽梁两端设置连接咬槎,使相邻连系帽梁之间紧密结合。具体连接结构见图3-59。

当管桩定位后,应先安装连系帽梁,再安装圆台形连接销轴,销柱与连系帽梁预留孔

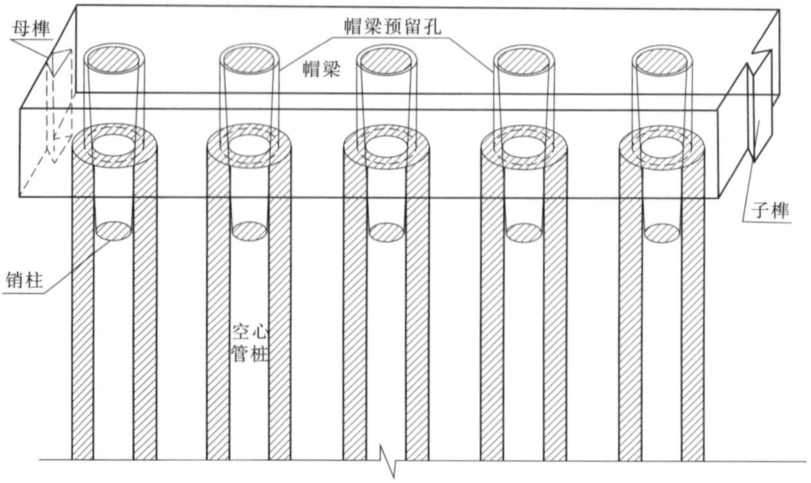

图 3-59　管桩与帽梁拼装连接示意图

周围的缝隙用碎石子填充,以保证连系帽梁在销轴的约束下抵抗水压力冲击和不产生过大变位。

考虑到管桩在施工、移动过程中需要吊装、拔桩等作业,预制过程中在管桩顶部预埋一段钢管(见图 3-60),需要吊装或上拔时,在预埋钢管孔中插入钢棒将管桩吊起。

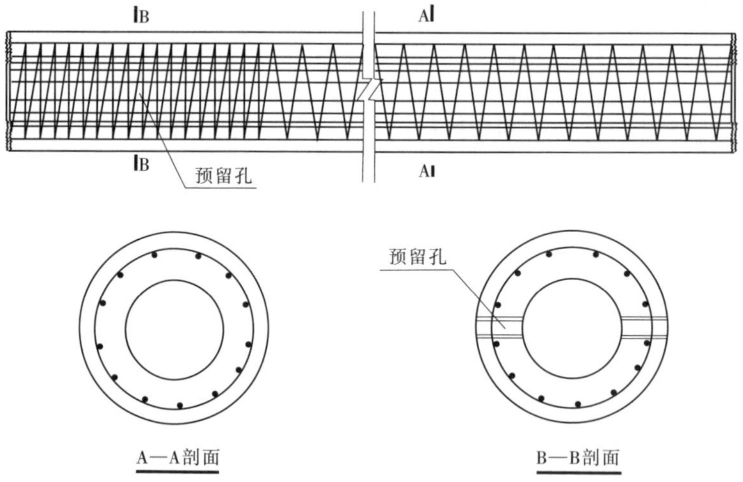

图 3-60　管桩垂直起吊孔设置示意图

第六节　管桩配筋计算

钢筋混凝土管桩截面尺寸应根据受力要求按强度和抗裂计算结果综合确定。整个结构或结构的一部分超过某一特定状态就不能满足设计规定的某一功能要求,此特定状态称为该功能的极限状态。极限状态分为以下两类:

(1)承载能力极限状态:结构或结构构件达到最大承载力,出现疲劳破坏或不适于继续承载的变形。

根据建筑结构破坏后果的严重程度,划分为三个安全等级(见表 3-21)。设计时应根据具体情况,选用相应的安全等级。

表 3-21　建筑结构的安全等级

安全等级	破坏后果	建筑物类型
一级	很严重	重要的建筑物
二级	严重	一般的建筑物
三级	不严重	次要的建筑物

对于承载能力极限状态,结构构件应按荷载效应的基本组合或偶然组合,采用下列极限状态设计表达式:

$$\gamma_0 S \leqslant R \tag{3-48}$$

$$R = R(f_c, f_s, \alpha_k, \cdots) \tag{3-49}$$

式中　γ_0——重要性系数,对安全等级为一级或设计使用年限为 100 年及以上的结构构件不应小于 1.1,对安全等级为二级或设计使用年限为 50 年的结构构件不应小于 1.0,对安全等级为三级或设计使用年限为 5 年及以下的结构构件不应小于 0.9;

S——承载能力极限状态的荷载效应组合的设计值;

R——结构构件的承载力设计值;

$R(*)$——结构构件的承载力函数;

f_c、f_s——混凝土、钢筋的强度设计值;

α_k——几何参数的标准值。

(2)正常使用极限状态:结构或结构构件达到正常使用或耐久性能的某项规定限值。

对于正常使用极限状态,结构构件应分别按荷载效应的标准组合、准永久组合或标准组合并考虑长期作用影响,采用下列极限状态设计表达式:

$$S \leqslant C \tag{3-50}$$

式中　S——正常使用极限状态的荷载效应组合值;

C——结构构件达到正常使用要求所规定的变形、裂缝宽度和应力等的限值。

结构构件正截面的裂缝控制等级分为三级:

一级——严格要求不出现裂缝的构件,按荷载效应标准组合计算时,构件受拉边缘混凝土不应产生拉应力。

二级——一般要求不出现裂缝的构件,按荷载效应标准组合计算时,构件受拉边缘混凝土拉应力不应大于混凝土轴心抗拉强度标准值;按荷载效应准永久组合计算时,构件受拉边缘混凝土不宜产生拉应力。

三级——允许出现裂缝的构件,按荷载效应标准组合并考虑长期作用影响计算时,构件的最大裂缝宽度不应超过规定的限值。

本工程结构安全等级取二级,裂缝控制等级取二级。

一、正常运用阶段

拟定桩体混凝土等级采用 C60（$f_c=14.3\ N/mm^2$），受力主配筋选用 HRB335 级（$f_y=300\ N/mm^2$）、箍筋采用 HPB225 级（$f_y=210\ N/mm^2$）。

考虑桩体是与水或土壤直接接触的工作环境，钢筋保护层厚度采用 5 cm。

单块桩体考虑采用圆环截面形式进行承载力极限状态计算。结构的安全等级取为二级，则重要性系数 $\gamma_0=1.0$。

（一）承载力计算

拟定单块桩体圆环截面外直径为 600 mm，内直径为 250 mm，见图 3-61。

$$0 \leqslant \alpha a_1 f_c A + (\alpha - \alpha_t) f_y A_s \tag{3-51}$$

$$M \leqslant \frac{2}{3} a_1 f_c A (r_1 + r_2) \frac{\sin\pi\alpha}{\pi} + f_y A_s r_s \frac{\sin\pi\alpha + \sin\pi\alpha_t}{\pi} \tag{3-52}$$

$$\alpha_t = 1 - 1.5\alpha \tag{3-53}$$

式中 A——环形截面面积；

A_s——全部纵向普通钢筋的截面面积；

r_1、r_2——环形截面的内、外半径；

γ_s——纵向普通钢筋重心所在圆周的半径；

a_1——受压区混凝土截面面积与全截面面积的比值；

α_t——纵向受拉钢筋截面面积与全部纵向钢筋截面面积的比值，当 $\alpha>2/3$ 时，取 $\alpha_t=0$；

其余符号含义同前。

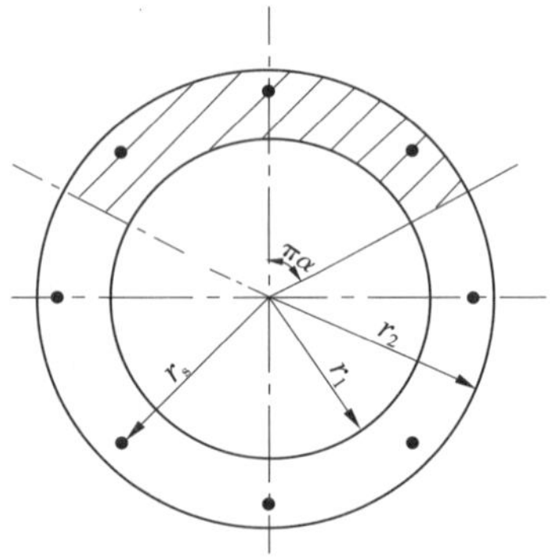

图 3-61 圆环截面计算简图

（二）稳定系数计算

参照《建筑桩基技术规范》（JGJ 94—2008）中公式计算桩体的稳定系数。

（1）桩的水平变形系数 α。

$$\alpha = \sqrt[5]{\frac{mb_0}{EI}} \tag{3-54}$$

式中 m——桩侧土水平抗力系数的比例系数，对于粉细砂地基土，预制桩取 4.5 MN/m^4；

b_0——桩身的计算宽度，m，当圆形桩直径 $d\leqslant 1$ m 时，$b_0=0.9(1.5d+0.5)$，当方形桩边宽 $b\leqslant 1$ m 时，$b_0=1.5b+0.5$。

（2）桩身计算长度 l_c。按照桩顶铰接，桩底支于非岩石土中情况：

$$l_c = 0.7 \times \left(l_0 + \frac{4.0}{\alpha}\right) \tag{3-55}$$

式中 l_0——基桩露出地面的长度；

α——桩的水平变形系数。

（3）桩的稳定系数 φ。按照 l_c/d 的计算值，可通过《建筑桩基技术规范》（JGJ 94—2008）查得。

二、拔桩受力配筋计算

对于预制构件尚应按吊装及拔桩时相应的荷载值进行施工阶段的验算，因吊装管桩而产生的管桩内力远小于管桩正常运用时的管桩内力，因此按正常运用情况内力进行配筋计算确定的管桩强度必然满足管桩吊装要求，在此仅仅进行拔桩施工中管桩抗裂计算。

考虑本桩体需要重复使用，当桩体从土中拔出时，则主要承受拉力，并克服土体与管桩外壁产生的较大摩擦力。对于普通混凝土构件可能会被拉裂，影响正常使用。鉴于此，考虑在管桩制作过程中施加预应力，以控制施工阶段构件出现裂缝。

在拔桩过程中，管桩底部一定深度被土掩埋，考虑拔桩吊车起吊能力和实际施工环境情况，拔桩吊力按40 t进行管桩抗裂计算。为避免应力集中现象，采用均布荷载施加于桩顶，不考虑偏心，横截面均布荷载大小为3 481.2 kN/m^2。

设计管桩竖向预应力钢筋选用异形钢棒，直径12.6 mm，截面面积125 mm^2。根据先张法预应力构件计算各项预应力损失，采用降温法模拟预应力。

管桩混凝土采用Solid45单元模拟，预应力钢筋采用Link8单元。桩体单元如图3-62所示，带预应力筋桩体横断面如图3-63所示，管桩共计5 292个单元6 580个节点。预应力筋单元如图3-64所示，预应力筋共980个单元994个节点。

图3-62　桩体单元

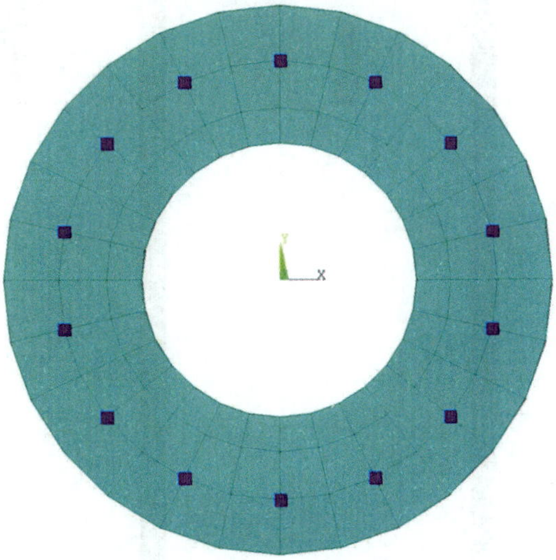

图3-63　带预应力筋桩体横断面

在预应力单独作用下，管桩应力如图3-65所示。可以看出，在预应力作用下，管桩竖向应力最大值为7.89 MPa，径向应力最大值为0.16 MPa，环向应力最大值为0.1 MPa。

在上拔力、自重和预应力作用下，管桩应力如图3-66所示。在上拔力、自重和预应力作用下，管桩竖向应力最大值为3.5 MPa，最大竖向应力所在横断面应力分布如图3-67所示；管桩径向应力最大值为0.6 MPa，不计应力集中区，一般断面上径向应力分布如图3-68所示；管桩环向应力最大值为0.6 MPa，不计应力集中区，一般断面上环向应力分布如图3-69所示。

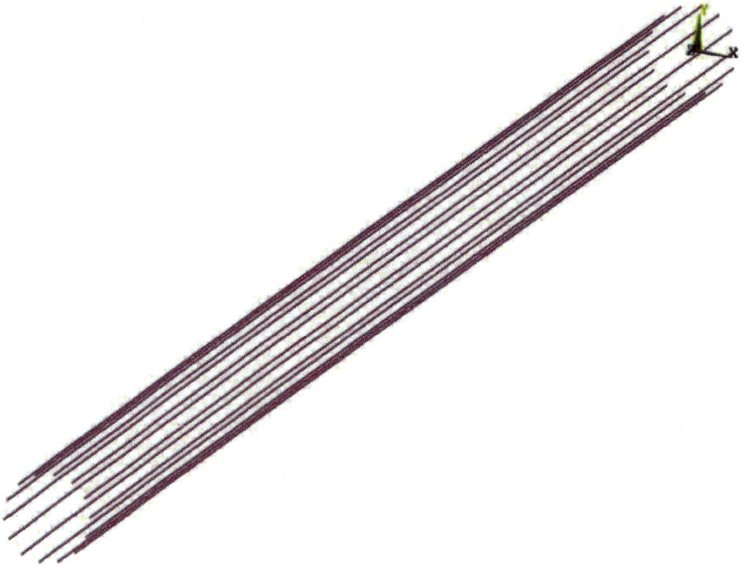

图 3-64　预应力筋单元

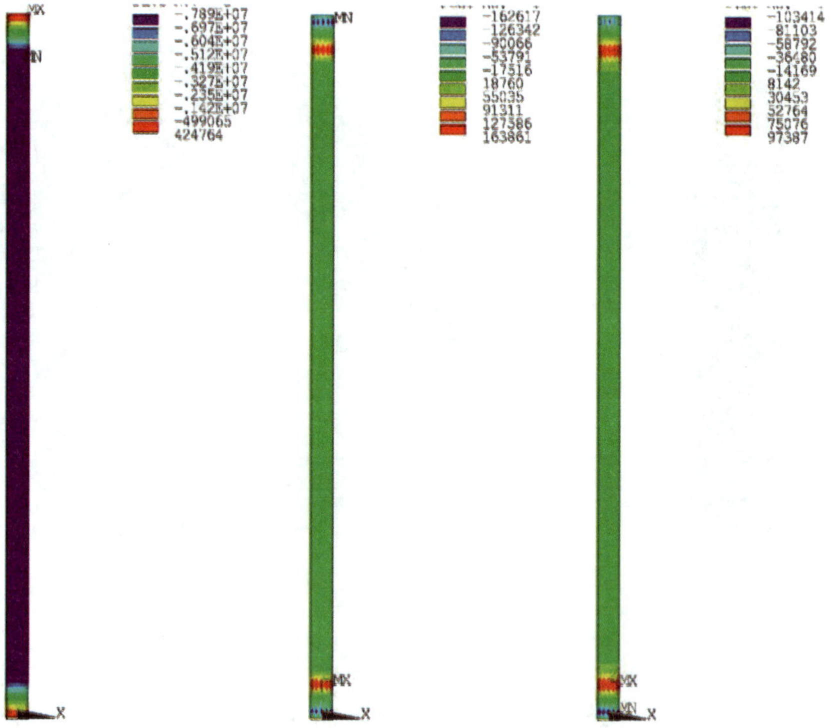

（a）管桩竖向应力　　（b）管桩径向应力　　（c）管桩环向应力

图 3-65　预应力作用下的管桩应力

由图 3-66（a）和图 3-68，上拔时管桩最大拉应力为 3.5 MPa，考虑到桩土间摩擦力是沿程分布的，因而结构是安全的，本设计方案是可行的。由图 3-66（a）可以看出，在上拔

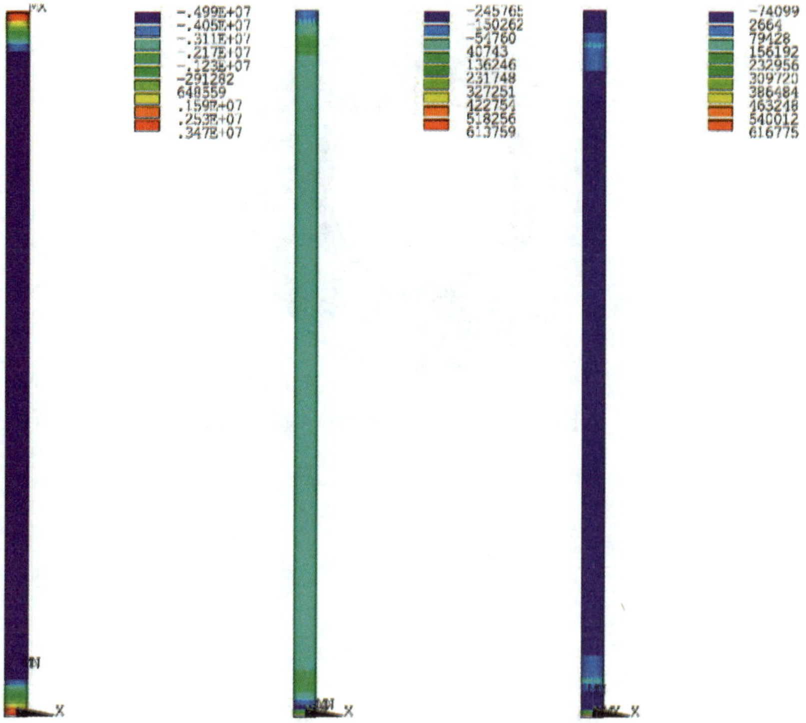

（a）管桩竖向应力　　（b）管桩径向应力　　（c）管桩环向应力

图 3-66　上拔力、自重和预应力作用下管桩应力

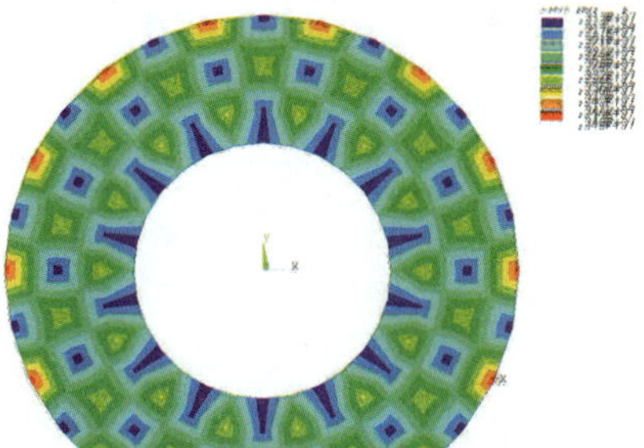

图 3-67　管桩竖向应力（最不利横断面）

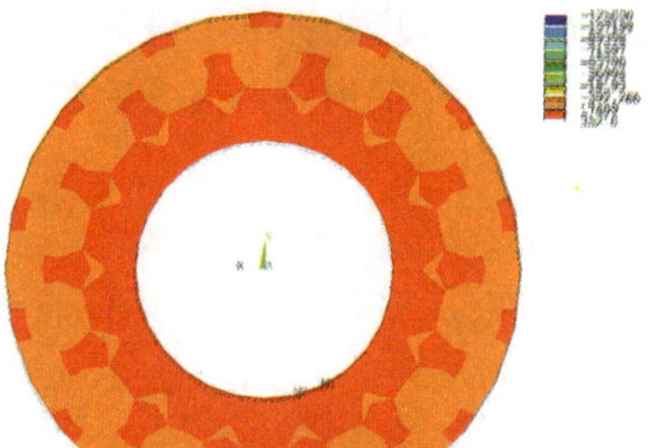

图 3-68　管桩径向应力（一般横断面）

时最佳着力点应该避开桩头，在距离桩顶 1 m 处均匀向上施力。

拟定预应力构件混凝土强度等级 C50（$E_c = 3.45 \times 10^4$ N/mm²），采用钢绞线（1×7）（$E_s = 1.95 \times 10^5$ N/mm²，$f_{ptk} = 1\ 720$ N/mm²）作预应力钢筋。按照拔桩施工受拉状态进行管桩承载力及抗裂验算，计算简图见图 3-70。

$$N \leqslant f_{py} A_p \tag{3-56}$$

式中　N——轴向拉力设计值；

A_p——纵向预应力钢筋的全部截面面积；

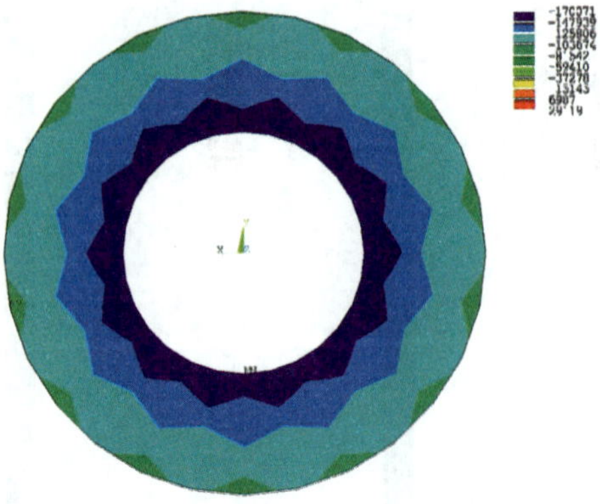

图 3-69 管桩环向应力（一般横断面）

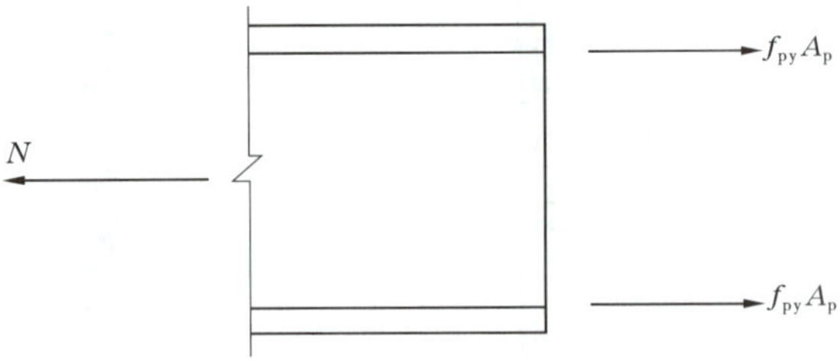

图 3-70 受拉构件正截面承载力计算简图

f_{py}——预应力强度设计值，N/mm^2。

对于严格要求不出现裂缝的构件，在荷载效应的标准组合下应符合下列规定：

$$\sigma_{ck}-\sigma_{pc}\leqslant 0 \tag{3-57}$$

式中 σ_{ck}——荷载效应的标准组合下抗裂验算边缘混凝土的法向应力；

σ_{pc}——扣除全部预应力损失后在抗裂验算边缘混凝土的预压应力。

$$\sigma_{ck}=\frac{N_k}{A_0} \tag{3-58}$$

$$A_0=A_n+\alpha_{Ep}A_p \tag{3-59}$$

$$\alpha_{Ep}=\frac{E_p}{E_c} \tag{3-60}$$

式中 N_k——按荷载效应的标准组合计算的轴向力值；

A_0——构件换算截面面积，包括净截面面积以及全部纵向预应力钢筋截面面积换算成混凝土的截面面积；

A_n——净截面面积，即扣除孔道、凹槽等削弱部分以外的混凝土全部截面面积；

E_p、E_c——钢筋与混凝土的弹性模量。

此处，按照先张法构件计算由预应力产生的混凝土法向应力：

$$\sigma_{pc}=\frac{N_{p0}}{A_0} \tag{3-61}$$

式中 A_0——构件换算截面面积；

N_{p0}——先张法构件的预应力钢筋的合力。

$$N_{p0} = \sigma_{pe} A_p \tag{3-62}$$

式中　A_p——受拉区纵向预应力钢筋的截面面积。

相应阶段预应力钢筋的有效预应力：

$$\sigma_{pe} = \sigma_{con} - \sigma_l \tag{3-63}$$

式中　σ_{con}——预应力钢筋的张拉控制应力值，取 0.70 f_{ptk}；

σ_l——相应阶段的预应力损失值，取 100 N/mm²。

三、截面配筋

根据上述分析计算，单个桩体正常运用及拔桩施工不同阶段的截面配筋结果见表 3-22。

表 3-22　预应力钢筋混凝土管桩横截面配筋表

运用工况	桩长(m)	正常运用		拔桩施工	说明
		主筋	稳定系数	主筋	
800 m³/s，坝前水深 8.0 m	15	10 Φ 9.0	0.54	14 Φ 9.0	1. 圆环形截面，外径 600 mm，内径 250 mm 2. 混凝土强度等级 C60
800 m³/s，坝前水深 10.0 m	18	10 Φ 10.7	0.43	10 Φ 10.7	
4 000 m³/s，冲刷深度 12.0 m	20	18 Φ 10.7	0.36	10 Φ 10.7	
4 000 m³/s，冲刷深度 14.0 m	22	18 Φ 12.6	0.29	8 Φ 12.6	

参照《混凝土结构设计规范》（GB 50010—2002）中环形截面预应力混凝土构件计算公式：

$$0 \leqslant \alpha\alpha_1 f_c A - \sigma_{p0} A_p + \alpha f_{py}' A_p - \alpha_t (f_{py} - \sigma_{p0}) A_p \tag{3-64}$$

$$\sigma_{p0} = \sigma_{con} - \sigma_l \tag{3-65}$$

式中　A——环形截面面积，为 147 262 mm²；

A_p——全部纵向预应力钢筋的截面面积，1 283 mm²；

f_{py}、f_{py}'——预应力钢筋强度、混凝土抗压强度设计值，分别为 1 320 N/ mm²、390 N/ mm²；

α——受压区混凝土截面面积与全截面面积的比值；

α_t——纵向受拉钢筋截面面积与全部纵向钢筋截面面积的比值，当 $\alpha > 2/3$ 时，取 $\alpha_t = 0$；

α_1——系数，按《混凝土结构设计规范》（GB 50010—2002）第 7.1.3 条的规定计算；

其余符号含义同前。

对拟定圆环截面进行抗弯承载力复核，极限弯矩 $M_u = 258$ kN · m，满足设计要求。

第七节　推广应用研究

鉴于目前黄河下游水沙条件变化和河道整治面临的诸多问题，黄委以及其他众多水利工作者对下一步河道整治方案都提出了自己的看法，并进行了诸多理论研究。但由于黄河下游河道整治方案涉及众多部门利益，且工程投资巨大，同时，方案的成功与否也对沿河及整个下游地区带来深远的环境影响，因此黄委对确定进一步的河道整治工程实施方案十分慎重，截至目前，河道整治工程仍继续沿用微弯型整治方案。

然而，近年来，随着工农业用水的增加和水库的拦蓄作用，黄河下游出现4 000 m^3/s以上洪水的概率减小。尤其自2000年以来，随着小浪底水库的运用，受天然来水以及水库运用影响，黄河下游小流量洪水（1 000 m^3/s左右）出现次数增多，且持续时间较长，该级洪水在2.0～2.5 km规划排洪河宽的河槽内游荡不定，特别是一些河段畸形河势发育，造成小水险情增多，主流不能得到很好的控制。为控制近年来一些河段不利河势的进一步发展，以及不断完善已建的整治工程，黄委安排了一些工程的续建工作。在这些工程中，很多续建的坝垛布置在直线送流段，其目的主要是送流至对岸，控制不利河势发生。而实际上，这些工程的布置位置已超出中水整治方案规划的工程范围，且部分工程已布置在预留的行洪河宽。为减小这些坝垛可能对大洪水以及滩槽水沙交换产生的不利影响，部分坝垛设计为潜坝形式，设计坝顶高程调整为相应大河流量2 000 m^3/s、3 000 m^3/s甚至4 000 m^3/s的相应水位。

同时，针对一些畸形河势情况，也被迫修建一些应急工程。应急工程有时不得不超出原规划方案，比如2005年抢修的开封王庵工程－25～－30垛，这些工程主要是为避免河势继续向不利局面发展而建，工程位置已远远超出工程规划范围，河段河势一旦趋向规顺，则工程将长期处于闲置状态，造成工程利用效能降低和浪费。

作为续建工程的一种结构形式，潜坝在马庄、武庄、顺河街等工程均得以应用。虽然，这些工程都发挥了较好的送流作用，但随着工程的实际运用，也出现了不少实际问题，工程位于河道主槽，极易遭受淘刷而出险。2003年，顺河街下延潜坝遭长时间主流顶冲，出险十几次，尾段百余米因出险迅速、抢护不及而溃坝，后经全力抢修方予以恢复。因此，研究潜坝结构形式，使其既能满足自身稳定又控导河势，且经济合理是十分必要的。

“黄河下游可移动不抢险潜坝结构”是一种临时和永久相结合的工程措施。一方面，适用于应急度汛工程中，临时性修建潜坝工程可以避免畸形河势继续向不利局面发展，即使不在规划范围之内，所修工程脱河闲置时，可以方便地拆除；另一方面，按照目前控导工程续建坝垛多在直线下延段，部分工程逐渐进入河段排洪河宽之内，所修建工程是永久性工程，但要求所修建工程尽可能地减少对洪水行洪的影响。在第二种情况下，需要合理地选择该类潜坝的结构形式：一方面，有利于枯水期河势的控制；另一方面，减小工程自身对大洪水通过的不利影响。因此，项目的研究成果，对于今后临时抢修工程以及进一步开展河道整治工程建设都提供了一种新的坝垛形式，应用前景十分广阔。

第四章　可移动不抢险潜坝运行参数模型试验

第一节　研究任务及技术路线

一、研究任务

（1）对黄河下游河道可移动不抢险坝在大、中、小洪水不同运用条件下，潜坝运用效果、导流作用进行模拟试验与分析研究。

（2）对两种结构形式（透水与不透水）板桩潜坝，在大、中、小洪水不同运用条件下，确定潜坝前后水位差和坝前后冲刷坑深度；对不同洪水条件下的潜坝稳定问题进行分析研究。

二、技术路线

本课题采用黄河下游花园口至九堡河段为典型河段，根据黄河下游河道地形及洪水泥沙条件，进行典型河段的分析和概化。根据典型概化河段的水力、泥沙、边界条件以及不抢险管桩坝的形式和使用特点，建立包括工程的局部概化模型，进行可移动不抢险潜坝导流效果与局部冲刷模拟研究。

探索四种不同流量下，不同结构形式管桩坝前后河床冲刷深度，以及减小冲刷深度的措施；以局部冲刷试验结果为基础，进一步模拟研究管桩坝对局部河段洪水河势的影响。

第二节　模型设计

一、模型类型选择与相似准则

根据研究河段的水沙、边界特性和新型整治工程的试验任务要求，经分析采用概化河弯，进行整体变态动床河工模型试验，研究管桩坝修建前后的河道水力特性、管桩坝导流功效与局部冲刷问题。

依据满足主导力相似的原则，模型设计在水流相似方面采用重力相似准则（弗劳德准则），并满足紊动阻力相似要求。依据满足不同量级洪水期河弯管桩坝局部冲刷相似的原则，在泥沙及河床变形相似方面，主要采用满足泥沙起动及河床冲刷变形相似准则。

二、模型沙的选择

为了保证模型的泥沙运动相似，正确选择模型沙是非常关键的。分析不同模型沙的特点，对比见表 4-1。经研究分析各模型沙的优缺点，考虑到塑料沙密度小、粒径容易控制，有利于模拟局部冲刷，不容易板结，最终选用聚苯乙烯塑料沙作为模型沙。

表 4-1　动床模型沙特点对比

种类	密度（kg/m^3）	优 点	缺 点
天然沙	2 650	物理化学性质稳定，造价低	起动流速大，模型设计困难，细颗粒黏聚力大
塑料沙	1 250	v_c 小，不易板结，可动性大	水下休止角小，不宜用在长河段洪水模型
电木粉	1 460	v_c 小，易满足河型、悬移等相似条件	固结后 v_c 大增，难以观察床面泥沙运动状况
煤屑	1 450	新铺煤屑 v_c 小，易满足河型、悬移等相似条件	固结 v_c 很大，重复使用性差，悬沙沉降时易絮凝，难以观察床面泥沙运动状况
粉煤灰	2 170	性质稳定，水下休止角适中，固结不严重	有的粉煤灰板结严重，密度偏大
拟焦沙	1 960	物理化学性质稳定，水下休止角适中	试验时难以观察床面泥沙运动状况

三、模型控制比尺的选择

（一）几何比尺及变率的选取

模型试验厅长度 46 m，模拟研究河段长 3 500 m，综合考虑管桩坝工程尺寸、试验厅场地及水沙循环系统能力，初步确定模型平面比尺 $\lambda_L=100\sim120$。黄河下游宽浅河道特点决定了河工模型只能采用变态模型，弯道模型变率一般应满足 $\eta<6$；这里取几何变态为 $\eta=4$，则垂直比尺 $\lambda_H=25\sim30$。按照弗劳德准则并满足紊动阻力相似要求，最终确定有关比尺见表 4-2。根据洪水及概化河段河床边界条件，经初步检验，满足河工模型关于表面张力影响与流态相似要求的最小水深与最小 Re 要求。

（二）泥沙及河床变形相似比尺的选取

泥沙模拟相似的控制比尺主要是满足运动相似的泥沙粒径比尺，满足悬移相似的含沙量比尺以及满足河床变形相似的第二时间控制比尺。

1. 模型床沙比尺选择

保证河床冲淤变形及河床稳定性相似，必须满足泥沙起动相似条件，即

$$\lambda_v = \lambda_{vc} \tag{4-1}$$

式中　λ_v、λ_{vc}——水流流速及泥沙起动流速比尺。

表 4-2　模型比尺及模型沙数据一览

模型比尺			原型沙数据		
比尺	数值	依据	项目	数值	单位
水平比尺 λ_L	120	试验目的及场地	密度 ρ_s	2.65	t/m^3
垂直比尺 λ_H	30	依据变率要求	浮密度 $\rho_s-\rho$	1.65	t/m^3
流速比尺 λ_v	5.477	重力相似条件	干密度 ρ'	1.4	t/m^3
流量比尺 λ_Q	19 718.012	$\lambda_Q=\lambda_v\lambda_H\lambda_L$	悬沙中值粒径 d_{50}	0.02	mm
比降比尺 λ_J	0.25	$\lambda_J=\lambda_H/\lambda_L$	床沙中值粒径 D_{50}	0.2	mm
糙率比尺 λ_n	0.881	阻力相似条件	模型沙数据		
沉速比尺 λ_ω	1.94	悬沙运动相似	名称	树脂粒子	单位
重度差比尺 $\lambda_{\gamma_s-\gamma}$	6	原型比模型	密度 ρ_s	1.15	t/m^3
干重度比尺 $\lambda_{\gamma 0}$	1.08	原型比模型	浮密度 $\rho_s-\rho$	0.15	t/m^3
悬沙粒径比尺 λ_d	0.59	悬移质粒径相似条件	干密度 ρ'	0.82	t/m^3
床沙粒径比尺 λ_D	1.25	河型相似条件	该沙粒径范围	0.24	mm
起动流速比尺 λ_{vc}	5	起动相似条件	床沙要求 最佳粒径范围	0.6~1	mm
含沙量比尺 λ_s	2.00	参考			
水流运动时间比尺 λ_{t1}	21.91	水流运动相似条件			
河床变形时间比尺 λ_{t2}	27.39	河床变形相似条件			

黄河泥沙有一定黏性，泥沙起动流速宜采用张瑞瑾统一公式，即

$$v_c = \left(\frac{h}{d}\right)^{1/7}\left(17.6\frac{\gamma_s-\gamma}{\gamma}d + 0.000\,000\,605\frac{10+h}{d^{0.72}}\right)^{1/2} \tag{4-2}$$

公式中各物理量采用 kg、m、s 单位。如果忽略黏结力影响，则可得粒径比尺为：

$$\lambda_d = \frac{\lambda_h}{\lambda_{\frac{\rho_s-\rho}{\rho}}^{\frac{7}{5}}\lambda_\xi^{\frac{14}{5}}} \tag{4-3}$$

研究表明，不同种类的模型沙由于重度、颗粒形状等方面存在较大差异，不能直接按泥沙起动流速公式计算模型沙的起动流速。因此，黄河下游动床模型设计不能直接用泥沙起动流速公式推求法来确定模型床沙的粒径比尺。宜分别确定原型泥沙的起动流速和不同粒径模型沙的起动流速，然后检查两者是否满足相似条件，从而确定模型床沙的粒径，同时要考虑满足河型相似条件，可以用公式 $\lambda_D = \dfrac{\lambda_H\lambda_J}{\lambda_{\gamma_s-\gamma}}$ 求得模型床沙粒径比尺。

考虑到是以局部冲刷为主要研究目的，采用塑料沙，导出 $\lambda_D = 0.758 \sim 0.91$。根据有关资料的统计分析，黄河下游河道床沙中值粒径为 0.15 ~ 0.25 mm，平均值约为 0.20 mm，初步确定模型床沙粒径 $D_{50}=0.22 \sim 0.27$ mm。由水槽试验测得模型沙起动流速为

0.11 m/s，原型沙起动流速为0.53 m/s，基本满足起动流速比尺。

2. 模型悬沙比尺选择

黄河下游悬沙很细，一般悬沙中值粒径 $d=0.015\sim0.025$ mm，平均值 $d_{50}=0.02$ mm，根据黄河动床模型相似律：

$$\lambda_{\omega} = \lambda_{v}\left(\frac{\lambda_{\mathrm{H}}}{\lambda_{\mathrm{L}}}\right)^{m} \tag{4-4}$$

式中，$m=0.5$ 时，是泥沙悬浮相似条件；$m=1.0$ 时，是泥沙沉降相似条件。在进行管桩坝护弯导流模型试验时，既有泥沙落淤问题（缓流落淤），又有泥沙悬浮问题（弯道挑流输沙）。因此，应兼顾两者相似要求，按折中条件选择型沙，采用 $m=0.75$，可以求得 λ_{ω} 为1.77～1.94。悬沙粒径可由公式 $\lambda_{d} = \left(\frac{\lambda_{\omega}\lambda_{v}}{\lambda_{\gamma_s-\gamma}}\right)^{1/2}$ 求得，为0.49～0.52。

3. 模型挟沙能力比尺选择

根据屈孟浩《黄河动床模型试验理论和方法》分析，黄河动床模型挟沙能力比尺可用下式表示：

$$\lambda_{s_*} = \left(\frac{\lambda_{v_*}}{\lambda_{\omega}}\right)^{1.2}\frac{\lambda_{\gamma_s}}{\lambda_{\gamma_s-\gamma}}\frac{\lambda_{v}\lambda_{J}}{\lambda_{\omega}} \tag{4-5}$$

用 $\lambda_{v*}=(\lambda_{\mathrm{H}}\lambda_{J})^{0.5}$，$\lambda_{\omega}=\lambda_{v}(\lambda_{\mathrm{H}}/\lambda_{\mathrm{L}})^{m}$ 代入上式，得：

$$\lambda_{s_*} = \left(\frac{\lambda_{\mathrm{L}}}{\lambda_{\mathrm{H}}}\right)^{0.5}\frac{\lambda_{\gamma_s}}{\lambda_{\gamma_s-\gamma}}\frac{\lambda_{v}\lambda_{J}}{\lambda_{\omega}} \tag{4-6}$$

采用 $\lambda_{\omega}=1.77\sim1.94$，则 $\lambda_{s_*}=0.792\sim0.95$。

4. 河床冲淤过程时间比尺选择

根据河床变形方程，可以推导出河床冲淤过程时间比尺：

$$\lambda_{t2} = \frac{\lambda_{\gamma_0}}{\lambda_{s}}\lambda_{t1} \tag{4-7}$$

其中 λ_{t2} 为满足水流运动相似的时间比尺，聚苯乙烯塑料沙取 $\gamma_0=0.85$ g/cm³，根据黄河下游典型河段资料，原型沙为 $\gamma_0=1.24$ g/cm³，则得 $\lambda_{\gamma_0}=1.45$，故得：

$$\lambda_{t2} = \frac{\lambda_{\gamma_0}}{\lambda_{s}}\lambda_{t1} = 1.5\lambda_{t1} \tag{4-8}$$

比较两个时间比尺 λ_{t1} 与 λ_{t2} 相差不太多，可以取 $\lambda_{t2}=1.25\lambda_{t1}$，使两者尽可以得到满足。

（三）模型比尺协调汇总

根据水流泥沙运动及河床变形综合相似，选择模型主要控制性比尺：水平比尺 λ_{L} 为120，垂直比尺 λ_{H} 为30，床沙粒径比尺 λ_{D} 为0.758～0.91，悬沙粒径比尺 λ_{d} 为0.49～0.52，模型挟沙能力比尺 λ_{s} 为0.95，水流运动时间比尺 λ_{t1} 为21.9，河床变形时间比尺 λ_{t2} 为1.25λ_{t1}。

四、模型布置

根据几何比尺进行了模型布置，见图4-1～图4-3。模型首部进水前池采用主槽与滩地分别进水方式，由两部电磁流量计分别控制槽、滩进流量。首部进水可调方向，便于模拟不同量级洪水的主流流向变化。模型出口采用尾门控制尾水位，下设三级沉沙池。

模型区主槽与嫩滩为塑料沙塑制的动床区。老滩区为定床区，为满足阻力相似，采用间隔塑料花加糙（根据水槽试验，量测糙率可达 0.045）。不透水管桩坝采用透明有机玻璃板，透水管桩坝采用 1 cm×1 cm 的方管按设计曲率半径间隔焊制，安装在弯道主槽边岸，见图 4-1。

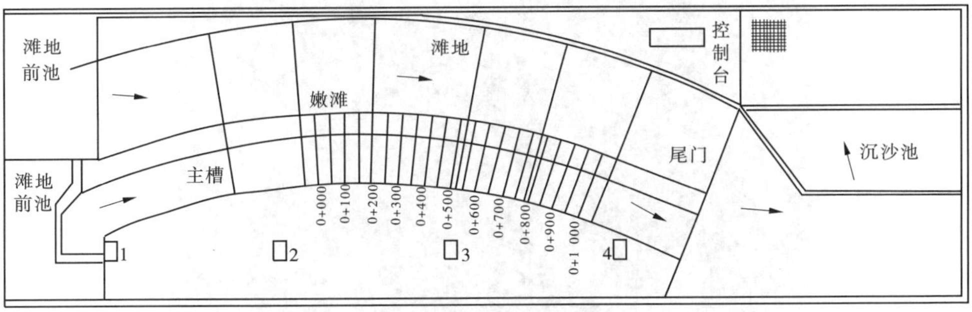

图 4-1 模型平面布置

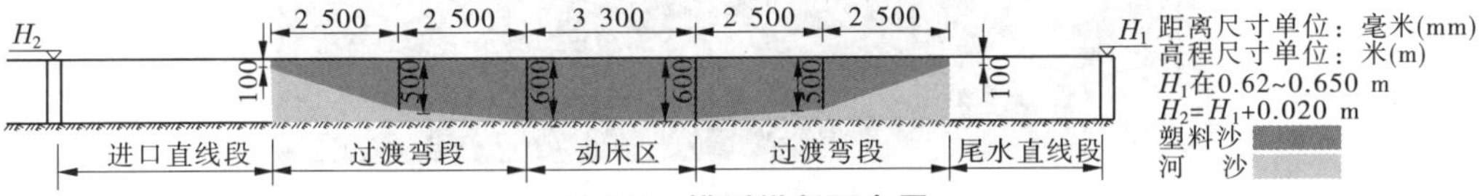

图 4-2 模型纵断面布置

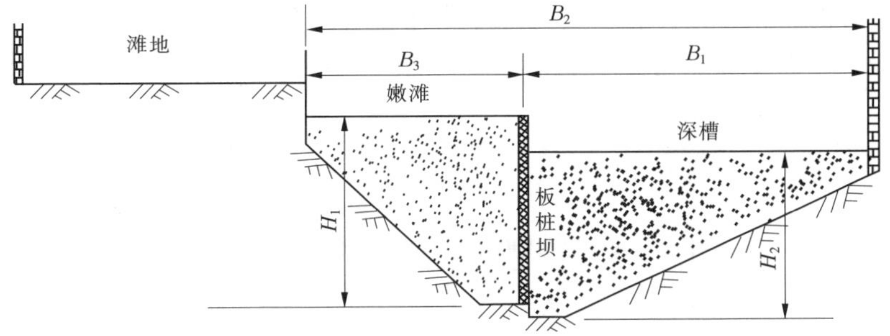

图 4-3 模型横断面布置

第三节 模型试验成果分析

一、试验组次

（1）不透水桩坝试验组次：不透水时主要做顺坝（来流与弯道轴线夹角为 0°）冲刷试验，分 800 m^3/s、4 000 m^3/s（$q_{槽}=6.47\ m^2/s$，$q_{滩}=0.02\ m^2/s$）、8 000 m^3/s（$q_{槽}=12.4\ m^2/s$，$q_{滩}=0.09\ m^2/s$）、12 000 m^3/s（$q_{槽}=17.15\ m^2/s$，$q_{滩}=0.28\ m^2/s$）四个流量级洪水，见图 4-4。

图 4-4　模型放水试验

(2)透水坝试验组次:顺坝冲刷时,分四个流量级洪水,即 800 m^3/s、4 000 m^3/s($q_{槽}$ = 5.67 m^2/s,$q_{滩}$ = 0.1 m^2/s)、8 000 m^3/s($q_{槽}$ = 10.67 m^2/s,$q_{滩}$ = 0.27 m^2/s)、12 000 m^3/s($q_{槽}$ = 14.4 m^2/s,$q_{滩}$ = 0.56 m^2/s)。

局部顶冲时在四个流量级洪水基础上,分四个不同的来流夹角,即 30°、45°、60°、90°,进行顶冲试验。

在透水坝试验的 4 000 m^3/s 和 8 000 m^3/s 的流量级试验中,来流方向又含有上提下挫的情况,上提下挫角度见图 4-5。

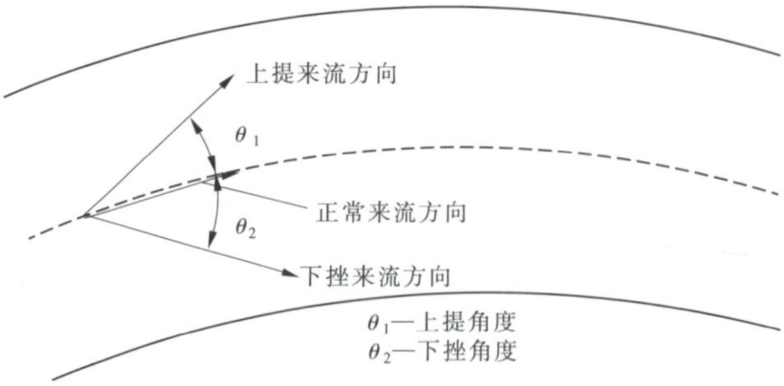

图 4-5　来流方向上提下挫角度示意图

二、管桩坝的导流作用

(一)弯道段管桩坝区流场特性

1. 不透水坝流速分布

取弯道两个控制断面:弯顶(0+300),管桩坝下游(0+900)。两个断面在不同流量级时的实测流速分布见图4-6和图4-7,用全流场实时动态监测系统VDMS测绘制作的流场平面流速分布见图4-8～图4-10,主流顶冲弯顶的部位与顶冲流速见图4-11和表4-3。

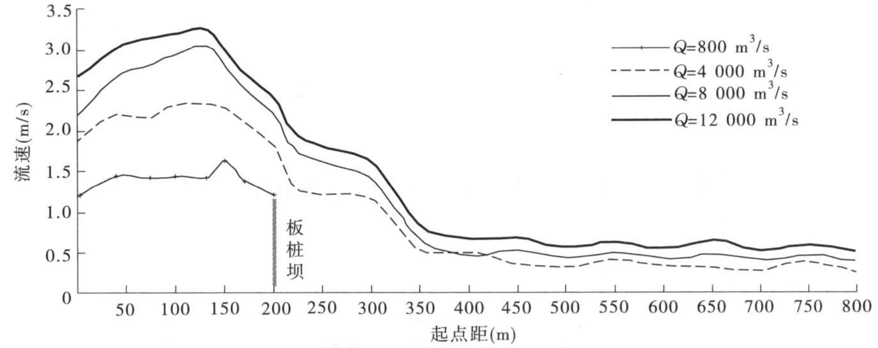

图4-6　不透水管桩坝0+300断面流速分布

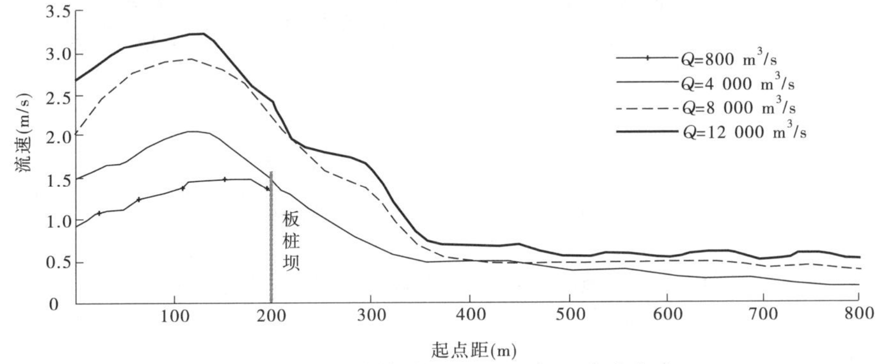

图4-7　不透水管桩坝0+900断面流速分布

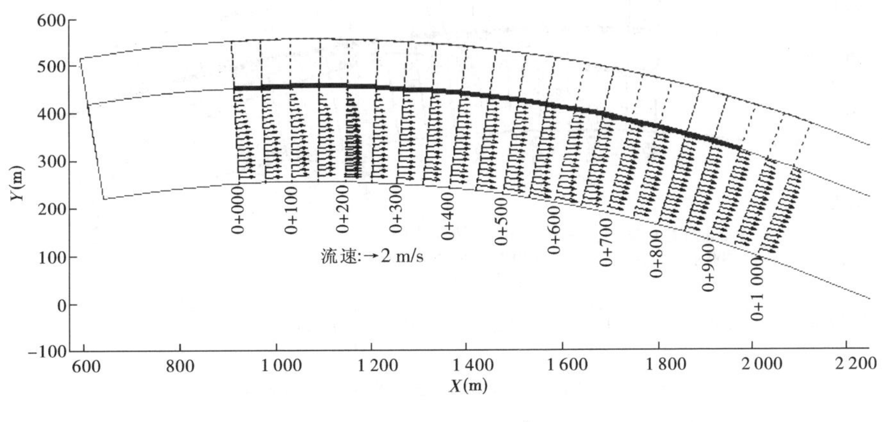

图4-8　不透水管桩坝 $Q=800\ m^3/s$ 断面流速分布

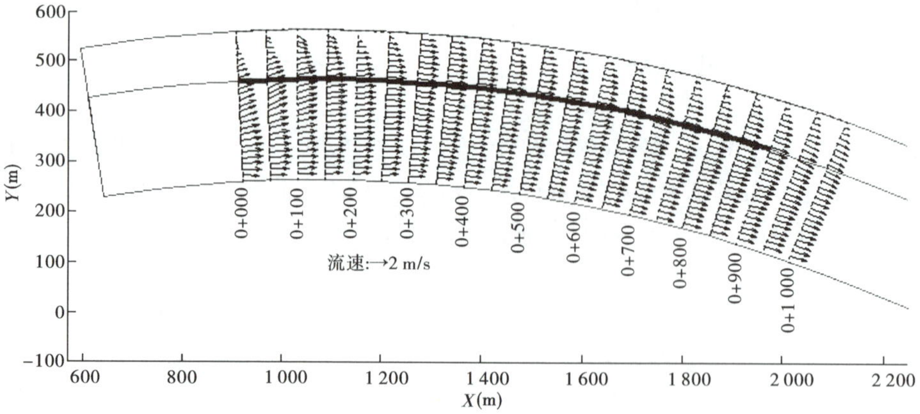

图 4-9 不透水管桩坝 $Q = 4\ 000\ \mathrm{m^3/s}$ 断面流速分布

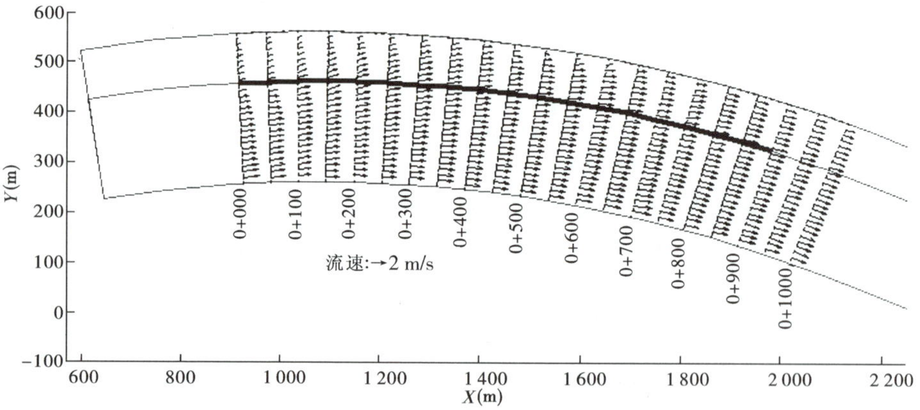

图 4-10 不透水管桩坝 $Q = 8\ 000\ \mathrm{m^3/s}$ 断面流速分布

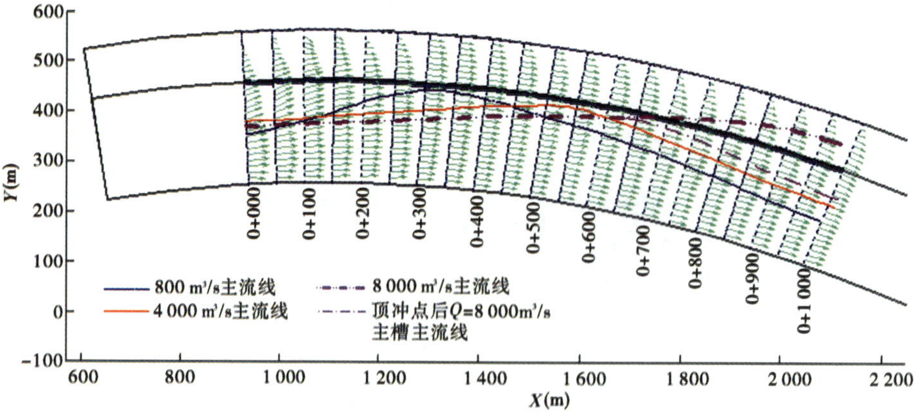

图 4-11 不透水管桩坝不同流量主流线对比

表 4-3　不透水坝流场的流速分布特征值

洪峰流量（m^3/s）	顶冲点附近断面	坝前顶冲点流速（m/s）	坝后流速（m/s）	嫩滩区平均流速（m/s）	高滩区平均流速（m/s）	断面最大流速 U_m（m/s）	U_m 距管桩坝位置（m）
800	0 + 300	1.46	0	0	0	1.62	30 ~ 60
4 000	0 + 500	2.2	1.8	1.5	0.3	2.3	50 ~ 100
8 000	0 + 600	2.5	2.0	1.8	0.5	3.05	60 ~ 120
12 000	0 + 700	2.8	2.4	2.0	0.6	3.25	60 ~ 120

由图表可以看出，当流量增大时，水流的顶冲位置逐渐下移，顶冲变动区在 0 + 300 断面 ~ 0 + 700 断面之间；主流贴近管桩坝，一般距管桩坝外侧 50 ~ 100 m。

2. 透水坝流速分布

取弯道两个控制断面：弯顶（0 + 300），管桩坝下游（0 + 900）。两个断面在不同流量级时的实测流速分布见图 4-12 和图 4-13，用 VDMS 制作的流场平面流速分布见图 4-14 ~ 图 4-17，来流上提下挫引起的流速分布调整见图 4-18 ~ 图 4-21，主流顶冲弯顶的部位与顶冲流速见图 4-22 和表 4-4。

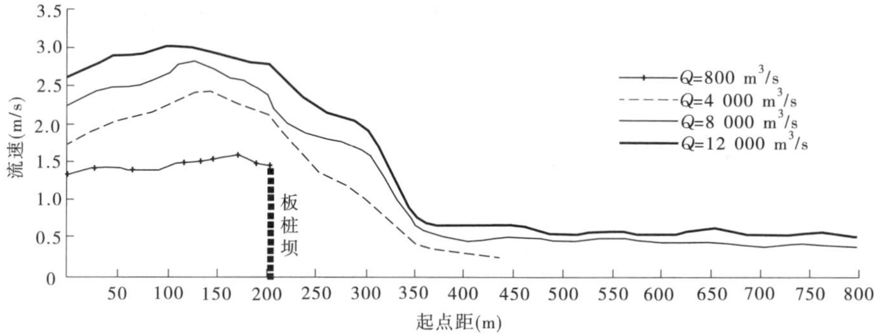

图 4-12　透水管桩坝 0 + 300 断面流速分布

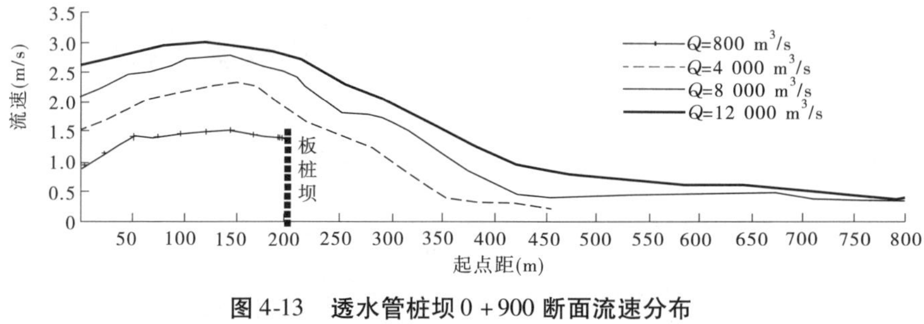

图 4-13　透水管桩坝 0 + 900 断面流速分布

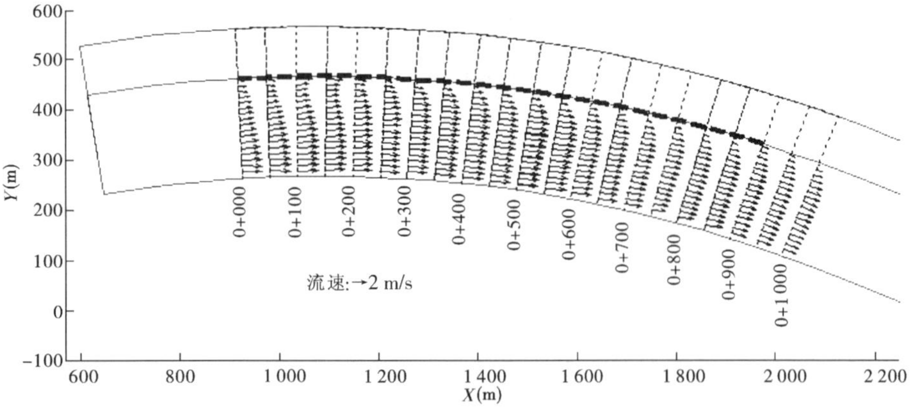

图 4-14　透水管桩坝 $Q=800\ m^3/s$ 断面流速分布

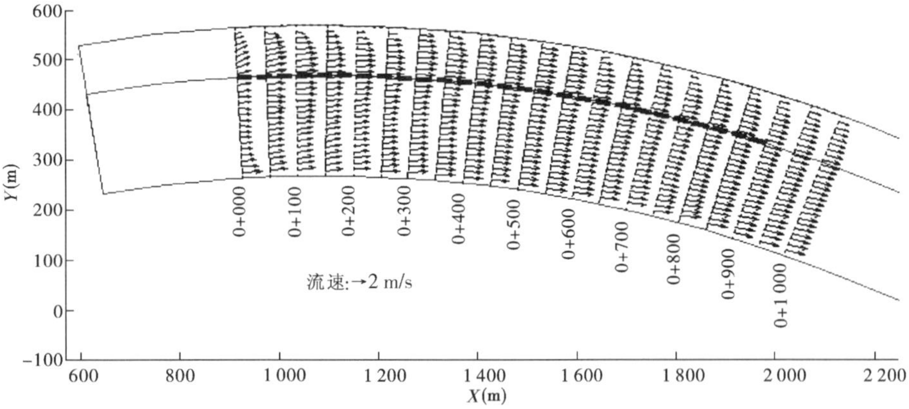

图 4-15　透水管桩坝 $Q=4\ 000\ m^3/s$ 断面流速分布

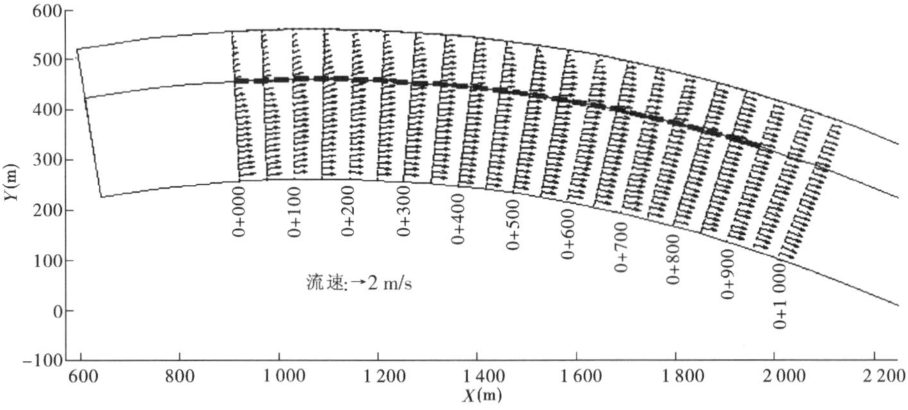

图 4-16　透水管桩坝 $Q=8\ 000\ m^3/s$ 断面流速分布

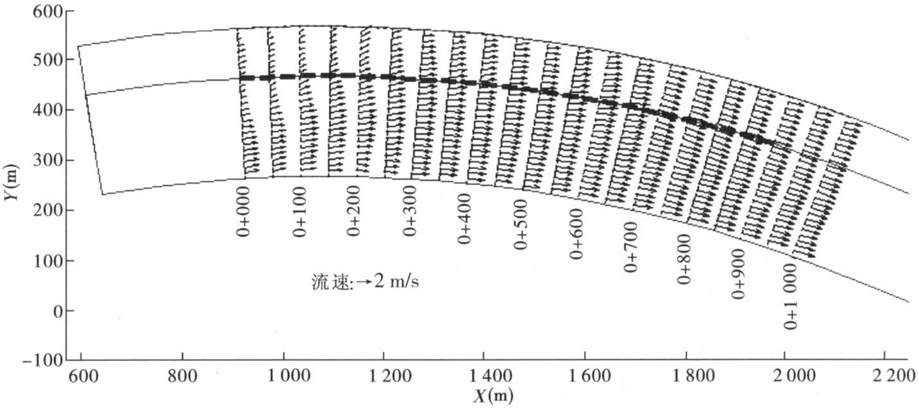

图 4-17　透水管桩坝 $Q=12\ 000\ m^3/s$ 断面流速分布

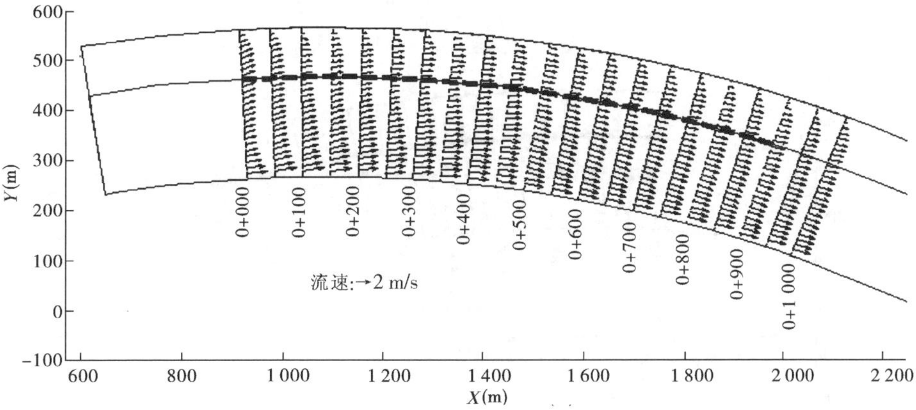

图 4-18　透水管桩坝 $Q=4\ 000\ m^3/s$(来流下挫 15°)断面流速分布

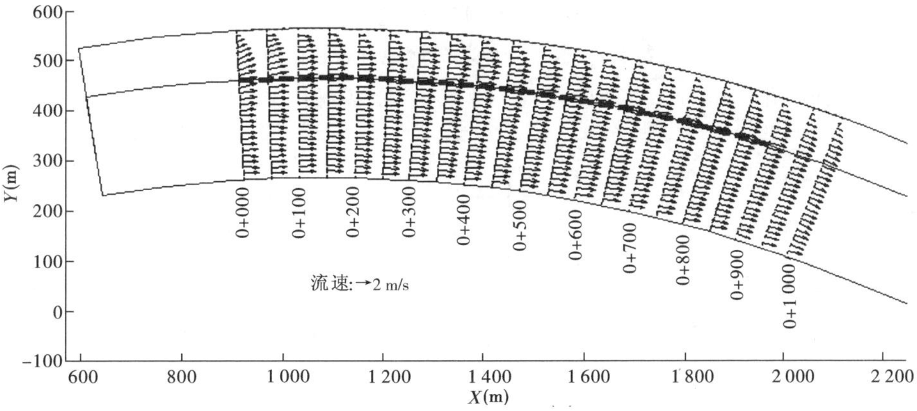

图 4-19　透水管桩坝 $Q=4\ 000\ m^3/s$(来流上提 15°)断面流速分布

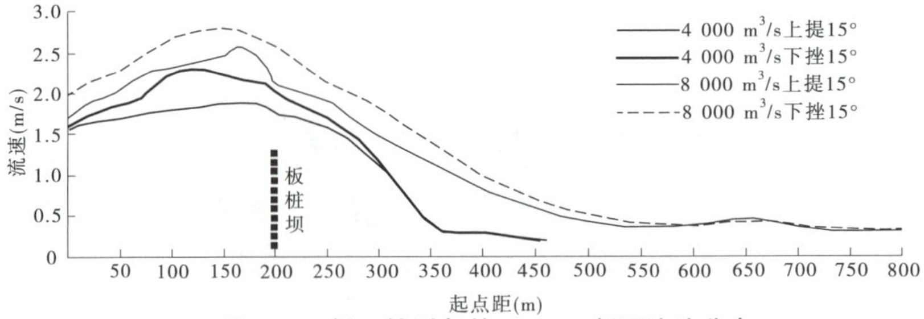

图 4-20　提下挫引起的 0 + 300 断面流速分布

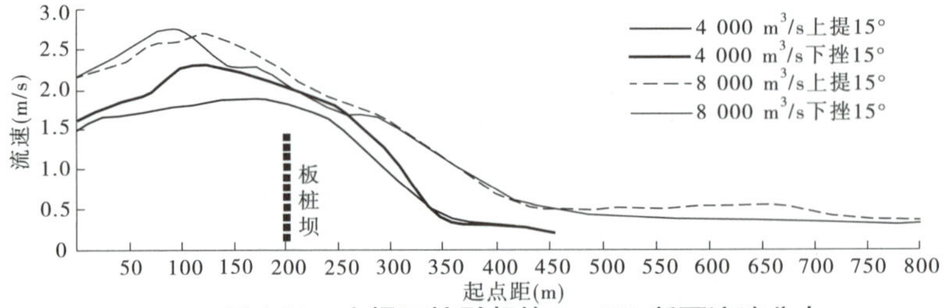

图 4-21　上提下挫引起的 0 + 900 断面流速分布

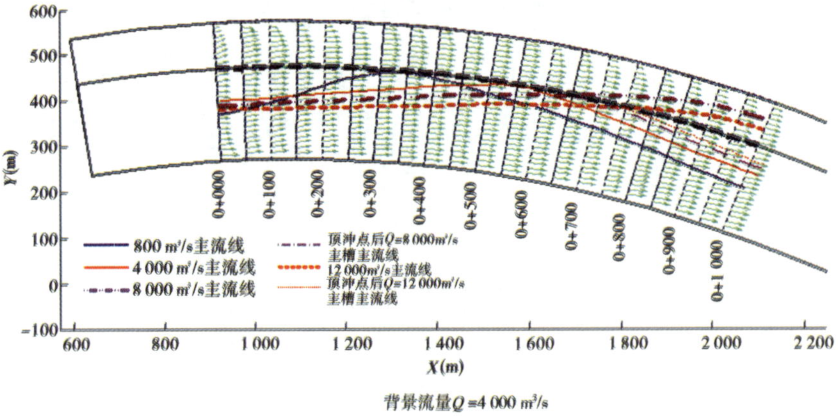

图 4-22　透水管桩坝不同流量主流线对比

表 4-4　透水坝流场的流速分布特征值

洪峰流量(m^3/s)	顶冲点附近断面	坝前顶冲点流速(m/s)	坝后流速(m/s)	嫩滩区平均流速(m/s)	高滩区平均流速(m/s)	断面最大流速 U_m(m/s)	U_m 距管桩坝位置(m)
800	0 + 300	1.46	0	0	0	1.60	30 ~ 50
4 000	0 + 550	2.12	1.8	1.6	0.3	2.45	40 ~ 80
4 000(下挫 15°)	0 + 600	2.35	1.90	1.65	0.3	2.5	50 ~ 80
4 000(上提 15°)	0 + 500	1.98	1.65	1.5	0.3	2.59	40 ~ 70
8 000	0 + 650	2.4	2.1	1.8	0.5	2.78	60 ~ 90
8 000(下挫 15°)	0 + 700	2.5	2.2	1.8	0.50	2.84	60 ~ 100
8 000(上提 15°)	0 + 600	2.3	2.0	1.7	0.65	2.9	60 ~ 80
12 000	0 + 700	2.8	2.5	2.2	0.65	3.0	60 ~ 100

另外，为了探讨不同角度来流直接顶冲管桩坝坝头引起的局部流场干扰与局部冲刷情况，还用 VDMS 绘制了局部流场流速分布图，见图 4-23 和图 4-24。

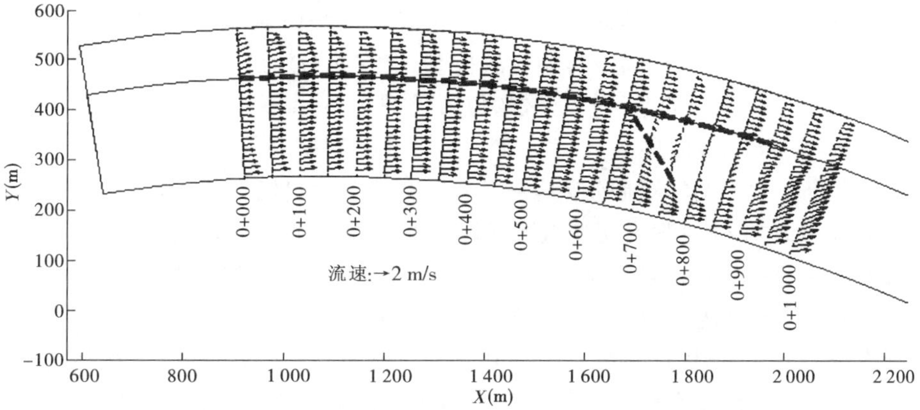

图 4-23　透水管桩坝 $Q=4\ 000\ m^3/s$ 加板桩短坝(45°)断面流速分布

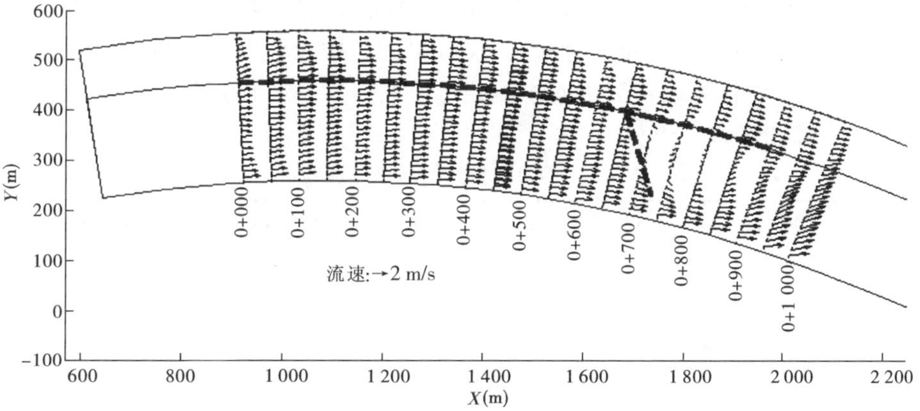

图 4-24　透水管桩坝 $Q=4\ 000\ m^3/s$ 加板桩短坝(60°)断面流速分布

(二)不同流量级洪水河势及主流位置

分析整理流速及河势观测资料，得到不同流量级洪水时，弯道段主流及顶冲点的位置见表 4-3 和表 4-4。主流线的平面形态(河势)与顶冲弯道桩坝群的位置见图 4-11 和图 4-22。分析这些观测资料，可以得到如下认识：

(1) $Q=800\ m^3/s$ 时，水流刚满深槽，由于水位刚平嫩滩滩沿，所以管桩坝(不透水与透水)都能很好地控制弯道段河势，按工程布置(曲率)导送水流。水流顶冲贴靠凹岸位置约在 0+350 断面，透水桩坝比不透水桩坝顶冲点略向下移；主流线形态及顶冲弯道管桩坝的位置见图 4-11 和图 4-22。

(2) $Q=4\ 000\ m^3/s$ 时，洪水漫过嫩滩及管桩坝工程，已经满槽达到平滩流量，而且部分低滩开始漫滩上水。越坝流速受到管桩坝干扰有所减小，降低 13% ~ 18%，这是桩坝工程与上滩阻力共同影响的结果。虽然桩坝群对表面流场影响不大，但减小了控导工程段的水下流速，对减小冲刷、稳定河弯有利。顺桩坝群内侧(临主流侧)流速较高，外侧流速略低，故顺桩坝群外侧水位比内侧略高 5 ~ 15 cm。在不同角度来流顶冲桩坝群时，越坝水流受潜没桩坝的影响，产生一定水位差，坝头附近迎流面低而背流面略高；而坝身漫流区，迎流面水位比背流面高 5 cm。不同方向来流影响主流贴岸的上提下挫，对弯道主流顶冲点位置及顶冲流速有所影响，有关参数见表 4-3 和表 4-4。桩坝群工程依然对弯道主流有一定影响，但对中水流向没有明显的控制，仅主槽分流略有增加。不同边界分流比见表 4-5，主流线形态及顶冲弯道桩坝区的位置见图 4-11 和图 4-22。

(3) $Q = 8\ 000\ m^3/s$ 时，洪水全面漫滩。在弯道桩坝控制段流场，嫩滩以下深槽依然受桩坝群工程防护，但总体水流则按其来流方向在弯道段自由行进、漫滩。由于桩坝坝顶比嫩滩低 1 m，虽然在桩坝背流面和嫩滩区形成的冲刷对滩区过流产生一定影响，但桩坝群并未对大水河势产生控制性影响。因为桩坝群对深槽集中过流的维护，故与无工程相比，桩坝群对全断面流速分布及主槽分流略有影响，见表 4-5。由于洪水大漫滩，顺桩坝群内外侧流速差异不大，因此顺桩坝群内外侧水位基本一致，内侧略高。在不同角度来流顶冲桩坝群时，越坝水流还受淹没桩坝的一定影响，坝身迎流面水位比背流面略高 10 cm。上游来流方向引起水流动力轴线的上提下挫，对弯道顶冲点位置及顶冲区流速有所影响，弯道段河势主要受上游来流的控制。由于全断面行洪，因此桩坝群工程只起深槽护弯作用，对大水流向及洪水漫滩没有影响，仅对深槽集中过流有一定影响，主槽分流略有增加。不同边界分流比见表 4-5，大水主流线形态、管桩坝附近流线及顶冲弯道管桩坝的位置见图 4-11 和图 4-22。

表 4-5　不同流量时的滩槽分流状况

流量 (m^3/s)	主槽流量 (m^3/s)	透水管桩坝主槽流量与总流量比值(%)	不透水管桩坝主槽流量与总流量比值(%)	无管桩坝主槽流量与总流量比值(%)
800	800	100	100	100
4 000	3 600	90	95	98
8 000	5 800 ~ 6 500	73 ~ 83	75 ~ 81	71 ~ 80
12 000	8 000 ~ 9 100	67 ~ 76	67 ~ 76	67 ~ 76

(4) $Q = 12\ 000\ m^3/s$ 时，洪水大漫滩，总体流向趋直，基本看不到弯道管桩坝影响，见图 4-11 和图 4-22。在弯道段，桩坝工程迎背水面及嫩滩都有不同程度冲刷，桩坝群控制段的弯道段嫩滩以下深槽依然受工程防护，深槽侧向移位被有效遏制，因此维持了凹岸嫩滩平面滩线的基本稳定。洪水在弯道段的行进、漫滩不受桩坝影响，还是受上游来流及弯道边界的控制，管桩坝没有对“大水趋直”的特性及弯道段河势产生影响。大水期主流线形态、管桩坝附近流线及顶冲弯道桩坝的位置见图 4-11 和图 4-22。桩坝群的深槽护弯作用，对深槽集中过流有一定影响，所以主槽分流略有增加，不同边界分流比见表 4-5。

从总体上看，大流量时水流顶冲位置逐渐下移，顶冲变动区在 0 + 300 ~ 0 + 750 断面；主流贴近管桩坝，最大流速一般距管桩坝 40 ~ 80 m。进口来流下挫 15°时，主流顶冲位置下挫至 0 + 750 ~ 0 + 800 断面；进口来流上提 15°时，主流顶冲点位置将上提至 0 + 350 ~ 0 + 600断面，主流也更贴近管桩坝。来流方向改变会影响弯道段的水位及纵比降，进口来流下挫 15°时，桩坝下游水位大于来流上提 15°时的水位，同时前者的纵比降也小于后者。

由图 4-23 和图 4-24 可以看出，来流在管桩坝坝头附近有明显的变化，受管桩坝坝头挑流的影响，坝后产生局部回流区；来流角度增大使导流作用更明显，同时回流区的范围也相应增大。

弯道桩坝区不同流量级洪水主流线见图 4-11 和图 4-22；不同角度来流时，桩坝的导流效果及来流对坝头局部流场的干扰影响见图 4-23 ~ 图 4-24。

（三）不同流量级洪水滩槽分流比

不同流量级洪水时滩槽分流比各不相同，$Q=800\ \text{m}^3/\text{s}$ 时，水流全部归深槽；$Q=4\ 000\ \text{m}^3/\text{s}$ 时，受管桩坝对弯道深槽的控制，水流的 90% ~95% 在主槽，只有个别低滩区小范围漫滩；$Q=8\ 000\ \text{m}^3/\text{s}$ 时，洪水全部漫滩，平均主槽流量占总流量的 77%，滩地占 23%，桩坝群的影响很小；$Q=12\ 000\ \text{m}^3/\text{s}$ 时，洪水大范围漫滩，平均主槽流量占总流量的 72%，滩地占 28%。与无管桩坝相比，$Q=4\ 000\ \text{m}^3/\text{s}$ 时，受管桩坝对弯道深槽的控制，主槽分流比略有增大；大洪水时管桩坝对主槽分流比基本没有影响（见表 4-5）。

三、弯道段管桩坝区河床变形及管桩坝冲刷

（一）管桩坝区河床变形及桩前局部冲刷

根据不同流量及来流角度的放水试验，研究了桩坝区的河床一般冲刷和局部冲刷。

（1）不透水管桩坝。沿不透水管桩坝的冲刷及局部冲刷状况见图 4-25 和图 4-26。不透水管桩坝沿管桩坝河床纵剖面图及特征大断面河床冲刷地形见图 4-27 ~ 图 4-31。沿桩坝的顺坝冲刷及局部冲刷特征值见表 4-6，表中主要物理量表示的几何意义见图 4-32。

图 4-25　不透水管桩坝冲刷地形

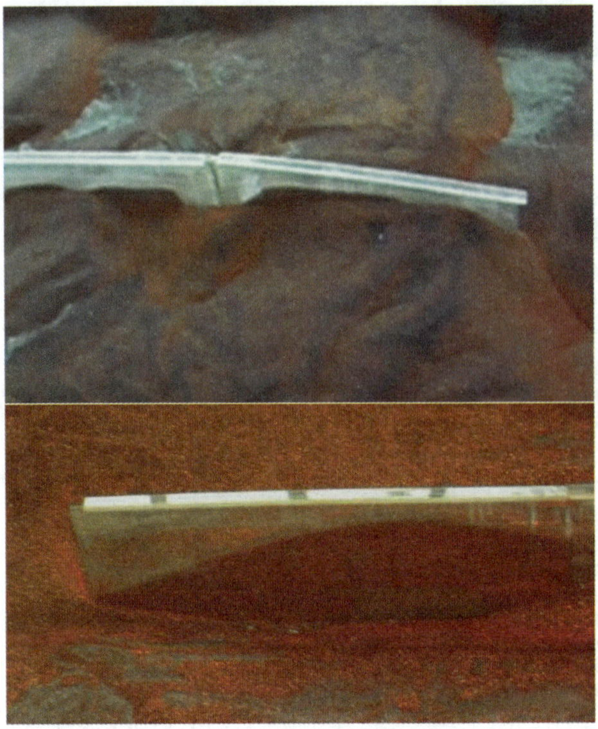

图 4-26　不透水管桩坝局部冲刷地形

(2)透水管桩坝。透水管桩坝条件下的河床冲刷状况见图 4-33,不同来流引起的管桩坝坝头局部冲刷地形见图 4-34,冲刷坑最大值及其位置见表 4-7,不同来流对管桩坝的局部冲刷值见表 4-8。表 4-7 和表 4-8 中的主要物理量表示的几何意义见图 4-32,沿透水管桩坝的河床冲刷纵剖面及特征大断面冲刷地形见图 4-35 ~ 图 4-37。

(3)两种管桩坝冲刷对比。由图 4-38 和图 4-39 可以看出,透水管桩坝的顺坝冲刷比不透水桩坝顺坝冲刷要小,但差别不大;在水流顶冲点(0 +300 断面)附近冲刷强度较大,断面最大冲刷深度所在位置距桩前 12 m 左右;在 0 +900 断面冲刷强度相对较小,但由于主流有一段贴流冲刷,断面最大冲刷深度所在位置距桩前仅 5 m 左右;不透水管桩坝冲刷形态与透水管桩坝基本相同。

比较分析两种桩坝的放水试验结果,表明两种桩坝区冲刷具有的共同特征是:随着流量加大,沿坝最大冲深位置后移,最大冲刷坑深度增加,最大冲刷深度及其位置见表 4-6 和表 4-7。$Q=800\ m^3/s$ 时,桩坝迎流面与背流面的冲刷坑地形剖面(沿桩坝坝头轴线)见图 4-40,可以看到迎流面总体冲刷强于背流面,背流面坝头前沿受绕流旋涡影响也有较强的冲刷。

考虑到不同来流对管桩坝坝头的局部冲刷严重,还特别进行了不同来流对桩坝的局部冲刷试验,局部冲刷深度见表 4-8。实测结果表明,来流角度越大,局部冲刷深度越大,桩坝最不利冲刷即为垂直正交冲刷。另外,流量增加,坝头附近冲刷深度也同步加大,迎流面冲刷强度普遍高于背流面的冲刷。

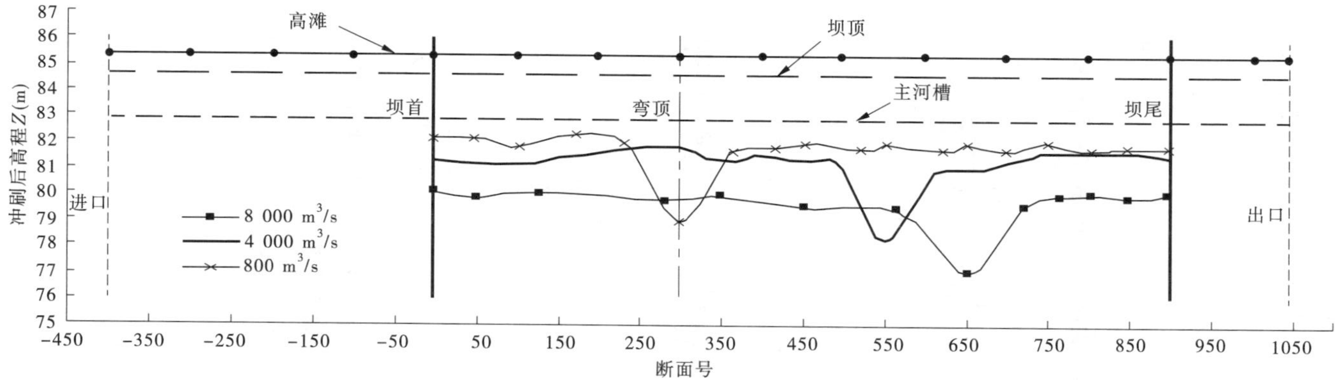

图4-27 不透水管桩坝不同流量沿坝前冲刷地形

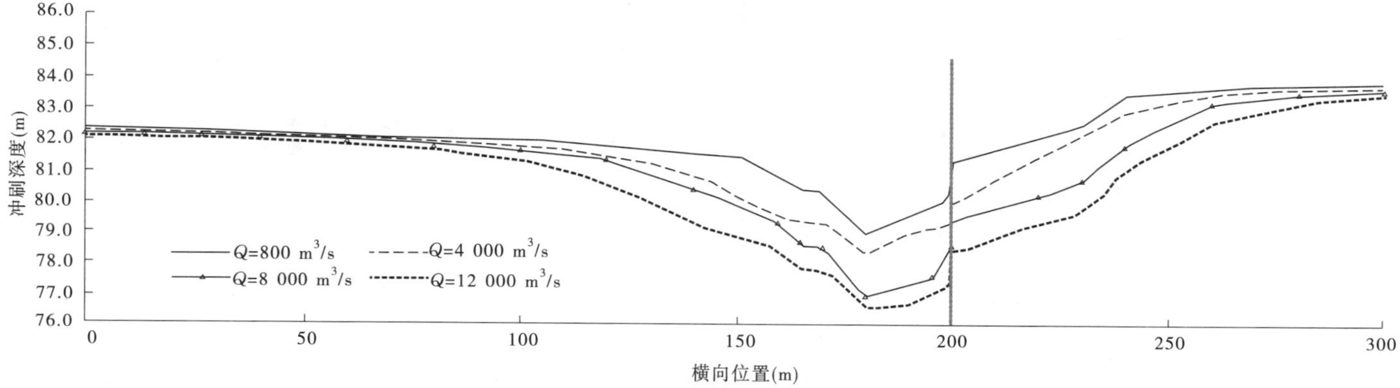

图4-28 不透水管桩坝不同流量主流顶冲横断面冲刷地形对比

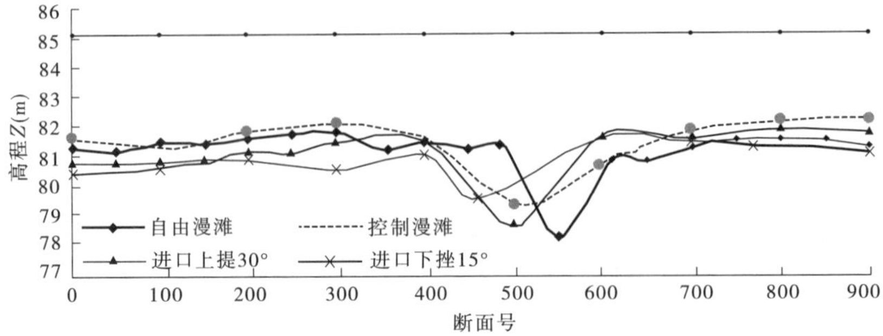

图 4-29　不透水管桩坝 4 000 m^3/s 流量下不同来流条件的纵剖面冲刷地形

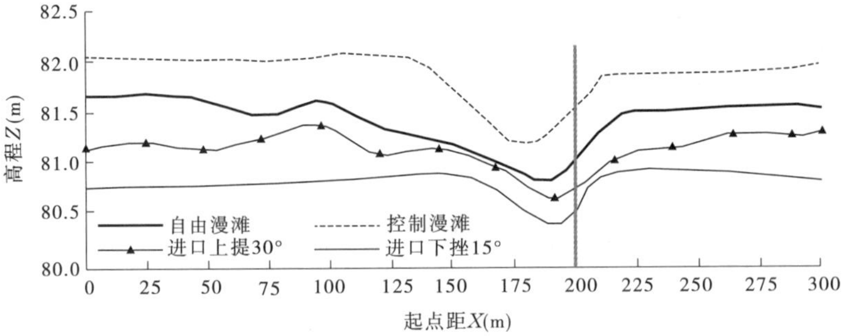

图 4-30　不透水管桩坝 4 000 m^3/s 流量下不同来流条件的 0 + 300 断面冲刷地形

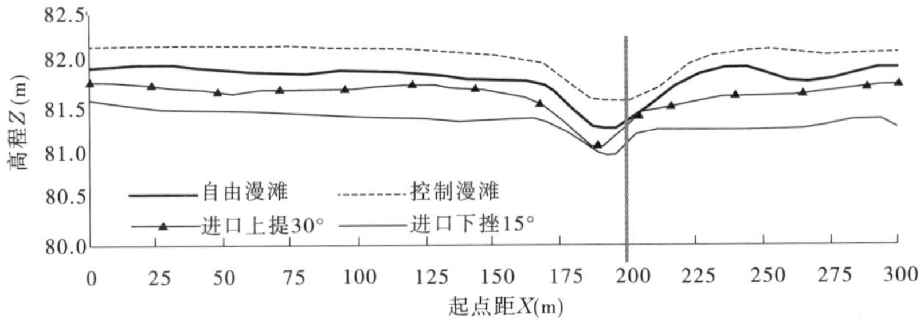

图4-31　不透水管桩坝 4 000 m^3/s 流量下不同来流条件的 0 + 900 断面冲刷地形

表 4-6　不透水管桩坝顺坝冲刷特征值

流量 $Q(m^3/s)$	最大冲刷深度 $h_s(m)$	冲刷坑水深 $h_p(m)$	桩坝悬空高度 $h_z(m)$	坝顶水头 $h_a(m)$	最大冲刷断面位置
800	3.91	6.91	5.71	1.2	0 + 300
4 000	4.54	8.54	6.34	2.2	0 + 550
8 000	5.84	11.34	7.64	3.7	0 + 650
12 000	6.25	12.75	8.05	4.7	0 + 700
4 000(下挫 15°)	4.72	8.72	6.52	2.2	0 + 650
4 000(上提 15°)	4.47	8.47	6.27	2.2	0 + 500

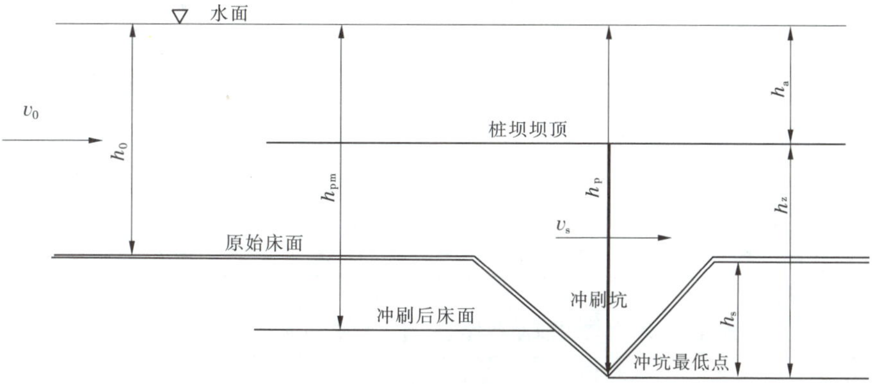

图 4-32　管桩坝冲刷相关变量几何示意

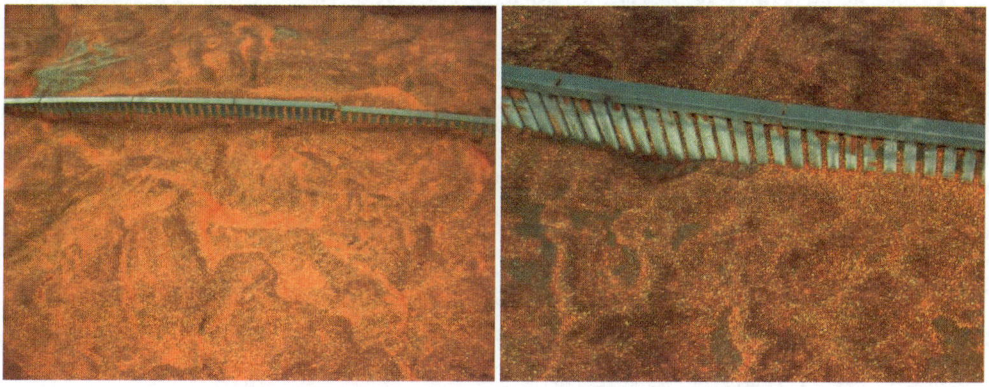

(a) 冲刷前　　(b) 冲刷后

图 4-33　透水管桩坝条件下的河床冲刷状况

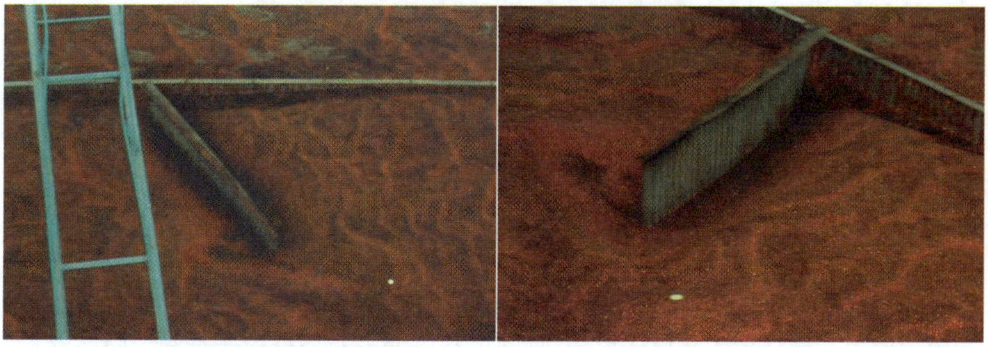

(a) 冲刷前　　(b) 冲刷后

图 4-34　不同来流引起的管桩坝坝头局部冲刷地形

表 4-7　透水坝顺坝冲刷特征值

流量 $Q(m^3/s)$	最大冲刷深度 $h_s(m)$	冲刷坑水深 $h_p(m)$	桩坝悬空高度 $h_z(m)$	坝顶水头 $h_a(m)$	最大冲刷断面位置
800	3.91	6.81	5.71	1.1	0+300
4 000	4.54	8.54	6.34	2.2	0+550
8 000	5.76	11.26	7.56	3.7	0+630
12 000	6.15	12.65	7.95	4.7	0+650

表 4-8　不同来流顶冲条件下，透水管桩坝最大冲刷特征值

流量 (m^3/s)	来流角度											
	0°			30°			45°			90°		
	$h_s(m)$	$h_z(m)$	$h_p(m)$	$h_s(m)$	$h_z(m)$	$h_p(m)$	$h_s(m)$	$h_z(m)$	$h_p(m)$	$h_s(m)$	$h_z(m)$	$h_p(m)$
800	3.91	5.71	6.81	4.02	5.82	6.92	4.16	5.96	7.06	4.26	6.06	7.168
4 000	4.54	6.34	8.54	4.36	6.16	8.36	4.62	6.42	8.62	5.25	7.05	9.25
8 000	5.76	7.56	11.26	5.91	7.71	11.41	6.83	8.63	12.33	7.19	8.99	12.69
12 000	6.15	7.95	12.65	6.80	8.6	13.3	9.89	11.69	16.39	10.40	12.2	16.9

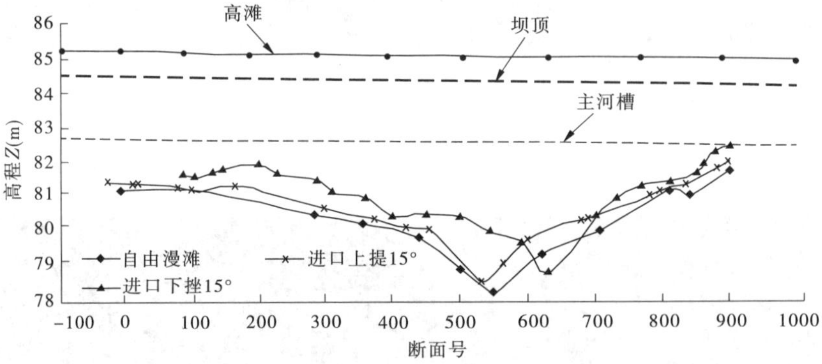

图 4-35　透水管桩坝 4 000 m^3/s 不同来流沿坝前冲刷

（二）桩坝区河床冲淤平面分布

采用模型水下地形仪，对试验后的河床地形进行数据采集，经与与初始河床地形比较，绘制管桩坝区域的河床冲淤地形图，见图 4-41 ~ 图 4-43。桩坝在受到不同角度来流顶冲时，局部冲刷明显大于顺坝的一般冲刷。不同来流的最大局部冲刷值见表 4-8，坝头附近局部冲刷等值线及平面形态见图 4-44 和图 4-45。

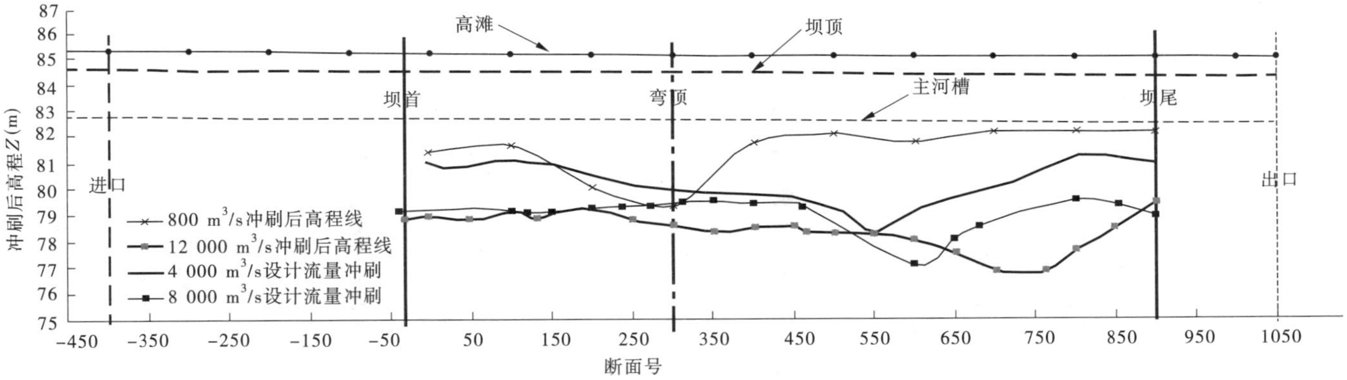

图4-36 透水管桩坝不同流量沿坝前冲刷地形

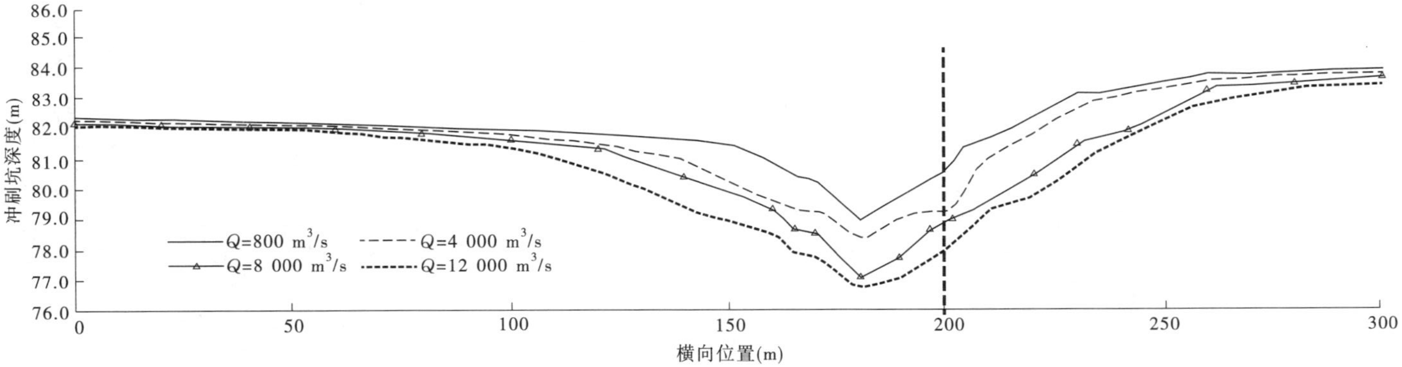

图4-37 透水坝不同流量顶冲横断面冲刷地形对比

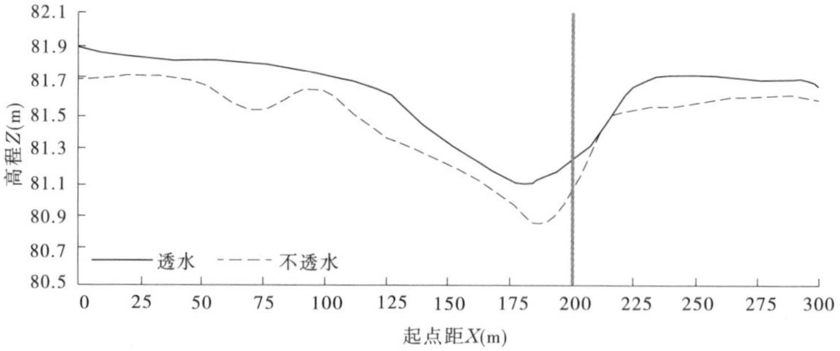

图 4-38 透水、不透水桩坝 4 000 m^3/s 流量下 0 + 300 断面冲刷对比

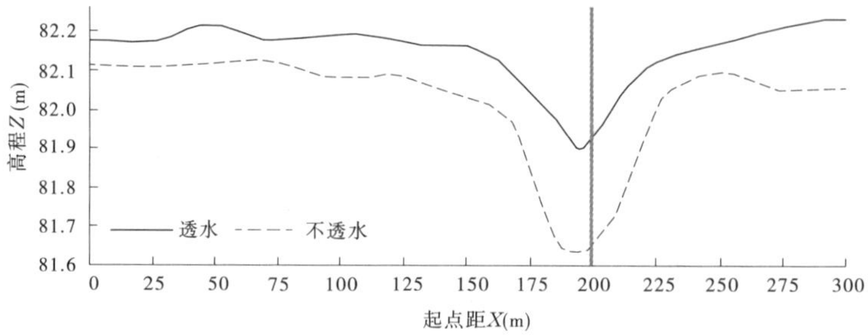

图 4-39 透水、不透水桩坝 4 000 m^3/s 流量下 0 + 900 断面冲刷对比

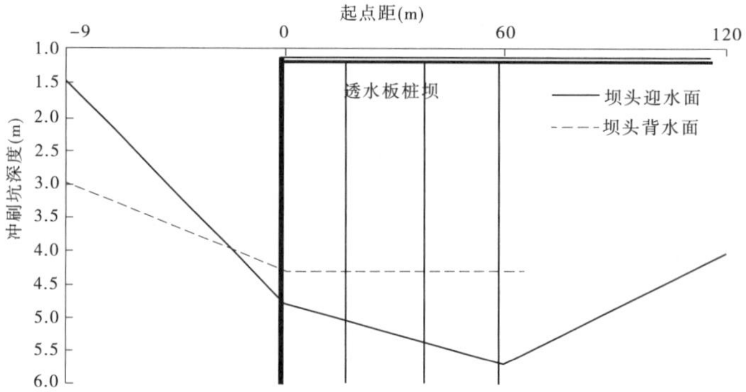

图 4-40 $Q = 800\ m^3/s$ 桩坝迎流面与背流面的冲刷坑地形

四、不同透水率板桩潜坝局部冲刷研究

(一)基本研究参数

选取研究管桩坝长 2 km,弯道半径 $R = 3\ 000$ m。入流角度为 30°、60°、90°,入流单宽流量为 20 $m^3/(s \cdot m)$,桩径 d 为 0.8 m、1.0 m 两种;桩间距分别为 0.3 m、0.5 m、0.75 m 三种,相应透水率分别为 27%、33%、43%。

(二)不同透水率管桩坝局部冲刷及水力特性

1. 不同来流角度的冲刷深度

根据本模型试验成果,并参考其他模型试验资料,研究了不同透水率桩坝的水力及冲刷特性。统计分析模型试验的成果,整理出不同来流桩坝前后的水力特征值及冲刷变形特征值,这里主要用桩坝附近的流速和冲刷坑深度及位置来表征,见表 4-9。

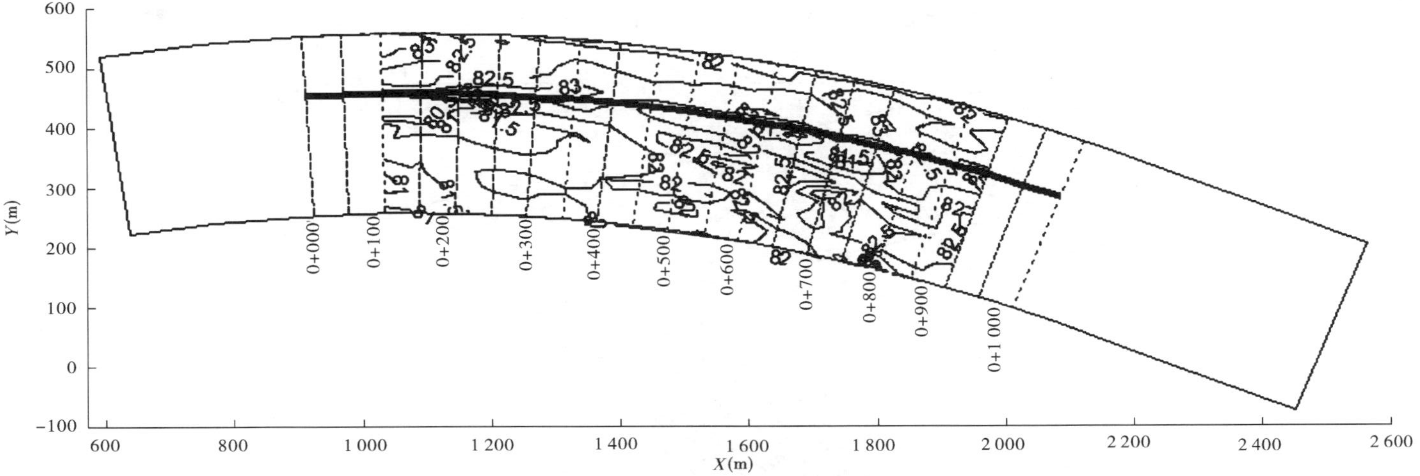

图4-41　不透水管桩坝Q=4 000 m³/s洪水后冲刷地形（单位：m）

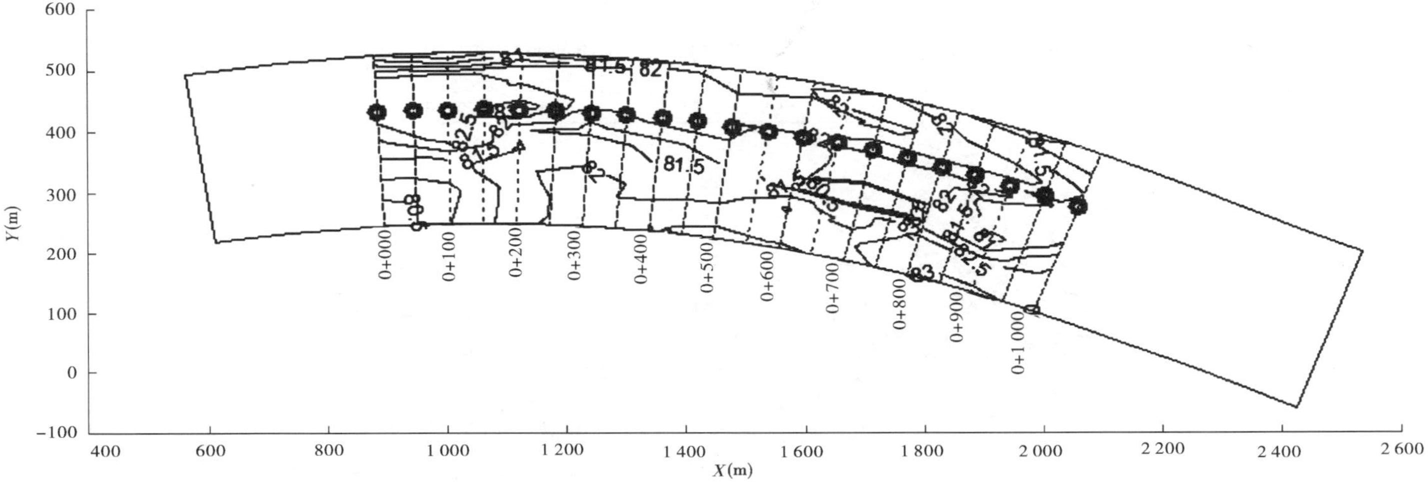

图4-42　透水管桩坝Q=4 000 m³/s洪水后冲刷地形（单位：m）

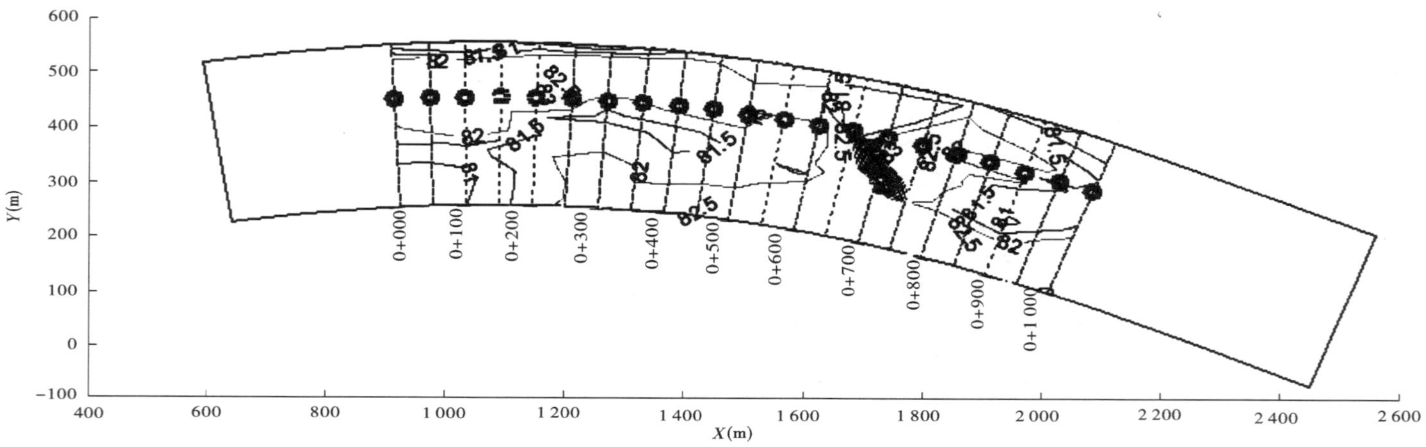

图4-43　透水管桩坝（加短坝挑流）Q=4 000 m³/s洪水冲刷地形　（单位：m）

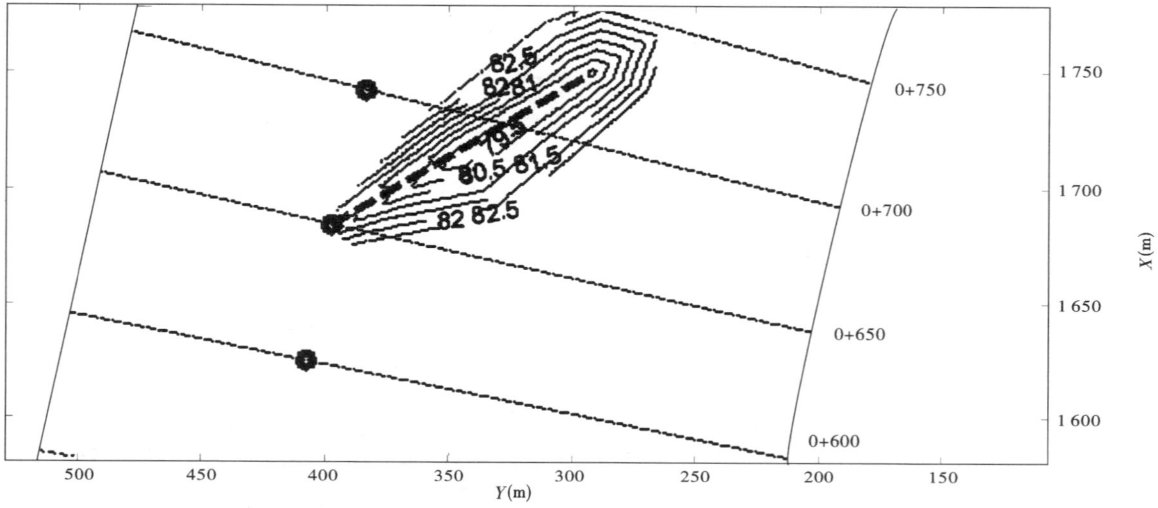

图4-44　透水管桩坝（加短坝挑流）Q=4 000 m³/s局部冲刷地形　（单位：m）

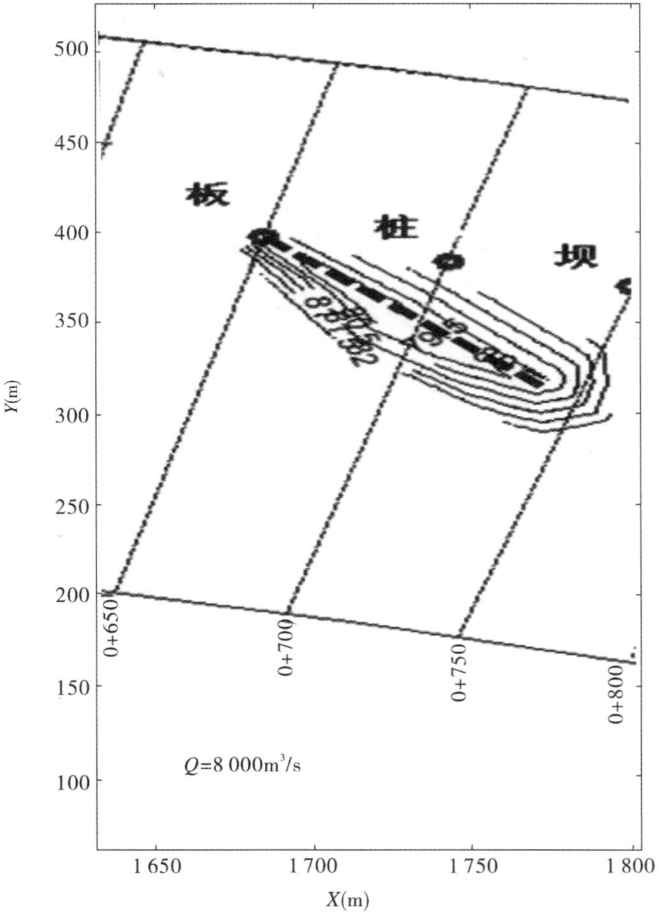

(a)30°透水丁坝

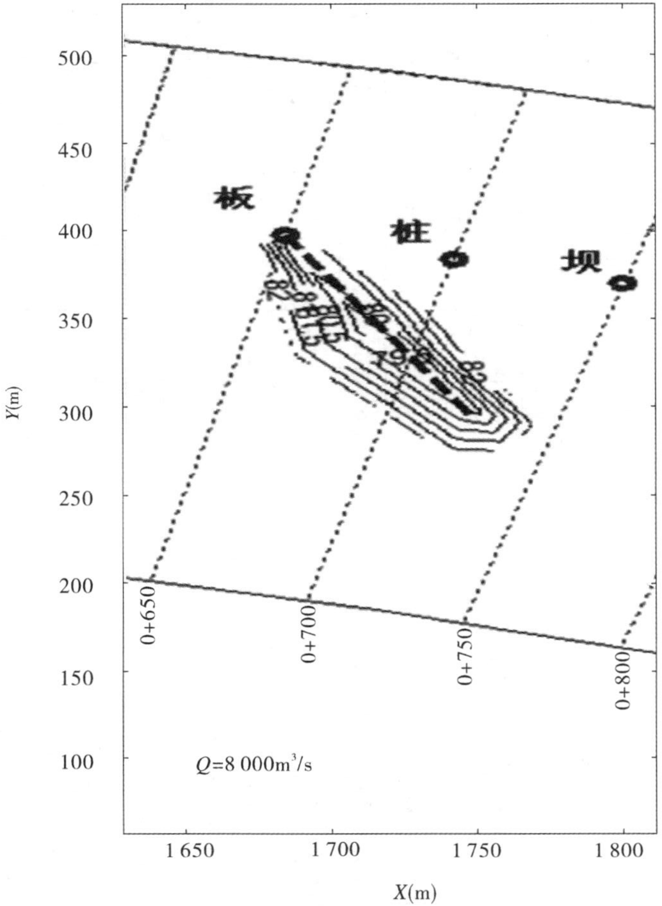

(b)45° 透水丁坝

图4-45　透水丁坝局部冲刷地形　（单位：m）

表 4-9　不同来流的透水管桩坝前后的水力及冲刷变形特征值

桩径(m)	0.8	1.0	1.0
桩间距(m)	0.3	0.5	0.75
透水率(%)	27	33	43
来流方向 30°			
桩前最大冲刷水深(m)	19.0	18.6	18.0
最大冲深点到桩坝距离(m)	23	12	6
迎水面桩根最大冲刷水深(m)	13.5	14.4	14.6
透水桩坝前后水位差(m)	0.05 ~ 0.15	0.05 ~ 0.15	0.05 ~ 0.15
桩前最大垂线平均流速(m/s)	3.5	3.4	3.6
桩后最大垂线平均流速(m/s)	0.6	0.7	1.4
来流方向 60°			
桩前最大冲刷水深(m)	19.5	19.9	19.5
最大冲深点到桩坝距离(m)	15	10	12
迎水面桩根最大冲刷水深(m)	16.8	17.4	17
透水桩坝前后水位差(m)	0.05 ~ 0.15	0.05 ~ 0.15	0.05 ~ 0.15
桩前最大垂线平均流速(m/s)	3.3	3.1	3.1
桩后最大垂线平均流速(m/s)	1.3	1.5	1.9
来流方向 90°			
桩前最大冲刷水深(m)	20.7	19.9	20.2
最大冲深点到桩坝距离(m)	10.5	15.0	7.5
迎水面桩根最大冲刷水深(m)	16.7	16.9	17.5
透水桩坝前后水位差(m)	0.05 ~ 0.15	0.05 ~ 0.15	0.05 ~ 0.15
桩前最大垂线平均流速(m/s)	3.0	3.1	2.8
桩后最大垂线平均流速(m/s)	2.1	2.2	2.5

2. 不同透水率管桩坝局部冲刷深度讨论

根据不同透水率桩坝模型试验冲刷结果分析，管桩坝前和桩根局部冲刷深度是影响桩坝安全的主要指标，它们都和管桩坝前后的冲刷坑形态有关。根据试验分析得到不同透水率桩坝冲刷的特点：

(1)透水桩柱群形成的坝前冲刷坑水深 h_p 主要与来流单宽流量 q(或流速 v_0)、入流角度 θ、桩坝透水率 β、桩径 d、来流含沙量 S_v、床沙粒径组成 D_{50} 等因素有关，可表示为：

$$h_p = f(q, v_0, \theta, \beta, d, S_v, D_{50} \cdots)$$

模型试验结果表明：单宽流量与不同透水率桩坝前冲刷坑水深有较好的相关关系；一般透水率与冲刷深度成反比例关系，但差别不大。两者的拟合相关曲线见图 4-46 和图 4-47。

(2)水流在透水桩坝前后形成连续的冲刷坑，冲刷坑最深点一般位于桩坝前，靠近顶

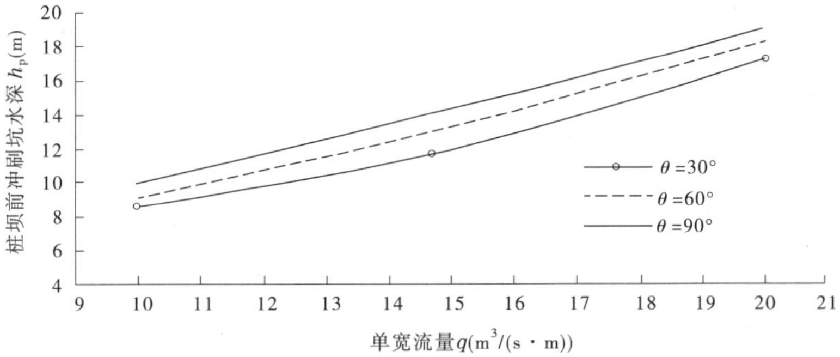

图 4-46　不同来流角度单宽流量与冲刷坑水深的关系

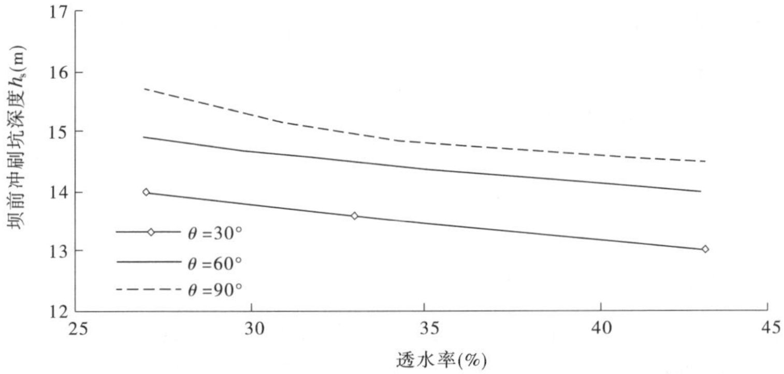

图 4-47　不同来流角度管桩坝透水率与坝前冲刷坑深度的关系

冲部位稍偏下游位置。

(3)冲刷坑最深点距离桩柱比较近,一般在 10 ~ 20 m,桩前水深用桩坝前最大冲刷坑水深比较安全。

(4)冲刷坑底部受局部绕流及旋涡作用,管桩坝前后冲刷坑底面高程不一样,一般是坝前深、坝后略浅,差别不很大,一般在 1 ~ 2 m,管桩坝设计时应考虑两侧水体与土体的压力差。

(5)透水管桩坝上部连接成整体,洪水漫坝时会有类似锁坝的坝后局部冲刷,但透水坝体降低流速,减缓了冲刷。上部连接拱圈可以改善单桩的受力,同时,对稳定深槽弯道河势也有一定控制作用。

第四节　模型试验结论

通过模型试验得出如下结论:

(1)根据相似理论设计、制作变率为 4 的概化河段动床物理模型;通过水槽试验选择了满足起动相似的聚苯乙烯塑料沙作为模型沙。采用不透水与透水两种管桩坝形式,根据四种流量级洪水进行了管桩坝导流效果及冲刷试验,可以满足试验任务的要求。

(2)采用 VDMS 系统采集了主槽管桩坝区的平面流速场,分析了不同流量级洪水主流线、顶冲点位置与最大流速。对于坝顶平 800 m^3/s 相应水位的桩坝,在 800 m^3/s≤Q≤

4 000 m^3/s 时，管桩坝对河势有较好的控导作用，可以控导深槽河势。但随着大河流量的加大，坝顶溢流量增加，桩坝对河势的控导作用逐渐减弱；在 4 000 $m^3/s < Q \leqslant 8\ 000\ m^3/s$ 时，管桩坝顶溢流水深约 2.0 m，管桩坝对弯道洪水河势仍起一定的控导作用，管桩坝对维持深槽凹岸集中过流和稳定有辅助作用；在 8 000 $m^3/s < Q \leqslant 12\ 000\ m^3/s$ 时，坝顶溢流水深（约 3.0 m）进一步增大，翻过管桩坝的坝后滩地分流比增大，河水越过桩坝趋直趋势明显，管桩坝对控导、维持坝前过流基本失去作用；在 $Q > 12\ 000\ m^3/s$ 时，坝顶溢流水深达到 3.5 m 以上，洪水趋直，河道排洪畅顺，漫坝水流的水位差一般在 0.05 ~ 0.15 m，坝前顶冲区最大行近流速为 2.8 ~ 3.0 m/s，坝顶溢流流速达 2.92 ~ 3.25 m/s，管桩坝对控导、维持坝前过流完全失去作用。

（3）通过管桩坝区的河床冲淤变形数据采集，分析不同流量级洪水顺坝冲刷及不同角度来流的挑流局部冲刷，分析确定了不同水流条件的冲刷坑水深与管桩坝悬空高度。坝前冲刷的深度与水流顶冲坝体角度成正比，来流角度越大，主流顶冲桩坝的冲刷坑深度越大：顺坝冲刷坝前冲刷坑深度在 4.0 ~ 6.25 m，冲刷坑水深在 7.0 ~ 12.75 m，管桩坝悬空高度在 5.8 ~ 8.05 m；90°顶冲时的冲刷坑深度最大，冲刷坑深度在 4.30 ~ 10.40 m，冲刷坑水深在 7.21 ~ 16.90 m，管桩坝悬空高度在 6.1 ~ 12.2 m。同时，坝前冲深也与洪水单宽流量成正比。

（4）水流冲击不同透水率管桩坝，其冲刷特点不同。

①透水板桩柱形成的坝前冲刷坑水深 h_p 主要与来流单宽流量 q（或流速 v_0）、入流角度 θ、桩坝透水率 β、桩径 d、来流含沙量 S_v、床沙粒径组成 D_{50} 等因素有关，桩坝透水明显降低坝前河床冲刷坑深度。

②透水管桩坝前后均形成连续的冲刷坑，冲刷坑最低点位于管桩坝前并靠近顶冲部位稍偏下游部位。

③桩柱冲刷坑底部受局部绕流及旋涡作用，管桩坝前后冲刷坑高程不一，一般是坝前深、坝后略浅，高差在 1.5 m 左右，管桩坝设计时应考虑坝前后水体与土体压力差。

④漫坝水流可以有效减小坝前河床冲刷，但产生坝后局部冲刷，坝前河床冲刷与坝顶溢流量呈反变关系，坝后局部冲刷与坝顶溢流量呈正变关系。

⑤对大洪水河势没有控导影响。

（5）根据管桩坝模型试验冲刷资料数据，不漫顶透水桩坝前单宽流量 4.52 ~ 19.5 $m^3/(m \cdot s)$，对于床沙粒径为 0.05 mm，90°顶冲时，坝前最大冲刷坑水深为 8.0 ~ 19.0 m。

第五章　可移动不抢险潜坝拔桩施工专用设备研制

当前,传统的拔桩技术是利用振动、静力或锤击的作用将桩拔出地层。拔桩作业常采用相应的振动拔桩机、静力压桩机或双动汽锤,再配以桩架和索具,故也称振动沉拔桩机、静力压拔桩机。也有采用机械方法拔桩的,即由电动机驱动卷扬机,利用钢丝绳滑轮组的拉力将桩强制拉出地面,该方法应用简便,成本低,但拔桩力不大,设备笨重,拔桩效率低,只适用于软土地层施工。振动沉拔桩机可在各种土层中拔混凝土桩及其他桩,静力压拔桩机适于在黏土、砂土或含少量砾石的土层中拔工字钢或型钢桩。以上拔桩设备对于可移动不抢险潜坝这种大型混凝土预制管桩也可以进行拔桩施工作业。但是,考虑到该工程的地质状况和实际施工中用于临时抢险和调整河势,需要有一种能够同时完成沉拔桩作业且不破坏桩体结构及其强度的施工机械。因此,研制一种适合这种地层和大型管桩的沉拔桩施工设备,成为急需解决的问题。

第一节　设备研制的目标

(1)研究地层在射流冲击下的破坏形式,确定临界破土压力。

(2)根据水射流理论、压力损失理论,研究喷嘴射流动能大小与水头关系。

(3)根据有限空间的淹没射流理论,确定喷嘴结构形式、数量、箱体结构尺寸。

(4)根据出口压力,选择相应的供水系统,即水泵型号、水管型号及电动机。

(5)根据可移动不抢险坝的桩结构,研制一种适合黄河下游地层施工的拔桩设备及其施工工艺,实现可移动不抢险坝的可“移动”。

(6)该设备还可以临时用来实现沉桩施工,减少施工机械的数量。

(7)增大下游河道的过洪能力。通过修建可移动不抢险坝,消除黄河下游“槽高、滩低、堤根洼”的畸形形态,扩大主槽过流断面。

(8)通过可移动不抢险坝的修建,进一步深化对黄河下游河道的治理,以指导今后的治黄实践。

(9)通过黄河治理方法,用以指导类似的土木工程、水利水电工程、农业工程中的沉拔桩施工作业。

第二节　高压射水拔桩器设计原理及主要研究内容

一、拔桩原理

首先运用机械结合人工开挖滩地,露出坝顶;拆除坝顶组装式的联系盖梁,自桩坝一端开始，利用起吊机械吊起专用水冲装置——高压射水拔桩器，使其自下而上连续不断地冲蚀第一颗管桩周围的土体，使桩周围的泥土形成水土混合液（泥浆）并产生井孔，同时泥浆从井孔顶部溢出。这样桩周围的土层对桩的摩阻力大为减小，使其在水中呈浮立或半浮立状态，再利用大吨位起吊机械将其从冲蚀的井孔中拔出。按照此方法，再依次冲蚀桩 4，7，…，2，5，8，…，直至拆除全部管桩，完成整个桩坝的移动工程。工作原理过程见图 5-1。

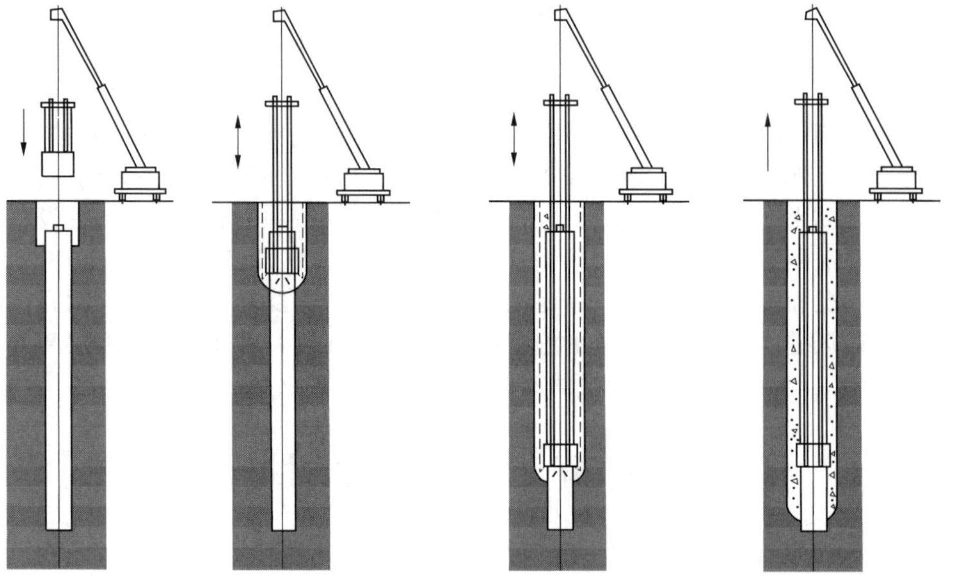

(a)拔桩器就位　　(b)拔桩器造拔桩孔　　(c)拔桩孔制造完毕　　(d)拔桩

图 5-1　高压射水拔桩器工作原理过程

二、高压射水拔桩器总体设计思路

从前面的分析可知，用水射流法对桩体周围土层实施破坏，使桩处于悬浮状态或半悬浮状态，再利用起吊机械，从而实现拔桩。高压射水拔桩器系统整体结构的初步设计由起吊机械、拔桩器、供水系统、悬挂结构和钢丝绳等几部分组成（见图 5-2）。

各部分的作用分别介绍如下：

（1）起吊机械用来吊起拔桩器，使拔桩器围着桩周作间断性上下往复运动，实现拔桩器在桩高度上的造孔。

（2）拔桩器的主要作用是连接和固定供水系统及其内部的喷嘴，同时在喷嘴出口形成具有一定压力和速度的射流冲击破坏桩周围的土层，以形成泥浆并从孔口溢出。

（3）供水系统主要由水泵和水管组成，通过水泵汲取水池中事先储存的水，增加流水的压力并通过水管输送到拔桩器的喷嘴中，射流经喷嘴出口射向桩周围土体并将其破坏。

（4）悬挂结构用来连接拔桩器和起吊机械吊钩，并调节拔桩器的平衡。

（5）钢丝绳一端固定在拔桩器上，另一端固定在悬挂结构上，起吊时主要是起连接和承重作用。

设备工作时,按照如图5-2组装调试好以后,首先启动供水系统中的水泵,使供水系统管路中充满高压水;供水系统的出水管同时和拔桩器中的喷嘴相通,高压水通过喷嘴形成水射流冲击破坏土层,形成水土混合液从形成的井孔上部溢出表面。同时调整起吊机械吊钩不断向下运动(在竖直方向上保持不变),并使拔桩器也随着吊钩按照相同的速度向下运动,从而实现不同形式和不同深度的造孔。造孔完毕以后,迅速提起拔桩器,再利用较大吨位的起吊机械尽快将桩拔出。

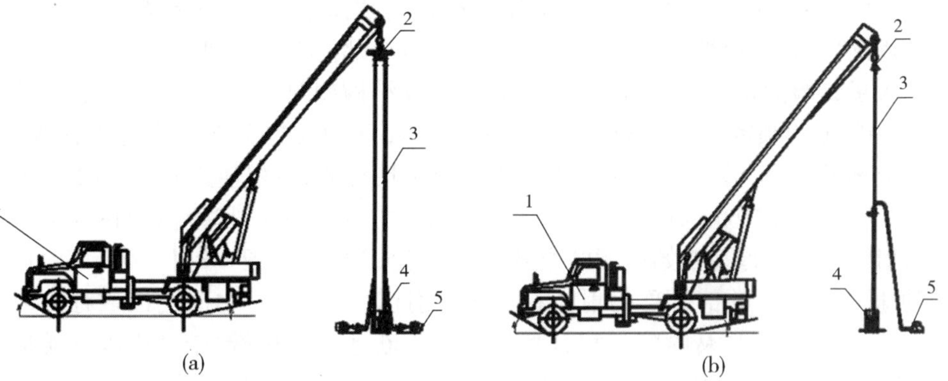

1—起吊机械;2—悬挂结构;3—钢丝绳;4—拔桩器;5—供水系统

图5-2　高压射水拔桩器系统总体设计方案

三、主要研究内容

依据当前国内外拔桩施工机械状况,查阅了大量的国内外文献,并据此将研究重点放在寻求更经济、更高效、更安全的拔桩方式上。本文着重分析有限空间淹没射流破土功效,并据此设计了喷嘴结构形式和具体尺寸、拔桩器内外箱体结构及尺寸,同时结合数值仿真分析软件进行了优化分析,根据研究结果设计了射流冲击式拔桩器系统整体设备,并通过试验验证了该设备设计的可行性。具体内容如下:

(1)对有限空间淹没射流理论进行分析,为拔桩器设计提供理论依据。

(2)对不同桩断面的拔桩器结构进行设计。

(3)对喷嘴内外淹没射流流场进行数模模拟分析。

(4)对拔桩器配套设备进行选型分析,以选择既经济实用又安全可靠的配套设备。

(5)对不同土层造孔拔桩验证设备的可行性,同时验证该设备作为临时造孔沉桩施工的可行性。

(6)得出了本设备安全操作方法及注意事项。

(7)提出了对设备进一步研究及优化方案。

第三节　高压射水拔桩器研制

一、相关理论基础分析

(一)圆柱形喷嘴射流几何结构

流体自喷嘴或管嘴射出后,由于靠近射流边界的气体微团的脉动影响,射流本身与周围介质之间不断发生质量、动量交换,带动了周围原来是静止状态的流体,因而自身的动量减小,速度逐渐缓慢。随着射流过程的进行,沿着射流方向,其扰动宽度越来越大,射流流量也逐渐增大,而速度逐渐减小,最后射流能量全部消失在空间介质中。

由大量试验测定结果得出的紊流射流的流动结构如图 5-3 所示,可以看出:流体自半径为 r_0 的圆断面喷嘴喷出,出口断面上的速度 v_0 认为均匀分布。取射流轴线 MX 为 x 轴。射流离开喷嘴,沿 x 方向流动,且不断扰动周围介质,不仅使边界逐渐加宽,而且使射流主体的速度逐渐减小。通常把速度等于零的地方称为射流外边界(见图 5-3 中 ABC 和 DEF),射流速度还保持初始速度的边界称为射流内边界(见图 5-3 中 AO 和 DO),AOD 椎体内的速度皆为 v_0 的部分称为射流核心区。射流内、外边界之间的区域称为射流边界区。显然,射流边界层从喷嘴出口开始沿射程不断地向外扩散,带动周围介质进入边界层,边界层同时向射流中心扩展,至某一距离处,边界层扩展到射流轴心线上,射流核心区消失,只有轴心一点处速度为 v_0,这一段断面(见图 5-3 中 BOE)为转折断面。以转折断面分界:出口断面至转折断面称为射流起始段,转折断面以后称为射流主体段。起始段射流轴心上的速度都是 v_0,而主体段轴心的速度沿 x 方向不断减小,主体段中为完全射流边界层所占据。射流外边界线 ABC 和 DEF 延至喷嘴交于 M 点,此点称为极点,$\angle AMD$ 的一半称为极角 α,又称扩散角。

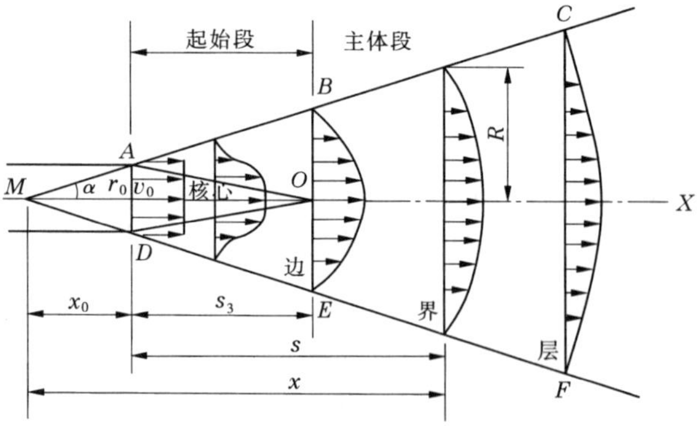

图 5-3　圆截面射流结构图

由图 5-3 可知:

$$\tan\alpha = \frac{R}{x} \tag{5-1}$$

式中　R——任意圆截面的射流半径;

x——从极点 M 至该圆截面的距离。

试验结果及半经验理论都得出射流外边界是一条直线，因此 R 与 x 成正比，即 $R = Kx$，则：

$$\tan\alpha = \frac{R}{x} = K \tag{5-2}$$

式中 K——试验系数，对圆截面射流 $K = 3.4\alpha$，α 为紊流系数，表示射流流动结构的特征系数，由试验决定。

试验证明，射流中任意点上的静压强均等于周围气体的压强。由动量方程可知，各横截面上动量相等。因为在任意横断面简单流体段上，作用在射流轴线上的力等于零，面质量力又垂直于轴心线，则作用在此流体段上的全部外力在轴心线方向的分量为零，此时单位时间流过射流各断面的流体动量应相等。据此，流体自圆形喷嘴射出时流体各参数随 $\bar{x}$（无量纲距离）的变化规律如下（各符号意义如图 5-4 所示）。

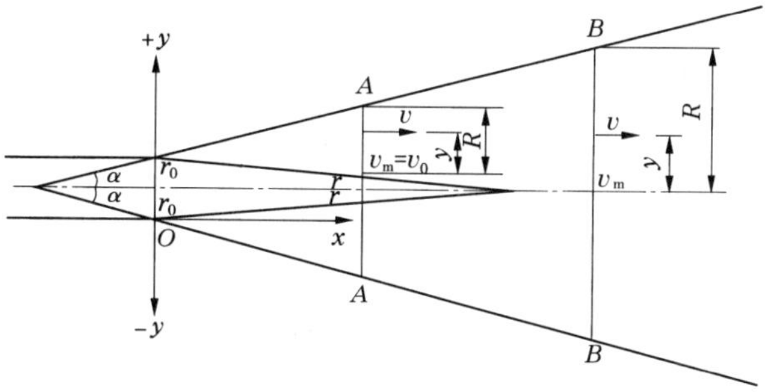

图 5-4　流速分布的距离规定

（1）轴心速度 v_m 的变化规律：

$$\frac{v_m}{v_0} = \frac{0.956}{\dfrac{\alpha s}{r_0} + 0.294} = \frac{0.48}{\dfrac{\alpha s}{d_0} + 0.147} = \frac{0.96}{\alpha\bar{x}} \tag{5-3}$$

式(5-3)说明无量纲轴心速度与无量纲距离 $\bar{x}$ 成反比。

（2）断面流量 Q 的变化规律：

$$\frac{Q}{Q_0} = 2.2\left(\frac{\alpha s}{r_0} + 0.294\right) = 4.4\left(\frac{\alpha s}{d_0} + 0.147\right) = 2.2\alpha\bar{x} \tag{5-4}$$

式(5-4)说明无量纲流量与无量纲距离 $\bar{x}$ 成正比。

（3）断面平均流速 v_1 的变化规律：

$$\frac{v_1}{v_0} = \frac{0.19}{\dfrac{\alpha s}{r_0} + 0.294} = \frac{0.095}{\dfrac{\alpha s}{d_0} + 0.147} = \frac{0.19}{\alpha\bar{x}} \tag{5-5}$$

式(5-5)说明断面平均流速与无量纲距离 $\bar{x}$ 成反比。

（4）质量平均流速 v_2 的变化规律：

$$\frac{v_2}{v_0} = \frac{Q_0}{Q} = \frac{0.454\ 5}{\dfrac{\alpha s}{r_0} + 0.294} = \frac{0.23}{\dfrac{\alpha s}{d_0} + 0.147} = \frac{0.454\ 5}{\alpha\bar{x}} \tag{5-6}$$

式(5-6)说明质量平均流速与无量纲距离 $\bar{x}$ 成反比。

比较式(5-5)与式(5-6)，$v_2=0.47v_m$。因此，用 v_2 代表使用区的流速要比 v_1 更合适。

上述分析都是射流的各个参数沿射程的变化规律，且所得计算公式都是按轴对称的圆形断面射流考虑的，且讨论对象是主体段。起始段内分两部分进行计算，一部分是射流的核心区，另一部分是射流的边界层。在寻求各个量沿射程变化规律的过程中并无很大困难，但计算烦琐，其计算公式列于表 5-1 中。

表 5-1　射流参数计算

段名	参数名称	符号	圆断面射流	平面射流
主体段	扩散角	α	$\tan\alpha=3.4\alpha$	$\tan\alpha=2.44\alpha$
	射流直径或半高度	D b	$\frac{D}{d_0}=6.8\left(\frac{\alpha s}{d_0}+0.147\right)$	$\frac{b}{b_0}=2.44\left(\frac{\alpha s}{b_0}+0.41\right)$
	轴心速度	v_m	$\frac{v_m}{v_0}=\frac{0.48}{\frac{\alpha s}{d_0}+0.147}$	$\frac{v_m}{v_0}=\frac{1.2}{\sqrt{\frac{\alpha s}{b_0}+0.41}}$
	断面流量	Q	$\frac{Q}{Q_0}=4.4\left(\frac{\alpha s}{d_0}+0.147\right)$	$\frac{Q}{Q_0}=1.2\sqrt{\left(\frac{\alpha s}{b_0}+0.41\right)}$
	断面平均流速	v_1	$\frac{v_1}{v_0}=\frac{0.095}{\frac{\alpha s}{d_0}+0.147}$	$\frac{v_1}{v_0}=\frac{0.492}{\sqrt{\frac{\alpha s}{b_0}+0.41}}$
	质量平均流速	v_2	$\frac{v_2}{v_0}=\frac{0.23}{\frac{\alpha s}{d_0}+0.147}$	$\frac{v_2}{v_0}=\frac{0.833}{\sqrt{\frac{\alpha s}{b_0}+0.41}}$
起始段	断面流量	Q	$\frac{Q}{Q_0}=1+0.76\frac{\alpha s}{r_0}+1.32\left(\frac{\alpha s}{r_0}\right)^2$	$\frac{Q}{Q_0}=1+0.43\frac{\alpha s}{b_0}$
	断面平均速度	v_1	$\frac{v_1}{v_0}=\frac{1+0.76\frac{\alpha s}{r_0}+1.32\left(\frac{\alpha s}{r_0}\right)^2}{1+6.8\frac{\alpha s}{r_0}+11.56\left(\frac{\alpha s}{r_0}\right)^2}$	$\frac{v_1}{v_0}=\frac{1+0.43\frac{\alpha s}{r_0}}{1+2.44\frac{\alpha s}{b_0}}$
	质量平均速度	v_2	$\frac{v_2}{v_0}=\frac{1}{1+0.76\frac{\alpha s}{r_0}+1.32\left(\frac{\alpha s}{r_0}\right)^2}$	$\frac{v_2}{v_0}=\frac{1}{1+0.43\frac{\alpha s}{r_0}}$
	核心长度	s_n	$s_n=0.672\frac{r_0}{a}$	$s_n=1.03\frac{b_0}{a}$
	喷嘴至极点的距离	x_0	$x_0=0.294\frac{r_0}{a}$	$x_0=0.41\frac{b_0}{a}$
	收缩角	θ	$\tan\theta=1.49\alpha$	$\tan\theta=0.97\alpha$

从以上分析知道了射流各断面的流速、流量变化规律：无论是轴心速度，还是断面平均流速，都是随着射程距离的增加而减小。随着速度的减小，射流扩散面增大，降低了单位面积上的射流压力。

（二）水射流对土体表面的作用力

水射流自喷嘴射出打击土体表面时，因被打击土体具有不同的表面形状，使射流改变了方向，从而在其原来的喷射方向上失去了一部分动量，并以作用力的形式传递到被打击土体表面上。连续射流对土体表面的作用力，是指射流对土体打击时的稳定冲击力——总压力。

图 5-5 为射流打击土体表面的情形，射流打击前的动量为 $\rho Q v_0$，打击后的动量为 $\rho Q v_0 \cos\varphi$，根据动量定理可知，射流作用在土体表面的总作用力为：

$$F = \rho Q v_0 (1 - \cos\varphi) \tag{5-7}$$

式中 ρ——水的密度，kg/m^3；

Q——射流流量，m^3/s；

v_0——射流速度，m/s；

φ——射流冲击土体后离开土体表面的角度，(°)。

引入 $J = \rho Q v_0$，则：

$$F = J(1 - \cos\varphi) \tag{5-8}$$

由式(5-8)知，当 $\varphi = 90°$时，$F = J$，表明当射流与土体表面保持垂直打击时，射流作用力的大小为初始动量，如图 5-5(b)所示。若 φ 不变，射流的总打击力 F 也保持不变。实际上，淹没射流是沿程扩散的，射流的打击面积随着流程 x 的增大而增大，而土体单位面积上的打击力因面积的增大而减小，射流对土体的破坏作用主要取决于单位面积的打击力，所以必须分析打击区域内单位面积上的打击力及其分布情况。

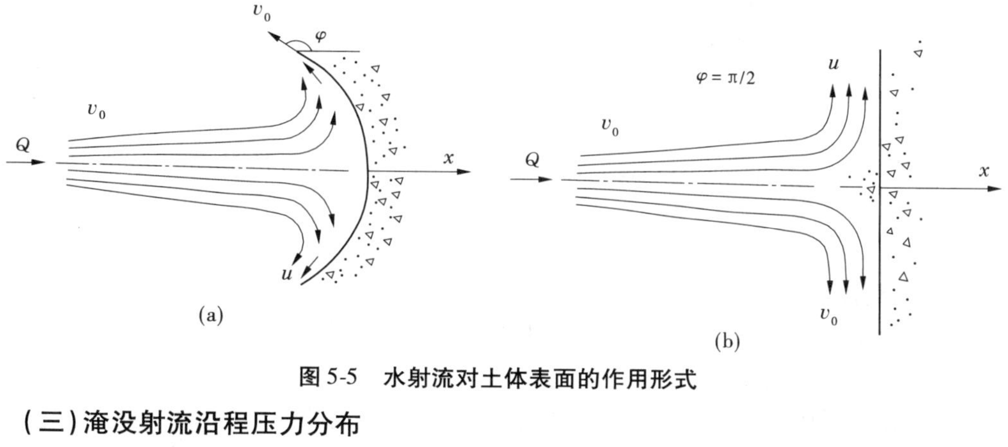

图 5-5 水射流对土体表面的作用形式

（三）淹没射流沿程压力分布

对于轴对称淹没射流，根据伯努利方程得到射流断面轴心处的动压分布：

$$p_m = \frac{3\alpha^2 J}{8\pi} \frac{1}{x^2} \tag{5-9}$$

其中，$\alpha = \frac{1}{4}\sqrt{\frac{3}{\pi}} \frac{\sqrt{K'}}{\gamma_0}$，$K' = J/\rho$，$\alpha$ 为位移常数，γ_0 为运动涡黏度，在整个射流中，为一常

数。该式表明射流断面上的轴心动压 p_m 与射程 x^2 成反比。

(四)射流作用下土体表面压力分布

射流垂直打击土体表面时,土体被冲蚀的区域近似为圆盘形,如图 5-6 所示。在打击中心处,压力为滞止压力,即射流的轴心动压 p_m;而打击范围内其他各点的压力 p_r 随着距离中心径向距离的增大而逐渐减小,直至等于周围环境压力,通常可认为为零。所以,射流打击力分布半径为 R 的打击力大小为:

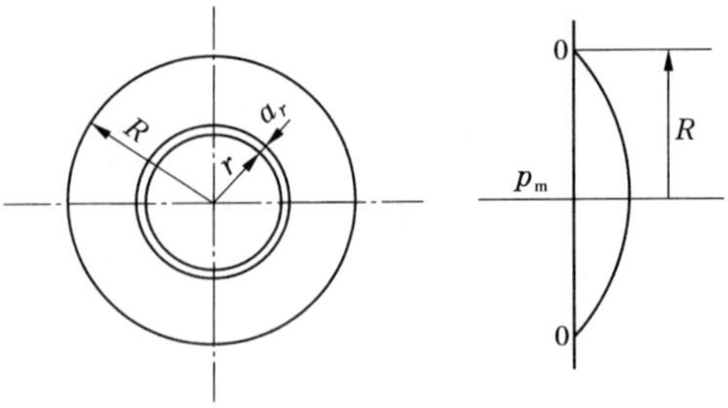

图 5-6　土体作用面受力分布

$$F = \int_0^R p_m f(\eta) 2\pi r \mathrm{d}r = \frac{9\alpha^2 J}{80}\frac{R^2}{x^2}$$

根据里夏特经验常数,$\alpha = 15.174$,再针对水射流破土,取 $\varphi = 100°$在射流半宽 b 处,射流压力为:

$$F_b = \frac{J}{0.0404}\frac{R^2}{x^2} \tag{5-10}$$

在淹没射流流动过程中,由于周围环境流体中压强是不变的,因此在射流各断面上的压强均相等,等于周围环境流体的压强,此时射流的总动量 J 在沿程的各个断面上为常量,且等于射流源初始总动量,即

$$J = \int_A \rho v_x^2 \mathrm{d}A = \pi R_0^2 \rho v_0^2 = 2\pi p_0 r_0^2 \tag{5-11}$$

式中　v_0——喷嘴出口速度,m/s;

p_0——喷嘴出口压力,MPa;

r_0——喷嘴出口半径,m。

将式(5-11)代入式(5-10),则有

$$F_b = \frac{p_0 r_0^2}{0.064}\left(\frac{R}{x}\right)^2 = 7.05 p_0 r_0^2 \tag{5-12}$$

再将 F_b 除以对应的作用面积,得到单位面积上的平均作用力,即

$$\overline{F}_b = \frac{F_b}{S_b} = \frac{F_b}{\pi b_2} = \frac{p_0 r_0^2}{0.0127x^2} \tag{5-13}$$

(五)水射流破土机理

水射流作用于土体时,其部分能量转化为对土体的打击力,从而使土体破坏,概括起来,有以下几种破坏形式:

(1)空化破坏作用。射流在打击土体时,在压力梯度大的部位将产生空泡,空泡的崩溃对打击面上的土体具有较大的破坏力。此外,在空泡中,由于射流的激烈紊动,也会把较软弱的土体淘空,造成空泡扩大,使更多的土体遭受破坏。

(2)动压作用。由式(5-9)知,射流的动压力与流速的平方成正比,高压发生装置的压力越高,射流速度越大,产生的动压力也越大。因此,通过增大喷嘴出口压力,可提高射流的动压破坏。

(3)疲劳破坏作用。由于高压发生装置多为泵叶轮，随着叶轮的往复旋转，每一瞬间产生的压力和流量都是随之波动的，故水射流为连续脉冲运动的液流。当脉冲式射流不停地冲击土体时，土体颗粒表面受到脉动负荷的影响，逐渐积累其残余变形，使土体颗粒失去平衡，从土体上崩落下来，促使了土体的破坏。

(4)冲击作用。射流连续不断地锤击土体，产生冲击力，促使破坏进一步发展。

(5)水楔作用。当射流充满土体时，由于射流的反作用力，产生水楔，在垂直射流轴线的方向上，射流楔入土体的裂隙或薄弱部位中，此时射流的动压变为静压，使土体发生剥落，裂隙加宽。

(6)挤压作用。在射流的末端，能量衰减很大，不能直接冲击土体，使土体颗粒剥落，但能对有效射程的边界土体产生挤压力，对四周土体有压密作用。

在土体的破坏过程中，有可能上述这些作用都起作用，但是在不同条件下或对不同种类的土质，也可能是其中的一两项起主导作用，其他的处于次要地位。

射流的打击作用对土体的物化性质产生如下的影响：

①射流在初始打击作用下，初始冲击脉冲造成的弹性体在土体中的冲撞、反射和干扰，破坏了土体结构；

②由于水束长时间冲击土体表面，造成土质的软化；

③水射流穿透和渗入，促使裂隙扩展，加速了土体的破坏与剥落；

④高压水射流的冲击，使土体局部容易产生流变和裂痕；

⑤高压水射流的剪切作用，使土体颗粒容易剥离、脱落；

⑥在射流动压作用下，土体中孔隙水的压力增高，在张力作用下，空隙介质颗粒之间连接力减弱，从而加速了土体的破坏过程；

⑦在射流打击末端，速度较低，土体表面受到压缩波和拉应力作用，同时形成气蚀，气蚀作用(或空化作用)对淹没射流状态下提高打击效果非常有效。

因此，射流对土体的破坏是多方面的，其过程也是很复杂的，它不仅与水射流及冲蚀条件有关，而且与被打击破坏土体的物化性质有着密切的关系。

从射流破土过程来看，在不同阶段射流压力对土体的破坏机理是不同的，最佳破土效果发生在中间阶段，而不是初始阶段。

在射流打击下，土体的破坏不仅与射流的出口压力和流量、喷嘴的孔径、打击靶距等射流参数有关，而且与土体的密度、颗粒大小及级配、抗剪强度等土体参数有关。例如，在砂性土中扩孔就比在黏性土中容易。因为砂土的孔隙大，高压水在孔隙中产生渗透压力，土颗粒在压力作用下产生了塑性流动，并沿射流轴向发生位移，土孔得以扩大。而黏性土由于颗粒小，具有黏聚力，而且射流不能在黏性土中产生渗透压力，因此只能靠射流的其他作用(如剪切、破碎等)使土体破坏，破土效果相比于砂土就要差得多。所以说，对于非黏性土，射流的压渗作用占主导地位；对于黏性土，切割与破碎起主要作用。

(六)土体临界破坏压力

在射流打击作用下，土体的破坏不仅与射流参数有关，而且与土体参数有关，射流参数决定射流作用力的大小，而土体参数是土体本身固有的物理属性，在射流破土过程中，体现为一种抵抗力，并称之为土体临界破坏压力。土体的临界破坏压力是由土体本身参数唯一确定的，只有当射流作用压力大于或等于土体的临界破坏压力时，土体才会发生破坏。

土体临界破坏压力的确定涉及力学、流体力学、土力学等多方面的知识，加之在射流打击过程中不确定的因素很多，故科研工作者主要借助试验手段进行研究。一般认为土体在射流作用下的临界破坏压力与土体的渗透性、土体颗粒直径的大小以及土体的密度等参数有关，即：

$$F_{c\tau} = \beta\tau_f^2\left(\frac{d_{60}}{k}\right)^{-2}\gamma_d^{-1} \tag{5-14}$$

式中　$F_{c\tau}$——土体破坏面上的射流临界压力，N；

β——修正系数，经试验测定，$\beta = 1.8\times10^{13}$；

τ_f——土的抗剪强度，kPa；

d_{60}——土颗粒限定粒径，mm；

γ_d——干土重度，kN/m^3；

k——土的渗透系数，m/s；

d_{60}/k——土的抗冲蚀强度。

式(5-14)是由试验研究而得到的经验公式，可以看出土体临界破坏压力只与土体本身性质有关。

（七）水射流破土方程

在射流打击作用下，土体发生破坏的必要条件是土体表面所受的射流作用力必须大于土体的临界破坏压力。

令 $\overline{F}_b = F_{c\tau}$，由此得到：

$$p_0 = \beta_s\tau_f^2\left(\frac{d_{60}}{k}\right)^{-2}\left(\frac{x}{r_0}\right)^2\gamma_d^{-1} \tag{5-15}$$

式中　p_0——喷嘴出口压力，N/m^2；

r_0——喷嘴出口半径，m；

x——射流打击射程，m；

β_s——试验参数。

式(5-15)建立了射流参数与土体参数之间的联系，给定土体参数、喷嘴直径和工作射程，便可求出射流破土所需的最小系统压力。

二、高压射水拔桩器设计

文献资料研究表明，目前水射流技术在实际应用中多是通过专用成孔机具实现的，如煤层成孔、射水法造墙等，但实际使用起来有诸多不便。为克服专用成孔机具的不足，并考虑到土层以及本次施工中桩的结构和桩体之间的相互位置，我们将利用水射流技术和理论研究一种新型的适合粉土、砂土和黏土地层施工的成孔机具——高压射水拔桩器。该拔桩器的优点如下：

(1)易损件喷嘴通过螺纹连接，使用过程中可以随时更换，从而节省了机具的更换和研制时间，提高成孔效率。

(2)设备简单,专用件少,仅有拔桩器和悬挂结构,研制周期短,设备投资少。

(一)拔桩器结构方案设计

高压射水拔桩器是整个高压射水拔桩器系统的关键元件,也是其中的易损部件,在设计时一定要考虑其易修性,为此将拔桩器单独设计成一套组件。

桩断面一般有矩形断面和圆形断面,如图 5-7 所示。

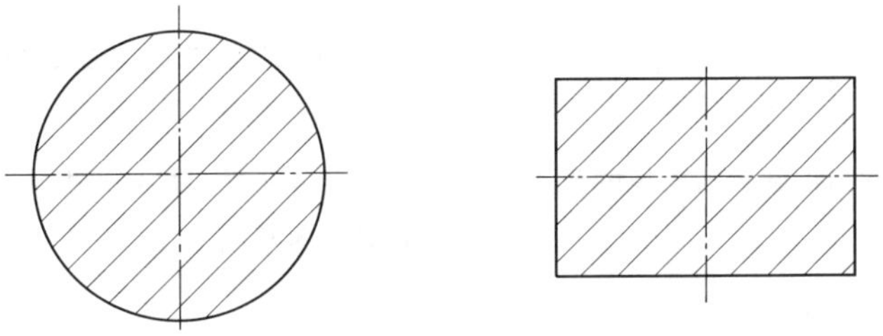

(a)圆形断面桩　　(b)矩形断面桩

图 5-7　不同断面形式的桩

要将以上两种桩拔出,就需要将桩周围土层破坏,降低土层对桩的摩阻力,从而用很小的力就能将桩拔出。因此,就需要相应的拔桩器断面结构(见图 5-8)。图 5-8 是理论上桩间距比较大时拔桩器的截面形式。而实际上,由于桩间距是受限制的或桩不是竖直而具有一定的倾斜度,因此图 5-8 所示的两种方案并不能适用实际操作。考虑到这种情况,将拔桩器做成具有一定缺口的断面形式(见图 5-9),这样无论桩是否处于理想竖直状态,拔桩器都能作上下往复运动,正常工作。

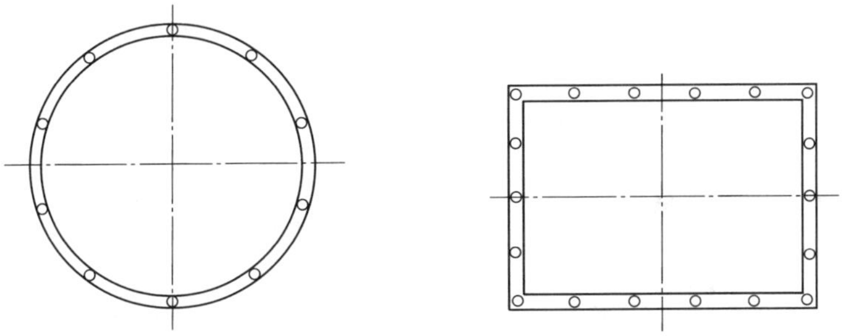

(a)圆形断面拔桩器　　(b)矩形断面拔桩器

图 5-8　理论上的拔桩器断面

高压射水拔桩器实现稳定射流成孔和拔桩施工,除射流具有一定的压力破土成孔并产生上托力使孔不塌陷外,还必须具有固定射流(即喷嘴)的支撑和沿着桩体的导向结构。因此,拔桩器整体结构设计如图 5-10 所示。由图可见,整体结构由横向水管、箱体、进水管、喷嘴等部分组成。同时,考虑到拔桩器上下往复运动,为增强切削作用,将箱体设计具有切削作用的刀刃,两根进水管分别与供水系统的两根出水管连接,输送高压水到喷嘴形成射流冲击破坏土层,产生的水土混合液从井孔上部溢出孔口,同时两吊环与两根钢丝绳连接,通过上部悬挂结构连接起来,起吊机械的吊钩勾起上部结构上的吊环,使拔桩器不断向下运动,从而实现不同形式和不同深度的造孔。

此部件中的喷嘴引管与横向水管通过焊接连接,由于喷嘴是易损件,为便于检修和更

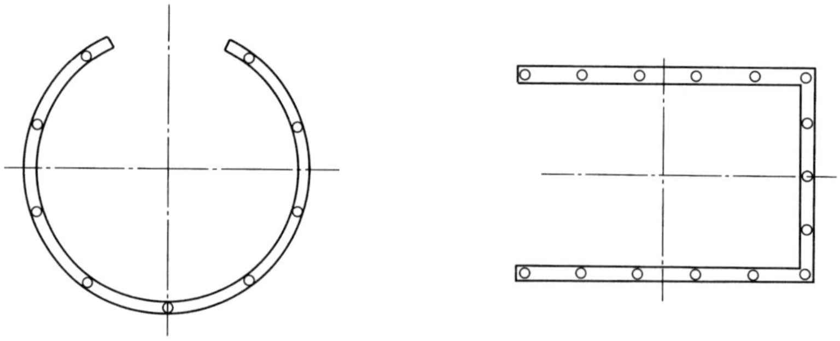

(a)带缺口的圆形断面拔桩器　　(b)带缺口的矩形断面拔桩器

图 5-9　实际使用的拔桩器断面

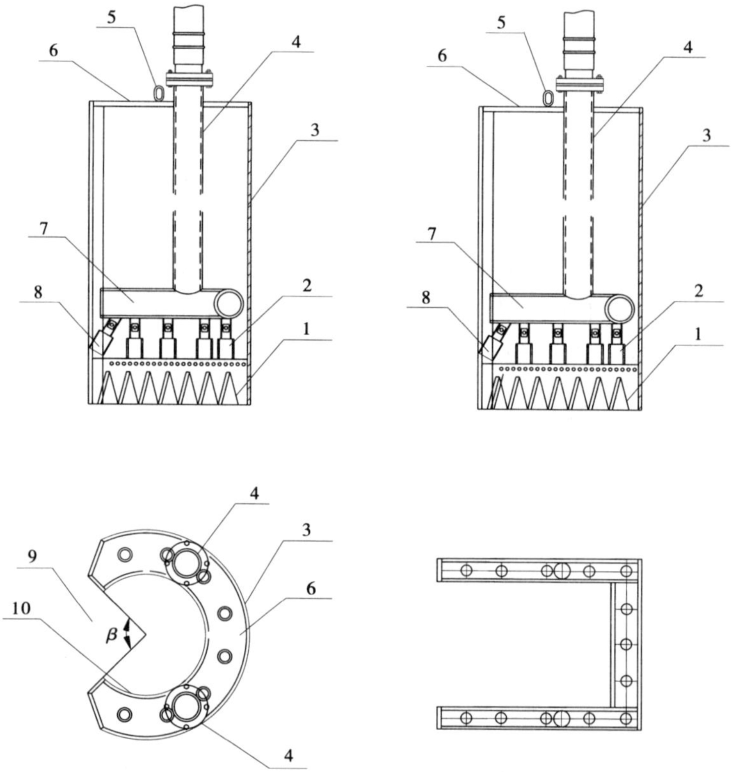

(a)圆形拔桩器　　(b)方形拔桩器

1—刀刃;2—直喷嘴;3—箱体外壁;4—进水管;5—吊点;

6—上盖;7—横向水管;8—斜喷嘴;9—缺口;10—箱体内壁

图 5-10　拔桩器结构

换,将喷嘴头部与引管设计为螺纹连接。

根据项目研究整体安排,得知可移动不抢险坝修建在郑州市黄河花园口南裹头东 1 km 处,各桩尺寸及桩与桩之间的距离如图 5-11 所示,桩内径 0.25 m、外径 0.5 m,桩中心间距 0.8 m,桩总长度为 15 m,全部埋入地下,桩顶在地面下 1 m 深处,垂直度 1∶300。

理想状态下,桩是竖直方向的,此时桩与桩之间的净距离是 0.3 m,桩中心间距是 0.8

m,桩断面形式属于图 5-7(a)形式,此时可以将拔桩器设计成如图 5-9(a)和图 5-10(a)的结构形式。将拔桩器做成具有一定缺口的断面形式,无论桩是否处于理想竖直状态,拔桩器都能作往复上下运动,正常工作。

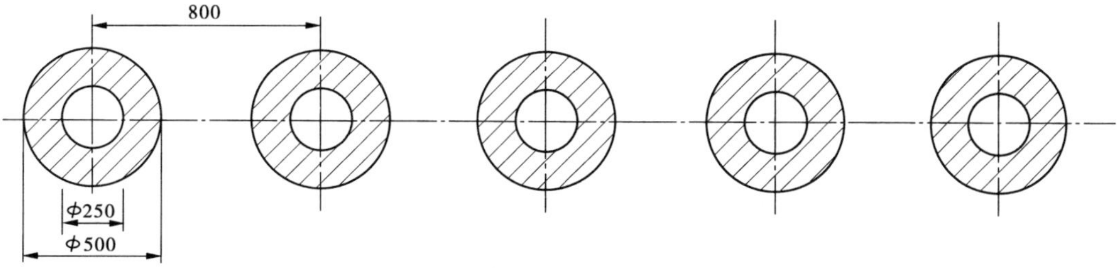

图 5-11　桩尺寸及布置图　(单位:mm)

(二)喷嘴的设计

喷嘴是水射流设备的重要元件,它最终形成了水射流工况,同时制约着系统的各个部件。它的功能不但把水泵的静压转换为水的动压,而且使射流具有优良的流动特性和动力特性;同时,喷嘴又是射流切割、破碎与清洗工艺的执行元件。因此,必须重视喷嘴性能、材质、工艺、检测的研究。

从有效的射流作业和节能降耗的角度来看,较为理想的喷嘴应符合以下要求:

(1)喷嘴喷射的水束应将压力有效地转化为对射流表面的喷射力;

(2)要求喷嘴具有较小的水头损失,喷出水束受卷吸作用小,并保持射流压力的稳定;

(3)喷嘴不易发生堵塞;

(4)在保证一定射流效果的前提下,尽可能地降低水耗。

不同结构形式的喷嘴会得到不同的射流效果。应根据射流作业的要求,合理地选择喷嘴类型。

1.喷嘴结构形式的选择

在工程应用中,按具体的使用目的和要求,通常有如图 5-12 所示几种形式的喷嘴。

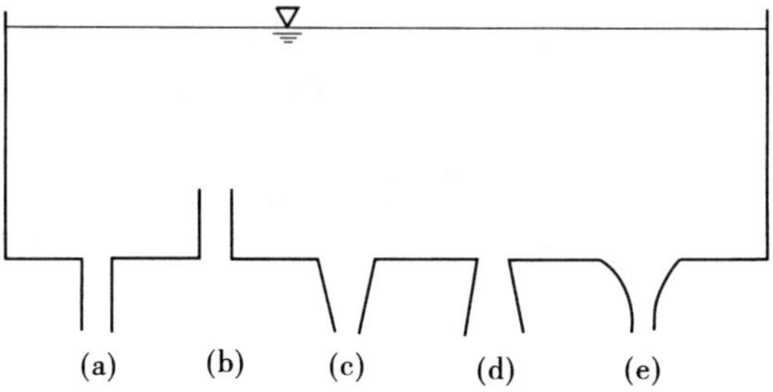

图 5-12　几种形式的喷嘴

以图 5-12(a)所示喷嘴为例分析流速和流量特性。对于圆柱形喷嘴,其出流形式如图 5-13 所示。模拟建立能量方程:

(1)管嘴出流的速度、流量计算公式。列出断面 A—A 及断面 B—B 的能量方程,以管嘴中心线为基准,则:

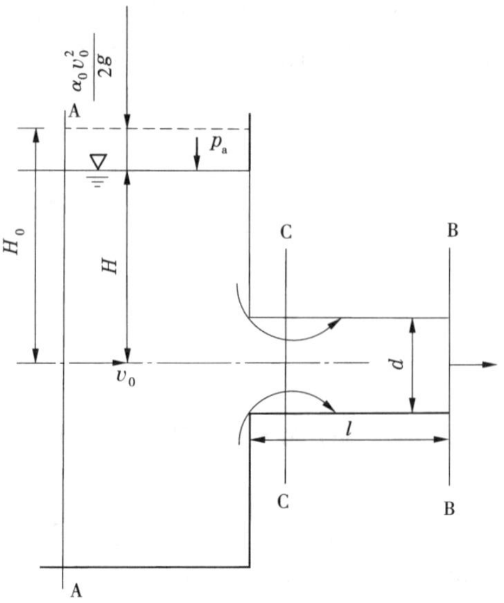

图 5-13　管嘴出流

$$Z_A + \frac{p_A}{\gamma} + \frac{\alpha_A v_A^2}{2g} = Z_B + \frac{p_B}{\gamma} + \frac{\alpha_B v_B^2}{2g} + \xi\frac{v_B^2}{2g} \tag{5-16}$$

因此,得到喷嘴出口流速为:

$$v_B = \frac{1}{\sqrt{\alpha_B + \xi}}\sqrt{2gH_0} = \varphi\sqrt{2gH_0} \tag{5-17}$$

喷嘴出口流量公式为:

$$Q = v_B A = \varphi A\sqrt{2gH_0} = \mu A\sqrt{2gH_0} \tag{5-18}$$

式中:$H_0 = (Z_A - Z_B) + \frac{p_A - p_B}{\gamma} + \frac{\alpha_A v_A^2}{2g}$,为作用水头。

由于断面 B—B 完全充满流体,因此 $\xi = 1$,$\mu = \varphi$。

从式(5-17)、式(5-18)可以看出,就其流速、流量计算公式的形式而言,各种出流形式都是一样的,区别在于流速系数 φ 和流量系数 μ 的不同。这些系数的数值取决于各种管嘴的出流特性和管内的阻力情况。对于以上几种形式的喷嘴,其主要参数如表 5-2 所示。

表 5-2　各种管嘴的主要参数

种类	阻力系数 ξ	收缩系数 ε	流速系数 φ	流量系数 μ
薄壁孔口	0.06	0.64	0.97	0.62
外伸管嘴	0.5	1	0.82	0.82
内伸管嘴	1	1	0.71	0.71
收缩管嘴 $\theta = 13° \sim 14°$	0.09	0.98	0.96	0.95
扩张管嘴 $\theta = 5° \sim 7°$	4	1	0.45	0.45
流线型管嘴	0.04	1	0.98	0.98

将以上几种喷嘴与圆柱外伸喷嘴相比较，结论如下：

（1）圆柱内伸管嘴。出流类似于图 5-12（b），其流动在入口处扰动较大，因此损失大于外伸管嘴，相应的流量系数、流速系数也较小。这种管嘴多用于外形需要平整、隐蔽的地方。

（2）外伸收缩型管嘴。流动特点是在入口收缩后，不需要充分扩张。显然，其损失相应较小。因流速系数和流量系数较大，这种管嘴多用于需要较大出流速度的地方（如消防水龙头喷嘴）。当然，由于相应的出口断面面积较小，出流量并不大。

（3）外伸扩张管嘴。流动特点是扩张损失较大，管内真空较高，因此流速系数和流量系数较小，管端出流速度较小。但因出口断面面积大，因此流量较圆柱外伸管嘴增大。这种管嘴多用于低速、大流量的场合。

（4）流线型外伸管嘴。显然，这种管嘴的损失最小，将具有最大的流量系数，因此出口动能最大，但是制造复杂。

因此，实际工程应用中将图 5-12（a）、（c）结合在一起进行使用，并考虑到能量损失情况，就将喷嘴设计为过渡形喷嘴。这种收缩喷嘴和圆柱形喷嘴相比较，其流线分布如图 5-14 所示。

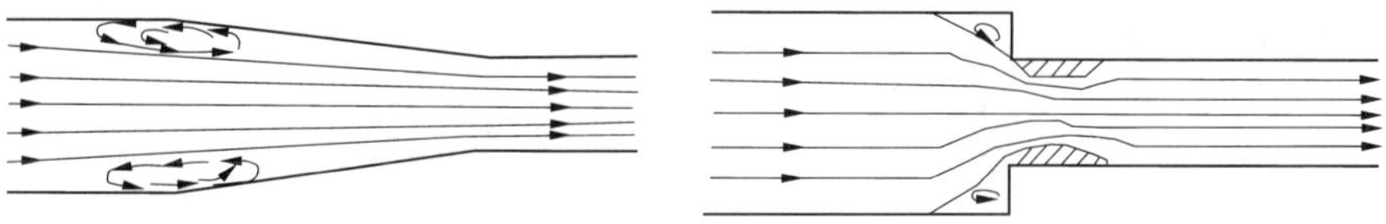

(a) (b)

图 5-14　两种收缩喷嘴的流线分布

对于截面突然缩小的情况，其管内液体流动图案如图 5-14（b）所示，沿流动方向，流体压力降低，这种顺压梯度有利于主流的运动。与突扩管相比，突缩管的损失较小。在管壁折弯处出现旋涡，这是局部损失的主要来源。突缩管的局部水头损失的经验公式为：

$$h_j = 0.5\left(1 - \frac{A_2}{A_1}\right)\frac{v_2^2}{2g} \tag{5-19}$$

渐缩管（见图 5-14（a））的水头损失由局部损失和沿程损失组成，图 5-14 是试验结果。从图 5-15 中可以看出，当收缩角$\theta = 20°$时，损失最小。

从以上分析可以看出，当喷嘴截面由大逐渐变小时，水头损失比较小，且当收缩角$\theta = 20°$时，水头损失最小。

因此，喷嘴的结构形式选择截面逐渐缩小型，此时能量损失最小。而实际上常用喷嘴是如图 5-16 所示的结构，其主要参数有 D_0、l_0、θ 和 d。

2. 喷嘴正常工作的条件

对图 5-13 所示喷嘴收缩断面 C—C 处真空值的计算。

通过收缩断面 C—C 处与出口断面 B—B 建立能量方程：

$$\frac{p_C}{\gamma} + \frac{\alpha_C v_C^2}{2g} = \frac{p_B}{\gamma} + \frac{\alpha_B v_B^2}{2g} + h_1 \tag{5-20}$$

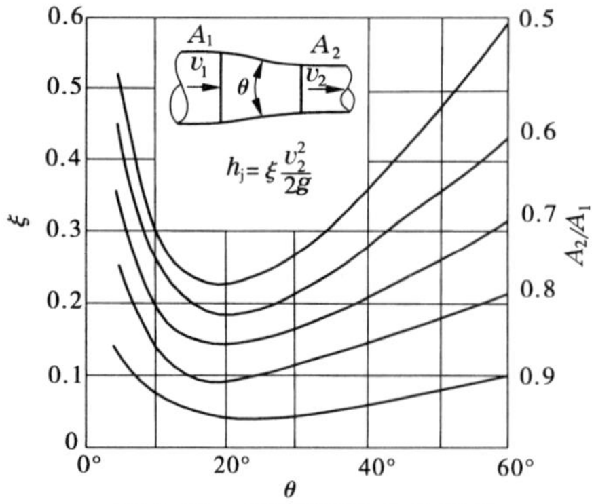

图 5-15 渐缩管的水头损失

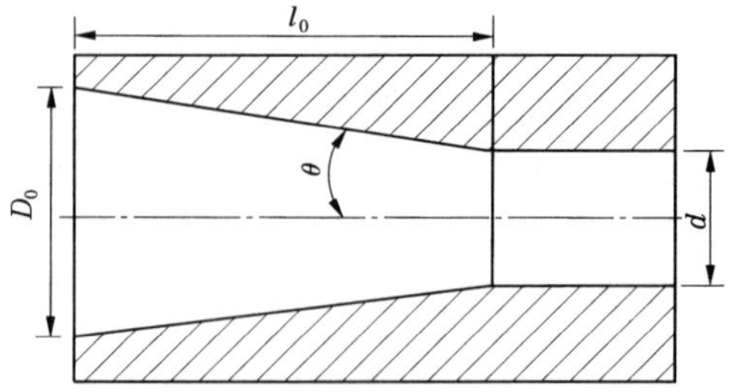

图 5-16 常用喷嘴的结构形式

其中，h_1 = 突扩损失 + 沿程损失 $=\left(\xi_m+\lambda\ \frac{l}{d}\right)\frac{v_B^2}{2g}$。

$$\alpha_C=\alpha_B=1$$

$$v_C=\frac{A}{A_C}v_B=\frac{1}{\varepsilon}v_B$$

则式(5-20)可表示为

$$\frac{p_C}{\gamma}=\frac{p_B}{\gamma}-\left[\frac{1}{\varepsilon^2}-1-\xi_m-\lambda\ \frac{l}{d}\right]\frac{v_B^2}{2g}$$

由 $Q=v_BA=\varphi A\sqrt{2gH_0}=\mu A\sqrt{2gH_0}$，可得：

$$\frac{v_B^2}{2g}=\varphi^2H_0 \tag{5-21}$$

由突扩阻力计算公式可得 $\xi_m=\left(\frac{1}{\varepsilon}-1\right)^2$，因此

$$\frac{p_C}{\gamma}=\frac{p_a}{\gamma}-\left[\frac{1}{\varepsilon^2}-1-\left(\frac{1}{\varepsilon}-1\right)-\lambda\ \frac{l}{d}\right]\varphi^2H_0 \tag{5-22}$$

当 $\varepsilon=0.64$，$\lambda=0.02$，$l/d=3$，$\varphi=0.82$ 时

$$\frac{p_C}{\gamma}=\frac{p_a}{\gamma}-0.75H_0 \tag{5-23}$$

则圆柱形管嘴在收缩断面 C—C 上的真空值为：

$$h_C=\frac{p_a-p_C}{\gamma}=0.75H_0 \tag{5-24}$$

由此可见，在管嘴流动的收缩断面上，产生一个大小取决于作用水头 H_0 的真空 h_C，其数值相对于 H_0 是一个较大值，所以在管嘴出流情况下，存在作用水头 H_0 和作用水头产生的真空 h_C 所共同引起的抽吸作用，这种抽吸作用远大于管内各种阻力所造成的损失，因而与薄壁孔口出流相比较，加大了液体的出流量。可见，H_0 越大，收缩断面上真空值亦越大，当真空值达到 7 ~ 8 m 水头时，常温下的水发生汽化而不断产生气泡，破坏了连续流动，同时在较大的压差作用下，空气经图 5-13 断面 B—B 冲入真空区破坏真空。气泡及空气都使管嘴内部液流脱离管内壁，不再充满断面，使管嘴出流变成孔口出流。因此，为保

证管嘴的正常出流，真空值必须控制在7 m水头以下，即$[h_C]=7$ m水头，从而决定了作用水头H_0的极限值$[H_0]$：

$$[H_0]=\frac{7}{0.75}=0.93(\mathrm{m}) \tag{5-25}$$

这就是外伸管嘴正常工作的条件之一。

其次，管嘴长度也有一定极限值，过长会增大阻力，使流量减小；太短则水流收缩后来不及扩大到整个断面而非满流流出，仍如孔口出流一样。因此，一般取管嘴长度为：

$$[l]=(3\sim4)d \tag{5-26}$$

这就是外伸管嘴正常工作的条件之二。

上述两点是保证管嘴正常工作的必要条件，设计、选用时必须考虑。

3. 喷嘴主要尺寸的确定

(1)喷嘴出口直径分析。喷嘴直径是喷嘴设计时首先要选定的重要参数，也是确定其他参数的依据。一般情况下，喷孔直径的大小主要是考虑水耗的大小和喷孔是否有堵塞的危险。孔径大，水耗就增加，堵塞的危险也就减小；孔径小，水耗降低，但堵塞的危险也就增大。

综合上述两个方面，在设计时，孔径的选择通常以降低水耗为主，取较小值。而对由此引起的喷嘴堵塞的危险，则应采取过滤进水和加强喷嘴的自清洗作用等措施来降低。

初设喷嘴直径$d_0=20$ mm，由水射流理论可知，射流参数与喷嘴直径满足下列关系：

$$Q=\varphi\pi d_0^2\sqrt{\frac{p_0}{8\rho}} \tag{5-27}$$

式中　φ——喷嘴流速系数，一般取0.97~0.98。

临界破土压力已知，则有单个喷嘴流量：

$$Q_{单}=14.8\ \mathrm{m^3/h}$$

总流量$Q=nQ_{单}$。

(2)喷嘴的长径比。由前面分析知喷嘴正常工作条件之一$[l]=(3\sim4)d$，可看做厚壁孔的孔口出流，由伯努利方程研究：如果孔的进口边界是尖锐的，由于流线不能转折，射流会发生收缩，但射流受到阻力要发生扩散。当厚壁$l>4d$(d为孔口直径)时，扩散的射流就会发生附壁，在离开孔口时，液体已充满整个截面，即收缩截面发生在孔口内部。由于收缩截面的存在，产生了真空抽吸作用，使出流增大，这是厚壁孔口出流的优点。因此，选择$l=5d$，即$l=100$ mm。

(3)喷嘴的入口角。喷嘴的入口角是决定喷嘴流动阻力的主要因素。入口角较大的喷嘴，其入口流动阻力较小。由图5-15知$\theta=20°$时，水头损失最小，因此选择$\theta=20°$。

综上所述，喷嘴的结构及具体尺寸如图5-17所示。

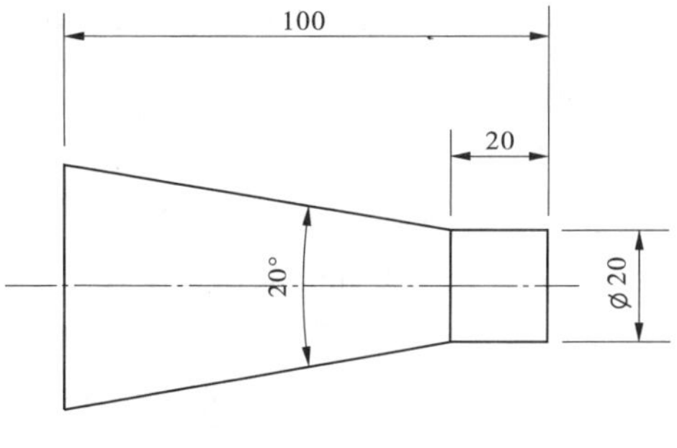

图5-17　喷嘴结构及具体尺寸　(单位:mm)

4. 喷嘴数量的确定

喷嘴数量由桩的直径、桩与桩之间的距

离以及射流能量的大小共同决定。由图 5-11 知道桩外径为 0.5 m、内径为 0.25 m,桩总长度为 15 m,桩中心间距为 0.8 m。理想状态下,桩与桩之间的净距离为 0.3 m。实际上,由于沉桩总是存在桩与桩之间的倾斜,在桩的高度方向上相邻桩中心之间的距离可能大于或小于 0.8 m。按照桩与桩之间最不利的情况考虑,两个桩互相紧挨在一起,如图 5-18 所示。此时拔桩器在桩周边造孔时,为了使拔桩器能够正常工作,拔桩器圆周必须设计成缺口形式,如图 5-18 所示的缺口 *DNF*。设缺口 *ANC* 为 A_{min},*HNI* 为 A_{max},由图 5-18 得下式:

$$\cos\frac{A_{min}}{2} = \frac{HN^2 + IN^2 - AM^2}{2HN \cdot IN} \tag{5-28}$$

$$\cos\frac{A_{max}}{2} = \frac{AN^2 + MN^2 - AM^2}{2AN \cdot MN} \tag{5-29}$$

且得到 $A_1 = 51°$,$A_2 = 60°$。

考虑到实际工作时缺口与桩体的摩擦,缺口设计要大于 A_{min} 和 A_{max},同时考虑到拔桩器的工作效率和平衡性,缺口不宜超过 90°,此设计选取缺口尺寸为 60° ~ 90°。实际上,在正常情况下,桩体倾斜度不大(工程设计中 1∶300),同时考虑拔桩器整体结构工作时的平衡性,也要求拔桩器缺口不要过大,故本设计选取角度为 $A = 70°$。

同时,为了保证拔桩器整体结构的强度和稳定性,同时避开结构的尖棱,在缺口 *HDN* 段和 *IFN* 段也选用与内外壁相同材料和厚度的钢板把内外壁联结起来,形成外围全封闭式结构,如图 5-19 所示。这样结构强度和稳定性增加,但是拔桩器和桩体或土层的摩擦增加,这就有必要在缺口 *HDN* 段和 *IFN* 段两处各增加一个有一定倾斜角度的喷嘴。

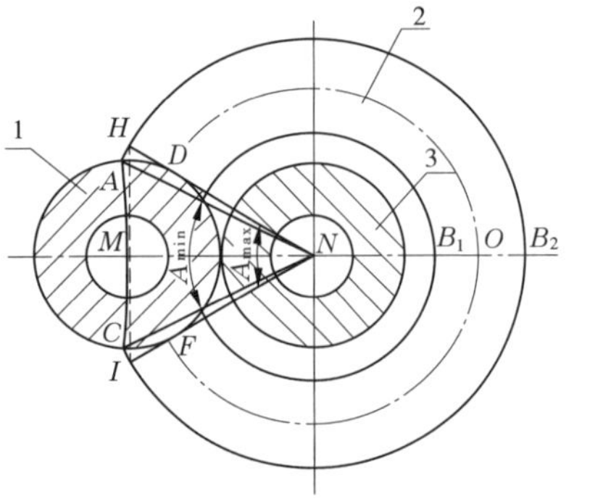

1、3—桩;2—拔桩器

图 5-18　两相邻桩之间最不利情况时距离

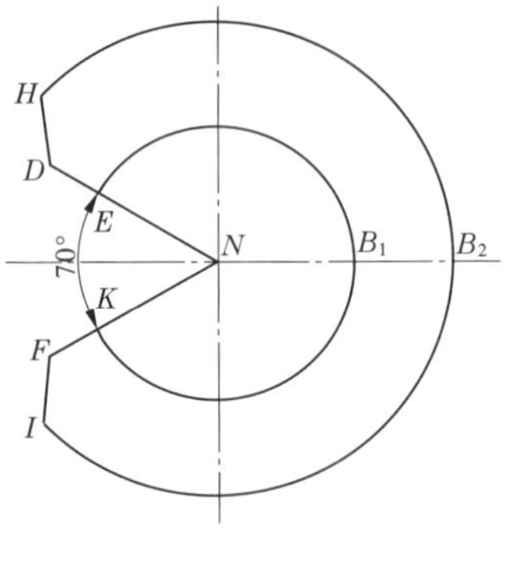

图 5-19　拔桩器内外壁及侧壁结构

由桩外径 0.5 m,考虑到桩与成型器内壁摩擦(理想状态下桩与成型器内壁是不接触的,实际上,桩总存在一定程度的倾斜,所以摩擦不可避免),需要使成型器内壁与桩外表面留有一定的间隙,在此将两边留有 0.05 m 的间隙,即成型器内径为 0.6 m。参考同类产品采用壁厚为 20 mm 的钢板。由有限空间的淹没射流知道,确定喷嘴与成型器箱体的距离时应避免产生涡流的状态,同时考虑到设备的工作效率和稳定性,将喷嘴设计为对称结构,故喷嘴中心所在的圆周直径为 0.746 m。喷嘴中心圆弧长度

$$L_{DOF} = \frac{(360 - 70)\pi d}{360} \tag{5-30}$$

代入数值,得到

$$L_{DOF} = 1.897 \text{ m}$$

喷嘴中心间距为 $l_0 = 0.191$ m,因此得到喷嘴数量 n:

$$n = \frac{L_{DOF}}{l_0} \tag{5-31}$$

即 $n = 9.93$,取整 $n = 10$。

即拔桩器有 10 个竖直喷嘴,2 个斜喷嘴,共 12 个喷嘴。喷嘴分布如图 5-20 所示。

5. 喷嘴出口至箱体底部距离确定

已知圆柱形喷嘴紊流系数取较小值 $a = 0.076$,又知喷嘴半径初设 0.01 m,所以喷嘴至极点的距离

$$x_0 = 0.294\frac{r_0}{a} = 0.038 \text{ m} \tag{5-32}$$

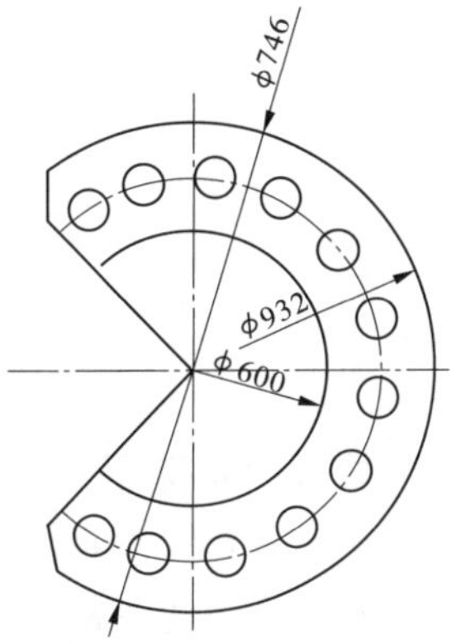

图 5-20 喷嘴分布 (单位:mm)

在极点这个断面上,平均流速最大,越过极点 O 以后,射流流速逐渐降低。理论上,喷嘴出口至箱体底部的距离 L 有图 5-21 所示的三种情况。第一种情况 $L < x_0$,该种情况下,射流冲击破坏地层时,速度由小到大,达到极点最大平均流速后,射流速度再由大变小,能够充分发挥射流能量,使射流破土效率较大。第二种情况 $L = x_0$,该种情况下,射流冲击破坏地层时,速度由小到大,达到极点最大平均流速后,射流速度不再增加。第三种情况 $L > x_0$,射流冲击压力虽然不变化,但是由于射流扩孔面积增大,单位面积的破土压力下降,射流破土效率随之降低,拔桩器进尺最慢。因此,射流射程 L 选择第一种情况较为理想。

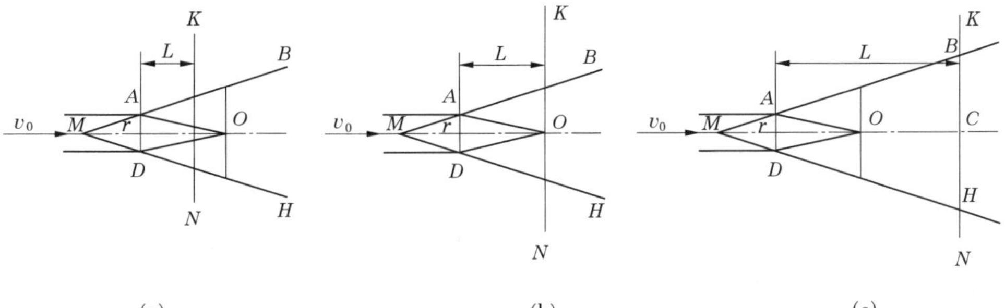

图 5-21 喷嘴出口至箱体底部的距离

但是,L 也不能过小,因为随着拔桩器继续向下运动,射流对土层的冲击压力依然保持不变,如果 L 过小,则会由于射流断面过小,反而使射流冲击土层的效率也下降。

因此,喷嘴固定在箱体中,距离箱体底部距离小于 0.038 m,初选 $L = 0.23$ m。斜喷嘴出口至箱体底部距离同样是 0.23 m。

6. 斜喷嘴倾斜角度的确定

两斜喷嘴射流时,两束射流轴心线如图 5-22 中的 AO 和 BO,两个喷嘴射流轴心线必

须相交且交点 O 位于刀刃所在平面上 M 点的下部，以抵消部分淹没射流的阻力。L_1 为喷嘴出口位置至拔桩器箱体底部的距离，由前面的分析知 $L_1 = 230$ mm，设 $OM = 70$ mm，则有喷嘴倾斜角度 $\alpha = 35°$。

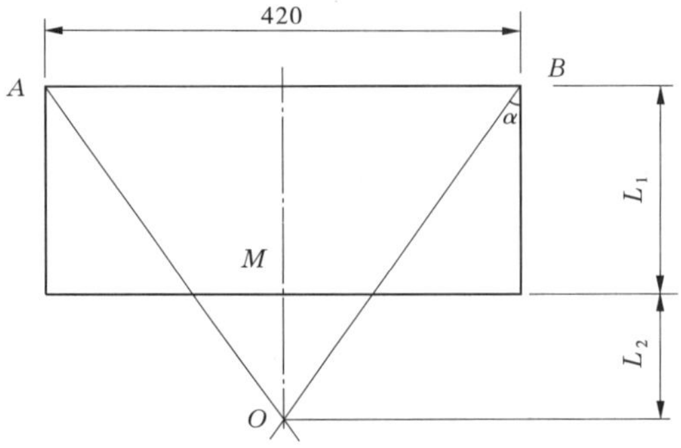

图 5-22 斜喷嘴角度的计算 （单位：mm）

（三）横竖水管选型

水管选择时要在满足工作压力的情况下，选择较小的直径和壁厚。拔桩器水管一方面是输送射流管路的一部分，另外又是固定喷嘴位置的结构件，因此选择钢管。管子直径由下式确定：

$$D \geqslant 18.8\sqrt{\frac{Q}{v}} \tag{5-33}$$

式中 D——管道内径，mm；

Q——通过管道内的流量，m^3/h；

v——管内介质流速，m/s。

管壁厚度 δ 由下式确定：

$$\delta \geqslant \frac{pD}{2[\sigma]} \tag{5-34}$$

其中

$$[\sigma] = \frac{\sigma_b}{S}$$

式中 p——工作压力，MPa；

D——管子内径，mm；

$[\sigma]$——许用应力，MPa；

σ_b——抗拉强度，MPa；

S——安全系数，当 $p < 7$ MPa 时，$S = 8$，当 $p \leqslant 17.5$ MPa 时，$S = 6$，当 $p > 17.5$ MPa 时，$S = 4$。

根据《机械设计手册》（单行本，工程材料）选择结构用无缝钢管 35 号钢，则 $\sigma_b = 510$ MPa。也可以先根据流量和流速确定管径的计算图（见图 5-23），初选管径 60 mm，再根据《机械设计手册》低压流体输送管道选择普通钢管壁厚 3.25 mm（见表 5-3）。

表 5-3　低压流体输送焊接管(GB/T 3091—1993、GB/T 3092—1993)

公称口径		外径		普通钢管			加厚钢管		
mm	in	公称尺寸(mm)	允许偏差	壁厚		理论质量(未镀锌)(kg/m)	壁厚		理论质量(未镀锌)(kg/m)
				公称尺寸(mm)	允许偏差		公称尺寸(mm)	允许偏差	
6	1/8	10.0	±0.50 mm	2.00	+12% −15%	0.39	2.50	+12% −15%	0.46
8	1/4	13.5		2.25		0.62	2.75		0.73
10	3/8	17.0		2.25		0.82	2.75		0.97
15	1/2	21.3		2.75		1.26	3.25		1.45
20	3/4	26.8		2.75		1.63	3.50		2.01
25	1	33.5		3.25		2.42	4.00		2.91
32	$1\frac{1}{4}$	42.3		3.25		3.13	4.00		3.78
40	$1\frac{1}{2}$	48.0		3.50		3.84	4.25		4.58
50	2	60.0	±1%	3.50		4.88	4.50		6.16
65	$2\frac{1}{2}$	75.5		3.75		6.64	4.50		7.88
80	3	88.5		4.00		8.34	4.75		9.81
100	4	114.0		4.00		10.85	5.00		13.44
125	5	140.0		4.00		15.04	5.50		18.24
150	6	165.0		4.50		17.81	5.50		21.63

(四)射流拔桩器内外箱体设计

将拔桩器箱体设计为图5-19 和图5-24 所示的具有内外两层结构的封闭型箱体,其主要原因有四:其一,喷嘴在实际工作中受到射流巨大的反冲作用,这时候就需要有一个支撑结构能够将喷嘴和水管联系起来并固定其位置,这就是箱体;其二,拔桩器在工作时作往复不断的上下运动,可以使整个拔桩器结构沿着桩运动,起着导向作用;其三,可以保护喷嘴在工作过程中不易堵塞和磨损;其四,增大拔桩器质量,增强成孔垂直度。

1. 内外箱体尺寸设计

当射流冲击式拔桩机工作时,拔桩器在起吊机械控制下,在下降的过程中作自由落体运动或匀速运动,受到的射流冲击载荷占主导地位,在冲击过程中既要保证承受冲击的稳定性要求,又要保证整体结构振动幅度不大;上升的过程中靠起吊机械的提升力上升,这个过程中受到起吊机械的向上提升力和液体对拔桩器的浮力作用,又受到向下的重力和拔桩器外壁与孔壁的摩擦力作用,由于频率较高(每分上下运动 5 ~ 10 次),也是以受冲击占主导地位。因此,为了保证拔桩器承受射流的反冲击作用,质量尽可能大。

基于以上原则,桩体与箱体内壁预留 0.1 m 间隙,则箱体内径为 0.6 m,横向水管外径为 0.146 m,箱体内外壁初设壁厚 0.02 m,横向水管与外壁内径预留 0.02 m 的间隙,则

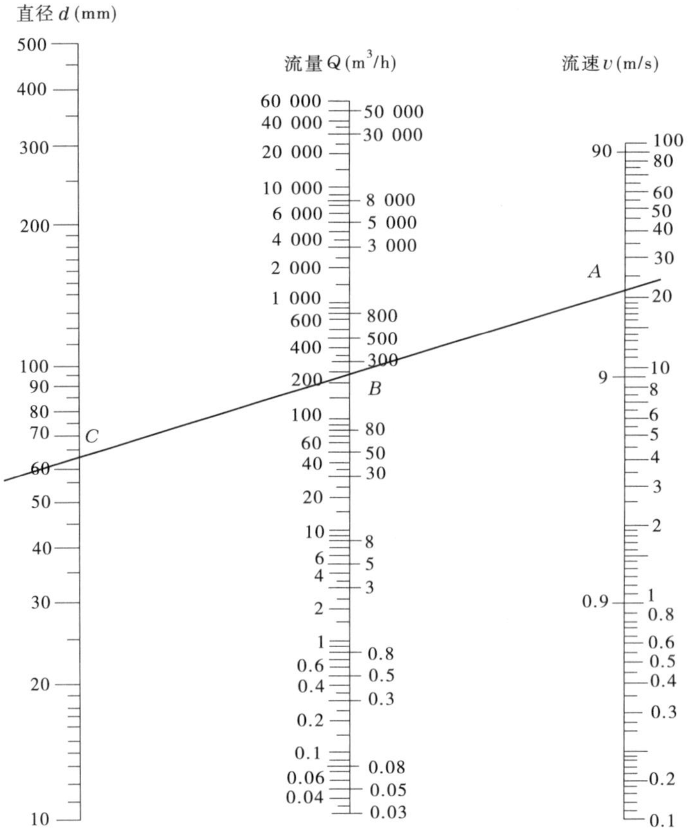

图 5-23　由流量和流速求管径的计算图

外壁直径为 0.932 m。

拔桩器的高度一方面由拔桩器内径与桩外径决定,另一方面还和桩的倾斜角度有关。如图 5-25 所示,A_1A_2 为桩理想竖直状态,A_1B_3 为相邻桩最不利工况下倾斜位置,则 $A_2B_3=0.3$ m。

此时,拔桩器内部与倾斜桩外壁之间位置如图 5-25 中的 A_1B_2、B_4B_1、B_2B_4 桩外壁与拔桩器内壁之间距离,由设计时预留空间确定其大小,则有 $H=5$ m,此值为拔桩器最大高度。在满足拔桩器实际操作的便利性和导向作用时,取 $H_{实际}=1.5$ m。拔桩器断面具体结构尺寸如图 5-24 所示,高度 1.5 m。

2. 强度校核

拔桩器向上运动时受力如图 5-26(a)所示。提升力 F_1 的大小由起吊机械确定。浮力 F_2 由拔桩器排水量的大小确定,即

$$F_2=\rho_{水}gv_{排} \tag{5-35}$$

由此可知 F_2 很小,可忽略不计。摩擦力 F_3 一方面由箱体外壁与孔壁的摩擦系数和箱体由于倾斜作用在孔壁的正压力决定,另一方面由箱体内壁与桩的摩擦和相互作用力决定。碳素钢与孔壁摩擦系数为 0.25,在拔桩器理想状态下(不倾斜时),箱体外壁和孔壁不存在摩擦,实际上,桩总是存在一定的倾斜和拔桩器的不稳定性,假设倾斜达到最大程度

1:300 时，拔桩器内外壁和桩的最大作用力大约为提升力 F_1 的 1/300，即约为 100 N，可忽略不计，实际计算中可以考虑不计。重力 $G = 2.2\times10^4$ N。因此，实际计算中拔桩器向上运动时受力简化为图 5-26(b)所示。

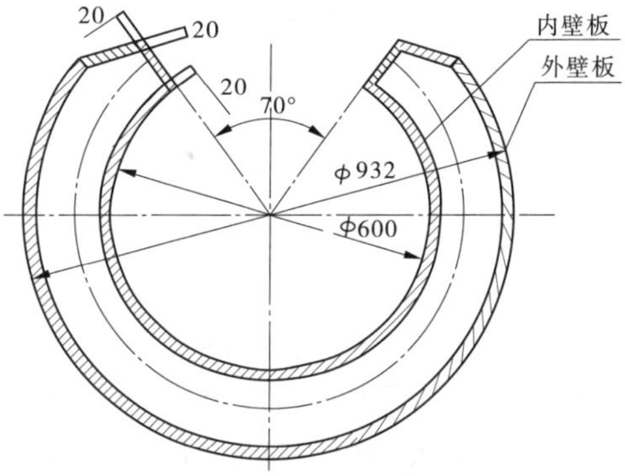

图 5-24　拔桩器主要尺寸

拔桩器向下运动时受力如图 5-27(a)所示。由拔桩器上升运动时的分析可知，浮力 F_2 和摩擦力 F_3 可忽略不计，射流反冲力 F_4 大小即为射流对土体的冲击力，即

$$F_4 = \rho_{水} Q\beta_0 v_0 \tag{5-36}$$

式中　$\rho_{水}$——流体的密度；

β_0——动量修正系数，其值取决于总过流断面上的流速分布，一般 $\beta_0 = 1.02 \sim 1.05$，但有时可达 1.33 或更大，工程计算中常取 $\beta_0 = 1.0$。

考虑恒定不可压缩总流的连续性方程

$$Q = nQ_v = nv_0A_0 = 12v_0\pi r_0^2 \tag{5-37}$$

所以

$$F_4 = 12\rho_{水} v_1^2\pi r_1^2 \tag{5-38}$$

式中，v_1 即为质量平均流速 v_2，计算时其大小等于射流出口平均速度 v_0，r_0 为射流喷嘴出口内径，r_1 为射流喷嘴入口内径。在最坏工况下，射流停止，拔桩器作自由落体运动，因而此时只考虑重力 G 的大小，如图 5-27(b)所示。

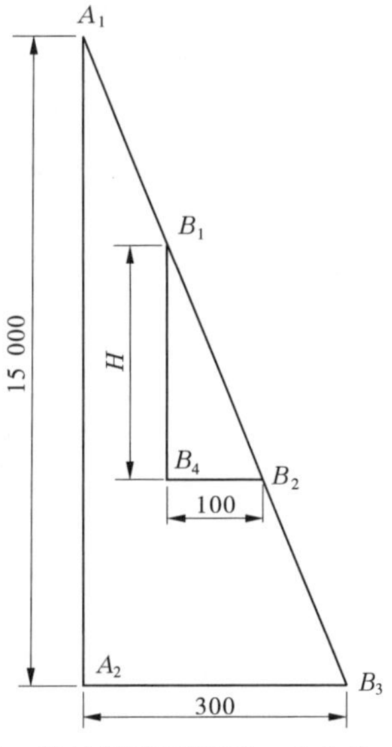

图 5-25　拔桩器高度确定　（单位：mm）

通过以上分析可知：拔桩器向上运动时，所受合力为：

$$F_{上合} = F_1 - G \tag{5-39}$$

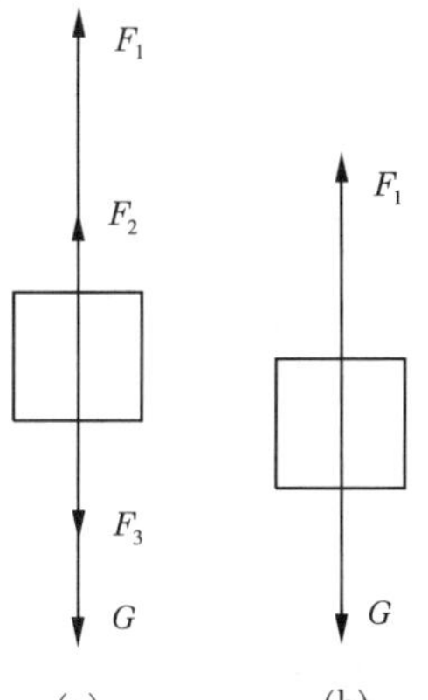

图 5-26　拔桩器向上运动时受力

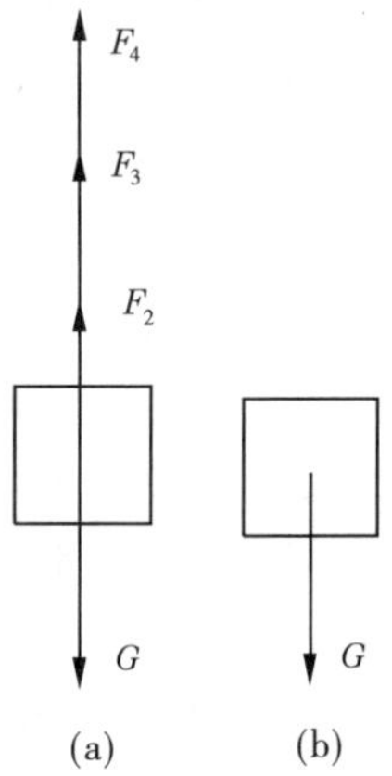

图 5-27　拔桩器向下运动时受力

即 $F_{上合}=12$ kN，方向向上。

拔桩器向下运动时，所受合力为：

$$F_{下合}=G \tag{5-40}$$

即 $F_{下合}=22$ kN，方向向下。

$F_{上合}<F_{下合}$，也就是说，拔桩器向下运动工况比向上运动恶劣，故以拔桩器向下运动工况计算即可。

在拔桩器向下运动过程中，运动到最低位置时，拔桩器内外壁的底部与孔底部土层发生撞击，作用面积大小即为拔桩器内外壁径向断面面积，如图5-28所示。

每次拔桩器上下运动距离约为 $s=0.2$ m，由

$$s=\frac{1}{2}gt^2 \tag{5-41}$$

得到

$$t=\sqrt{\frac{2s}{g}} \tag{5-42}$$

假设运动到极限位置时速度达到 v，此时拔桩器对土层的作用力就是拔桩器本身具有的动量

$$F=mv \tag{5-43}$$

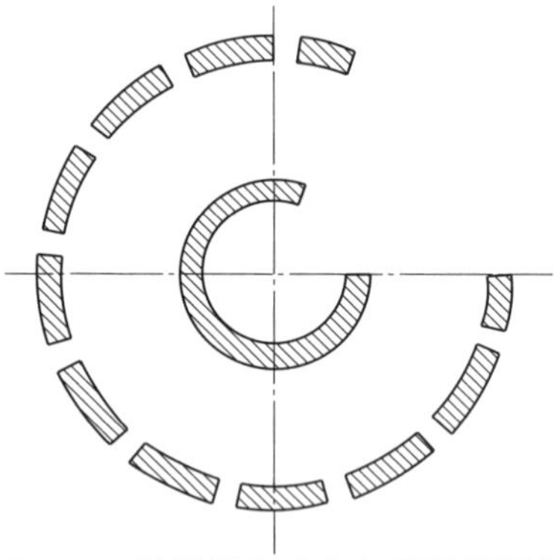

图5-28 拔桩器和孔底土层接触面积

因 $v=gt$，所以

$$F=mgt=mg\sqrt{\frac{2s}{g}}=m\sqrt{2gs}=3.6\times10^3\ \text{N}$$

所以，拔桩器底部受力大小 $\sigma=\dfrac{F+G}{A}=116$ MPa。对于碳素钢Q235，其强度 $\sigma_b=375\sim500$ MPa，则箱体富裕安全系数 $n=3.2\sim4.3$，这说明拔桩器箱体整体强度是足够的，满足性能要求。

三、拔桩器三维数值仿真

（一）拔桩器三维造型与仿真

拔桩器由横竖水管、内外箱体、喷嘴、刀刃等组成，实际连接是通过焊接或螺纹连接装配而成的，在设计过程中要充分考虑零部件功能的实现，并使各部分零件的结构及整体的布局均合理。但在实际操作中都是二维图形表现，其直观效果在设备加工出来以前很难实现。随着计算机技术及其软件的广泛应用，解决这种矛盾成为可能。

3DSMAX是Autodesk公司旗下的Discreet子公司推出的具有突破性的造型、渲染和动画的套装软件，可对整个对象或者部分对象进行颜色、明暗、反射、透明度等编辑，以及通过对象、摄像机、光源和路径来制作动画。

3DSMAX为拔桩器的设计与分析提供了方便，可以在虚拟中进行造型和仿真分析，这样拔桩器的不足之处有了参考，在仿真中为拔桩器的改进节省了时间。

根据拔桩器的功能要求、装配关系及设计约束，将拔桩器分为以下几大部件：横竖水管、喷嘴、吊点、内外箱体等。根据装配和功能关系对拔桩器进行分解，得到拔桩器的总体

装配结构树，如图 5-29 所示。它将各个部件和连接部件作为总体设计的子节点，而每个部件又由许多零件组成，这样拔桩器就分解得一目了然了，这有利于设计进程的合理安排，简化了设计思想。

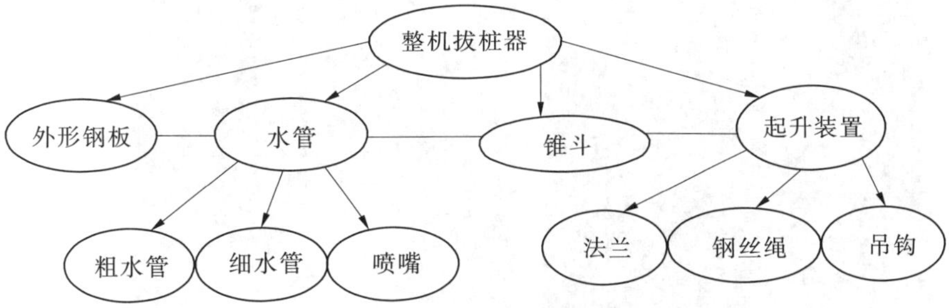

图 5-29　拔桩器结构分解图

三维造型与仿真分析是指在产品三维数字化定义应用于产品的研制过程中，结合产品研制的具体情况，与产品的真实结构相结合的思想。在设计过程中，遵循"先零部件后整机"的思想，但是在零件设计过程中必须得考虑其在整机的布局与合理性；根据系统功能与各零部件功能的位置关系，设计出总体装配结构并确定各个零部件的位置关系、配合关系、连接关系。对结构进行仿真分析（工艺性、参数化等）后，进行修改优化。然后，对零部件进行功能分解和精确结构设计。

图 5-30 是拔桩器零部件建模及其组装图，对各个零部件以及整机进行检查，包括对零部件间的检测（配合关系、布局关系等）和整机的检查分析（严密性、材质设计、光线问题以及动画效果）。

（二）喷嘴流场仿真

利用流体分析软件对喷嘴内外部流场进行仿真研究，模拟喷嘴内外部流场速度、压力的分布特性，从而和理论分析进行对比，并验证理论的可靠性。

喷嘴是流体射流的发生元件，它的功能不但是把水的静压转换成动压，而且保证射流具有优良的流动特性与动力性能，同时，喷嘴又是射流切割、破碎与清洗工艺的执行元件。因此，研究和优化喷嘴的几何造型，建立喷嘴结构与动力性能之间的关系，对于确定淹没射流的性能具有重要意义。

1. 喷嘴数学模型的建立

对于喷嘴内射流，作黏性运动流体的连续方程和 N－S 方程同样适用，但是由于 N－S 方程中出现了速度的二阶导数，它的普遍解在数学上还有困难，只有在某些特殊情况下才能使方程得到充分简化，求出近似解。由于射流场处于高度湍流状态，因此采用标准的 $k-\varepsilon$方程模型。$k-\varepsilon$ 方程模型见式（5-44）和式（5-45）。

$$\frac{\partial(\rho k)}{\partial t}+\frac{\partial(\rho k u_t)}{\partial x_t}=\frac{\partial}{\partial x_f}\left[\left(\mu+\frac{\mu_t}{\sigma_k}\right)\frac{\partial k}{\partial x_t}\right]+G_k+G_b-\rho\varepsilon-Y_M+S_k \tag{5-44}$$

$$\frac{\partial(\rho\varepsilon)}{\partial t}+\frac{\partial(\rho\varepsilon u_t)}{\partial x_t}=\frac{\partial}{\partial x_f}\left[\left(\mu+\frac{\mu_t}{\sigma_t}\right)\frac{\partial\varepsilon}{\partial x_f}\right]+C_{1\varepsilon}\frac{\varepsilon}{k}(G_k+C_{3\varepsilon}G_b)-C_{2\varepsilon\rho}\frac{\varepsilon^2}{k}+S_\varepsilon \tag{5-45}$$

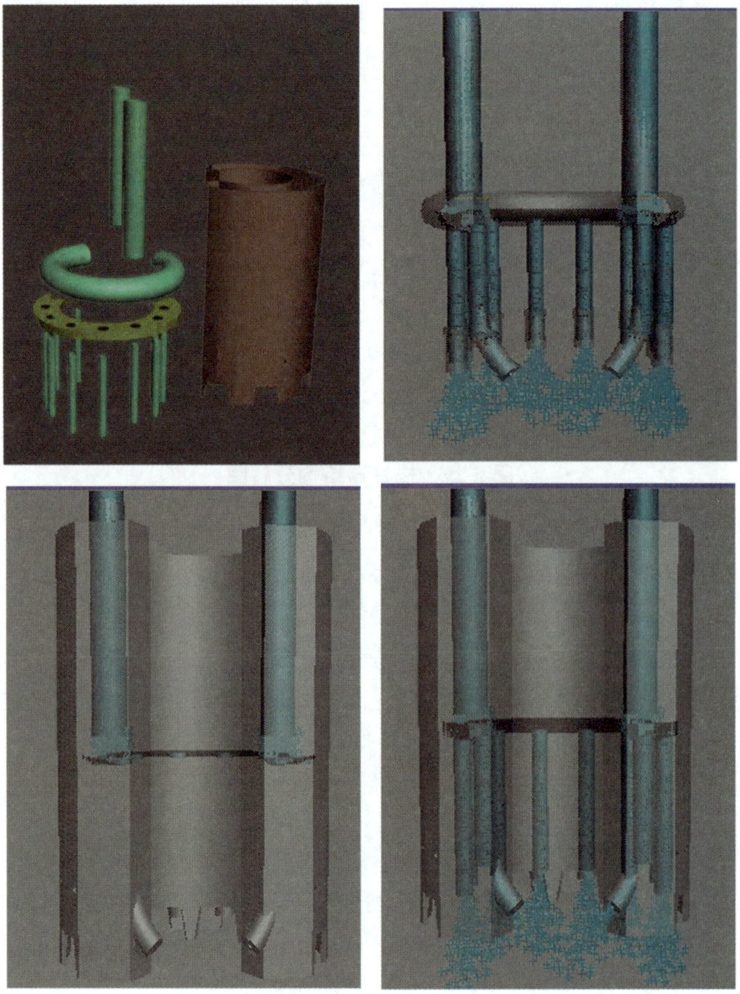

图 5-30　拔桩器零部件建模及其组装图

式中　G_k——由平均速度梯度引起的湍流动能；

G_b——由浮力引起的湍流动能；

Y_M——可压缩湍流脉动膨胀对总耗散率的影响；

μ_t——湍流黏性系数。

$$\mu_t = \rho C_\mu \frac{k^2}{\varepsilon} \tag{5-46}$$

在 CFD 中，作为默认值常数，$C_{1\varepsilon}=1.44$，$C_{2\varepsilon}=1.92$，$C_{3\varepsilon}=0.99$，湍动能 k 和耗散率 ε 的湍流普朗特数分别为 $\sigma_k=1.0$，$\sigma_\varepsilon=1.3$。

对于喷嘴外流场分析，由于多股射流的相互作用，有限空间内水流紊动更加剧烈并伴有若干旋涡与回流，具有较强的各向异性，扩散规律及紊动特性远非经典的淹没自由射流能正确解释，标准的 $k-\varepsilon$ 紊动模型已经不能很好地模拟，因此适合采用 RNG$k-\varepsilon$ 模型，其连续方程、动量方程和 k、ε 方程分别为：

$$\frac{\partial \rho}{\partial t} + \frac{\partial \rho u_i}{\partial x_i} = 0 \tag{5-47}$$

$$\frac{\partial \rho u_i}{\partial t} + \frac{\partial}{\partial x_j}(\rho u_i u_j) = -\frac{\partial \rho}{\partial x_i} + \frac{\partial}{\partial x_j}\left[(v + v_t)\left(\frac{\partial u_i}{\partial x_j} + \frac{\partial u_i}{\partial x_j}\right)\right] \tag{5-48}$$

$$\frac{\partial(\rho k)}{\partial t} + \frac{\partial(\rho u_i)}{\partial x_i} = -\frac{\partial}{\partial x_i}\left[\frac{(v + v_t)}{\sigma_k}\frac{\partial k}{\partial x_i}\right] + G_k - \rho\varepsilon \tag{5-49}$$

$$\frac{\partial(\rho \varepsilon)}{\partial t} + \frac{\partial(\rho u_i \varepsilon)}{\partial x_i} = -\frac{\partial}{\partial x_i}\left[\frac{(v + v_t)}{\sigma_\varepsilon}\frac{\partial \varepsilon}{\partial x_i}\right] + G_{1\varepsilon}\frac{\varepsilon}{k}G_k - C_{2\varepsilon}\rho\frac{\varepsilon^2}{k} \tag{5-50}$$

式中　ρ、μ——体积分数平均的密度和分子黏性系数；

v_t——紊流黏性系数，可由紊动能 k 和耗散率 ε 求出。

2. 喷嘴内流场分析

1) CFD 几何建模和网格划分

为了研究喷嘴过渡部分 L 对射流能量的损失影响规律，对不同长度 L 的喷嘴分别进行建模。进行几何建模时，采用由上到下的建模方式。喷嘴几何建模采用图 5-31 所示尺寸，考虑到计算区域的流动状态比较复杂，在使用 GAMBIT 划分网格时采用四边形单元，该单元可以消除结构网格中节点的结构性限制，节点和单元分布的可控性好，因而能比较好地处理边界。图 5-32 为喷嘴离散结构图。计算域边界设置如图 5-33 所示，AE 为射流入口，DH 为出口，AB、BC、CD、EF、FG、GH 为固壁。

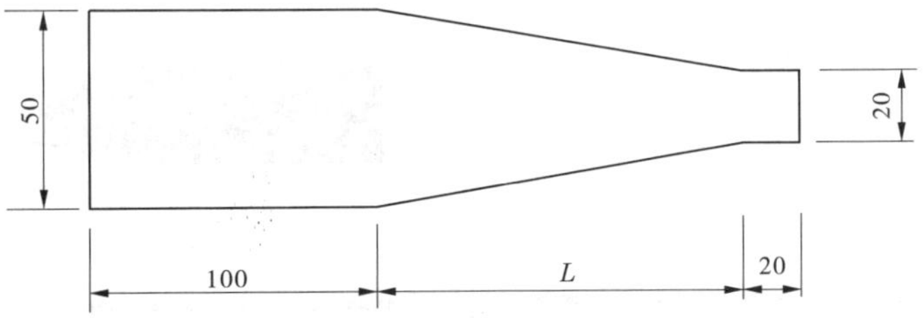

图 5-31　喷嘴尺寸　（单位：mm）

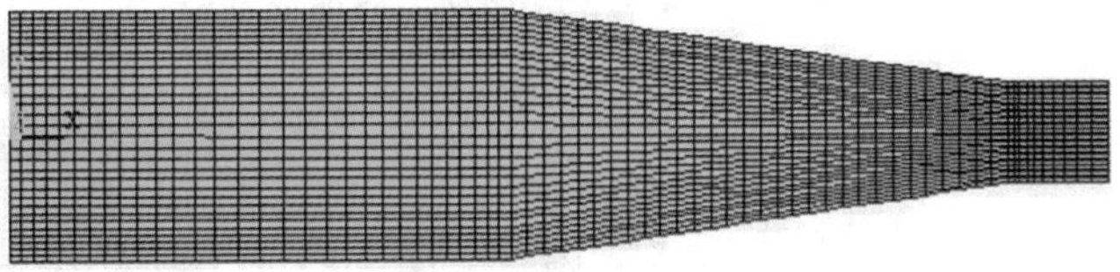

图 5-32　喷嘴离散结构图

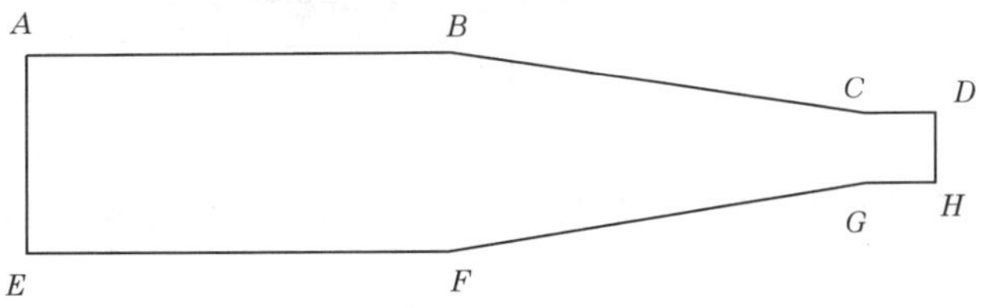

图 5-33　边界设置

2) 不同 L 值时喷嘴内部流场分析

设过渡段长度为 L，分别取 100、90、80、70、60、50 mm。进口速度 $v = 12.3$ m/s。首先

以 $L=100$ mm 对喷嘴内部进行建模并进行网格划分，当单元分别是 672（网格大小 3.6 mm）个和 2 100（网格大小 2 mm）个时，其网格划分如图 5-34 所示。当喷嘴进口速度都是 $v=12.3$ m/s 时，喷嘴内部流速和压力分别如图 5-35 和图 5-36 所示。从两者出口流速可以看出，最大流速相差 2.1%，同时网格划分单元越小，越接近实际情况，因此在计算中设置单元网格为 2 mm 进行计算分析。

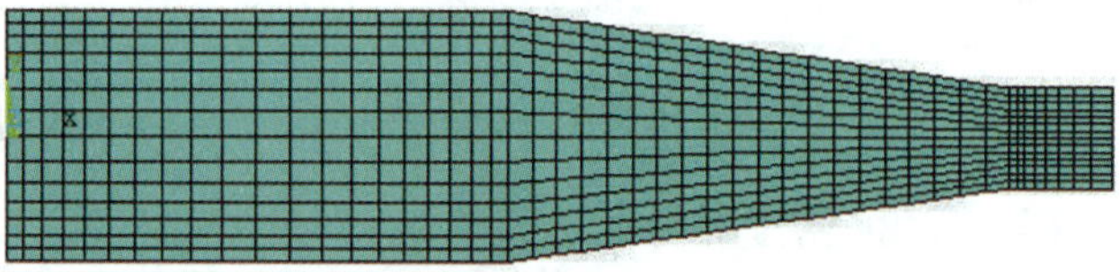

(a) 单元数为 672 个

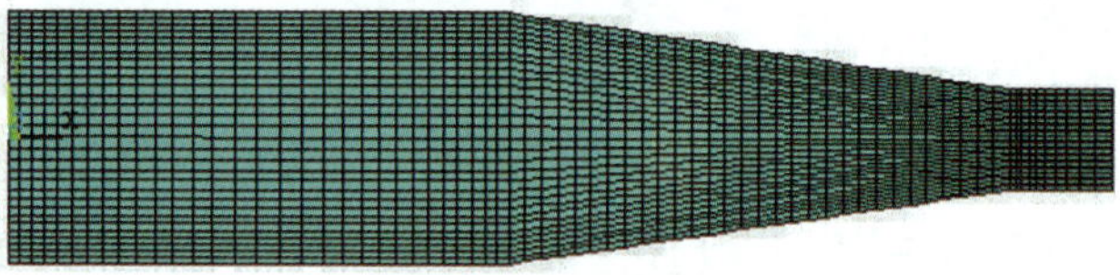

(b) 单元数为 2 100 个

图 5-34　单元大小不同时喷嘴内部离散图

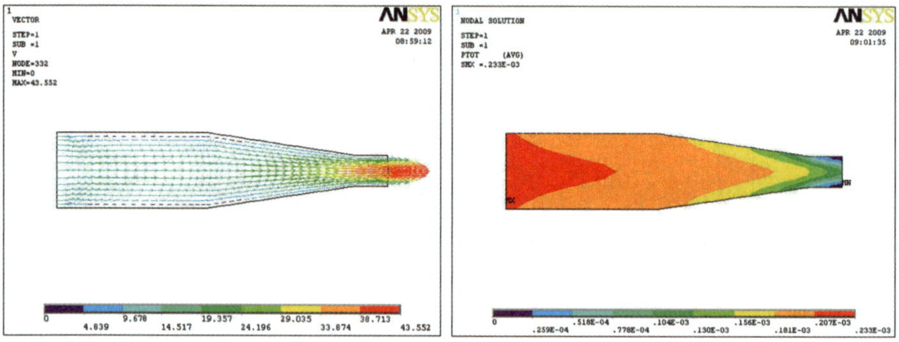

图 5-35　单元数为 672 时压力和流速云图

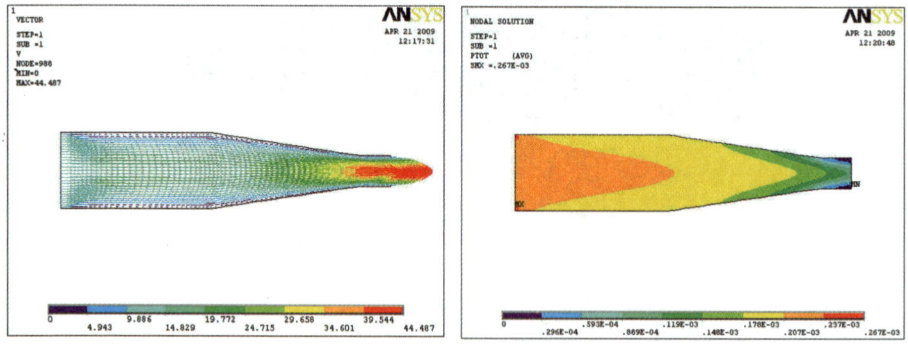

图 5-36　单元数为 2 100 时压力和流速云图

对 $L=100$、90、80、70、60、50 mm 分别进行建模分析，得到各种情况下的流速分布，如图 5-37 所示。

将图5-37喷嘴内部在喷嘴入口速度均为12.3 m/s的情况下，其出口最大流速与平均流速列于表5-4中。从图5-37和表5-4可以看出，L值对喷嘴出口流速是有影响的，随着L值的逐渐增大，喷嘴出口最大流速逐渐增大，但是喷嘴出口平均流速不发生改变，将最大流速与平均流速进行比较发现，随着L值的增大，出口流速不均匀性增大。

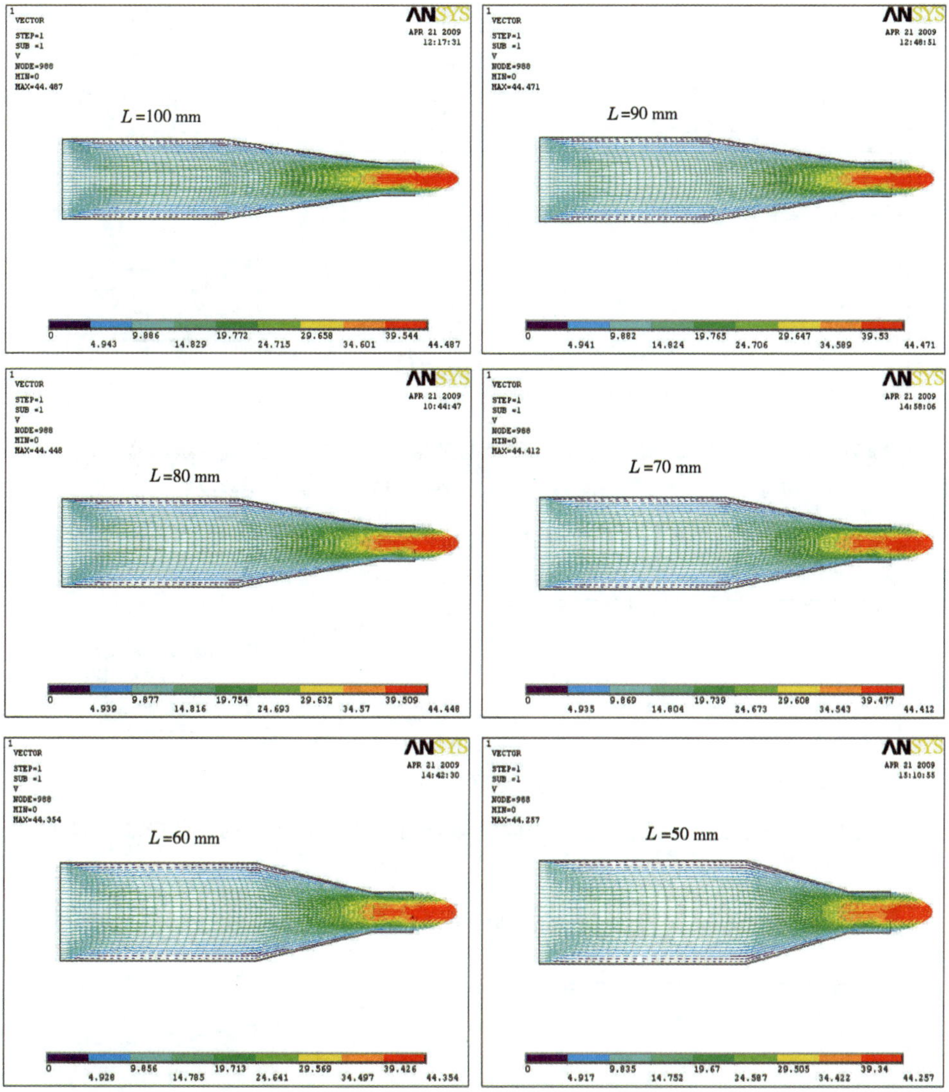

图5-37　L取不同值时喷嘴内部速度流场图

图5-38为喷嘴不同L值时速度等高线，可以看出，喷嘴内部在各种情况下速度等高线分布规律是相同的，流体进入喷嘴入口以后，除管壁边界处速度很小外，在引管部分速度基本保持进口速度，过了引管约3/5处，流速才发生变化——增大，进入过渡部分以后，大约在过渡部分的1/2处，流速再次开始变化——增大，变化梯度增加，变化持续整个过渡部分，而且L越小，变化梯度越大，这种变化一直延伸到喷嘴圆柱部分，在喷嘴圆柱部分，流速变化梯度将保持稳定状态。

表 5-4　喷嘴入口速度 12.3 m/s 情况下出口最大流速与平均流速

坡口长度（mm）	出口流速最大值（m/s）	出口流速平均值（m/s）	最大流速和平均流速相差的百分比（%）
100	44.487	31.544	41.03
90	44.471	31.544	40.98
80	44.448	31.544	40.91
70	44.412	31.544	40.79
60	44.354	31.544	40.61
50	44.257	31.544	40.30

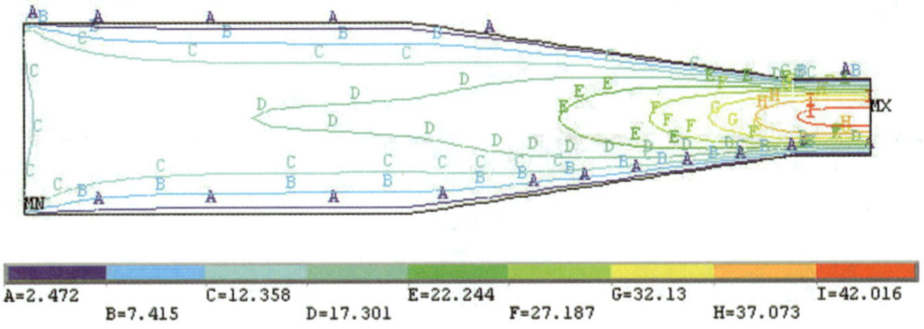

(a) L=100 mm

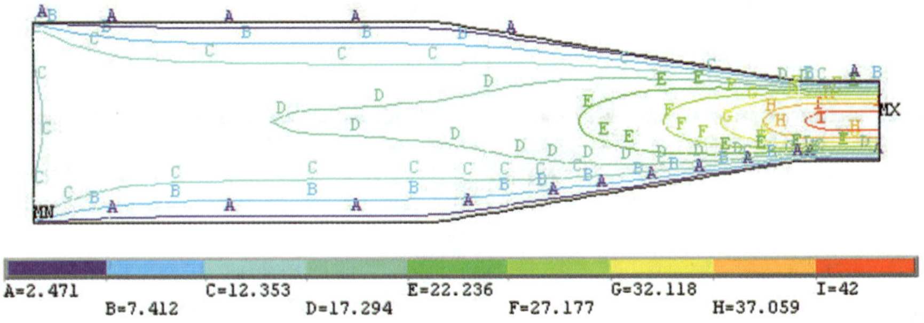

(b)L=90 mm

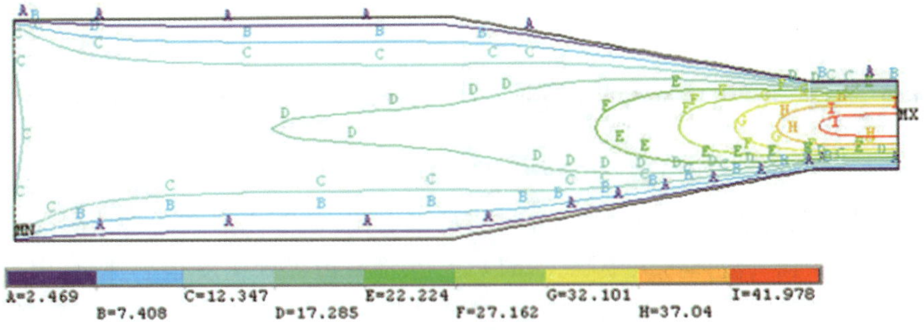

(c)L=80 mm

图 5-38　不同 L 值时喷嘴内部速度等高线分布

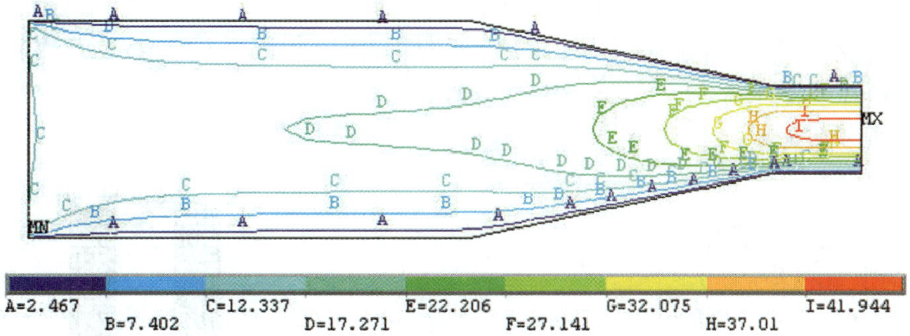

(d)L=70 mm

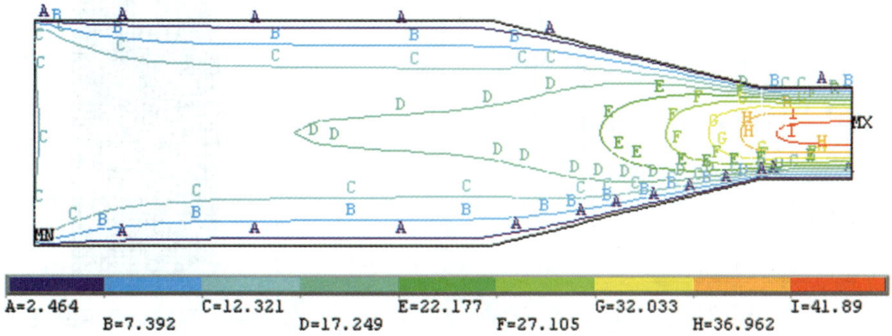

(e)L=60 mm

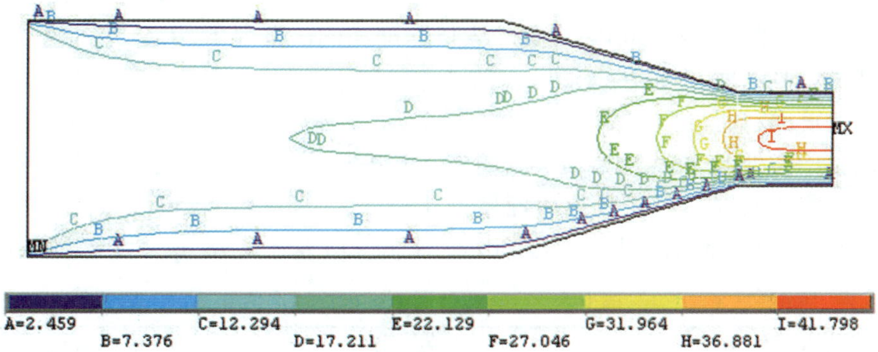

(f)L=50 mm

续图 5-38

3. 单喷嘴外部流场模拟

根据喷嘴出口距离箱体底部不同距离建模，分析喷嘴出口距离箱体底部不同距离时的流场，得到最佳距离 H，以验证前面理论分析计算。

1）建模、网格划分及边界条件

建模方法同喷嘴内部流场分析，模型的几何尺寸见图 5-39。建模时喷嘴的内部尺寸通过前面分析知道，喷嘴过渡部分的流场损失大多变化不大，以过渡部分 $L=80$ mm，引管长度为 100 mm，喷嘴底部至箱体底部距离 H 为变量，分别计算 $H=260$、230、200、170、

140、110 mm 时的流场速度压力分布，以期得到喷嘴离箱体刀刃底部的最佳距离。

网格划分时，选择智能方法划分得到如图 5-40 所示离散模型。喷嘴出口速度为 30.66 m/s，外部边界除 A1—A2 和 B1—B2 外，其余边界都以黏附速度为 0 输入，得到不同 *H* 时的流场分布。

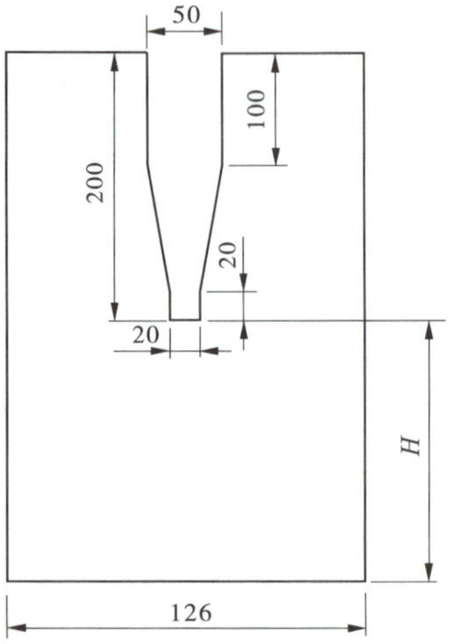

图 5-39 喷嘴外模型几何尺寸 （单位：mm）

图 5-40 喷嘴外部离散模型

2）不同 *H* 时喷嘴外部流场分析

从图 5-41 可以看出，虽然 *H* 值不同，但是在各种尺寸时速度和压力云图分布规律及形状是相同的，即在有限空间内，在射流入口速度相同的情况下，入口方向的速度和压力一直保持比较高的值，但是在入射方向的两边，速度和压力减小，分布梯度呈橄榄形（即射流产生的旋涡和回流），且大致呈对称分布。在旋涡的中心，速度和压力均达到最小，旋涡强度在中心处低，然后以橄榄形向四周发射状增强，最后在橄榄形靠近箱体壁的中间达到最大。将不同 *H* 值时流场出口速度列于表 5-5 中进行比较可以看出：随着 *H* 值由 110 mm 增大至 260 mm，出口最大流速由 8.34 m/s 增大至 8.98 m/s（*H* = 200 mm），然后

表 5-5 不同 *H* 值时流场出口速度值

出口至刀刃底部距离 *H*（mm）	出口流速最大值（m/s）	出口流速平均值（m/s）	最大流速和平均流速相差的百分比（%）
260	7.41	5.521	34.21
230	7.73	5.567	38.85
200	8.98	6.383	40.69
170	8.52	6.375	33.65
140	8.47	6.358	33.22
110	8.34	6.352	31.30

又减小至7.41 m/s，出口平均流速由6.352 m/s增大至6.383 m/s（$H=200$ mm），然后又减小至5.521 m/s。这说明H值对流场的影响完全不同于过渡段L的影响，H值的不同直接影响旋涡与回流的强弱，导致流场出口动能的变化（从平均流速可以看出）。但是，$H=200$ mm时，射流能量传递给受限空间流体的能量达到最大，损失较小，此时射流传给泥浆的动能最大，挟带泥沙能力强，造孔效率高。

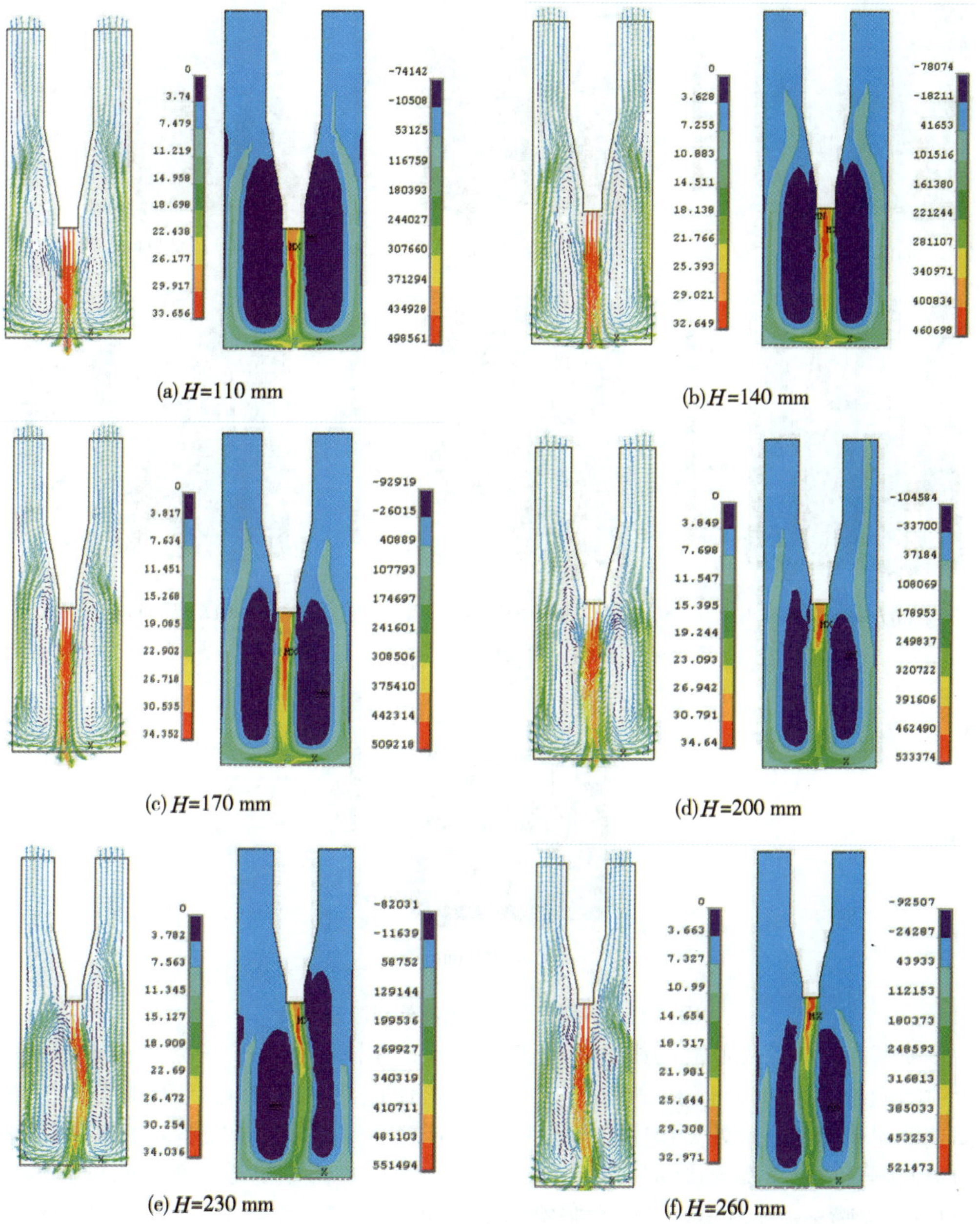

(a) H=110 mm　　(b) H=140 mm

(c) H=170 mm　　(d) H=200 mm

(e) H=230 mm　　(f) H=260 mm

图5-41　不同H时喷嘴外部流速和压力云图

4. 多喷嘴外部流场分析

由于多股射流的相互影响,紊动更加剧烈,产生旋涡和回流,因此主要研究相邻喷嘴距离不等时产生旋涡的情况及回流效果。分析时以两个相邻喷嘴为代表,设相邻喷嘴距离 L = 220、210、200、190、180、170、160 mm 几种情况,其流场结果如图 5-42、表 5-6 所示。

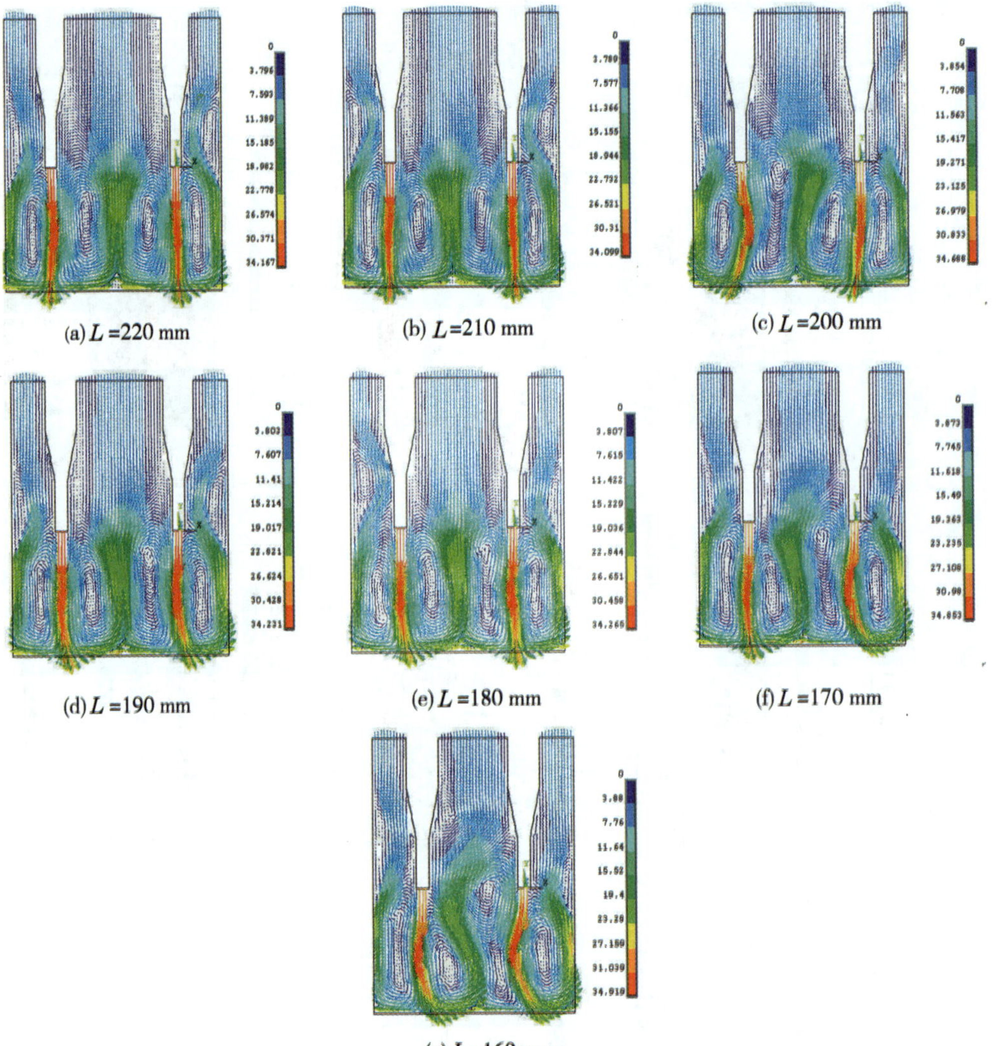

(a) L =220 mm　(b) L=210 mm　(c) L=200 mm

(d) L =190 mm　(e) L =180 mm　(f) L =170 mm

(g) L =160 mm

图 5-42　不同 L 值时多喷嘴外部流速云图

多喷嘴与单喷嘴外部流场相比,在喷嘴出口流速相同的情况下,多喷嘴流速不但不是多个喷嘴能量的叠加,而且多喷嘴流速比单喷嘴流速还要小,但在喷嘴出口流速方向上,其高速区比单喷嘴出口处高速区要大得多,且高速区一直延伸到受限空间的底部;在多喷嘴射流两侧形成的橄榄形旋涡显得短而粗,而单喷嘴射流两侧形成的橄榄形旋涡则显得细而长;多喷嘴出口平均流速小于单喷嘴出口平均流速,但是在两个相邻喷嘴之间出口流速明显大于其他出口部位。

表 5-6　不同 L 值时流场出口速度值

喷嘴间距 L（mm）	流场速度最大值（m/s）	出口速度平均值（m/s）	出口速度最大值（m/s）
220	34.167	3.121	5.306
210	34.099	3.227	5.293
200	34.688	3.346	5.88
190	34.231	3.346	5.879 5
180	34.265	3.609	5.487 8
170	34.853	3.770	5.749
160	34.919	3.9197	5.816

对于多喷嘴，由于 L 值不同，产生的射流效果也不尽相同。随着 L 值的减小，射流紊动效果增加，旋涡不但大小发生变化（见图 5-42），而且速度流线也变得更加不规则，中间两个旋涡由规则的橄榄形变为不规则的椭圆形且带有凤尾的回流，两侧的两个旋涡变得短粗。整个流场速度流线变得更加杂乱无章，在图 5-42（g）中，在中间部分产生了三个旋涡，且大小不一，两侧的两个旋涡也变得大小不一，形状各异。

以上说明喷嘴数量太多和太少都不合适。太多（间距太小），由于旋涡的产生，会对射流产生一定的消能作用，故在削弱挟带泥沙能力的同时减小了对侧壁的冲刷作用；太少（间距太大），射流破土效率低，当 L 为 190、200 mm 时，两者出口的动能相同，说明该种情况下流场达到稳定。因此，选择合理值 $L = 190$ mm，即多功能造孔器设计共有 12 喷嘴。

（三）拔桩器动态仿真

射流式拔桩器在工作时由于水射流的作用和往复的上下运动，使拔桩器产生很大的振动，因此研究其固有频率，以了解整机的工作频率是否在固有频率范围之外。

拔桩器系统工作时，两水泵出口射流经过水管、四通及横竖水管的稳流，经离心泵 2 900 r/min的射流脉冲已达到稳定，对拔桩器喷嘴出口射流影响忽略不计。另外，电机、电动柜、起吊机械等振动对射流没有直接影响，因此只分析拔桩器部件的固有频率即能满足要求。

1. 动态分析理论基础

拔桩器自由振动方程可表示为：

$$\frac{\mathrm{d}}{\mathrm{d}t}\left(\frac{\partial T}{\partial \{\dot{u}\}^{(e)}}\right) + \frac{\partial U}{\partial \{u\}^{(e)}} = 0 \tag{5-51}$$

式中　T、U——系统动能和势能；

$\{u\}^{(e)}$——节点位移矢量。

根据弹性力学和有限元理论，整体结构运动方程式为：

$$[M]\{\ddot{U}\} + [K]\{U\} = 0 \tag{5-52}$$

若设结构自由振动时的位移为$\{u\} = \{A\}\cos\omega t$，代入式(5-52)得：

$$([K] - \omega^2[M])\{A\} = 0 \tag{5-53}$$

由$\{A\}\neq 0$，可得结构自由振动的特征值问题

$$|[K] - \omega^2[M]| = 0 \tag{5-54}$$

式中 $[K]$——整体刚度矩阵；

$[M]$——整体质量矩阵。

2. 拔桩器动态分析流程

拔桩器动态分析具体流程见图5-43。

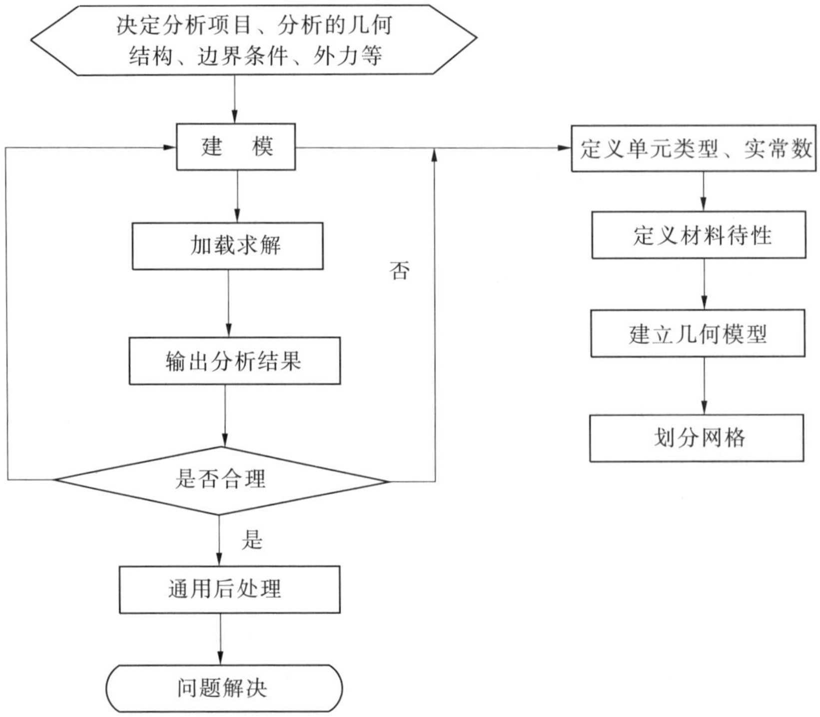

图5-43 拔桩器动态分析流程

3. 动态分析结果

仿真前五阶固有频率及其相应的最大阵型就能满足要求。前五阶各阶位移云图和阵型云图如图5-44和图5-45所示。从表5-7可知，拔桩器前五阶固有频率分别是7.88、14.24、25.61、45.17、57.07 Hz，相应的最大阵型位移分别是0.036 7、0.037 8、0.033 9、0.058 3、0.051 3 m，拔桩器部件工作时每分作上下5～10次的往复运动，频率在0.08～0.17 Hz，高于拔桩器部件固有频率，因此拔桩器不会发生共振。最大阵型状态为四阶阵型，达到0.06 m，发生在拔桩器部件缺口处外下部，此时动态显示缺口张缩振动，造成的直接影

响是成孔直径增大，缺口收缩时可能碰到桩壁。另外，三阶阵型时，拔桩器绕着 OZ 轴作往复的扭转振动，最大阵型为 0.03 m。射流工作时因地层的不均匀性，会使拔桩器产生扭转现象，再加上三阶阵型的影响，加剧了这一现象，因此一定要避免该种工况工作。

从以上分析可知，拔桩器整体强度是足够的。

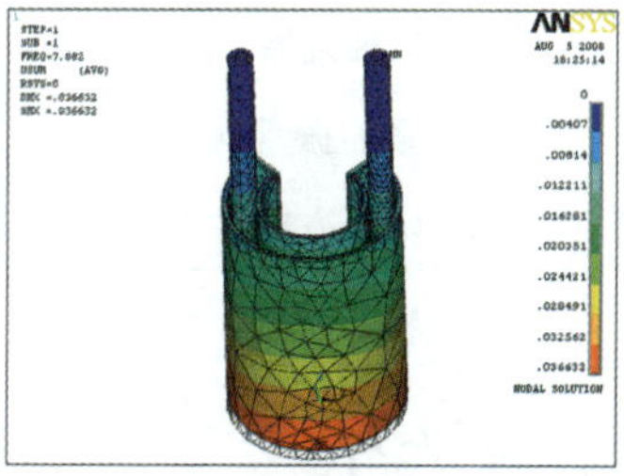
(a) 第一阶位移云图

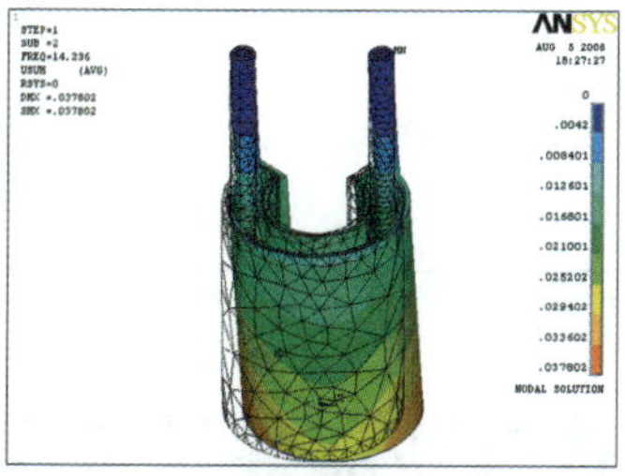
(b) 第二阶位移云图

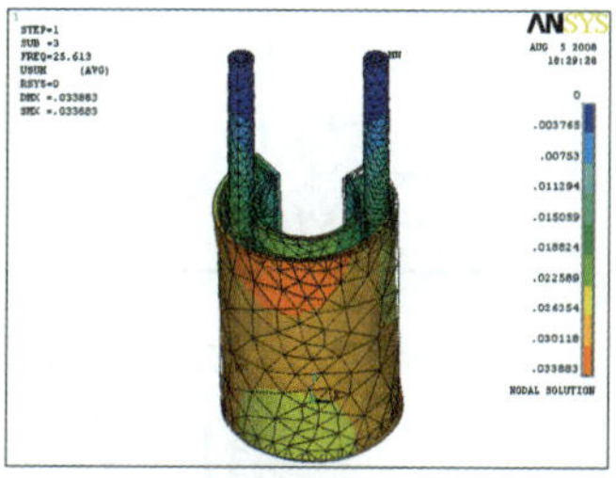
(c) 第三阶位移云图

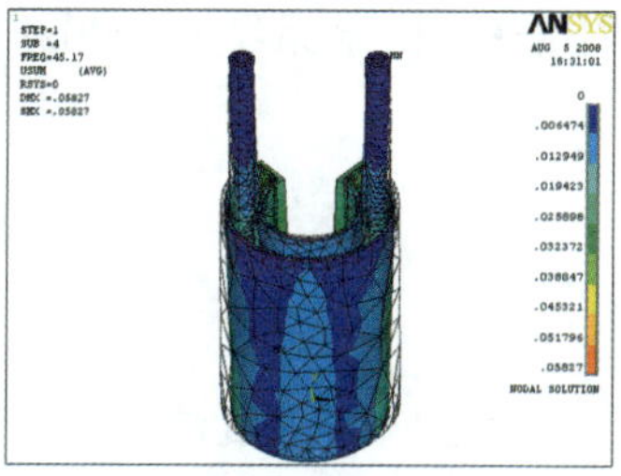
(d) 第四阶位移云图

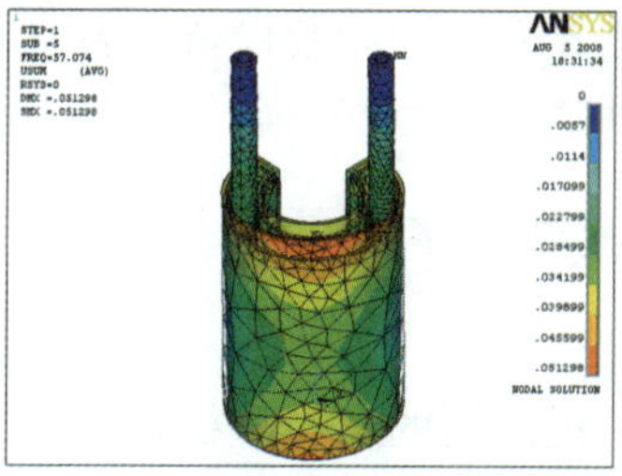
(e) 第五阶位移云图

图 5-44　前五阶相应的位移云图

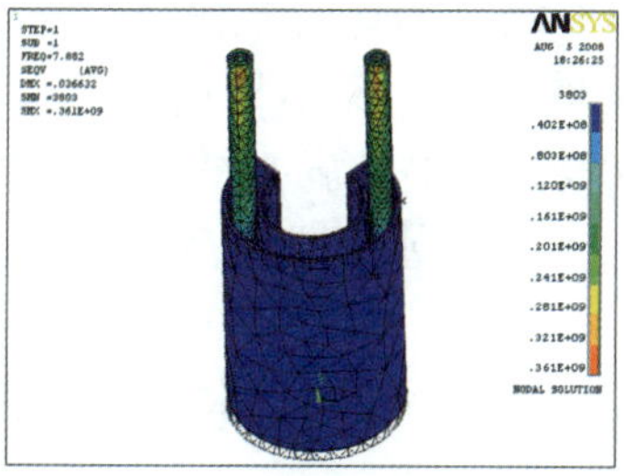
(a) 第一阶相应的阵型云图

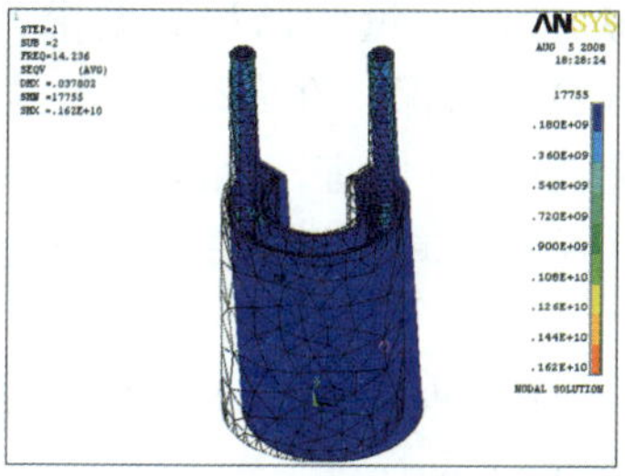
(b) 第二阶相应的阵型云图

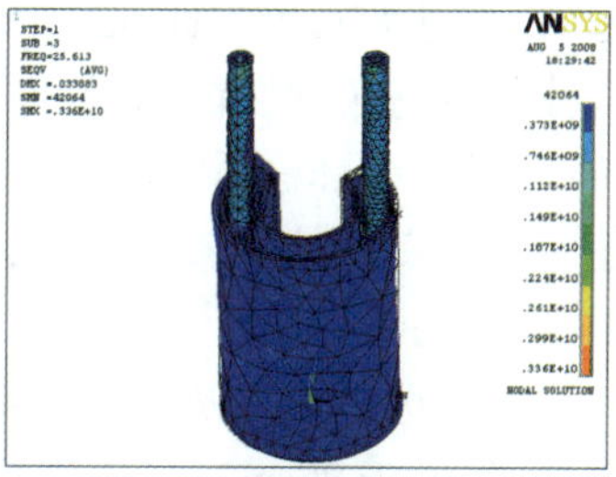
(c) 第三阶相应的阵型云图

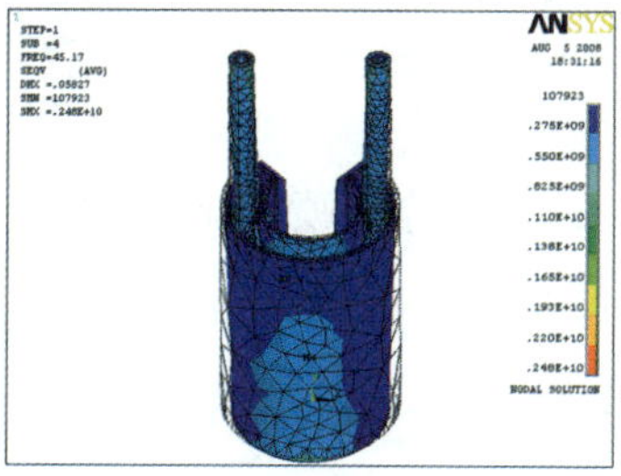
(d) 第四阶相应的阵型云图

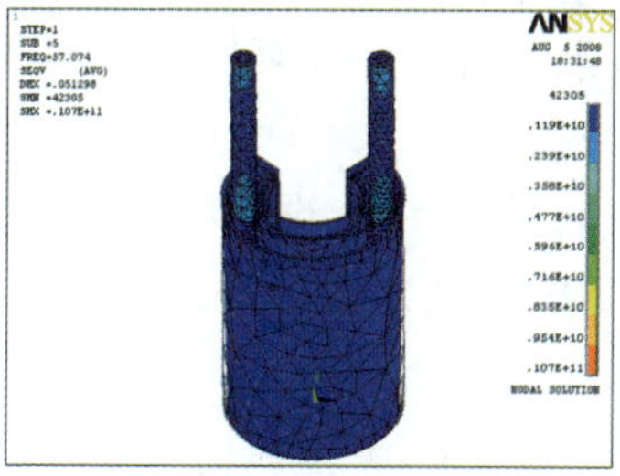
(e) 第五阶相应的阵型云图

图 5-45　前五阶相应的阵型云图

表 5-7　各阶频率及相应的阵型位移

阶数	频率(Hz)	相应最大阵型位移值(m)	阵型特征
1	7.88	0.036 7	关于 *XOZ* 面对称,方向左右摆动
2	14.24	0.037 8	关于 *YOZ* 面对称,方向前后摆动
3	25.61	0.033 9	绕 *OZ* 轴旋转
4	45.17	0.058 3	缺口张缩振动
5	57.07	0.051 3	关于 *XOZ* 面对称,方向左右摆动

第四节　拔桩器配套设备设计与选型

高压射水拔桩器系统的配套设备主要有悬挂结构、供水系统和起吊机械,另外,还有辅助工具钢丝绳和辅助设施水池。

一、水泵的选型及水管的选择

(一)水泵选型

水泵是一种广泛应用的通用型机械设备,它广泛地应用于石油、化工、电力、冶金、矿山、轮船、轻工、农业、民用和国防各部门,在国民经济中占有重要的地位。

合理选择所需的水泵是正确使用水泵的先决条件,所谓合理选泵,就是要综合考虑泵机组投资和运行费用等综合性的技术经济指标,使之符合经济、安全、适用的原则。具体来说,有以下几个方面:必须满足使用流量和扬程的要求,即要求泵的运行工况点(装置特性曲线与泵的性能曲线的交点)经常保持在高效区间,这样既省动力又不易损坏机件。所选择的水泵既要体积小、质量轻、造价便宜,又要具有良好的特性和较高的效率。同时,还应具有良好的抗气蚀性能,这样既能减小泵房的开挖深度,又不使水泵发生气蚀,运行平稳,使用寿命长。

泵的选择依据及类型见图 5-46。根据本工程的使用情况(无计量要求,水流正常黏度,扬程大于 20 m),可以选择离心式水泵。

选择水泵的型号、规格时,应先求出所需流量 Q 和所需扬程 H,然后从产品样本中查出与此相应的水泵。所选择水泵的流量和扬程均要大于或等于所需的流量和扬程。

1. 水泵流量确定

据流体力学伯努利方程,理想状态下系统中的静压等于喷嘴出口的动压,为 p_0,流速为 v_0,则单个喷嘴的流量为 $q_V = Av_0$。多出口同时工作时,流量为:

$$Q_{总} = K\sum q_V \tag{5-55}$$

式中　K——系统泄露系数,一般取 $K = 1.1 \sim 1.3$;

　　$Q_{总}$——多出口同时工作时水泵的流量。

因此 $Q_{总} = 177.6\ m^3/h$。

考虑到仅有一台水泵工作,假如水泵出现了故障,比如临时不出水,使设备没法继续

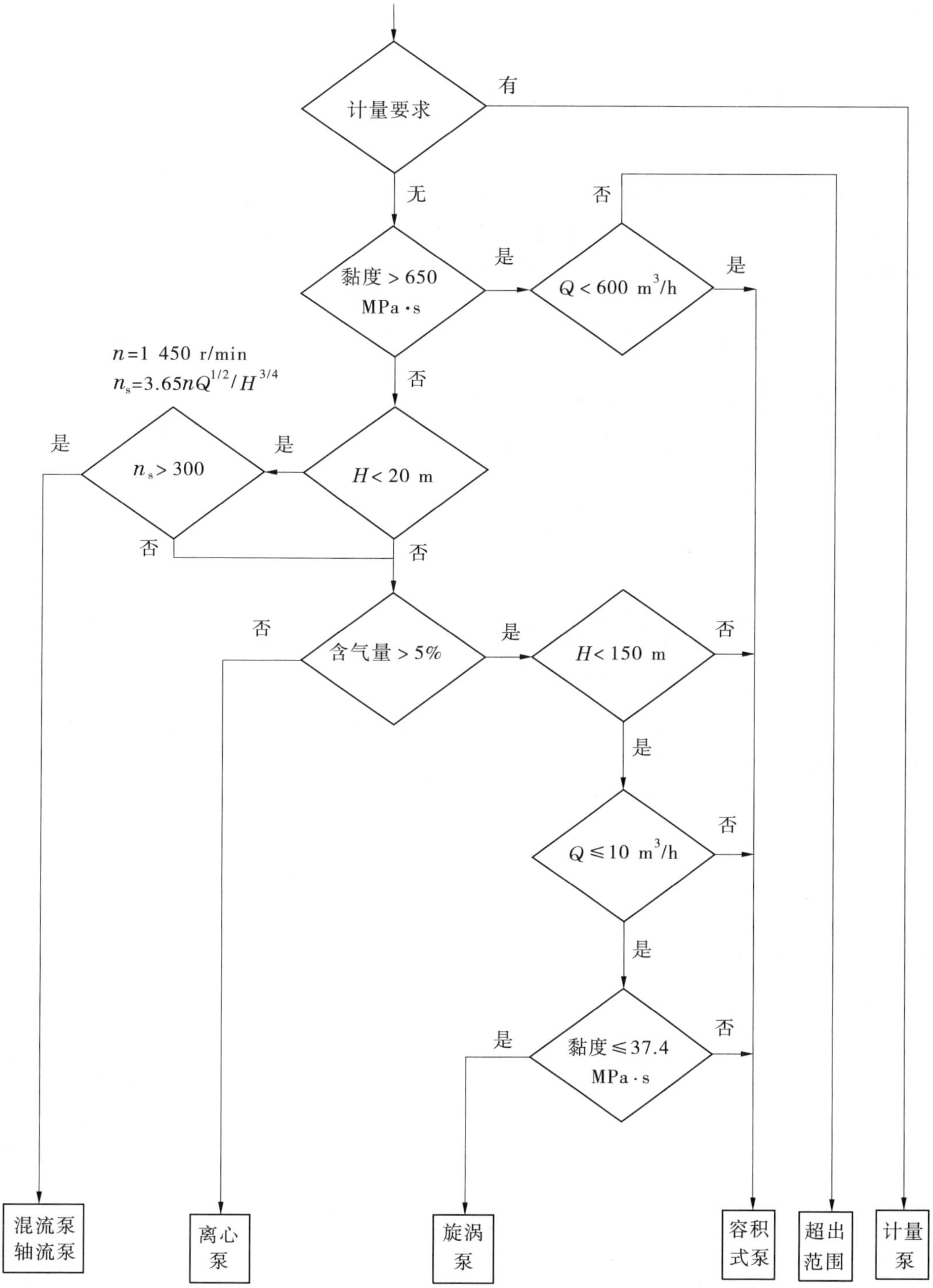

图 5-46　泵类型选择框图

工作，这样会造成塌孔，将拔桩器埋入土层，其后果不堪设想。因此，有必要选择两个水泵供水，当其中一个水泵出现故障时，另外一个仍在工作，设备可以维持井孔稳定，不会造成塌孔等事故。

因此，单台水泵的流量 $Q_{单} > \frac{Q_{总}}{2} > 88.8\ \text{m}^3/\text{h}$。

2. 系统所需扬程计算

图5-47为水泵管路系统图，以吸水池地面为基准面，在吸水池水面断面1—1与断面2—2间建立伯努利方程：

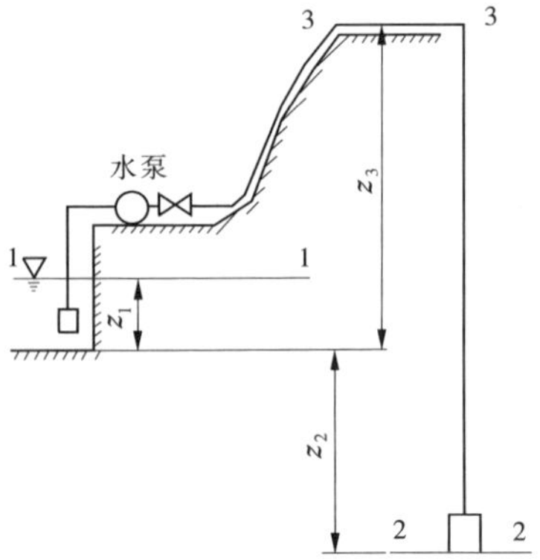

图5-47　水泵管理系统图

$$z_1 + \frac{p_1}{\rho g} + \frac{v_1^2}{2g} + H = z_2 + \frac{p_2}{\rho g} + \frac{v_2^2}{2g} + h_w \qquad (5\text{-}56)$$

上式为1、2断面间有系统外能量输入的伯努利方程。

当 $v_1 = 0$，$p_1 = p_2 = p_0$（p_0 为大气压）时，有

$$\begin{aligned} H &= z_2 - z_1 + \frac{p_2 - p_1}{\rho g} + \frac{v_2^2}{2g} + h_w \\ &= H_g + h_w + \frac{v_2^2}{2g} \end{aligned} \qquad (5\text{-}57)$$

式中：$H_g = z_2 - z_1$，称为几何给水高度，也称静扬程。

式(5-57)表明，在管路系统中，水泵的扬程 H 用于使水提升几何高度 H_g、克服管路中的水头损失 h_w 和出口破土所需的射流压力(其大小由临界破土压力确定)。h_w 为从水泵出口到喷嘴出口之间总的管路损失，也称水头损失。

根据伯努利方程，由短管的水力计算原理得到水头损失为：

$$h_w = \sum \lambda \frac{l}{d}\frac{v^2}{2g} + \sum \zeta \frac{v^2}{2g} \qquad (5\text{-}58)$$

式中　λ——沿程损失因数；

ζ——局部损失因数；

l——系统的管长；

d——管路的直径。

如果设 $\zeta_c = \Sigma\lambda \frac{l}{d} + \Sigma\zeta$，称为管路总阻力系数，则有管路中速度和流量为：

$$v = \frac{1}{\sqrt{1+\zeta_c}}\sqrt{2gH_0} \qquad (5\text{-}59)$$

$$q_V = Av = A\frac{1}{\sqrt{1+\zeta_c}}\sqrt{2gH_0} \qquad (5\text{-}60)$$

式中，$\frac{1}{\sqrt{1+\zeta_c}} = \mu_c$，称为管路的流量因数。

h_w 的准确计算要待元件选定并绘出管路图时才能进行，初算时可按照经验数据选

取:管路简单、流速不大的,取 $\sum \Delta p = 0.2 \sim 0.5$ MPa;管路复杂的,取 $\sum \Delta p = 0.5 \sim 1.5$ MPa。该设备管路简单,可取前者 $\sum \Delta p = 0.2$ MPa,即相当于水柱高 20 m。

水提升几何高度 H_g,最大值为地面上 15 m(系统提供的能量必须能将水管中的水输送到悬挂结构的四通中),最小值为地面下 15 m(喷嘴出口最低位置),喷嘴射流速度不小于 30.66 m/s。

假设水池深 2 m,拔桩器实际工作在地面和地面以下 16 m 之间,水管水最高输送到 z_3 位置(见图 5-47),即悬挂结构的最高位置,$z_3 = 15$ m。因此,悬挂结构在最高位置时,由式(5-57)有

$$H_1 = z_1 + z_3 + h_w = 37 \text{ m}$$

悬挂结构在最低位置时,由式(5-57)有

$$H_2 = z_1 - z_2 + H_s + h_w = 51 \text{ m}$$

实际水泵扬程 $H \geqslant \max\{H_1, H_2\}$,故水泵扬程 $H \geqslant 51$ m。

3. 水泵型号选择

根据图 5-48 常用工业泵的型谱图可选择泵的转速 $n = 2\ 900$ r/min,查询 SH、S 系列双吸离心泵标准性能表,确定所选水泵的型号为 6SH－6A,对应电动机的型号可选为 Y225M－2。

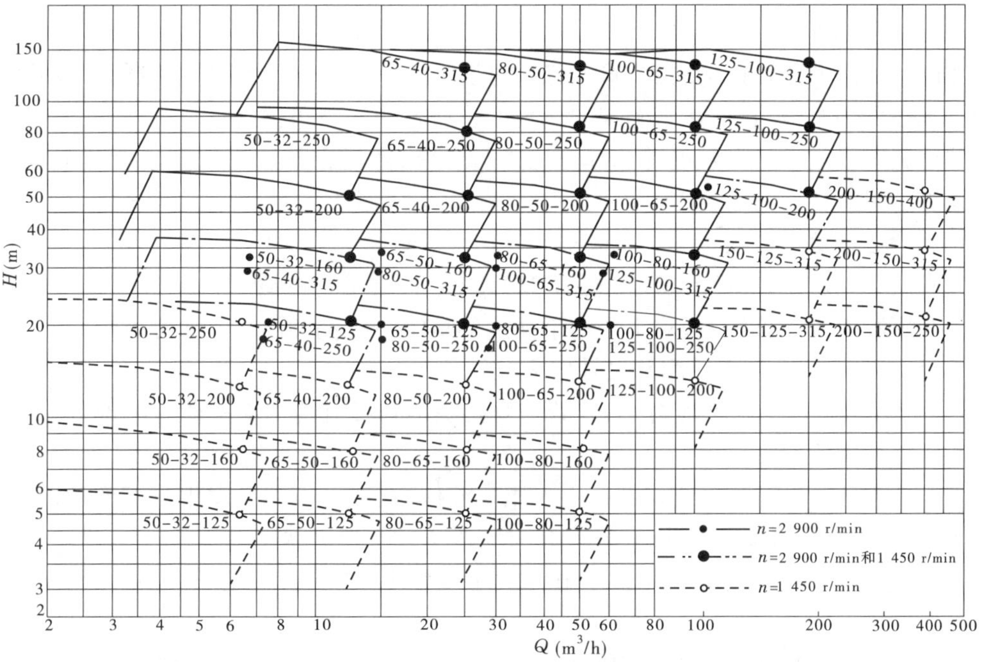

图 5-48　常用工业泵的型谱图

水泵选择 6SH－6A－Y225M－2 型号,由上海奥一泵业制造有限公司生产,适合清水工作,在水中含泥沙不超过 30% 情况下也能正常工作,其具体性能见表 5-8。

水泵相应配套的电动机型号为 Y225M－2,由长沙劲威电机制造有限公司制造,其具体性能参数如表 5-9 所示。

表 5-8 6SH－6A 型水泵性能参数

型号	流量 Q		总扬程 H (m)	转数 n (r/min)	功率 N(kW)		效率 (%)	最大吸程 H_s (m)	叶轮直径 (mm)	质量 (kg)
	m^3/h	L/s			轴功率	电机功率				
6SH－6A	112	31	67	2 900	30	45	68	5	220	150

表 5-9 Y225M－2 型电动机技术参数

型号	额定功率 (kW)	满载时				堵转转矩/额定转矩	堵转电流/额定电流	最大转矩/额定转矩	噪声(声功率级)(dB)		振动速度 (mm/s)	转动惯量 (kg/m)	质量 (B3) (kg)
		额定电流 (A)	转速 (r/min)	效率 (%)	功率因数 $\cos\varphi$				1 级	2 级			
同步转速 3 000 r/min													
Y225M－2	45	84	2 970	91.5	0.89	2.0	7.0	2.2	90	97	2.8	0.233	309

(二)水管选择

考虑到实际使用性能的需要,管路除拔桩器横竖水管外,其余都选择胶管。胶管型号是根据工作压力和流量、流速来确定的。目前手册上还没有单独的计算方法,一般推荐首先按照金属管子的直径和壁厚的选择方法进行计算,然后在此结果的基础上加上实际工况的换算结果。

1. 胶管选择注意事项

胶管的直径应根据式(5-20)和式(5-22)求得,根据求得的管子内径选择胶管的尺寸规格。高压胶管的工作压力,对于经常不使用的情况可提高 20%,对于使用频繁、经常弯扭者要降低 40%。胶管在使用和设计中应注意下列事项:

(1)胶管的弯曲半径不应过小,胶管与管接头的连接处应留有一段直的部分,此段长度不小于外径的 2 倍。

(2)胶管的长度应考虑到胶管在通入压力液体后,长度方向将发生收缩变形,一般收缩量为管长的 3% ~4%。因此,胶管安装时应避免处于拉紧状态。

(3)胶管在安装时应保证不发生扭曲变形,为便于安装,可沿管长涂上色纹,以便检查。

(4)胶管的接头轴线应尽量放置在运动的平面内,避免两端互相运动时扭伤胶管。

(5)胶管应避免与机械上尖角部分相接触和摩擦,以免管子损坏。

2. 管径计算

管径的计算公式同式(5-33),只是在金属管径的基础上提高 20%,即

$$D \geqslant 1.2 \times 18.8\sqrt{\frac{Q}{v}} \tag{5-61}$$

式中　D——管道内径，mm；

Q——通过管道内的流量，m^3/h；

v——管内介质流速，m/s。

所以，有 $D \geqslant 97.2$ mm。

同时可用图 5-49 的算图来查取管径。具体做法是：在流速坐标和流量坐标上分别找出点 A 和点 B，通过 A、B 两点作直线，交管径坐标于 C 点，则 C 点的数值 90 mm 即为管子的最小直径。从两种分析可以看出，管子的直径 $D \geqslant 97.2$ mm。

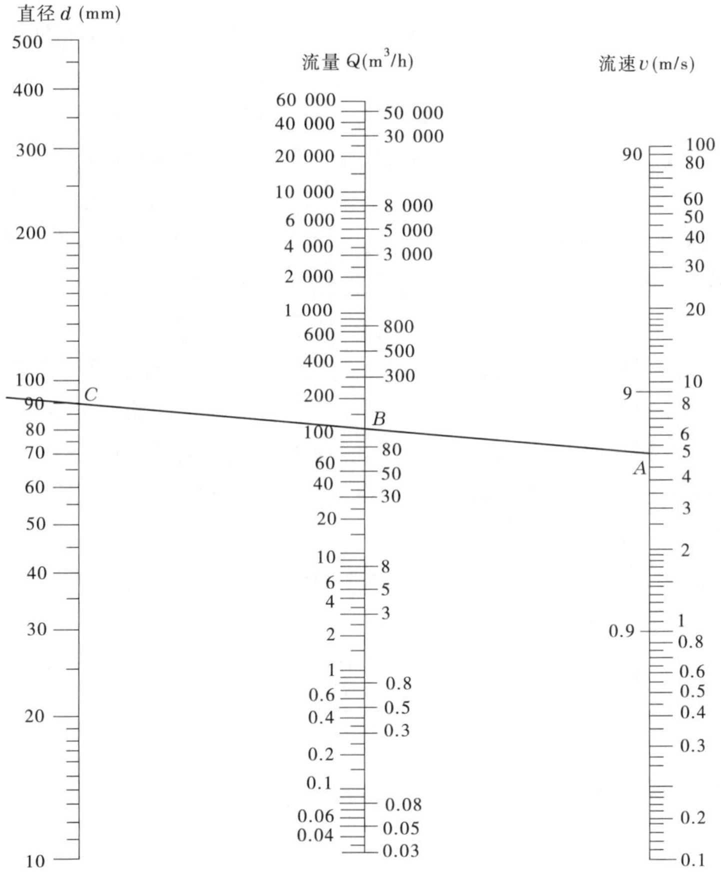

图 5-49　利用流量和流速求管径

3. 管壁的计算

胶管壁厚 δ 的计算：

$$\delta \geqslant 1.2 \times \frac{pD}{2[\sigma]} \tag{5-62}$$

式中　p——工作压力，MPa；

D——管子内径，mm；

$[\sigma]$——许用应力，MPa。

对于钢管，$[\sigma] = \frac{\sigma_b}{S}$（$\sigma_b$ 为抗拉强度，MPa；S 为安全系数，当 $p < 7$ MPa 时，$S = 8$，当

$p \leqslant 17.5$ MPa时，$S=6$，当 $p>17.5$ MPa 时，$S=4$）。根据《机械设计手册》，选择结构用无缝钢管 35 号钢，则 $\sigma_b=510$ MPa。所以：

$$\delta \geqslant \frac{pD}{2[\sigma]} = \frac{0.67 \times 100 \times 8}{2 \times 510} = 0.52(\text{mm})$$

橡胶管外径 152 mm，外胶层 2.5 mm，内胶层 1.5 mm。

二、悬挂结构的设计

（一）吊具设计

将拔桩器与起吊机械吊钩联系在一起的就是悬挂结构。水管将水泵和拔桩器连通实现射流从泵的进口进入，从拔桩器喷嘴流出。水、拔桩器、钢丝绳总重较大，水管不能承受如此大的拉力，这样就需要设计一种新的连接结构将拔桩器、水管和起吊机械三者连接起来，这就是悬挂结构。悬挂结构设计有三种方案，分别如图 5-50 所示。

图 5-50(a)方案，该方案结构不仅起承重和连接作用，还是供水系统管路的一部分。图 5-50(a)中四通进水管和水泵出水管相连，两根进水管的水在四通内会合，然后流出四通的两个出水管又分别和拔桩器的两个进水管相连，最后流过喷嘴形成射流。

图 5-50(b)方案，悬挂梁为一钢管，仅用来承受拉力，不作为管路的一部分，与图 5-51 弯支撑配套使用，弯支撑主要起水管的支撑与导向作用，同时为了保证工作时水管的稳定性，再辅以架子进行导向，架子如图 5-52 所示。图 5-51 中的钢管下端的法兰和拔桩器进水管相连，钢管上端和水泵出水口水管相连，钢丝绳一端固定在图 5-50(b)中的钢丝绳固定点上，另一端固定在拔桩器的钢丝绳固定点上，起吊机械吊钩钩在图 5-50 中吊环上，从而实现拔桩器的上下运动。

图 5-50(c)方案，除四通出水管不同于图 5-50(a)方案中四通出水管外，其余皆同。

比较以上三种方案，图 5-50 中(a)方案比(b)方案工作过程简单，不需要另外安排工人进行水管导向，但是压力损失比较大。(c)方案压力损失也比较大，但是进水管水流流入四通后直接竖直向下射向拔桩器，系统稳定性好。

（二）吊索选择

钢丝绳的最大拉力计算公式：

$$S_{max} = \frac{W}{2a\eta_a} \tag{5-63}$$

式中 W——每个滑轮组及其最大起吊重量，kN；

a——双联滑轮组倍率，$a=1$；

η_a——双联滑轮组效率。

故 $S_{max}=Q/2$。

1. 最大起吊重量 W 的确定

(1) 当桩周围破土达到桩底部时，此时桩完全处于浮立状态，孔壁在泥浆的固壁作用下非常完好，没有坍塌之处，则 Q_1 大小就是桩及桩空心部分的土、拔桩器、悬挂结构、空中水管及其里面的水的重量，即

$$Q_1 = G_Z + G_B + G_X + G_S \tag{5-64}$$

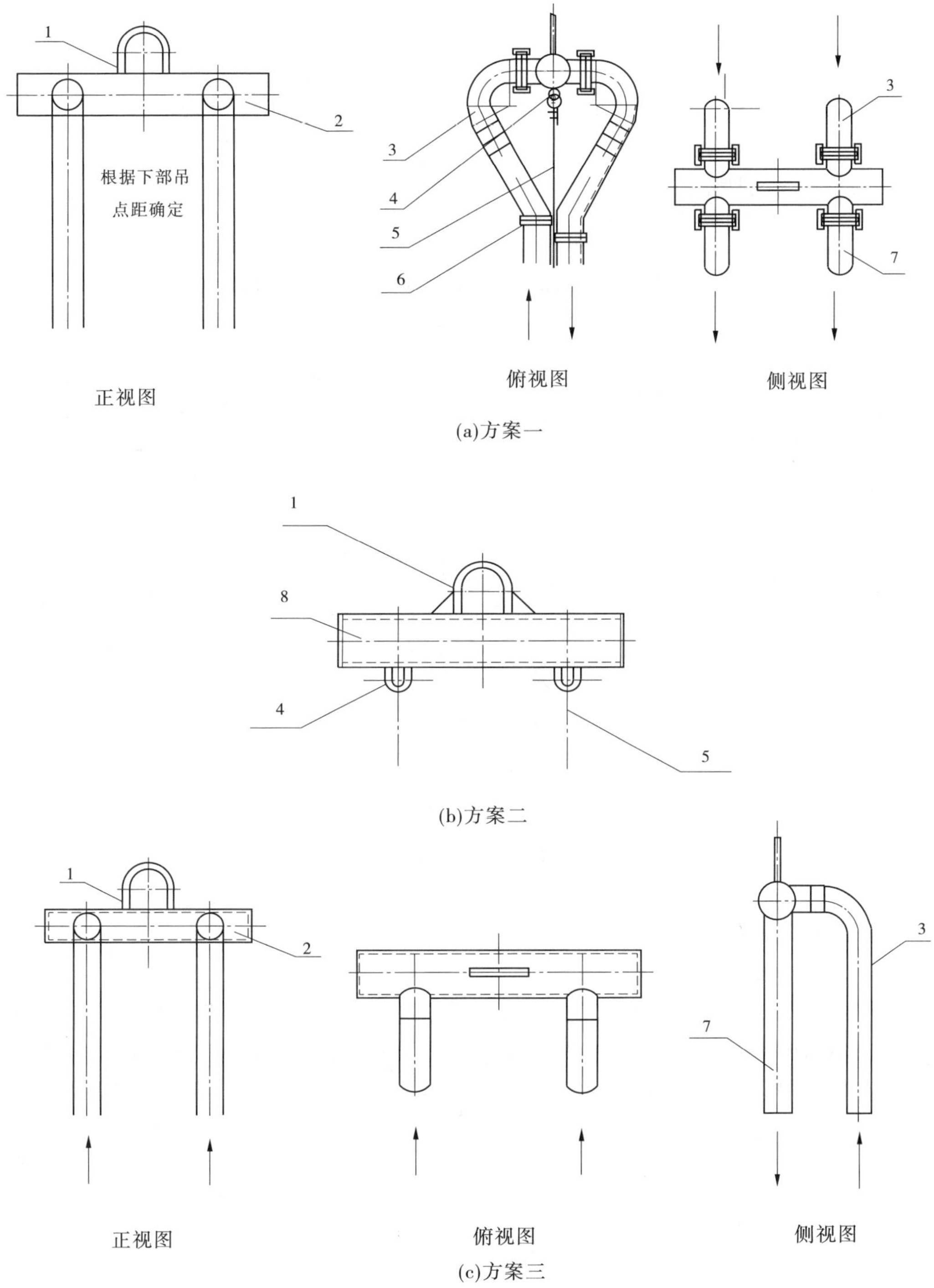

1—吊环;2—四通;3—四通进水管;4—钢丝绳固定点;
5—钢丝绳;6—绳夹;7—四通出水管;8—悬挂梁

图 5-50　悬挂结构

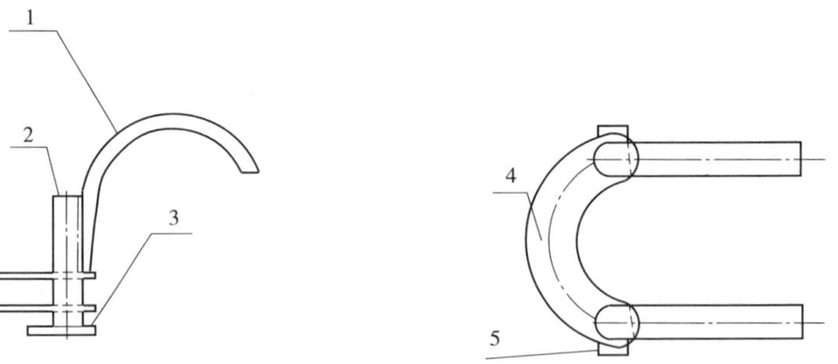

1—斜撑;2—进水管;3—法兰;4—弧形板;5—钢丝绳导向

图 5-51　弯支撑

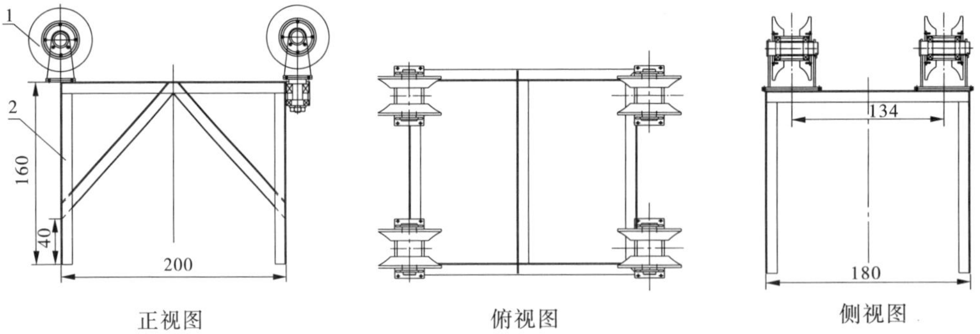

1—滚轮;2—架子

图 5-52　导向装置

则:

$$Q_1 = 11.1 \times 10^4 \text{ N}$$

式中　G_Z——桩及桩空心部分土的重量,$G_Z = \rho_{桩} V_{桩} g$;

G_B——拔桩器重量;

G_X——悬挂结构重量;

G_S——空中水管及其内部的水重。

(2)当桩周围破土达到桩底部时,此时桩完全处于浮立状态,因泥浆固壁强度不够,上面全部覆盖刚刚坍塌下来的均匀松砂,则 Q_2 大小就是桩及其空心部分的土、拔桩器、悬挂结构、空中水管及其内部的水重,再加上拔桩器上部覆盖的砂土重量(真空吸力很小,忽略不计),即

$$Q_2 = G_Z + G_B + G_X + G_S + G_T \tag{5-65}$$

则:

$$Q_2 = 12.7 \times 10^4 \text{ N}$$

式中　G_T——拔桩器上部覆盖土的重量。

考虑到密度最大工况,黏土选择有机质软黏土饱和密度,砂土选择均匀紧砂饱和密度,即 $\rho_{黏土} = 1.58 \times 10^3 \text{ kg/m}^3$, $\rho_{砂土} = 2.09 \times 10^3 \text{ kg/m}^3$;孔高 16 m,计算时,以砂土工况考虑。所以,最大起重量为:

$$W = \max\{Q_1, Q_2\} = 12.7 \times 10^4\ \text{N}$$

2. 吊索选定

由前面的分析可知：

$$S_{\max} = W/2 = 63.5\ \text{kN}$$

钢丝绳的破断拉力：

$$F_0 \geqslant S_{\max} n$$

式中　n——钢丝绳最小安全系数，$n = 2$。

$$F_0 \geqslant 6.35 \times 10^4 \times 2 = 12.7 \times 10^4\ \text{N}$$

则钢丝绳最小抗拉强度为 127 kN。

所以，选择钢丝绳的规格为 20ZAB6×19W＋FC1670ZS（每 100 m 重 140 kg）。

三、起吊机械选择

起重类机械种类繁多，选择时必须结合实际工作需要。拔桩器实际工作时需要工作幅度不变、吊钩能够上下运动的起重机，同时拔桩时又可以将拔桩器与桩同时吊起并运送到规定场地，这就需要能够移动的起重机。由此可知，可移动门机和运行臂架式旋转起重机都可以满足使用性能要求。起吊机械类型选择确定以后，在确定起吊机械工作参数时，满足以下原则：

（1）对于可移动门机，起重量大于 W；对于臂架式旋转起重机，起重力矩大于起重量 W 与拔桩力臂的乘积。

（2）起升幅度大于 15 m。

（一）最小起重量的确定

起吊机械最小起重量 $= n \times$ 钢丝绳的最大起重力量 W

选择安全系数 $n = 1.3$，$W = 127$ kN，则起吊机械最大起重量为 165.1 kN，即为桩实际承受的最大上拔力。为保证桩强度和结构不受破坏，能重复使用，必须保证实际施工中最大上拔力小于单桩的抗拔力。

根据《港口工程桩基规范》（JTJ 254—98），单桩抗拔极限承载力设计值计算公式为：

$$T_{\text{d}} = 1/\gamma_{\text{R}}\left(U \sum \xi_{\text{i}} q_{\text{fi}} l_i + G\cos\alpha\right) \tag{5-66}$$

式中　T_{d}——单桩抗拔极限承载力设计值，kN；

γ_{R}——单桩抗拔承载力分项系数，取 1.45；

ξ_{i}——折减系数，对黏土取 0.7～0.8，对砂土取 0.5～0.6，桩的入土深度大时取大值，反之取小值；

q_{fi}——单桩第 i 层土的极限侧摩阻力标准值，kPa；

l_i——桩身穿过第 i 层土的长度，m；

G——桩重，kN，水下部分按浮重计算；

α——桩周线与垂线夹角，（°）。

将以上数据代入式（5-66），得到：

$$T_{\text{d}} = 500\ \text{kN}$$

同时，考虑管桩在从地下拔出过程的抗裂要求，并结合管桩制作时附加的预应力大小情况，管桩的抗拔极限承载力取 200 kN。

（二）起吊机械的选择

起吊机械的选定不仅与吊重能力有关，更主要受制于提升高度。由前面计算得知，单桩的拔桩力不能大于 200 kN，但 200 kN 的吊车最大提升高度非常有限，远远小于单根管桩高度（长度）20 m 左右的要求。

起重量大于 165. 1 kN，起升高度大于 15 m，查《工程建设常用最新国内外大型起重机械实用技术性能手册》，选择适用性能比较强的 QY50 型液压汽车式起重机（浦沅工程机械总厂生产），最大额定起重量 50. 5 t × 3. 5 m（基本臂 11. 1 m）。

故最大起重力矩为 163. 5 t · m。因此，选择起重机起升高度不低于 15 m，此时起重力矩不小于 163. 5 t · m。选择额定起重量为 50 t 的轮式起重机，其性能如表 5-10 所示。

表 5-10　50 t 的轮式起重机性能

性能参数	数值
最大额定起重量（主钩）（t） （副钩）（t）	50. 5 40
最大起升高度（主臂）（m） （主臂 + 副臂）（m）	35 48. 5
最大起升速度（满载）（m/s）	0. 11
回转速度（r/min）	≤2
外形尺寸（长 × 宽 × 高）（m × m × m）	13. 54 × 2. 75 × 3. 5
总重（t）	3. 9
最高车速（km/h）	78

从表 5-10 中可以看出，该轮式起重机起重力矩基本臂不小于 75 t · m、最长臂不小于 48 t · m。当起吊混凝土管桩时为最危险工况，此时采用最小额定幅度工作，起重力矩为 60 t · m，完全满足使用要求。

起重机械还可以结合工程已经使用的起重机械进行选取，如可移动门机 20 t/5 t。

第五节　设备的制造、组装与调试

高压射水拔桩器系统由起吊机械、悬挂结构、供水系统和拔桩器四部分组成。其中拔桩器是射流式拔桩器系统的核心部分，须单独进行设计制造；悬挂结构作为连接拔桩器和起吊机械的装置，可根据实际需要进行设计；其余部分均为标准件，采购后组装。

一、拔桩器制造与组装

拔桩器由内外箱体、横竖水管、喷嘴、吊环等几部分组成。内外箱体按照图纸放样尺寸，由剪板机剪切所需要的大小，然后由卷板机弯曲成设计尺寸。

横竖水管按图纸放样尺寸，在钢板平台上画出环管的内外弧线，用挡板点焊在内外弧线位置，形成环管弧形胎模，截取一段 ϕ 146 × 10 钢管，放入电炉中加热，再一段一段地插入弧形胎模中，在插入过程中用锤击使钢管变形，用样板检查环管内外弧，截多余的两端，焊两端堵板。在环管上放样画出喷射管、宝塔接头焊接位置，割出喷射管、宝塔接头安装孔，预先做一块喷射管定位板，定位板上的孔与喷射管外径上留有 0.3 mm 间隙，保证定位板能活动地套上喷射管。用定位板套上喷射管，在环管上焊喷射管，从而保证了喷射管位置尺寸公差，同时焊上宝塔接头。按图纸放样尺寸对内外弧板放样、下料，在滚圆机上滚制圆弧，用样板检测弧板弧度，将内弧板割成两部分，再与环管焊在一起。按图纸尺寸对中间隔板下料，气割隔板上的通孔，刨隔板两侧边，画线、钻隔板两侧孔、攻丝，在外弧板外侧中间隔板位置画线，用长钻头与内弧板一起配钻孔，将中间隔板与内外弧板用螺栓组装一起，再焊接其他筋板，开环角度 70°放出底样后再焊侧板成型。喷射嘴由螺扣、密封环、锥形内腔、外部六方组成，材质为 20CrMo，先粗车内部螺扣、密封环、锥形内腔、外部锥体，铣外部六方，再精车内部螺扣、密封环，淬火处理，用铰刀铰制锥形内腔，表面粗糙度达到 1.6 μm。拔桩器组焊件临时焊上吊耳，进行试吊，找拔桩器平衡位置，不平衡时，重新换吊耳位置，这样不断进行试吊，直到找到吊耳平衡位置，随后，将吊耳与拔桩器外弧板配钻孔，用螺栓连接起来。制造组装后的拔桩器如图 5-53 所示。

图 5-53　制作后的拔桩器

二、悬挂结构制造与组装

悬挂结构有三种方案（见图 5-50），四通和悬挂梁由 $\phi 200 \times 8$ 钢管、吊耳、直段宝塔接头、U 形宝塔接头、中间隔板焊成。截 $\phi 200 \times 8$ 钢管长 1 200 mm，根据拔桩器入口宝塔接头尺寸确定吊头直段宝塔接头尺寸，根据拔桩器上吊耳尺寸确定吊头挂钢丝绳吊耳尺寸，在钢管中间位置焊上起重机挂钩吊耳，钢管内部焊上中间隔板将两泵水路隔开，U 形宝塔接头与直段宝塔接头对应起来，形成上下水路，组焊、矫正变形。悬挂结构的组装如图 5-54 所示。弯支撑和导向结构的组装见图 5-55。

三、供水系统组装与调试

对与动力泵组、测量仪表相连的无缝压力管道，先进行法兰下料、车内外圆、端面、配

图 5-54　悬挂结构的组装

图 5-55　弯支撑和导向结构的组装

钻孔，再与无缝钢管焊接，随后进行管道法兰精加工，保证法兰面之间能压紧。拔桩器、吊头、压力管道在组装前进行试漏、防腐（见图 5-56）。

泵的安装应注意以下几点：

（1）安装泵的基础平面应用水平仪找平，并检查底座和固定螺栓孔是否松动。

（2）电机、泵和底座组装后，应严格检查泵轴和电机轴的同心度，保证两轴心线在同一水平线上。

（3）电机和水泵组装时，应将泵联轴器端拉出，保证泵和电机两联轴器端面的轴向间

图 5-56　供水系统组装

隙值。

(4)泵的吸入管路与压出管路组装时,法兰之间压上橡胶垫,软管与无缝钢管之间用管夹扣紧,每个接头扣 2 ~3 道。

四、拔桩器系统组装与调试

将调试和组装好的部件按照设计的位置布置好,起吊机械起吊拔桩器就位,打开水泵开关,调试供水(见图 5-57)。

图 5-57　调试高压射水拔桩器系统

第六节　性能测验

一、试验目的

高压射水拔桩器研制定型后，项目组与研制单位进行了厂区地面造孔、黄河滩地造孔、黄河水上造孔和黄河滩地拔桩四种针对性试验，检验拔桩器破土造孔性能，验证拔桩器进行黄河滩地拔桩的可行性、可靠性，发现拔桩器可能遗漏的问题及缺陷，及时进行优化改进，并初步总结分析拔桩器工作的性能参数。

二、厂区地面造孔试验

黄河机械厂在五、六车间之间有一 100 m×300 m 大小的露天场地，地层为黏土层，并配有一台 5 t/20 t 的可移动门机，适合试验条件。

试验时，首先对拔桩器及其附属设备进行安装调试，又开挖了 2 个水池（3 m×3 m×3 m）并充满水，试验平面布置见图 5-58 及图 5-59。

造孔正常工作时，需要配备 11 人，其中总负责 1 人、可移动门机操作 1 人、控制柜开关操作 1 人、数据记录 2 人、水管控制 3 人、安全员 1 人、进尺指挥 1 人、水池进水操作1 人。

受施工场地和行车提升高度等条件限制，厂区试验共进行了地面两个桩孔的射水破土塑造，造孔深度均为 6 m。

试验过程中，由于缺乏经验和对附属配套设备的重视不足，水泵流量及压力因进气口、进水口堵塞等问题，经常出现达不到额定出力的情况，严重影响了性能测试的正常进行。

水泵运行监测数据显示，水泵 1 平均流量达到 147.54 m^3/h，平均流速 4.545 m/s；水泵 2 平均流量 49.96 m^3/h，平均流速 1.691 m/s。两个泵的额定流量均为 112 m^3/h，所以水泵 1 的流量达到了额定流量值，处于正常工作状态，但是，水泵 2 的流量远远小于额定流量，处于非正常工作状态。

根据对水泵的运行监测数据，在两台水泵均接近额定出力工况下，拔桩器在黏土中造

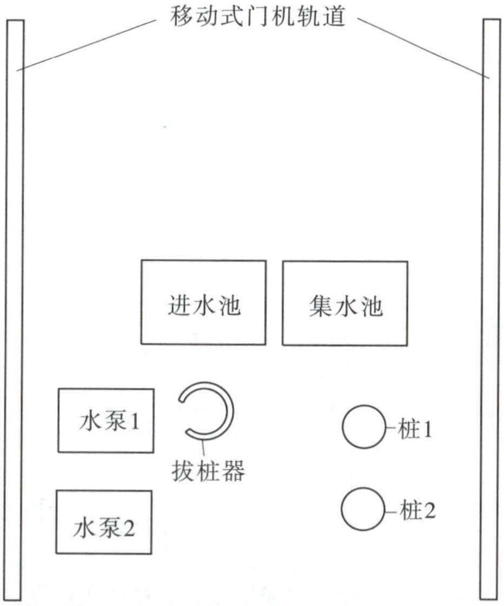

图 5-58 黄河机械厂内试验设备布置简图

图 5-59 黄河机械厂内试验现场

孔平均进尺 0.5 m/min，比设计进尺 1.0 m/min 小 50%，在沙土中造孔平均进尺 0.9 m/min，比设计进尺 1.6 m/min 小 44%。说明整个管路有可能存在障碍，有进一步优化改进的潜力和空间。如果水泵达不到设定出力，水泵 1 平均流量达到 97.05 m^3/h，平均流速 4.179 m/s，水泵 2 平均流量 33.67 m^3/h，平均流速 1.217 m/s，分别比泵选型额定流量均为 112 m^3/h 小 13.3% 和 69.9%，供水系统也能完成造孔，但是造孔速度过于缓慢，平均造孔速度 0.117 m/min，远远小于设计造孔速度 1.5 m/min。

三、黄河花园口南裹头黄河边滩地造孔试验

根据拔桩器在厂区试验暴露的一些问题和不足，对拔桩器及其附属配套设备进行了及时优化和改进后，进行了黄河花园口南裹头黄河边滩地拔桩造孔试验，试验施工平面布置见图 5-60 和图 5-61。

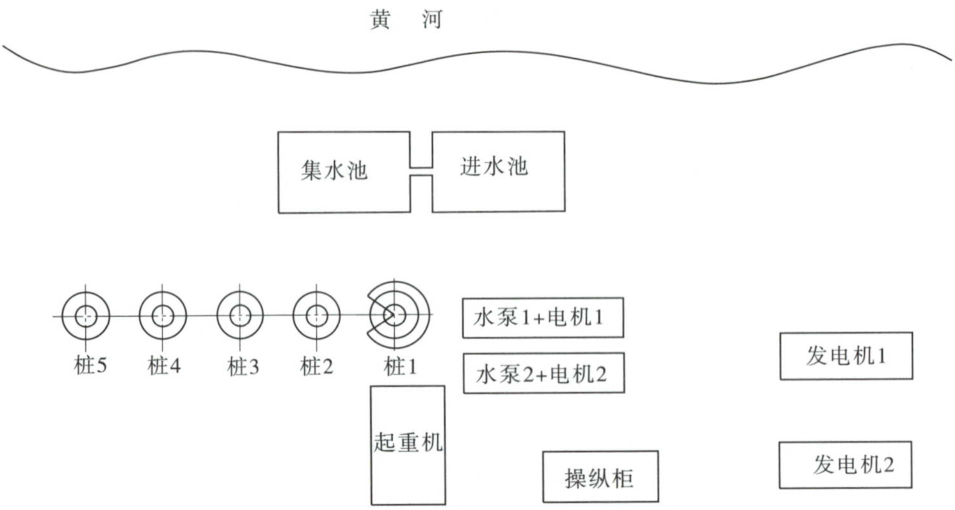

图 5-60　黄河边滩地试验设备布置简图

图 5-61　滩地拔桩造孔现场

郑州所辖河段南裹头下端滩地，地处黄河下游，地形平坦，由于黄河多年泥沙淤积，形成地上悬河。根据勘测，该试验段地质揭示为第四纪松散堆积物，上部以灰色粉土、分支黏土为主，下部以灰色粉砂、中砂为主，地层自上而下大致分为五层：第一层以黄色粉土为主，含黏土、粉质黏土块，以及植物根系，土质均一性较差，厚度 11 ~ 13 m；第二层为黄灰色粉土，层厚 4 ~6 m；第三层为灰色粉质黏土，含少量礓石（直径 0.5 ~ 1.0 cm），层厚 4.0 ~ 7.5 m；第四、五层为灰色粉砂、中砂。平均渗透系数为 1.46×10^{-10} m/s。已知本桩高 15 m（全部埋入地下，桩顶至地面距离 1 m），外径 0.50 m，内径 0.25 m，桩中心间距为 0.75 m，桩净间距为 0.25 m。

试验首先对桩 1 周边进行造孔拔桩，然后对桩 4 周边进行造孔拔桩，以此类推，对桩 7、桩 10、…、桩 2、桩 5、桩 8…进行造孔拔桩。与黄河机械厂内的试验相比较，由于场地不一样，故人员配备也不完全相同，正常工作时需要配备 13 人，其中总负责 1 人、轮式起重机操作 1 人、控制柜开关操作 1 人、数据记录 2 人、水管控制 3 人、安全员 1 人、进尺指挥 1、水池进水(潜水泵)操作 1 人、发电机操作 1 人、服务人员 1 人。

从对水泵的运行监测数据来看,泵 1 的流量是达到了额定流量值,处于正常工作状态,但是泵 2 流量远远小于额定流量,处于非正常工作状态。因忽略水泵进水管残留气体对水泵运行的影响,水泵出力不是很理想,流量、压力忽高忽低的情况时常出现。但在正常工作状态下,拔桩造孔效果基本上达到了设计要求:泵 1 的平均流量、流速和压力分别为 143.76 m^3/h、5.060 m/s 和 0.39 MPa,泵 2 的平均流量、流速和压力分别为 143.72 m^3/h、5.120 m/s 和 0.40 MPa。该种工况下造孔总用时 9 分 48 秒,平均进尺 1.43 m/min;中间故障时间 1 分 40 秒,造孔净时间 8 分 8 秒,平均净造孔进尺 1.722 m/min。拔桩用 1 分 6 秒,造孔净时间占开始造孔到拔出桩体总时间的 65.83%。试验中,现场发现黏土层在射流冲击力和拔桩器切削刃的切削力共同作用下破碎后,被拔桩器上翻泥水带出孔外,黏土块最大尺寸达 10 cm×8 cm(见图 5-62)。

图 5-62　射流冲击出的黏土块

四、造孔沉桩试验

为将滩地拔出的管桩重新插入滩地修做导流桩坝,在打桩机械撤走的情况下,我们又进行了利用拔桩器造孔沉桩试验,在一定程度上进行“一机多用”的探索。

(一)滩地造孔沉桩试验

利用图 5-61 的设备布置,在 50.4 m 桩坝两端空地上进行了沉桩造孔试验:一端拔桩拆掉的管桩在另一端按设计要求进行造孔沉桩。试验结果如下:水泵 1 的流量、流速和压力分别为 140.97 m^3/h、4.96 m/s 和 0.40 MPa,水泵 2 的流量、流速和压力分别为 142.42 m^3/h、5.03 m/s 和 0.40 MPa。这说明两个水泵的流量同时超过了额定流量,在正常工况下,滩地沉桩造孔进尺速度为 1.69 m/min,大于滩地拔桩造孔速度 1.43 m/min。但拔桩器中心的土体不易塌落,在达到一定高度情况下塌落造成其上管桩突然下沉,存在压砸拔桩器的可能,同时,造孔出渣量增大,需要的沉渣池体积较大。

(二)水中造孔沉桩试验

试验场地选在 50.4 m 桩坝东北 100 m 处的黄河水中,在水中造孔设备布置不同于前面的施工布置(见图 5-63)。试验中水泵 1 的流量、流速和压力平均值分别为 145.69 m^3/h、5.147 m/s 和 0.40 MPa,水泵 2 的流量、流速和压力平均值分别为 132.14 m^3/h、4.673 m/s 和 0.34 MPa。两个水泵的流量分别超过额定流量的 30%、18%,造孔速度为 2.047 m/min。

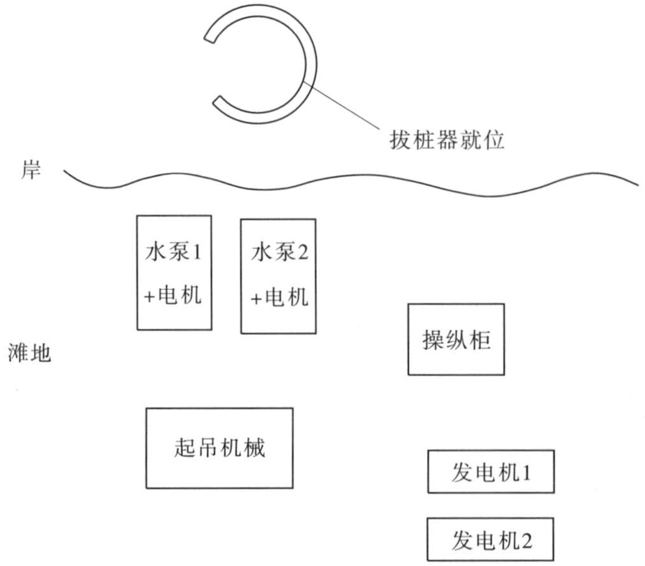

图 5-63　黄河水中沉桩造孔布置简图

五、试验结论

根据厂区、黄河岸边和水中拔桩器拔桩造孔试验情况,得出以下结论:

(1)高压射水拔桩器的设计是合理的,其主要性能参数为:外径 0.932 m,内径 0.6 m,高 1.5 m,壁厚 20 mm,缺口角度 70°,直喷嘴 10 个,斜喷嘴 2 个,斜喷射角度 35°,喷嘴出口实际流速为 30.66 m/s。

适用地层:砂性土、砂壤土、少量黏土。

(2)水泵选型是合理的,在泵流量适当小于额定流量情况下,也能够实现造孔(速度减慢),说明水泵选型有一定的潜能储备,这对整个供水系统流量损失的不确定性是一种补偿。

(3)高压射水拔桩器虽然是针对拔桩造孔研制的,不仅可以高效、快速地拔桩造孔,在一定程度上也可以短暂代替沉桩设备进行沉桩造孔,但功效和工艺不如拔桩造孔突出,且存在拔桩器中心土体不能被射水击碎形成一定高度的土柱,土柱水中悬立失稳而突然塌落、下沉管桩容易压砸拔桩器的隐患。因此,沉桩应首选专用射水设备同步沉桩。

(4)高压射水拔桩器不仅能进行滩地拔桩作业,更能进行水中拔桩施工,功效和工艺较滩地更为简单方便。

(5)利用高压射水拔桩器对桩周边进行造孔拔桩,拔桩力小,不会破坏桩的抗拉强度,桩可以重复利用,且拔桩效率高。

(6)砂土(滩地)拔桩造孔试验进尺 1.69 m/min,砂土(滩地)沉桩造孔试验进尺 1.43 m/min,砂土(水中)造孔试验进尺 1.55 m/min。砂土层的拔桩造孔速度平均为

1. 69 m/min，大于黏土层造孔平均速度（0. 567 m/min），与理论分析结果基本一致。

（7）高压射水拔桩器随着造孔深度增加，因深水压强削弱喷嘴射流击打土体的强度，以及回流泥浆路程延长影响，造孔下降速度随深度增加而出现不同程度的减小。

（8）高压射水拔桩器拔桩造孔施工中容易出现水泵进气，影响水泵稳定供水的情况，在今后的拔桩作业中应重点关注，加以避免。

（9）利用拔桩器进行滩地拔桩造孔需要的主要施工设备有发动机、水泵机组、吊车、拔桩器及其附属设备等。

第六章　可移动不抢险潜坝示范性工程建设

根据对各种沉桩的施工方法的分析和对各种方法的调查，结果发现，静压桩机沉桩、锤击沉桩、振动沉桩这三种方法在施工中都会对管桩造成不同程度的损伤，有的甚至造成管桩破坏，无法实现重复利用，而且这几种机械自重过大，移动缓慢，对场地承载力要求较大，不适于在黄河滩地施工。为此，本次试验我们选择了成熟的钻机成孔技术配合汽车起重机沉桩的施工方法进行可移动不抢险潜坝试验工程建设，同时，在高压射水拔桩器成功拔桩试验的基础上，考虑钻机撤走的情况，以"一机多用"为出发点，利用高压射水拔桩器又进行了沉桩施工的试验与探索。

第一节　试验工程设计情况简介

根据项目研究要求，力争在2009年黄河"调水调沙"期间试验工程能靠溜经过洪水检验的目标，以及便于观测，将黄河下游可移动不抢险潜坝试验工程选择在河南黄河右岸南裹头大坝下游300 m处的郑州花园口黄河滩区，设计可移动不抢险潜坝试验工程长50 m。

可移动不抢险潜坝试验工程的关键构件是PHC预应力高强钢筋混凝土成品管桩，外径0.5 m，壁厚0.125 m，桩长15 m，混凝土强度等级为C80，抗冻等级为F150。潜坝坝顶高程平当地滩面高程，可移动不抢险潜坝的管桩按照单排直线布置，管桩净间距0.3 m，管桩插入地层施工结束后，以5根管桩为一个整体进行"桩联"连接，连接方式为盖梁与管桩铰连接，盖梁预留孔与管桩心孔相对后，利用圆台形销柱连接，联系盖梁的断面尺寸（宽×高）为0.7 m×1.0 m。具体结构见图6-1。

第二节　施工准备

试验工程在郑州北郊的黄河滩区，紧邻107国道、黄河大堤、南裹头大坝和郑州北郊水源地水厂管理道路，所邻大堤、南裹头大坝和水厂管理道路均进行了沥青路面硬化，对外交通条件优越；施工现场滩地平坦，无障碍物，滩面高出黄河枯水位2.0 m左右，施工机械、设备便于布置，人员生产生活方便。

试验工程建设由施工经验丰富的郑州水电工程公司负责组织实施，潜坝主打构件预应力高强钢筋混凝土成品管桩由河南建华管桩有限公司生产。

为确保施工任务顺利完成，施工单位应成立施工领导机构，明确施工项目负责人、技术负责人和质检负责人，同时成立技术组、施工组、质检组、机械组和后勤组等相应机构，建立健全岗位责任制。

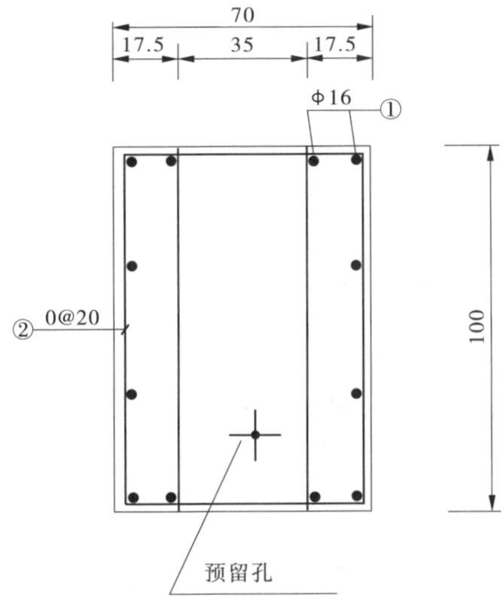

(a)盖梁断面图

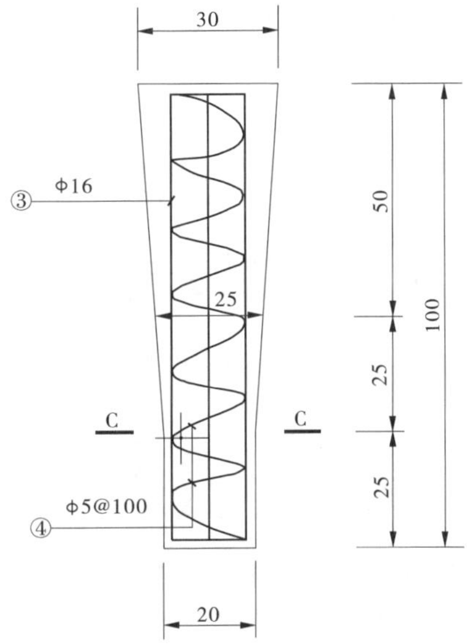

(b)连接柱结构配筋图

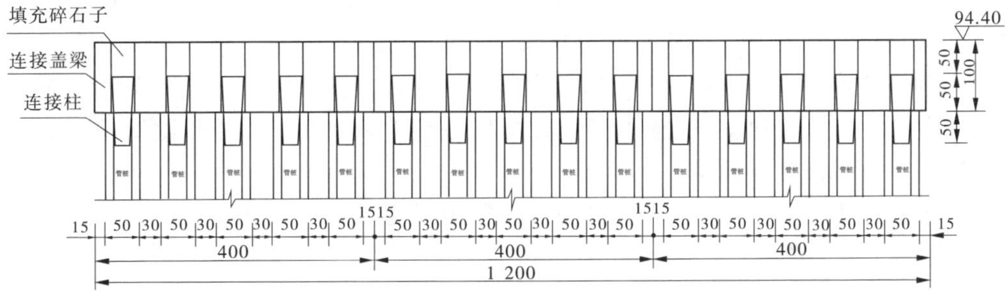

(c)总装图

图 6-1　可移动不抢险潜坝盖梁与管桩连接结构

一、平整场地、开挖泥浆池

根据施工需要，进场后首先利用装载机和推土机对管桩的存放场地进行平整，包括存料厂和施工场地之间的道路。然后根据施工需要利用装载机对潜坝轴线位置进行开挖，开挖高程为管桩顶高程，开挖宽度为 10 m，然后进行平整。

根据钻机成孔施工的需要，在施工现场开挖了泥浆池和沉淀池，按照便于施工的原则，把泥浆池和沉淀池布置在潜坝上游侧，供电系统（两台 75 kW 发电机组）布置在潜坝靠上游一侧坝根处，下游一侧布置管桩的就位场地和起重设备，场地布置见图 6-2。

泥浆池和沉淀池的开挖依据和方法：泥浆池、沉淀池的池面标高应比护筒顶部低 0.5 ~1 m，以利于泥浆回流顺畅。泥浆池和沉淀池布局要合理，不得妨碍吊车和钻机行走。泥浆池的容量为每孔的排渣量，沉淀池的容量为每孔排渣量的（1.5 ~2）倍。本工程因为桩位比较密集，且场地允许，所以挖的泥浆池和沉淀池都比计算的要大。

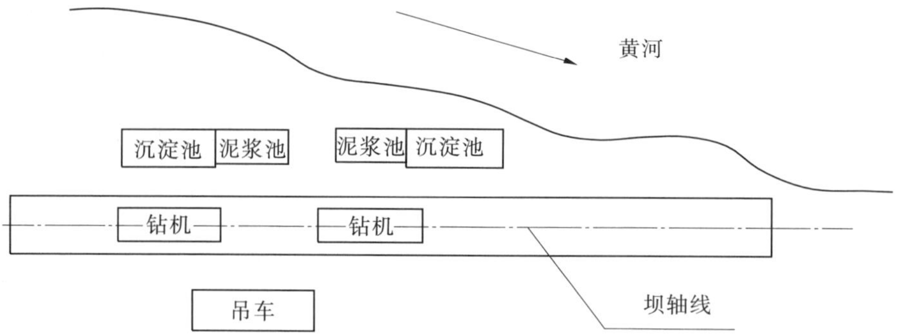

图 6-2　施工场地布置

二、进场施工人员、机械和材料

参与现场组织施工的主要人员共 13 人：工地负责人、技术负责人和施工负责人各 1 人，咨询专家 2 人，施工技术员 2 人，质监员 1 人，机械维修师 2 人，安全员 1 人，推土机和装载机司机各 1 人。另外，根据需要临时调用工人若干人。

施工现场黄河滩区的土质主要是淤积型粉质砂土和部分黏土夹层。我们选用 300 型正循环回转钻机进行钻孔，采用直径为 0.58 m 的锥形三翼钻头，钢制圆形护筒直径为 0.7 m、高为 1.2 m。钻机的数量根据施工进度需要设置，初期进场 1 台，后期考虑施工机械优化配置和加快沉桩速度，配置 2 台钻机施工，一组为实现可移动不抢险潜坝移动而专门研制的高压射流拔桩器设备。

另外配套有 2 台组 75 kW 柴油发电机，1 辆 50 装载机，1 台 802 推土机，1 台 25 t 吊车（另 1 台 50 t 吊车备用），1 台 PC60 挖掘机。

高压射水拔桩器拔桩施工设备主要有高压射水拔桩器、6SH－6A－Y225M－2 水泵（Y225M－2 电机）等，见表 6-1。

表 6-1　高压射水拔桩器施工设备

设备名	单位	型号	数量	说明
潜水泵	台		1	水泵加水
水泵	台	6SH－6A－Y225M－2	2	拔桩器供水
挖掘机	台	230	1	开挖泥浆池
吊车	台	25t	1	起吊管桩
钢丝绳	根		2	连接管桩顶与吊车
压盘	个	特制	1	桩顶连接钢板
U 形吊环	个		2	桩顶连接吊耳
柴油发电机组	台	75kW	2	供电
高压射水拔桩器	台	研制	1	破土造孔

第三节　钻机成孔沉桩施工

根据试验工程相邻管桩之间净间距 30 cm 的设计情况，以及黄河滩区土质主要是粉质砂性土间夹局部黏土层的结构特点，为避免出现串孔、塌孔，致使相邻已经沉入的管桩发生位移和倾斜的现象，钻机沉桩采用跳桩施工程序，即把沉桩分为三期施工，按桩号排序：沉桩第一期为①、④、⑦…，第二期为②、⑤、⑧…，第三期为③、⑥、⑨…，当孔成型后立即将桩沉入。施工工艺流程见图 6-3。施工过程中关键环节的现场图片见图 6-4 ~ 图 6-15。

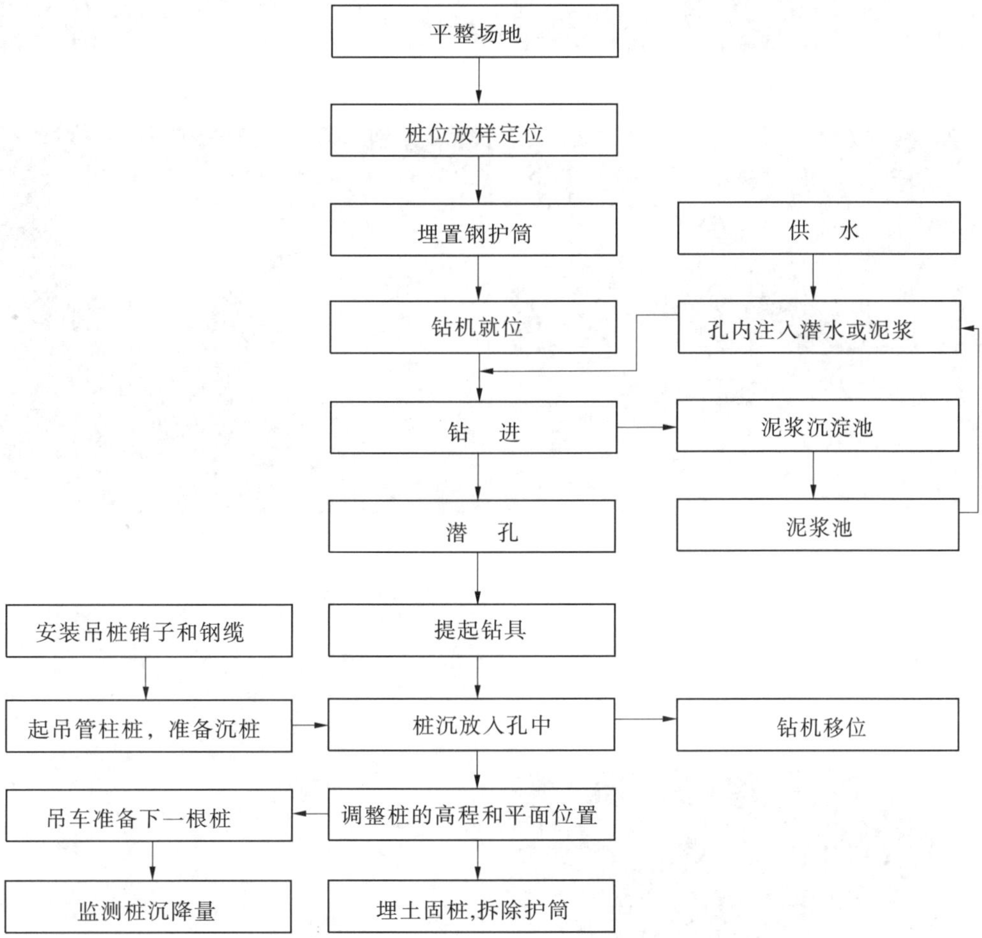

图 6-3　钻孔沉桩施工工艺流程

一、钻机造孔

(1)测量放线。在已经平整好的场地上利用全站仪进行测量放线，定位后在每个桩位中心打入一条ϕ 16 × 80 cm 的钢筋作为桩位标记，钢筋标记不得露出地面，以免人或机械碰撞，使桩位发生偏差。

图 6-4　测量放样

图 6-5　钻机就位

图 6-6　钻孔

图 6-7　捆桩

图 6-8　成孔

图 6-9　起吊管桩

图 6-10　沉桩

图 6-11　高程控制

图 6-12　桩位调整

图 6-13　销柱卸除

图 6-14　2 天后塌孔情况

图 6-15　沉桩完工后情况

（2）埋设护筒。护筒为钢制护筒，高 120 cm，直径 60 cm，比管桩直径大 10 cm，在护筒顶部开设溢流口一个，使流出的泥浆经开挖的渠道流进沉淀池。

护筒埋设，首先要以桩为中心在四周对称埋设四根护桩，以备施工中校核桩位，护桩用完后要及时拔除，以免打错桩位。埋设护筒的坑不能过大，挖好后将坑底整平，然后放入护筒，利用四根护桩检查位置是否正确，筒身竖直后，四周即用黏土回填，分层夯实，并随填随观察，防止填土时护筒位置偏移。护筒埋好后复核校正，护筒中心与桩位中心重合，偏差不得超出 5 cm。

（3）钻机就位。本次施工利用的是正循环钻机，就位前利用四根护桩拉上十字线找出桩位中心，就位时钻机的主钻杆中心应与桩位中心重合，然后将钻机调平，使主钻杆竖直。如此反复调试，直到使主钻杆竖直且中心位置和桩位中心重合。

（4）泥浆制备。由于是沉桩施工，对泥浆质量要求不是很高，加上采用钻机施工，我们采用了孔内造浆。钻机就位后，利用装载机把料场的黏土送至工作位置，由人工送进孔内，然后由钻机进行孔内造浆。

（5）成孔。在钻进过程中随时检查泥浆质量是否满足造孔要求。注意土层变化并记录相应的钻进速度和泥浆比重。钻进作业必须连续进行，不得间断。

（6）清孔。桩孔钻进到设计深度后，进行清孔。根据黄河滩区的地质情况，采用了泥浆置换法进行清孔。清孔后泥浆含沙率≤8%，黏度≤28 s。

二、吊车吊桩入位

清孔后，应在最短时间内将管桩沉入孔内，以免成孔后因泥浆久置发生沉淀，致使出现塌孔，造成返工。再者，泥浆沉淀后使有效孔深变小，致使管桩下沉不到设计位置，也会造成返工。

（1）钻机钻孔的同时做好管桩起吊的准备工作：用两根长 6 m 的钢丝绳捆绑管桩，钢丝绳应在管桩两边对称位置，确保起吊后管桩竖直，利于管桩下沉后定位。最后插上特制钢销，防止在起吊过程中钢丝绳滑脱，确保安全施工。

（2）起吊后缓慢地将管桩移动到孔位上方，然后由人工配合使管桩就位。人工配合时要注意借助管桩自身摆动的力量来把桩稳住，不能全靠人力，以免发生事故。

（3）管桩下沉速度不宜过快，避免泥浆溢流至工作面上，同时应保持泥浆沟槽的畅通。

（4）进行桩顶高程及平面位置的测量和调整。若桩顶高程偏低，需要从管柱桩中心投放碎石，以垫高管桩。

（5）桩顶高程和平面位置调整到位后则将吊车卸荷，在桩周围填土固桩，同时卸除吊装构件，准备下一根桩的施工。

三、施工中发现的问题及解决办法

（1）吊车起吊管桩较早，使管桩在空中竖立时间较长，在桩周围 16 m 范围内施工人员存在不安全感，因此管桩不宜起吊过早。

(2)捆绑起吊管桩时应保持销柱两侧钢丝绳的对称，使桩吊起后保持垂直状，也能提高沉桩的定位精度。

(3)管桩固定钢丝绳的销柱位置偏低，距地面约1.5 m。卸钢丝绳时需先将孔内的积水降低至距地面约1.5 m的位置(用时5～7 min)，在管桩销柱两侧开挖半径0.8～1.0 m、深1.55 m的坑，所挖土方0.84～1.05 m^3，最终将销柱取出。全部工作只能由1人进行，费时较长，平均取1个销柱需约1 h，影响施工效率，今后需要改进。

(4)若两台钻机同时开始施工，会存在等待吊装管桩的窝工情况，影响钻机施工效率。因此，要使钻机成孔时间错开，这样既可提高施工机械的工作效率，又可避免因等待时间过长而出现塌孔现象。

(5)个别钻孔存在超深偏多的情况(比设计低15～40 cm)，使控制桩顶高程占用吊车较长的时间。要求各钻机注意掌握钻进深度，避免出现因超深过多引起调控桩顶高程而占用吊车时间过长。

(6)根据设计要求，沉桩的桩顶高程偏差控制在0～－5 cm，平面位置的偏差控制在5 cm之内，以便上部联系盖梁的定位和安装。实际施工中沉桩的高程和平面位置总会产生一定的偏差，如何更好地控制成为施工中需要认真解决的问题。

使用正循环钻机成孔，虽能较准确地把握钻进深度，但不能精确控制因清空循环泥浆对孔底的冲刷深度，使管桩下沉后桩顶高程的定位困难。同时，由于泥浆存在上浮力，使回填固桩的砂土不能迅速下沉，延长了控制桩顶高程的操作时间。

施工中采用多种方法使桩顶高程达到设计要求：当桩顶略高于设计高程时(一般小于10 cm)，利用快速下桩的冲击力使桩顶高程降低；当桩顶低于设计高程时，采用从桩孔灌填碎石垫桩的方法垫高管桩，控制桩顶高程取得较好效果，而且比较稳定、省时。

(7)施工初期对钻进速度没有严格控制。曾发生钻进速度过快，造成塌孔的现象，使管桩不能沉到设计高程，只能返工重钻。因此，要控制钻进速度，避免因钻进速度过快产生塌孔现象。

(8)增加了两套钢丝绳和销柱，解决因销柱不够用而误工的问题。

(9)在一期施工中钻孔松动了管桩周围的土体，在二期和三期施工中出现串孔和工作面坍塌现象，造成孔径过大，威胁到钻机和施工人员的安全，降低了施工效率。对此采取下列措施：适当控制钻进速度，同时在二期、三期钻孔过程中对坍塌部位进行开挖再回填，确保设备和施工人员的安全。

第四节　潜坝上部结构的拼装与拆除

一、潜坝上部结构的拼装

当管桩全部沉孔完成后，需要在管桩顶部加盖上部结构(盖梁和销柱)，使沉孔管桩全部连接成整体，增强管桩潜坝的抗冲稳定性。

上部预制盖梁每根长 4.0 m，宽 0.7 m，高 1 m，预留孔 5 个，与下部 5 根管桩位置对应。利用预制销钉把盖梁和管桩联系成整体，预留孔直径 0.35 m，预制销柱高 1 m，上顶部直径 0.3 m，下底部直径 0.2 m（见图 6-16）。

图 6-16　钢筋混凝土预制销柱

（一）潜坝管桩顶部盖土挖除

由于设计的潜坝顶部高程低于滩地地面，在进行插桩做坝时，管桩顶部高程在滩面以下 1.0m 以上，要想将联系盖梁放置在管桩顶上进行连接，必须首先清除管桩顶部的盖土，腾出吊装、安置盖梁的工作场地和空间（见图 6-17）。

图 6-17　管桩顶部盖土清除后的桩顶地形

（二）盖梁吊装入位

吊装前应测量放线，在相对起重机潜坝的另一侧设置顶面线和腰线，确保盖梁顶面的平整和线形顺直。盖梁的吊装采用人工配合机械的施工方式，主要机械为25 t汽车起重机一台。施工从潜坝一端开始，依次安装。为了节省时间和机械费用，可在全部安装后，由人工利用千斤顶来调整，在管桩顶部和盖梁底部用楔形混凝土塞塞紧，使盖梁顶部达到设计高程（见图6-18）。

图6-18　盖梁吊装

（三）安装钢筋混凝土销柱

盖梁安装好后，用钢筋混凝土销柱把盖梁和管桩联系在一起。销柱的安装主要由人工完成，销柱插入后按照设计要求用碎石子灌实至销柱顶平，上面用砂土埋严（见图6-19）。

图6-19　钢筋混凝土销柱安装

二、潜坝上部结构拆除

（一）盖梁调离

首先对盖梁周围土体开挖至盖梁底部，以减小土体对盖梁的黏着力和摩擦力，然后用25 t汽车起重机从潜坝一端依次逐个吊拆。盖梁拆除后应马上破除梁胎，以免影响管桩的拔出施工。

（二）钢筋混凝土销柱拆离盖梁

钢筋混凝土销柱拆离盖梁主要由人工完成。首先清除销柱顶部的土体，然后用大锤打击销柱底部，打击时应用方木做保护，不能直接打到销柱上，以免破坏销柱。

第五节　潜坝管桩拔除施工

“可移动不抢险潜坝”就是在需要防洪的部位可以筑坝防御洪水的冲刷，在原先修筑的不抢险坝失去作用的情况下希望能将其拆除，移到其他需要筑坝的地方重新沉桩筑坝加以利用，以降低防洪抢险的运行成本。在实际工程中也经常会有一些因施工需要而临时设置的混凝土桩，当工程完成后也需要拆除，以免影响安全和美观，但是已建混凝土桩的拆除往往十分困难。

混凝土管桩安装后经过一段时间的沉积，桩体周围的砂土渐趋稳定密实，桩周围土的黏结力很大。如果不采取辅助工程措施松动桩体四周的砂土，用起重机械直接吊拔是极为困难的。即便能用大型吊车、振动设备强行拔出，也极易造成桩头或桩身薄弱部位的破坏，损耗较大，混凝土桩无法重复利用。因此，研究一种简便、经济、快速、实用的拔桩设备和施工方法十分必要。为此，在现场进行了利用高压射水拔桩器拔桩施工的试验和探索。

一、高压射水拔桩器造孔

（一）场地布置

在潜坝的上游侧布置了清水池和沉淀池，清水池和沉淀池的开挖布置原则与钻机成孔的泥浆池、沉淀池的开挖布置原则相同。供水系统也布置在上游侧靠近清水池的位置。下游侧布置了供电设备和起重设备。

（二）施工准备

（1）清除桩顶土和杂物，对钢板上的丝扣进行彻底清理，清理办法为利用和丝扣相匹配的丝锥进行攻丝。

（2）攻丝结束后，把压盘尽快固定在桩顶钢板上，压盘是为了能够顺利起吊管桩而设计加工的吊具之一，在拔桩施工中解决了关键的连接任务。

（3）护筒埋设。护筒为钢制，高 1.7 m，直径 1.1 m。护筒中心位置和管桩中心重合，护筒筒身竖直。然后在周围填黏土，分层夯实。

（4）护筒埋设好以后，把起吊的钢丝绳和连接钢丝绳的 U 形吊环安装在压盘上。

（5）在其他配套设备都调试好以后，起重机吊起高压射流拔桩器，移动至管桩和护筒上方，由人工配合将射流拔桩器送入护筒，套在管桩的周围，送入时应注意钢丝绳应从射流拔桩器的缺口处提出，防止压在拔桩器下方。

（6）开启供水系统，在桩周围的土体被破坏后，靠自重作用下沉，直至沉到距桩底 0 ~ 1 m 时停止供水，完成清孔作业。

二、滩地管桩吊出

射流拔桩器冲孔结束后，立即将已经安装好的钢丝绳挂在吊钩上，把桩和射流拔桩器一起吊出(或者分别吊出,便于管桩与拔桩器的分离),在吊出过程中应注意及时向孔内补充水,防止出现塌孔。吊出后应注意把桩安全放倒在空地上,见图6-20~图6-27。如果把桩和射流拔桩器一起吊出,则可采用吊车的副钩和主钩配合使用,将拔桩器与管桩分离后再安全放倒在空地上。

开始拔出管桩时应先用吊车用力松动管桩,注意观察吊车的起吊吨位和吊车大臂的起吊角度是否符合操作要求,不可盲目用力,防止发生安全事故。管桩松动后,应平稳起吊,到达护筒位置时应放慢起吊速度,调整位置,安全吊出管桩。

拔桩结束后应马上对孔洞进行回填处理,防止出现意外事故。

试验数据统计见表6-2、表6-3。

图6-20 埋护筒

图6-21 桩顶连接系统

图6-22 拔桩器就位

图6-23 冲到预定位置

图 6-24　将桩顶钢丝绳挂上吊钩

图 6-25　将桩和拔桩器一起起吊

图 6-26　成功吊出

图 6-27　单独吊桩拔出

表 6-2　高压射水拔桩器拔桩水泵数据统计记录

桩号	1	孔号	1	泵号	1
造孔起止时间	11:16～11:26		注浆泵起止时间	11:16～11:28	
设计桩深(m)	15	设计孔深(m)	14.5	实测孔深(m)	7.5
水泵 2			水泵 1		
泵水流量(m^3/h)	泵水流速度(m/s)	泵水压力(MPa)	泵水流量(m^3/h)	泵水流速度(m/s)	泵水压力(MPa)
111.34	4.025	0.093	140.49	4.674	0.102
84.67	3.184	0.092	139.47	4.253	0.110
116.29	4.415	0.094	110.30	3.389	0.092
107.87	3.205	0.090	111.30	4.205	0.093
71.28	2.659	0.091	84.67	3.184	0.090
73.99	2.670	0.094	116.29	4.415	0.092
65.77	2.600	0.100	107.87	3.205	0.090
75.04	2.511	0.088	71.28	2.659	0.088
67.24	2.542	0.101	73.99	2.670	0.088
140.49	4.674	0.102	80.50	2.679	0.090
110.30	3.389	0.110	73.80	2.546	0.086
平均值:93.12	3.261	0.096	100.91	3.44	0.093

地层情况:滩地砂土

附加说明:水泵运行很不稳定,泵送压力和流量忽高忽低

三、潜坝搬运

潜坝的搬运转移工作主要由汽车起重机和载重汽车完成。

四、施工中发现的问题及解决办法

(1)拔桩过程中多次出现水泵压力不足的现象,有时1台工作基本正常,另1台效率极低,使拔桩器无法正常工作。分析其原因,一是拔桩过程中水泵抽的水中混有一定量杂草,堵塞了水泵进水口,降低了水泵抽水效率;二是水泵抽的是清水,泥浆少,水泵压力一旦降低,水流不能带动桩周围的泥沙上浮,使其淤积下沉过快,无法继续冲动管桩四周的砂土。试验证明,改善水泵的进水口条件,对减少杂草堵塞是十分有效的。

表 6-3　高压射水拔桩器拔桩冲孔及拔桩记录

桩号	1	孔号	1		
造孔起止时间	11:16 ~ 11:26		注浆泵起止时间		
设计桩深（m）		设计孔深（m）		实测孔深（m）	14
造孔 1			造孔 2		
钻孔深度（m）	起止时间	净时间	钻孔深度（m）	起止时间	净时间
0	11:16:45		0		
1.0	11:17:38		1.0		
2.0	11:18:13		2.0		
3.0	11:19:09		3.0		
4.0	11:19:32		4.0		
5.0	11:20:02		5.0		
6.0	11:22:27		6.0		
7.0	11:22:42		7.0		
8.0	11:23:10		8.0		
9.0	11:24:08		9.0		
10	11:24:36		10		
11	11:25:04		11		
12	11:25:35		12		
13	11:25:54		13		
14	11:26:33		14		
合计	9 分 48 秒				

附加说明：在钻孔 5 m 到 6 m 之间，由于水管搅在一起暂停约 1 分 40 秒。

11:26:34 开拔——11:28:01 拔出（拔桩器）

11:31:18——11:32:24 拔出（桩）

拔出造孔器用 1 分 27 秒，拔桩用 1 分 6 秒，造孔时间 9 分 48 秒，中间故障时间 1 分 40 秒，造孔净时间 8 分 8 秒

（2）增加水泵供水管道连接问题：如供水管道连接接口为铁丝绑扎，可靠度不高，容易脱落，应改为标准件对接；拔桩器的上水管道为胶管连接，变形大，施工不便，部分上水管应改为塑料管或轻质钢管。

（3）试验证明，将压盘上 13 颗螺丝全部上紧，在 10 t 力的拔桩过程中没有发现变形及破坏，说明压盘装置能够承担拔桩工作。但是上压盘用时太长，需 2 人费时 30 min 才

能完成，影响施工效率。今后应改进起吊方式和起吊工具，提高装卸吊索具的效率。

(4)连接沉拔桩器的上水胶管过于笨重，施工过程中随拔桩器的升降，移动管子十分费力，且占用较多人工。因此，可以用移动方便的托架支撑水管移动，以减轻劳动强度。

(5)冲桩过程中吊装沉拔桩器的两根钢丝绳随沉拔桩器的偏转而扭到了一起(见图6-28)，影响沉拔桩器的下沉。其原因应该是沉拔桩器射流喷管喷射角度不对称引起反冲力的不均衡，因此一方面需改进沉拔桩器的喷流管，使其反冲力尽量均衡，另一方面要有防止钢丝绳扭转的外力措施。

图6-28　拔桩器偏转

第六节　高压射水拔桩器沉桩

为了探索效率更高的沉桩施工方法，在进行水力喷射成孔拔桩试验的同时，在花园口黄河滩地进行了高压射流拔桩器的成孔沉桩施工技术的试验研究。

射水沉桩是利用高压水流喷射冲刷土体，通过回流水体带走泥沙，从而成孔沉桩，在桩周填土固结的施工方法。黄河滩区的土质基本上是淤积砂土层和部分较薄的黏土层，较适宜采用射水成孔沉桩。射水沉桩按照水流循环路径的不同分为三类，即外冲外排法、内冲内排法和内冲外排法。本次现场试验采用外冲外排法施工。

射水沉桩的主要施工机械与射水拔桩的设备基本相同，由供水系统、起吊系统和成孔系统组成。

供水系统包括两台75 kW柴油发电机组、两台高压水泵及其管道，起吊系统包括汽车起重机、管桩吊装索具或压盘连接工具，成孔系统主要由高压射水拔桩器和供水管道组成。

一、高压射水拔桩器造孔

(1)施工准备：根据选定的坝址测量放线，平整场地，进行桩位定位并设置标记。在潜坝轴线一侧开挖沉淀池、集浆池，同时布置水泵供水系统，另一侧安置起重设备。

(2)吊车就位起吊高压射水拔桩器，使其中心和桩位中心在同一垂线上。启动水泵供给高压水流射水成孔，要控制成孔的速度和深度，防止沉拔桩器喷射力量不对称而发生偏转。

(3)当达到成孔的深度时，关小水泵逐渐停止供水，吊出高压射水拔桩器。

二、吊车吊桩入位

吊车卸下高压射水拔桩器，马上起吊管桩进行沉桩施工；下沉到位后进行桩顶高程和平面位置的测量和调整；调整到位后在桩周围填土固结，将吊车卸荷。该根桩沉桩完成。

射水拔桩器的沉桩试验过程见图6-29～图6-34。

图 6-29　起吊对中

图 6-30　开始冲孔

图 6-31　冲到预定深度

图 6-32　吊出拔桩器

图 6-33　管桩起吊就位

图 6-34　沉桩

三、施工中发现的问题及解决办法

(1)沉拔桩器附带配套的上水管较长而且沉重,在成孔过程中,需要多人配合进行移动,以保持水流的顺畅。同时由于射水的作用力在成孔过程中不对称,沉拔桩器下沉时易发生扭转,影响沉桩的顺利进行和垂直成孔的稳定。因此,需对沉拔桩器结构、供水和射水方式的设计加以改进,以改善沉拔桩器的运行状况。

(2)在射水成孔时,沉拔桩器呈间断性快速下沉,不利于对桩顶高程的控制。分析其原因,主要是沉拔桩器的水流呈圆形垂直向下分布,造成孔中心的土体总是较四周土体较晚被冲走。以后施工中若把成孔器和管桩同时起吊,边成孔边沉桩,需要对沉拔桩器的射水方向加以调整。这次试验采用的是先成孔后沉桩的两过程法,中间的时间间隔造成砂土沉淀,使管桩不易一次到位,因此需将沉拔桩器套住管桩二次冲水,使管桩在该冲水过程中一起下沉到位。

(3)由于桩顶被浑水淹没、孔壁坍塌,高程不易控制,须先在桩顶做标记,按照标记冲水使桩下沉尽量接近设计高程,最好略低于设计高程,这样利于在吊车的配合下调整高程。

(4)射水成孔过程中,当遇到不均匀分布的黏土层时,成孔器下降受阻,进尺缓慢,其原因是黏土层抗冲能力强,不易被射流冲动。施工过程中若遇到进尺缓慢的情况,应多次上提沉拔桩器并快速下降,靠沉拔桩器的自重冲击、粉碎黏土层,直到穿过黏土层。

(5)由于射水成孔的孔径较大,深度不易精确控制,因而沉桩桩位控制难度较大。因此,桩位平面控制要用交会法,即在桩位四周先定四颗控制桩,吊装管桩时用十字交会法把桩定位到设计桩位的垂线上,然后沉桩。沉桩的高程控制:在桩顶沉到设计位置后,用填土稳桩法将桩稳定到设计高程后再去掉吊具。也可考虑应用管桩内空腔作为冲水管,在管桩的底部设置漏斗形喷嘴,孔径在2.0 cm左右,管桩顶部与上水管用法兰连接,在法兰上设计吊装装置。吊装冲水时,利用底部喷射孔射出的高压水将桩底部土体破坏,在桩的自重作用下使桩下沉,孔内的水从管周外溢,管桩将要沉到设计位置时调整冲水压力,多次调整后使管桩沉到设计位置为止。

(6)为了保证管桩垂直沉入孔中准确到位,管桩起吊后轴线必须竖直。要求捆绑管桩的两侧钢丝绳必须长度相同、位置对称,在吊装管桩的销柱插入端上安装固定销钉,以防止钢丝绳滑脱。

(7)在黄河下游滩区进行防洪抢险应急施工,射水成孔沉桩是一种效率高、施工速度快的施工方法。但是其冲孔直径过大,桩孔深度不易精确控制,桩位偏差的纠正比较费时费力,影响施工进度。

(8)通过对试验结果的分析,可以预期:若在施工过程中采用沉拔桩器与管桩同步下沉的施工方法,同时利用管桩的中心空腔采用内冲外排的方法进行射水沉桩,可以提高成孔沉桩的效率,减小沉桩定位的偏差。

第七章　可移动不抢险潜坝施工技术及工艺

滩地可移动桩坝施工技术主要由两大部分构成：滩地可移动桩坝修做技术和滩地可移动桩坝拆除施工技术。

其技术的核心为拔桩技术，利用专用设备——高压射水拔桩器。其主要性能参数为：

高压射水拔桩器外径 0.932 m，内径 0.6 m，高度 1.5 m，壁厚 20 mm，缺口角度 70°。喷嘴个数：直喷嘴 10 个，斜喷嘴 2 个。斜喷射角度为 35°。喷嘴出口实际速度为 30.66 m/s。

砂土（滩地）拔桩造孔试验进尺 1.69 m/min，砂土（滩地）沉桩造孔试验进尺 1.43 m/min，河水中河床造孔试验进尺 1.55 m/min。

适用地层：砂性土、砂壤土、少量黏土。

第一节　滩地桩坝修做技术及工艺

一、钻机成孔沉桩

钻机成孔沉桩的适用范围：随着钻机设备和工艺的不断发展与完善，钻机成孔几乎适用于各种地层，但必须针对不同地层特点选用适宜的钻机设备及施工工艺。

根据黄河滩区的地层特点，通过本次施工试验，总结出正循环钻机成孔沉桩的施工技术及其工艺如下：

对单排直线布置的管桩，采用跳桩的施工方法，分三期施工，给桩孔沉淀固结的时间，保证施工的安全和质量。

（1）施工准备。首先根据设计开挖、平整施工场地，场地地面高程和设计桩顶平。场地应满足钻机施工、移动的要求。然后测量放样，每一个桩位中心用钢筋做好标记，钢筋应不高于地面，以利于对标记的保护。

（2）泥浆池和沉淀池的布置与开挖。施工场地布局应合理，泥浆池和沉淀池的布置以不影响吊车和钻机行走、施工为原则。开挖应计算泥浆池和沉淀池的大小能满足施工要求：泥浆池的容量为每孔的排渣量，沉淀池的容量为每孔排渣量的（1.5～2）倍。泥浆池、沉淀池的池面高程应比护筒顶高程低 0.5～1 m。

（3）护筒埋设。护筒应具有一定的强度，一般由 6～8 mm 的钢板加工制成，高度为 1.5～2 m。护筒的内径应比钻头大 100 mm，护筒的顶部应开设溢浆口。埋设护筒的坑不要太大，坑挖好后，先将坑底整平，然后放入护筒，经检查位置正确、筒身竖直后，四周用黏土回填，分层夯实，并随填随观察，防止填土时护筒位置偏移。护筒埋好后应复核校正，护筒中心与桩位中心应重合。

（4）钻机就位。钻机就位前，对主要机具进行检查、维修和安装，保证配套设施就位及水电接通。钻机安装就位后,底座和顶端应平稳,不得产生位移和沉陷。回转钻机顶部的滑轮缘、钻盘中心和桩位中心应在同一铅垂线上。

(5)钻孔。在黄河滩区采用了孔内造浆的施工方法,钻孔开始时应注意泥浆的制备,随时观察泥浆质量,调整钻进速度,保证成孔质量,避免出现塌孔事故。钻孔作业必须连续进行,不得间断。必须停钻时,孔口应加盖,并严禁钻头留在孔内,以防埋钻。

(6)清孔。桩孔钻进到设计深度后,进行清孔。根据黄河滩区的地层特点,采用泥浆置换法清孔即可满足沉桩的要求。

(7)起吊管桩。起吊管桩应在合适时间进行,吊起后即可进行沉桩,基本应和清孔同时进行。管桩的捆绑应用两根长度相等的钢丝绳绑在管桩一段的相对位置,以保证管桩起吊后的铅垂,利于沉桩和定位作业。钢丝绳捆绑后还应插上特制销钉,以防钢丝绳在起吊和沉桩过程中发生滑脱。

(8)沉桩。在清孔结束,钻机移位后立即开始沉桩。吊车把管桩移动到孔位正上方,由人工配合将桩稳定后开始下沉,下沉速度不宜过快,防止泥浆溢到工作面上,影响安全和下步施工。

(9)稳桩就位。将桩沉到设计位置后,首先要控制桩顶高程,如桩顶高于设计位置,则可用吊车将桩提起到一定高度,然后迅速下沉,利用管桩自重使桩下沉,如此反复,在150 mm 的误差范围内都可使桩顶达到设计位置;如桩顶低于设计位置,先将桩提起超过设计位置50 mm,然后向管桩空腔里填塞一定量的(以桩孔超深多少而定)碎石,然后慢慢下沉,如此反复可使桩顶到达设计位置,吊车卸荷。平面位置控制,在吊车卸荷后用人工调整,利用撬杠来活动桩顶,在桩和孔壁之间填塞支撑物,使管桩到达指定位置。

(10)固桩。将管桩稳定到位以后,必须在桩的四周用砂性土填严,使桩稳固,不再发生位移,然后卸去吊索具,沉桩结束。

二、高压射水拔桩器成孔沉桩

根据高压射水拔桩器成孔直径大的施工特点,需采用跳桩方法施工。具体施工技术和工艺如下。

(一)施工准备

场地平整:场地的地面高程应与设计桩顶高程平,场地的平整度和地耐力应满足吊车的行走及供水系统的移动要求。

测量放线:按照设计放出每一个桩位,用钢筋做标记,钢筋头应不高于地面,以利于桩位的保护;然后利用全站仪就近设置控制桩,以备复测。

沉淀池和泥浆池的开挖:沉淀池和泥浆池应布局合理,以不影响吊车行走和供水系统移动为原则;泥浆池的容量应大于单孔排渣量,沉淀池的容量应大于单孔排渣量的(1.5~2)倍;泥浆池和沉淀池的池面高程应低于护筒顶高程0.5~1 m。

护筒埋设:护筒应用6~8 mm 的钢板制成,直径1.1 m,高1.5~2 m,顶部开设溢流口;埋设护筒的坑不宜过大,坑挖好后,将坑底整平,放入护筒,使筒身竖直,检查护筒位置正确后,在护筒四周用黏土回填,并分层夯实,边回填边观察,防止在填土的过程中护筒发生位移;填土结束后,复核护筒位置,使护筒中心和桩位中心重合。

（二）成孔

起吊高压射水拔桩器：起吊前，对供水系统和配套设备进行检查、维修和安装，同时保证供水和供电设备接通。起吊后把拔桩器放入护筒，并使拔桩器居中。

成孔：拔桩器就位后，开启供水系统开始射水成孔。成孔过程中注意观察钢丝绳的竖直度，避免发生孔斜。拔桩器下沉到预定位置时，减小供水，并同时吊出拔桩器，成孔结束。

（三）沉桩

吊索具的安装：成孔结束后应立即进行沉桩，所以吊索具的安装应提前进行。吊索具包括压盘、2 个 U 形吊环、2 根同等长度的钢丝绳。利用管桩的短板把吊索具和管桩紧紧地联系在一起，保证施工安全。

起吊管桩、就位：管桩起吊前，检查吊索具的安装质量和钢丝绳的破损程度是否满足安全吊装要求；起吊后利用十字交会的观测方法使管桩准确就位，管桩中心和桩位中心重合。

沉桩：管桩就位后立即下沉，沉桩过程中，注意泥浆不要溢流到工作面上和泥浆沟槽的疏通，保证泥浆顺利到达沉淀池；当桩下到预定位置时，进行高程控制，高程准确后，利用吊车的摆动，使桩到达设计桩位；然后填土固桩，填土过程中注意观察，防止管桩在填土过程中发生位移；填土结束后，吊车卸荷，沉桩结束。

三、水力插桩

水力插桩是利用管桩两端端板上的丝扣，将进水装置和射水装置同时安装在管桩的两端，利用管桩的空腔作为供水通道，在起重设备和供水设备的配合下，利用高压水流的作用进行沉桩的施工技术。

沉桩的主要设备：汽车起重机，供射水管道系统，供水水泵。

水力插桩的施工工艺如下：

（1）施工准备：场地平整、测量放样、泥浆池和沉淀池的开挖、护筒埋设，这些工作的要求和钻机成孔沉桩的施工准备要求基本一致，不再赘述。

（2）起吊管桩、就位：管桩起吊前，检查射水装置、进水装置的安装质量，检查吊索具的质量和连接质量，检查、维修和安装供水设备，同时保证供水和供电接通；将管桩放入护筒并保持稳定和居中。

（3）沉桩：开启供水系统开始沉桩，沉桩过程中注意观察管桩的竖直度，确保施工质量；当管桩下沉到预定位置时，要及时控制高程，桩顶到达设计高程时，停止供水，及时调整平面位置；待桩体稳定后，吊车卸荷，拆卸进水装置，沉桩结束。

四、桩坝上部构件安装

桩坝上部构件安装主要由汽车起重机完成，人工配合。其主要工艺如下：

（1）开挖桩头，平整工作面。

（2）对桩顶进行复测，按照最高桩顶高程确定盖梁底高程，确保盖梁顶面平顺、美观。

（3）梁胎制作：以确定的盖梁底高程在每个桩顶制作梁胎，制作前要对端板上的丝扣采取保护措施，制作的梁胎不能妨碍混凝土销柱的插入。

(4)盖梁吊装:吊装前,进行放样,确定第一块盖梁位置,并要放出顶面线和腰线;盖梁的安装应从坝的一端开始,依次按顺序施工。

(5)盖梁安装结束后,用人工将混凝土销柱插入盖梁的预留孔和管桩的空腔中,把管桩和盖梁联系在一起成为整体。插入销柱后,按照设计要求,把销柱和盖梁的空隙塞实、埋严。

第二节　滩地桩坝拆除技术及工艺

通过本次试验施工,验证了可移动不抢险潜坝在黄河下游滩区的可实施性和可操作性,试验中桩坝拆除移动的施工技术和工艺是本次试验研究的重点,它的成功实施使桩坝的移动成为了现实。

一、桩坝上部构件拆除

桩坝上部构件的拆除主要由起重设备完成,人工配合。

(1)对盖梁四周的土体进行开挖清理,平整施工场地,满足吊车和载重汽车的行走要求。

(2)吊车就位后即可进行桩坝的拆除施工,利用 4 根等长的钢丝绳作为吊具,在销柱没有拔出管桩空腔前,吊车应竖直起吊盖梁,以免破坏销柱和管桩。

(3)盖梁吊离后由人工卸除混凝土销柱,卸除时注意保护预制件。

二、高压射水拔桩器成孔拔桩及吊运

高压射水拔桩器拔桩施工技术是这次试验和研究的重点,它的成功实施,标志着黄河防洪施工技术的又一次进步。

(一)施工准备

场地平整:场地的平整度和地耐力应满足吊车行走和供水系统移位要求。

清理管桩顶部端板上的丝扣,并连接上吊装用的压盘和钢丝绳。

护筒埋设:护筒应具有一定的强度,一般由 6 ~ 8 mm 的钢板加工制成,高度为 1.5 ~ 2 m。按照自然地面确定护筒顶高程,筒身竖直,护筒中心与管桩中心重合,四周用黏土回填,分层夯实。

泥浆池和沉淀池开挖:沉淀池和泥浆池应布局合理,以不影响吊车行走和供水系统移动为原则;泥浆池的容量应大于单孔排渣量,沉淀池的容量应大于单孔排渣量的(1.5 ~ 2)倍;泥浆池和沉淀池的池面高程应低于护筒顶高程 0.5 ~ 1 m。

(二)成孔

起吊高压射水拔桩器:起吊前,对供水系统和配套设备进行检查、维修和安装,同时保证供水和供电设备接通;起吊后把拔桩器放入护筒,并使拔桩器居中套在管桩四周。注意钢丝绳应从射流拔桩器的缺口处提出,防止压在拔桩器下方。

开启供水系统,在桩周围的土体被破坏后,靠自重作用下沉,直至沉到距桩底 0 ~ 1 m 时减小供水,完成成孔作业。

（三）吊桩出孔

成孔结束后，及时把桩顶钢丝绳挂上吊钩，将桩和拔桩器同时起吊，在吊出过程中注意及时补水，防止塌孔事故发生。

把桩和拔桩器吊出孔后，应缓慢将桩放到指定位置，并将桩和拔桩器分离。对拔桩后的空洞及时用砂性土回填，防止发生安全事故。

桩坝的主要构件有管桩、盖梁和混凝土销柱，拆除后应分类装运。

第三节　潜坝修建与拆除安全施工注意事项

一、钻机成孔沉桩注意事项

（一）钻机安装

（1）安装钻机的场地应平整、坚实。若在松软地层处安装钻机，应对地基进行处理，然后铺垫枕木，保证钻机在工作时的稳固性，以免钻机在钻进工作中发生局部下沉，影响钻孔精度。

（2）钻机安装时，必须保持机架水平。

（3）钻机就位确认安置正确后，在桅杆顶上先系上四根缆风绳，然后将桅杆竖起，桅杆竖起后，将下节桅杆固定好，再将上节桅杆拉出，并将上下节桅杆固定，安装好拉杆后，再将缆风绳系好。可用法兰螺丝调整缆风绳拉力，以免桅杆倾斜（开动主桅杆专用卷筒竖起桅杆时，动作要缓慢）。

（4）桅杆竖起后，将桅杆底部的千斤顶旋出，以便载荷通过千斤顶传递到支座上。

（二）开动前检查

（1）检查钻机所有机构的正确性，并向全部润滑点和油嘴加注润滑油。

（2）松开所有摩擦离合器，并清除钻机上的无关杂物。

（3）检查电动机旋向，从皮带轮方向观察电机时，电动机的旋向应按顺时针方向旋转。

（4）应保证各种安全防护装置齐全。

（5）空运转 3 ~ 5 min，待一切正常后方可开始钻进。

（三）操作者须知

（1）不要在不良的机况下进行工作。

（2）不要用打滑的摩擦离合器，防止摩擦片的磨损。

（3）将卷筒刹住后，再间断地松开，将钻头降落到井孔内，不要使其自由降落。经常检查钢丝绳损伤情况，若断丝超过 5%，应及时更换。钨金套应做拉力试验。钢丝绳与钻头连接的夹子数应按等强度安装。

（4）在下降工作中，若钻具停止，不应悬在空中，而应将钻具提上以后，再重新下降。

（5）拧紧钻具后，为检查接合处的螺纹连接情况，必须用凿子做检查标记线。

（6）钻具下降到井底以前，应检查钻头安装是否正确，钻具上应无裂纹。

（7）为了避免机器过早磨损，在工作中不要采用质量超出说明书规定的钻具。

(8)为避免钻具被淤埋在井孔中,不工作时,不得将其停留在井底。

(9)工作时要注意拉杆的拉力是否正常,不要在拉杆松弛时进行工作,以防桅杆损坏。

(10)在用钢丝绳滑轮组中的两个滑轮进行工作时,为使桅杆负荷均匀,应使两边的滑轮受负荷,而中间的滑轮能自由活动。

(四)钻机操作时的安全技术

(1)钻孔工作地点应保持清洁。

(2)钻机安装及拆卸时,要保证正确和完整无缺。

(3)钻机的桅杆升降时,操作人员应站在安全的位置上进行操作。

(4)开动电动机时,应打开钻机所有的摩擦离合器。

(5)当钻机工作时,严禁去掉防护罩。

(6)工作开始前,应检查制动装置的可靠性,以及摩擦离合器和启动装置的工作性能。

(7)电动机停止前,禁止检查钻机。

(8)钻机工作时,严禁紧固钻机任何零件。

(9)钻机运转时,严禁加油。桅杆上部润滑加油应在钻机停止时进行。

(10)电动机停止前,不允许在桅杆上工作。

(11)无论什么情况下,当桅杆上有人工作时,桅杆下禁止其他人员停留。

(12)遇有恶劣气候,不许在桅杆上工作。

(13)严禁使用裂股的钢丝绳。

(14)钻具升降时,严禁用手摸钢丝绳。

(15)停止工作时,应把钻具从井内取出。

二、高压射水拔桩器成孔注意事项

(一)潜水泵操作注意事项

(1)启动前检查水管是否结扎牢固,放气、放水、注油等螺塞是否旋紧,叶轮绝缘是否良好。

(2)工作电压应在342~418 V范围内。

(3)水泵应放在坚固的网篮内放入水中,以防乱草杂物卡住叶轮,其沉入水中最浅深度为0.5 m,最深不超过3 m;水泵应直立于水中,不得陷入泥中,以防因散热不良而烧坏。

(4)水泵放入水中或从水中提出时,须拉住扣在水泵耳环上的绳子,严禁提拉电缆。出水管以能套上水泵管接头为宜。

(5)接好电源后,先试运转,检查旋转方向是否正确。水泵在水外运转的时间不得超过5 s,以防过热。

(6)水泵应装设接零保护或漏电保护装置,工作时,周围30 m以内不得有人畜进入。

(7)停转后不得立即再启动。每小时启动不得超过10次。停机后再间隔1 s以上才能开机。在运转中若发现声音不正常,应立即切断电源进行检查。

(8)新水泵或新换过橡胶密封圈的水泵使用50 h后,应旋开放水封口塞,检查泄漏量

(流出的水和油),若不超过 5 mL,说明密封正常。若超过 5 mL,应进行 196 kPa(2 kgf/cm^2)的气压试验。查出泄漏原因后,予以排除方可使用。以后每月检查一次,若泄漏不超过 25 mL,可以继续使用。检查后必须旋开放油封口塞,倒出油室内的储油,换上规定的润滑油。

(9)经过修理的油浸式潜水泵,应先进行 196 kPa(2 kgf/cm^2)的气压试验,检查各部无泄漏现象,然后将润滑油加入上、下壳体内。

(10)水泵使用的地点气温低于 0 ℃时,在停止运转时,应从水中提出水泵擦干后存放在室内。

(11)每周应测定一次电动机定子绕组对地的绝缘电阻有无下降。

(二)射水拔桩器的安全操作方法

(1)拔桩器在就位前,先拆除混凝土预制管桩顶连系梁及混凝土柱塞,然后人工开挖深0.9 m、直径 1.1 m 的导向孔,并正确放置护筒,使护筒开孔对准溢流沟槽。在桩顶部将钢丝绳安全系牢,同时在操作人员站的地方铺设铁丝网,以防塌陷。

(2)起吊机械吊钩钩住拔桩器吊环,等操作人员远离拔桩器约 1 m 处,再缓慢起吊拔桩器,使拔桩器置于护筒正上方,然后启动水泵开始射流。观察各个喷嘴射流是否正常,如果不正常(如堵塞等),需用铁丝将喷嘴疏通,使射流通畅。

(3)拔桩器指挥人员时刻关注拔桩器进尺,黏土成孔进尺保持在 1 m/min 左右,上下往复近 10 次。砂土成孔进尺保持在 1.5 m/min 左右,上下往复近 10 次。如果进尺小,适当增大往复运动频率;如果进尺大,适当减小往复运动频率。

(4)指挥人员站在铁丝网上,指挥拔桩器进尺的同时注意观察泥浆出流情况。如果在拔桩器进尺慢的同时泥浆溢出速度减小,说明射流减小或者停止,应尽快拔出拔桩器,以防孔壁坍塌,将拔桩器埋入地下。

(5)拔桩器射流成孔达到预定深度以后,用起吊机械将其拔出,同时继续射流,直到拔桩器拔出地面以后,方可停止水泵供水。

(6)将拔桩器放置在规定的位置,再用起重量较大的起重机将桩拔出(当起吊机械起升能力不够同时起吊桩和拔桩器时)。

(7)拔桩器成孔达到预定深度以后,再由操作人员将桩顶部的钢丝绳挂在起吊机械的吊钩上,将拔桩器和桩一起拔出,放在规定的位置(当起吊机械起升能力足够同时起吊桩和拔桩器并拔出时,才有此步骤)。

三、桩坝构件吊装、运输注意事项

(一)管桩的安全起吊运输

(1)管桩的起吊和运输,应在混凝土强度达到100%设计强度后进行。

(2)单节长度在 15 m 以内的混凝土管桩,在起吊搬运时,可采用两端吊钩法,吊索的水平夹角不宜小于60°。

(3)长关节混凝土管桩起吊时,吊点位置应符合相关设计规范的规定。

(4)起吊前应检查管桩桩身质量有无缺陷,起吊时应平稳提升;吊点同时离地,避免破坏棱角。装载运输过程中,底层应设置垫木,保持垫木高度在同一平面上。关节运输时，当单节长度小于15 m时，各层关节间可不设垫木；当不采用吊钩法吊桩时，各层混凝土管桩间应设垫木，要求各层垫木上下对齐。

(5)桩运输时堆放层数不宜超过4层。

(6)桩运到现场后，应进行外观检查，合格后进行堆放。

(7)桩的现场堆放应遵守下列规定：地面必须平整、坚实；垫木必须放在吊点正下方，并在同一平面上；各层垫木应位于同一垂直线上，最下层垫木应加强；堆放层数应根据地面容许承载力确定，一般情况下，堆放层数不宜超过3层；不同规格的桩应分别堆放。

(二)载重汽车安全运输

(1)载重汽车操作必须遵守运输机械的一般安全技术要求。

(2)严禁超重、超长(车身前后2 m)、超宽(车身左右0.5 m)、超高(从地面算起4 m)装运。超长物件在托运时，要与有关部门协商，采取相应措施后方可起运。

(3)装载物品要捆绑稳固牢靠。

(4)载货汽车不准搭乘无关人员。因工作必须搭乘人员时，其所在位置须稳妥，不得在货物间或货物与墙板间隙内，更不许攀爬在货物上、驾驶室顶上、引擎盖及挡泥板上。搭乘人员后，整体高度不得超高。

(5)管桩装运时须采取措施，防止滚动。

(6)起步要慢，低速行驶，尽量避免紧急制动。拖车上必须有制动器。

(7)配合起重机装卸货物时，司机应离开驾驶室。

四、发电机组安全注意事项

(一)自动状态

(1)保持启动电动机的蓄电池组达到启动电压。

(2)保持散热器冷却水位正常，循环水阀常开。

(3)曲轴箱油位保持在量油尺刻线±2 cm的范围内。

(4)油箱油量在一半以上，燃油供油阀常开。

(5)发电机控制屏的“运行—停止—自动”开关放在“自动”位置。

(6)机组配电屏的模式开关在“自动”位置。

(7)散热器风机开关打在“自动”位置。

(8)机组收到市电失压的讯号后启动，确认市电失压，切开转换柜市电开关，合上转换柜发电开关，启动机房的进风机和排风机。

(二)手动启动

(1)室内气温低于20 ℃时，开启电加热器，对机器进行预热。

(2)检查机体及周围有无妨碍运转的杂物，若有，应及时清走。

(3)检查曲轴箱油位、燃油箱油位、散热器水位。如油位、水位低于规定值，应补充至正常位置。

(4)检查燃油供油阀和冷却水截止阀是否处于开通位置。

(5)检查启动电动机的蓄电池组电压是否正常。

(6)检验配电屏的试验按钮，观察各报警指示灯能否接通发亮。

(7)检查配电屏各开关是否置于分闸位置,各仪表指示是否处于零位。

(8)启动进风机和排风机。

(9)按动发动机的启动按钮,使其启动运转。若第一次启动失败,可按下配电屏上相应的复位按钮,待其警报消除、机组回复正常状态后方可进行第二次启动。启动后,机器运转声音正常,冷却水泵运转指示灯亮及各仪表指示正常,则启动成功。

(三)手动操作并联供电

(1)待并车发电机的油温、水温、油压达到正常值,运转正常。

(2)待并车发电机的输出电压和频率的数值与母排上的数值相一致。

(3)把待并车发电机的同步器手柄置于“合闸”位置。

(4)观察同步指示器的指示灯及指针。

(5)观察同步指示器的指示灯,完全熄灭或指针旋转到零位时,即可合上并电合闸开关。

(6)机组进入并车运行,随后把其同步器手柄旋回“关断”位置。

(7)如果同步器合闸后,同步器指针旋转太快或反时针旋转,则不允许并车;否则,将导致合闸失效。

(8)手动并车成功后,应立即与低压配电房联系,落实总配电屏馈出开关可否合闸送电后再行操作。

(四)运行安全管理

(1)按照规定时间检查各指示仪表,注意润滑油的压力、水温是否有变化。润滑油的压力不得低于150 kPa,冷却水温度不得高于95 ℃。

(2)检查曲轴箱油位、燃油箱油位、散热器水位,若低于正常位置,应予以补充。

(3)勤观察配电屏各仪表及报警指示灯是否正常。红灯亮表示有故障,绿灯为正常运行指示灯。

(4)检查充电器是否正常充电。

(5)倾听机器的各部分运转声响是否正常。

(6)手摸机体外壳、轴承部位外壳、油管、水管,感觉温度是否正常。

(7)留意发电机或电器设备是否有焦糊等异味。

(8)发现有不良情况,应及时处理解决,严重的应停机处理。

(9)凡故障停机,须把故障消除,然后按动机组上的重复手掣,机组方可再进行运作。

(10)对各运行参数,每班记录不少于两次。

(五)停车

(1)总控屏的输出馈电开关分闸,脱开电网。

(2)发电机空载运转10 min后停车。

(3)停止机房的风机、冷却水泵等设备的工作。

五、汽车起重机安全操作注意事项

(1)起重作业人员必须持操作证上岗。

(2)风力5级以上时应暂停工作。

(3)吊臂与高压线应保持下列距离：电压小于1 000 V者距离大于2 m，电压2 000 ~ 20 000 V者距离大于4.5 m。

(4)必须打支腿作业。打支腿后回转支承处应水平，其倾斜度不得大于10°。

(5)支腿与支承面必须垂直，支腿与地面间应铺垫80 mm厚的硬木板。

(6)吊重作业中，不准扳动支腿手柄，如果要调整支腿，一定要先将所吊重物放落地面。

(7)作业前应检查吊机安全保护装置及钢丝绳、吊钩等吊具，均应保持完好，启动后应空载运转，检查各部件工作是否正常。

(8)必须按起重特性表所规定起重量及吊距范围操作，严禁超负荷作业。

(9)当实际起重接近起重表所规定的起重量时，吊臂只能向后方起吊，左右回转不准超过45°。

(10)当场地比较松软时，必须进行试吊(吊重离地高不大于30 cm)，检查各支腿有无松动或下陷，若发现有变动，不可起吊。

(11)吊钩(或提升滑轮组)提升时与吊臂头部距离应小于0.5 m。吊钩下降至最低点时，卷筒应保留3圈以上的钢丝绳。

(12)当起重机以最大仰角作业，卸载时，应先将重物放至地面并保持钢丝绳拉紧状态，然后将吊臂放低一些再摘吊(防止吊机向后倾覆)。

(13)吊重后变幅应在起重表规定范围内，并尽量缓慢进行。

(14)负荷在空中时，司机不准离开驾驶室。

(15)吊臂下不准有人停留和通过。

(16)吊重作业时应有起重工(路桥工程为桥工或已培训专职人员)负责指挥，若在作业现场有其他人员操作，当起吊及放下时必须发出信号。

(17)作业难度较大的吊装作业，必须由有关人员先做好施工方案，在作业过程中派专人观察起重机安全状况。

第四节　功效与成本计算分析

根据黄河下游地质条件和实际情况，我们主要对钻机成孔沉桩和射水成孔沉桩拔桩的施工方法进行功效分析和经济分析，并对其施工定额进行了初步估算。

由于这次现场成孔沉桩和拔桩施工是首次开展的试验性质的科学研究，缺乏资料和经验，只能在积极摸索、认真实践、不断改进的过程中逐步熟悉和积累经验，并且不断改进施工工艺和提高施工效率，因此成孔沉桩和拔桩施工的定额难以准确计算。但是根据施工过程积累的施工记录及发现的问题，扣除由于实践、摸索、改进所走的弯路，以及多耗费的时间、资源和人力，初步估算了施工定额，以供实施同类工程时参考。

一、钻机成孔沉桩功效与成本功效及成本核算

钻机成孔施工技术相对比较成熟，它需要不同机械设备和人员间的密切配合，其中任何设备出故障都会影响施工的正常进行。试验中随着施工配合的协调，每天完成沉桩的

数量是在逐步增加并趋于相对稳定的。从施工过程可知，1 台吊车配合 2 台钻机进行沉桩施工，其效率得到较合理的利用，但不能满足 3 台钻机沉桩的需要。

考虑综合因素，按照 2 台钻机每天完成 8 根管桩的沉桩工作量计算，根据现场所需配置的机械设备和施工人员数量的统计，来初步估算钻机成孔沉桩的定额。

（1）钻孔沉桩过程中机械配置情况见表 7-1。

表 7-1　钻孔沉桩机械配置情况

设备名称	单位	数量	配备人员（人）	说明
Sh300 型正循环钻机	台	2	14	其中工长 2 名
25 t 吊车	辆	1	2	
75 kW 柴油发电机组	台	2	1	
Pc60 挖掘机	台	1	1	
50 装载机	台	1	1	
802 推土机	台	1	1	

（2）钻机沉桩定额分析。根据现场施工过程的实际数据统计，扣除试验设备调试和非正常因素所耽误的时间，按照沉桩 1 根钻机沉桩所需的机械工作台时进行分析，整理结果见表 7-2、表 7-3。

表 7-2　钻机成孔沉桩功效初步分析

	机械	300 型钻机	75 kW 柴油发电机组	25 t 吊车	
15 m 桩长沉桩 1 根	台时	1.5	2.0	2.0	费用估算：2 956 元
	工时	9.0	2.0	2.0	
	材料	稳桩碎石 0.5 m^3、护壁黏土 2.5 m^3（管桩费用未计）			

（3）钻机沉桩效率分析。根据在滩地利用钻机进行沉桩的实际用时统计结果，因滩地土体结构不同，成孔效率存在差别，成孔 18 m 深需 20 ~ 30 min，钻机移动、定位 1 次需要约 30 min，期间平行吊桩及桩体定位耗时约 20 min，一个钻机小组插桩 1 根共需约 1 h。一个钻机小组人员 14 人，设备主要有钻机、吊车和发电机等。

二、高压射水拔桩器成孔拔桩和沉桩功效与成本核算

高压射水拔桩器拔桩、沉桩所需的机械设备和现场施工人员见表 7-4。根据现场施工过程的实际数据统计，扣除试验设备调试和非正常因素所耽误的时间，按照高压射水拔桩器拔出、沉入 1 根桩所需的机械工作台时及其费用估算，结果见表 7-5、表 7-6。

高压射水拔桩器拔桩用时分析：根据在滩地利用高压射水拔桩器进行拔桩的实际用时统计结果，吊车定位、拔桩器工作准备约需 15 min，套桩冲深 15 m 需 30 ~ 50 min，吊桩、拔桩器出孔约需 8 min，再考虑吊车一次移位可拔桩数量和拔桩器一次准备工作时间，以及平行作业的装车作业耗时等，一个拔桩器工作组拔桩 1 根约需 1 h，需要人员 11 人，主

要机械有吊车、发电机和拔桩器等。

高压射水拔桩器拔桩和沉桩初步定额估算见表 7-7、表 7-8。

表 7-3　钻机成孔沉桩初步定额

适用范围：粉细砂、黏土地层，管桩外径 0.5 m，管桩桩长 15 m。

工作内容：护筒埋设，钻机安装，转移空位，造孔，制作固壁泥浆，清孔，管桩就位，管桩吊装入孔，管桩吊索具的安装与拆卸，管桩空间位置的控制。

单位：10 m

项目	单位	地层	
		粉细砂	黏土
工长	工时	2	5
高级工	工时		
中级工	工时		
初级工	工时	8	20
合计	工时	10	25
锯材	m^3	0.1	
钢材	kg		
钢板	m^2	2.8	1.9
铁丝	kg	1.2	1.0
黏土	t	4	2
碎石	t	0.8	0.5
电焊条	kg	1.5	1.2
水	m^3	105	90
其他材料	%	2	1.8
循环钻机 Sh300 型	台时	2	5
电焊机 30 kVA	台时	0.5	0.4
泥浆泵 3 PN	台时	2	1.8
汽车起重机 25 t	台时	2	2
75 kW 柴油发电机组	台时	2	5
Pc60 挖掘机	台时	1	0.8
802 推土机	台时	1	1.0
50 装载机	台时	1	1.0

三、桩坝构件拆装及其吊装、运输功效，成本功效与成本核算

按照试验数据分析每拔出一根管桩需要 1 598 元，大型载重汽车每车装 15 根管桩，50 km 以内运距运费 3 000 元，每根管桩运费 200 元，装、卸费每根管桩各 100 元，则每根管桩从拆除到送进另外工地共需要 1 998 元。

表 7-4　高压射水拔桩器拔桩、沉桩的设备、人员组合

高压射水拔桩器拔桩、沉桩15 m 管桩 1 根	机械设备	射水拔桩器 1 台(套)	25 t 吊车 1 台	75 kW 发电机组 2 台
	人员	8 人	2 人	1 人

表 7-5　高压射水拔桩器拔桩功效初步分析

高压射水拔桩器拔桩、沉桩15 m 管桩 1 根	机械	高压射水拔桩器	25 t 吊车	75 kW 发电机组	费用估算：1 598 元
	台时	2.2	1.0	2.5	
	工时	18.0	2.0	2.5	
	材料	主要是铅丝、卡扣等消耗材料，管桩费用未计			

表 7-6　高压射水拔桩器沉桩功效初步分析

高压射水拔桩器拔桩、沉桩15m 管桩 1 根	机械	高压射水拔桩器	25 t 吊车	75 kW 发电机组	费用估算：2 298 元
	台时	2.6	2.0	2.8	
	工时	21.0	4.0	2.8	
	材料	主要是铅丝、卡扣等消耗材料，管桩费用未计			

表 7-7　高压射水拔桩器拔桩初步定额

适用范围：粉细砂、黏土地层，管桩桩长 15 m，管桩外径 0.5 m。

工作内容：护筒埋设、吊索具的安装拆卸、机具移位、高压射水拔桩器和配套设备的组装、施工后的场地处理。

单位：10 m

项目	单位	地层	
		粉细砂	黏土
工长	工时	4	16
高级工	工时		
中级工	工时		
初级工	工时	15	60
合计	工时	19	76
铁丝	kg	5.0	5.6
水	m^3	105	400
电焊条	kg	2.0	2.5

续表 7-7

项目	单位	地层	
		粉细砂	黏土
其他材料	%	2.0	2.6
高压射水拔桩器	台时	2.0	10.0
水泵 4 吋	台时	2.0	10.0
汽车起重机 25 t	台时	0.8	0.8
75 kW 柴油发电机组	台时	4.0	20.0
水泵 6 吋	台时	4.0	20.0
Pc60 挖掘机	台时	1.8	1.5
50 装载机	台时	1.5	1.2
电焊机 30 kVA	台时	0.5	0.8

表 7-8　高压射水拔桩器沉桩初步定额

适用范围：粉细砂、黏土地层，管桩桩长 15 m，管桩外径 0.5 m。

工作内容：护筒埋设、吊索具的安装拆卸、机具移位、高压射水拔桩器和配套设备的组装、施工后的场地处理。

单位：10 m

项目	单位	地层	
		粉细砂	黏土
工长	工时	4.4	19.8
高级工	工时		
中级工	工时		
初级工	工时	16.5	74.2
合计	工时	20.9	94.0
铁丝	kg	5.1	6.8
水	m^3	185	700
电焊条	kg	2.5	3.5
其他材料	%	2.8	4.6
高压射水拔桩器	台时	2.6	13.0
水泵 4 吋	台时	2.6	13.0
汽车起重机 25 t	台时	2.8	13.5
75 kW 柴油发电机组	台时	5.2	26.0
6 吋水泵	台时	5.2	26.0
Pc60 挖掘机	台时	2.0	1.8
50 装载机	台时	1.5	1.2
电焊机 30 kVA	台时	0.9	1.3

第八章　可移动不抢险潜坝试验工程观测及其稳定性分析

为探索桩坝抗流冲刷和导流效果，便于经受2009年黄河调水调沙洪水的冲击检验，以及为方便、安全观测，项目组将试验工程选择修建在了极易靠流的郑州黄河花园口河边滩地上，并在试验工程修建完工后，及时制定了观测计划和内容，同时成立了由河南黄河河务局科技处、郑州惠济区河务局、华北水利水电学院、黄委水利科学研究院和郑州黄河水电工程有限公司参加的观测组织，进行了责任分工，确保试验工程观测顺利进行。

第一节　可移动不抢险潜坝实际运用情况简介

一、黄河调水调沙前试验工程运用情况

试验工程在2009年5月顺利修建完成，随着试验工程所在河段河势的不断南滚，工程北边的滩地不断被河水塌入河中，试验工程在尾端逐渐如期靠河抗流，经受河水冲击检验（见图8-1）。

图8-1　试验工程尾端逐渐靠河抗流（800 m^3/s 坝顶出水高度2.2 m）

随着工程附近的滩地逐渐坍塌后退，试验工程前后的滩地在2009年6月10日全部塌入河中，试验工程由滩地全部变为水中工程，处在大河偏南的主槽内，并逐渐向河心“移动”（见图8-2）。

图8-2　试验工程被抄后路河中抗流（1 500 m^3/s 坝顶出水高度1.8 m）

在2009年6月17日黄河调水调沙开始的前一天，试验工程“移动”至距南河沿10 m左右的河槽深泓区。

二、黄河调水调沙期间试验工程运用情况

2009年黄河调水调沙以控制花园口流量3 900 m^3/s 为目标，含沙量为2～6 kg/m^3。在6月18日至7月6日的15天调水调沙中，人工塑造的冲刷河槽洪水过程全时段顶冲试验工程：由初始的1 000 m^3/s 大河流量起涨至2 900 m^3/s 后，稳定控泄1天左右，随后大河流量进一步加大至3 900 m^3/s 左右，并稳定控泄12天，期间6月26日和27日2天大河流量为4 100 m^3/s，7月1日大河流量开始减小，至7月6日黄河调水调沙结束时，大河流量恢复至600 m^3/s 左右河道供水过程。

由于无法确定2009年黄河是否有大的洪水过程，为不放过任何一次洪水冲击桩坝检验的机会，我们紧紧抓住2009年黄河调水调沙这一有利机遇，对桩坝运用情况进行了全天检测。根据2009年黄河调水调沙期间的观测和黄委水利科学研究院防汛抢险研究所对试验工程所在河段河道大断面实际测绘成果，桩坝始终处于河槽深泓区（见图8-3），所有流量级水流都顶冲桩坝（见图8-4～图8-6）。

由于桩坝为透水形式及河中漂浮杂草很多，加之水流很急，桩坝上段管桩挂草很多，上端挂草厚度约2.0 m（自水面向下算起），挂草壅水近似坝头情况（见图8-7）。

试验工程主要是探索管桩的滩地插入和拔除工艺及技术，试验工程的主体构件管桩长度为15 m，其设计抗击水流冲刷等级为800 m^3/s，但在大河流量4 000 m^3/s 左右洪水中抗流迎冲时，因有下段的支撑和水压力作用，上段各桩联盖梁紧紧挤靠在一起，稳定性较好；尾段的桩联由于没有支撑，加上河水冲刷强烈，特别是管桩插入河床的锚固深度不足（超标准运用：按坝顶平800 m^3/s 水位设计的管桩长度，实际运用是平4 000 m^3/s 水位），由于黄河“喘气式”的阵流脉动水压力作用，桩坝在黄河急流中前后、左右晃动，晃幅

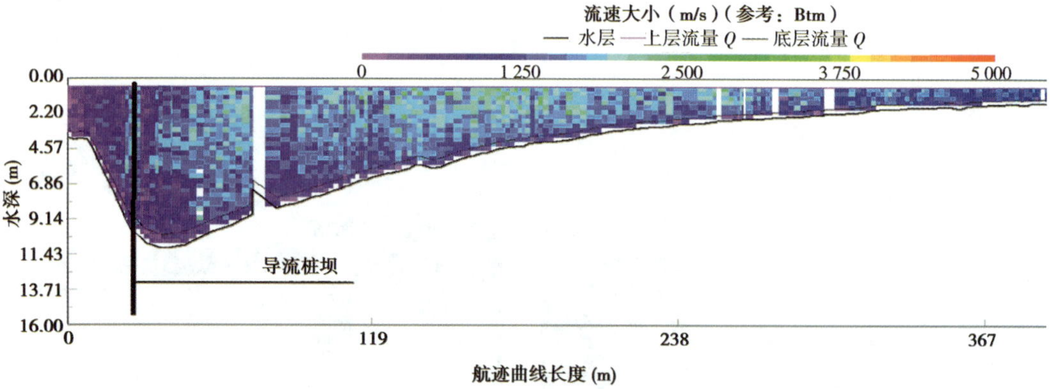

图 8-3　黄河调水调沙期间试验工程所在河道实测横断面图

图 8-4　试验工程被抄后路河中抗流(3 900 m^3/s 坝顶出水高度 0.1 m)上游照

图 8-5　试验工程被抄后路河中抗流(3 900 m^3/s 坝顶出水高度 0.1 m)下游照

可达 5 cm 左右，尾段桩联盖梁与倒数第二联盖梁之间的缝隙逐渐加大（见图 8-8）：由初始的 1 cm，冲击 6 天后变为 8 cm。尾段桩联在调水调沙第 7 天倒入河中；至黄河调水调沙结束时，桩坝尾部两联坝体倒入河中，倒数第三联严重向下游倾斜变位（见图 8-9 和图 8-10）。

图 8-6　试验工程被抄后路河中抗流(迎水面坝顶平 4 100 m^3/s 水位)

图 8-7　坝头挂草壅水(大河流量 3 900 m^3/s)

第二节　管桩坝附近流速、水位测量

为准确了解和掌握试验工程在黄河调水调沙期间桩坝附近的水流状况,项目组先后两次组织黄委水利科学研究院防汛抢险研究所、华北水利水电学院河流所,采用旋桨式和 ADCP 走航式测流仪两种方法对桩坝附近流速进行测量,并利用钢尺丈量方法进行桩坝前后水位差测量(见图 8-11)。

(a)水冲2天加大的缝隙

(b)水冲6天过度加大的缝隙

图8-8　桩坝桩联盖梁缝隙发展(大河流量3 900 m^3/s)

图8-9　黄河调水调沙期间严重倾斜的桩联

图8-10　黄河调水调沙后严重倾斜桩联的运行情况

项目组于6月24日对管桩坝周围的流速进行了测量,期间大河流量Q约为3 900 m^3/s。通过对测量数据的整理分析(见表8-1),可以看出,第一桩到第七桩迎水面的流速大于背水面的流速,第八桩到坝头背水面的流速大于迎水面的流速,测得的坝尾实际流速为2.65 m/s,坝头实际流速为2.00 m/s,管桩坝周围其他位置的流速均为2.0~2.65 m/s。此外,项目组于6月26日在Q=3 900 m^3/s流量下对与管桩坝对应的边岸水流流速

图 8-11　项目组在进行水深、流速测量和管桩挂草情况探摸

进行了测量，从实测数据可以看出，管桩坝坝头卡口处的流速较大，为 2.44 m/s，在受回流影响较大的地方流速较小，为 0.31 m/s，实测具体数据见表 8-2。

表 8-1　桩坝工程周围实测流速（6 月 24 日，$Q = 3\ 900\ m^3/s$）

测点区域	测点位置	距坝尾距离（m）	实际流速（m/s）
迎水面	1 尾	0	2.65
	2 头	9	2.46
	5 尾	18	2.38
	7 尾	27	2.37
	9 尾	36	2.20
	11 尾	45	2.08
	坝头	50	2.00
背水面	11 尾	45	2.15
	9 尾	36	2.34
	7 尾	27	2.31
	5 尾	18	2.27
	3 尾	9	2.20
	1 尾	0	2.23

表 8-2　桩坝工程附近实测流速

测点区域	测点位置	序号	实际流速(m/s)
6 月 26 日　$Q = 3\ 900\ m^3/s$			
边岸	1	1 - 4	0.94
		1 - 5	1.06
	2	1 - 6	0.31
		1 - 7	0.46
	3	1 - 8	1.23
		1 - 9	2.44
	4	1 - a	1.50
		1 - b	2.14
	5	1 - c	2.17
	6	1 - d	1.80
		1 - e	2.29
7 月 1 日　$Q = 2\ 900\ m^3/s$			
管桩坝坝头卡口处边岸	6	1 - 1	1.85
		1 - 2	2.14
		1 - 3	1.95
		1 - 4	2.13

查勘期间(2009 年 6 月 24 日、2009 年 6 月 26 日)流量为 3 800 ~ 3 900 m^3/s。通过实地查勘可知,坝上游 20 ~ 30 m 以上河道流态基本不受管桩坝影响,坝头顶端形成壅浪,并将河槽单一主流分为大小两股:管桩坝迎水面迎接主流,背水面因被抄后路而有一股主流。坝头后侧形成小旋涡,管桩坝迎水面与背水面水位差在坝头附近为 25 ~ 30 cm,其他位置为 16 ~ 20 cm,详细数据见表 8-3。管桩坝挑流作用明显,坝下游导流线 200 m 左右,管桩坝背流面边岸附近形成了比较大的旋涡,试验工程附近流场、流态情况见图 8-12。

表 8-3　管桩坝工程实测水面线结果

位置	距坝尾距离(m)	迎水水面高程线(cm)	背水水面高程线(cm)
上游顶部	50	-13	-38
11 尾	45	-15	-32
9 尾	36	-16	-32
7 尾	27	-16.3	-32.8
5 尾	18	-16.5	-33.5
3 尾	9	-16.8	-34.3
1 尾	0	-17	-34.8

注:以坝顶高程为基准,假定坝顶高程为 0.0 m。

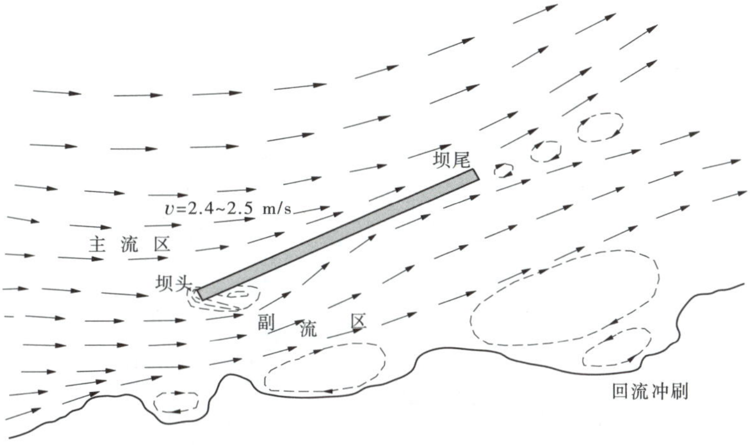

图 8-12　试验工程附近流场、流态情况示意图

第三节　管桩坝附近河床冲深测量

项目组于 6 月 26 日在 $Q=3\ 900\ m^3/s$ 的来流情况下以水面为基准对管桩坝附近及管桩坝到深槽之间的冲刷坑深度进行了测量(见图 8-13),根据 ADCP 走航式测流仪和铅丝栓大石块实测数据综合结果得知:在管桩坝附近形成了一个较大的冲刷坑,坝尾冲刷最为严重,冲刷坑水深 $h_p=10.8$ m;坝头冲刷次之,其河面水深 $h_p=9.8$ m;管桩坝前后的冲刷与之相比较小,其冲刷坑水深 $h_p=9.0$ m;在距管桩坝约 25 m 的位置冲刷基本不受管桩坝的影响,其河面水深 $h_p=6.0$ m 左右;在主河流与管桩坝相距约 20 m 的位置因受主流的影响,冲刷较为严重,沿主流方向形成深槽,其冲刷坑水深为 12.5 m 左右,在管桩坝到深槽之间冲刷坑水深呈递增趋势,过深槽后再递减;在管桩坝附近的冲坑水深由管桩坝向其周围呈递增趋势,然后呈递减趋势,见图 8-14。

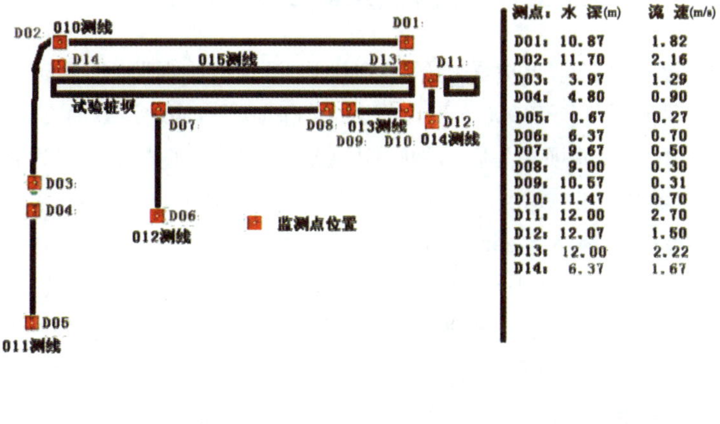

图 8-13　ADCP 测量工程周围(河底跟踪)平面轨迹示意图

综合考虑各种测量结果和各方面因素影响,综合确定试验工程不同位置的冲刷坑水深见表 8-4。

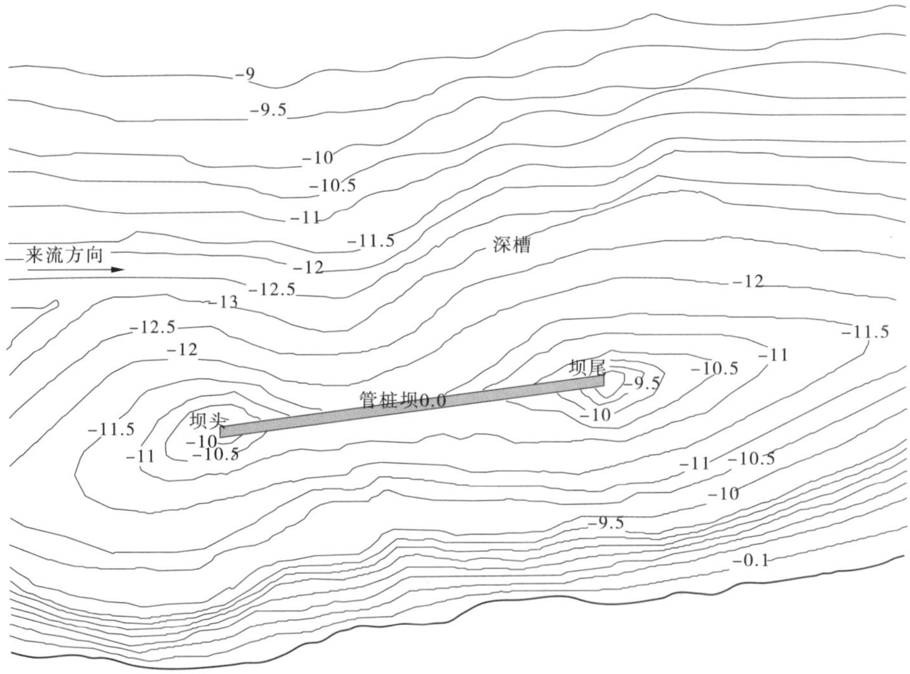

图 8-14　管桩坝附近等深线图(大河 $Q=3\ 900\ m^3/s$ 时测量)

表 8-4　不同位置的冲坑水深

冲刷位置	坝头	坝尾	深槽
冲坑水深(m)	11	12	13

第四节　管桩坝稳定性分析

现场查勘期间,对管桩坝整体结构的稳定性进行了连续观测,在黄河调水调沙初期 6 月 18 ~21 日的大河流量涨至 3 900 m^3/s,前 11 联桩坝顺直、稳定,6 月 22 日在 3 900 m^3/s 流量的水流以 30°角顶冲桩坝 4 h 后,桩坝尾段倒数第一联坝体开始出现颤动,至 6 月 23 日倒数第一联坝体盖梁与倒数第二联坝体盖梁的间隙由初始的 0.5 cm 扩大到 4 cm,倒数第一联坝体出现晃动,晃幅达 5 cm 左右,倒数第二联坝体开始出现颤动。由此我们判断,倒数第一联坝体在 3 900 m^3/s 平坝顶水流激烈冲击下是处于平衡和失稳的极限状态。果然,至 6 月 26 日,尾部二联坝体在 3 900 m^3/s 流量水流冲击 4 天后,发生倾倒,同时倒数第三联坝体也开始出现轻微颤动。至 27 日,倒数第三联坝体在颤动、晃动中,与倒数第四联坝体间隙逐渐加大,向下游倾斜,坝顶降低至水面下 5 cm 左右(见图 8-9),可能是随着坝体变短、扰动水流能力减弱,以及先期倾倒的两联坝体对河床冲坑水流的阻挠和消减作用,剩余坝体经受住了后期大水的冲击,7 月 1 日流量降为 2 900 m^3/s,水位大幅下降,明显观测到管桩坝该联坝体向下游倾斜。

另外，项目组还对分散竖立在河中的管桩稳定情况进行了观测。6 根各自独立管桩，顶部高程平 3 000 m^3/s 河水位，桩长 15.0 m，在 2009 年黄河调水调沙中同试验工程一样位于大河主槽，在急流中抗流激浪。为了便于比较，在管桩初始运用时，项目组在第一根管桩顶放置了一个大的土块，并测验了各个管桩的直立形态。根据观测结果，在 2009 年黄河调水调沙河道涨水、3 900 m^3/s 持续冲刷和落水过程中，6 根独立管桩保持了良好的稳定性，没有发生任何轻微的变形（见图 8-15）。

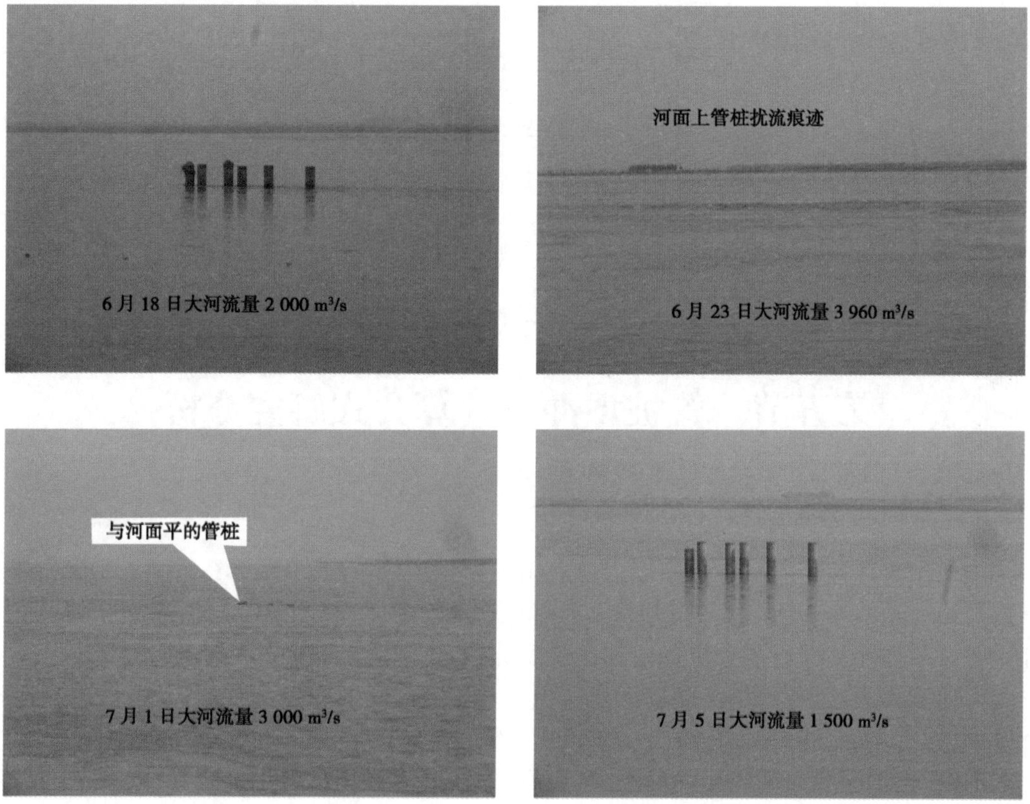

图 8-15　主槽中独立管桩抗流稳定情况

根据对桩坝试验工程和独立管桩的观测结果分析，同样桩长的管桩，桩顶高程越低，其在河水中的抗冲稳定性越好，试验工程之所以是处于平衡和失稳极限边缘状态，主要原因是桩顶加盖了 1.0 m 高阻水盖梁，虽然桩长没有变化，但作用在桩顶的水压力大了，自然就要求加大管桩的河床锚固长度，不然就不稳定。桩坝整体的稳定是基于各个单桩稳定基础上的，各个单桩处于极限状态，桩坝桩联自然也就处于极限平衡状态（见图 8-16）。

试验工程是 800 m^3/s 状态下的设计桩型。在不变桩体强度、长度的情况下，应用于 4 000 m^3/s 的水流状态，于是，管桩上部挡水高度增加 2.5 m，下部锚固河床深度减少 2.5 m，从而幸运地将桩坝置于极限运用状态，也就不足为奇了。

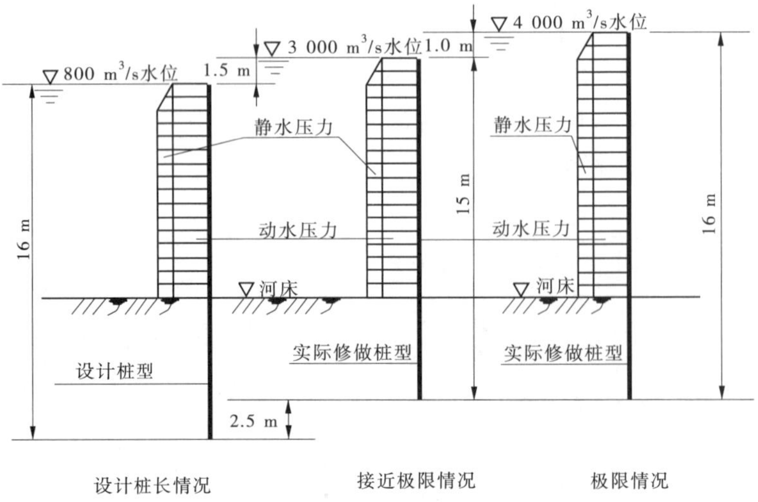

图 8-16　管桩受力与稳定关系分析示意图

第五节　管桩坝冲刷计算公式研究分析

一、丁坝局部冲刷有关公式的评价

丁坝作为一种河流控导构筑物广泛应用于河道护滩护岸、航道整治和桥台防护工程。根据构筑物结构与运用形式，分为透水丁坝与不透水丁坝、淹没丁坝与非淹没丁坝。国内外学者对丁坝冲刷进行了大量理论和试验研究，对丁坝局部冲刷深度的确定，大致提出了三大类计算方法：第一类是把冲刷深度与坝头水流强度联系起来，通过对冲刷机理分析研究寻求，如 Ahmad(1953)、Boldacov(1956)与 Garde(1961)等的研究；第二类是借助量纲分析理论，将冲深和与冲刷相关的水力、边界、泥沙等因子转化为无量纲参数，寻求它们之间的联系，如以赵世强、张红武(1989)，Melville(1992)与 Roger(2002)等为代表的研究，这是占主流的研究方法；第三类是基于实测资料回归分析的研究方法，建立在坝头行近水流和剪应力增加的泥沙输移关系之上，如 Laursen(1963)、Gill(1972)以及蒋焕章等人的研究。黄河下游可移动不抢险潜坝为淹没状态下的透水长顺坝，虽然在坝尾部一定长度可能出现大角度来流冲击，但绝大部分属于淹没透水长护岸类型，为新结构、新坝型，目前常规的参考资料中还没有针对性的坝前冲刷计算公式。虽然在第三章设计研究部分利用相近公式进行了参考性计算，但与试验工程实际观测结果差距较大。现结合黄河下游实际情况和试验工程坝前冲刷计算结果就所选用公式，做简要评价。

(1)荷兰代尔伏特水力学所的非淹没透水丁坝冲刷深度计算公式：

$$h_0 + y_{s,\text{local}} = K_{总}\left(h_0 u_1 \frac{B_{ch}}{B_{ch} - b}\right)^{2/3} \tag{8-1}$$

$$K_{总} = K_{结构} K_{护底} K_{漂浮物} \tag{8-2}$$

公式较好地考虑了从河岸垂直伸向河中对河道过流断面的缩窄及河床冲刷以适应丁坝扰流产生的影响(见图8-17),所重点考虑的水深、流速、透水率、河宽等影响冲深的主要因素比较符合实际。因此,该公式是计算透水桩坝冲深的较好公式。

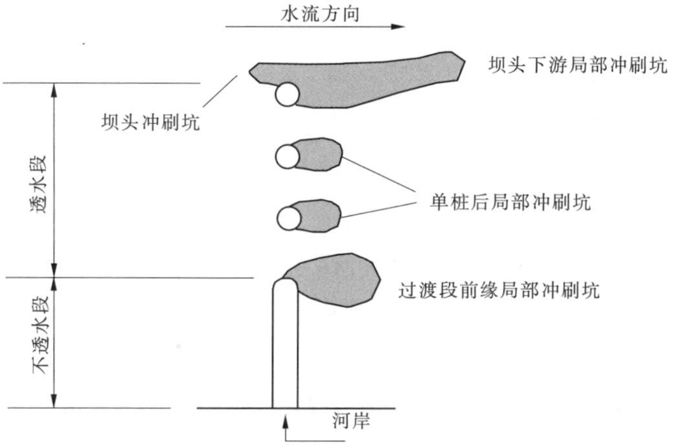

图8-17　透水丁坝局部冲刷示意图

但公式中流速的意义是指丁坝上游平均水深下的流速,其数值的确定容易让人有不同理解,且不同考虑取值差异较大(有人主张用坝前行近流速代替),以及工程压缩河宽等,都有必要进一步考证。

(2)武汉大学水利水电学院冯红春非淹没透水丁坝冲刷深度公式:

$$h_s = 0.6(1-p^2)^{0.4}v_1^{0.8}hD^{0.4}d_{50}^{0.03}/(B-D)^{0.1} \tag{8-3}$$

在非淹没状态下计算冲刷深度还可以,但在淹没深度较大时,计算冲刷深度比实测值偏大30%左右。

(3)水流平行于岸坡产生的冲刷计算公式:

$$h_B = h_p\left[\left(\frac{v_{cp}}{v_{允}}\right)^{0.25} - 1\right] \tag{8-4}$$

$$h_s = h_B - h_0 \tag{8-5}$$

式中　h_B——局部冲刷坑深度,m,自河床向下算起;

h_p——冲刷处的水深,m,以行近水深代替。

按所要求水文要素进行不同水流条件下的冲深计算,在 n 取值0.25时,计算结果基本可信。计算结果见表8-5。

(4)锁坝下游冲深计算公式:

$$d_s = 0.33\times\Delta h^{0.35}P/(d^{0.33}h^{0.02}) \tag{8-6}$$

计算冲刷深度略偏小,原因是坝高影响因子太简单,不能敏感反映水力条件变化对冲刷的影响。该公式受上下游水位差影响较大,不受流速的影响。

$$h_s = 0.332q/(d^{1/3}h^{1/6}) \tag{8-7}$$

$$d_s = h_s - h_0 \tag{8-8}$$

因该公式受单宽流量 q 及粒径 d 的影响,h_s 随着 q 的增大而增大,随 d 的增大而减小,但是对于小粒径来说,计算结果偏大,不符合实际情况,计算的结果很不合理(见

表 8-6）。

表 8-5　平行于岸坡冲刷修改公式管桩坝局部冲刷特征值

来流条件				来流条件			
Q(m^3/s)	v_0(m/s)	h_0(m)	h_B(m)	Q(m^3/s)	v_0(m/s)	h_0(m)	h_B(m)
800	2	3	2.33	8 000 $q_{槽}=10.67\ m^2/s$ $q_{滩}=0.27\ m^2/s$	2.5	4.5	3.96
	2.5		3.52		3	5	4.84
	3	5	4.84		3.5	5.5	5.75
4 000 $q_{槽}=5.67\ m^2/s$ $q_{滩}=0.1\ m^2/s$	2	4	3.11	12 000 $q_{槽}=14.4\ m^2/s$ $q_{滩}=0.56\ m^2/s$	3	5	4.84
	2.5	4.5	3.96		3.5	6	6.27
	3	5	4.84		4	7	7.80

表 8-6　锁坝下游冲刷计算公式管桩坝局部冲刷特征值

上游来流条件				冲刷深度 h_s(m) 不同泥沙粒径(mm)							
Q (m^3/s)	h_0 (m)	v_0 (m/s)	q (m^2/s)	0.2	0.5	0.8	1	3	5	8	10
4 000 $q_{槽}=5.67\ m^2/s$ $q_{滩}=0.1\ m^2/s$	4.5	2	9	24.63	17.92	15.10	13.89	8.94	7.11	5.65	5.03
	4.5	2.5	11.25	30.77	22.64	19.23	17.77	11.77	9.56	7.79	7.03
	4.5	3	13.5	36.73	27.24	23.25	21.53	14.52	11.94	9.87	8.98
	5	3	15	40.13	29.74	25.37	23.49	15.82	12.99	10.73	9.76
8 000 $q_{槽}=10.67\ m^2/s$ $q_{滩}=0.27\ m^2/s$	4.5	3.5	15.75	42.56	31.72	27.17	25.21	17.21	14.26	11.90	10.89
	5	3.5	17.5	46.51	34.64	29.66	27.52	18.76	15.53	12.95	11.84
	5.5	2.5	13.75	36.39	26.74	22.69	20.95	13.82	11.20	9.10	8.20
	5.5	3	16.5	43.47	32.19	27.46	25.42	17.09	14.02	11.57	10.52
	5.5	3.5	19.25	50.39	37.52	32.11	29.79	20.28	16.78	13.98	12.78
12 000 $q_{槽}=14.4\ m^2/s$ $q_{滩}=0.56\ m^2/s$	5	4	20	52.75	39.45	33.86	31.46	21.64	18.02	15.13	13.89
	6	3	18	46.76	34.61	29.51	27.31	18.34	15.03	12.39	11.26
	6	3.5	21	54.22	40.35	34.52	32.02	21.78	18.01	14.99	13.69
	6	4	24	61.52	45.97	39.44	36.63	25.15	20.92	17.53	16.08
	7	3	21	53.22	39.35	33.52	31.02	20.78	17.01	13.99	12.69
	7	3.5	24.5	61.72	45.89	39.25	36.39	24.70	20.40	16.95	15.47
	7	4	28	70.06	52.31	44.86	41.65	28.55	23.72	19.86	18.20

(5)水流斜冲防护岸坡产生的冲刷计算公式：

$$\Delta h_{\mathrm{p}} = \frac{23\tan\dfrac{\alpha}{2}v_{\mathrm{j}}^{2}}{\sqrt{1+m^{2}}g} - 30d \tag{8-9}$$

公式中水流的局部冲刷流速计算公式 $v_{\mathrm{j}} = \dfrac{Q}{W - W_{\mathrm{p}}}$ 有一定问题。计算冲刷深度与实测值偏离较大，小流量偏小，大流量偏大有四五倍。如果采用行近流速，则计算冲刷深度与实测值较吻合。

(6)波尔达柯夫的非淹没不透水丁坝冲刷深度计算公式：

$$H = h_0 + 2.8v^2\sin\alpha/\sqrt{1+m^2} \tag{8-10}$$

$$h_{\mathrm{s}} = H - h_0 \tag{8-11}$$

一般还可以使用于细砂河床，但接近 90°的正向顶冲计算比实测值偏大 28% ~30% 。

(7)马卡维也夫的非淹没不透水丁坝冲刷深度计算公式：

$$H = h_0 + (23/\sqrt{1+m^2})\tan\frac{\alpha}{2}\frac{v^2}{g} - 30d \tag{8-12}$$

$$h_{\mathrm{s}} = H - h_0 \tag{8-13}$$

一般可以使用于细砂河床，但接近 90°的正向顶冲计算比实测值偏大 20% ~25% ，此公式形式上与波尔达柯夫公式没有本质区别。

(8)张红武的非淹没不透水丁坝冲刷深度计算公式：

$$h_{\mathrm{m}} = \frac{1}{\sqrt{1+m^2}}\left[\frac{h_0 v_0 \sin\theta (D_{50})^{0.5}}{\left(\dfrac{\gamma_{\mathrm{s}}-\gamma}{\gamma}g\right)^{2/9} v^{5/9}}\right]^{6/7} \frac{1}{1+1\,000S_v^{1.67}} \tag{8-14}$$

公式在 $S = 30\ \mathrm{kg/m^3}$、$Q = 1\,000 \sim 3\,000\ \mathrm{m^3/s}$ 的水力条件下计算尚可，但高含沙量 $S = 120\ \mathrm{kg/m^3}$、大流量 $Q = 8\,000 \sim 12\,000\ \mathrm{m^3/s}$ 的水力条件下，冲刷深度普遍偏小，原因是高含沙因子 $\dfrac{1}{1+1\,000\,S_v^{1.67}}$ 影响太强，导致冲刷深度不适当，偏低一倍多。

(9)K · B · 马特维耶夫的非淹没不透水丁坝冲刷深度计算公式：

$$h_{\mathrm{s}} = 27K_1K_2\tan\frac{\alpha}{2}\frac{v^2}{g} - 30d \tag{8-15}$$

公式按所要求水力泥沙要素进行冲深计算，计算结果较为合理。公式考虑了影响冲刷坑深度的主要因素：流速、来流与坝轴线的夹角及河床泥沙粒径在公式中所起的主要影响作用，但未考虑坝坡对河床冲刷的影响，所求的冲刷坑深度与实际冲刷坑深度仍有一定差距。

二、丁坝局部冲刷深度的量纲分析

根据量纲分析原理，研究前人对丁坝局部冲刷影响因素的分析，选取主要因素，对不考虑床沙保留黏性影响的丁坝局部最大冲刷，提出冲刷深度的无量纲关系式为：

$$h_{\mathrm{s}}/h = f(Fr, L/h, U_{\mathrm{z}}/U, \cos\alpha, v_2/v_1, m) \tag{8-16}$$

式中　Fr——行近水流弗劳德数；

α——丁坝轴线与流向的夹角；

h_s——冲刷稳定深度，从床面计；

h——坝头行近水深；

L——丁坝在水流垂直方向上的投影长度；

m——坝头边坡；

U_z/U——床沙止冲流速与冲刷坑流速比；

v_2/v_1——丁坝上下游流速比，与丁坝透水率有关，常用 P 表示。

三、管桩坝局部冲刷深度计算公式推荐

考虑到黄河下游河道善冲善淤、冲淤转换迅速，黄河河道水流阵发性的冲击特点，以及管桩坝与丁坝在工程结构、水流条件与河床冲刷方面的相似性，收集了大量丁坝与桥墩的模型试验与原型观测冲刷资料，综合分析各类公式的基本构架，并考虑到可移动不抢险潜坝的安全裕度，通过量纲分析筛选，选择出决定不淹没透水丁坝冲刷深度的主要影响因素，包括水力因子单宽流量 q、泥沙因子起动流速 U_c、几何因子丁坝长度 b，还有来流角度 α 等。借助量纲分析，构造出无量纲综合因子$\frac{q}{bU_z(\cos\alpha+c)}$，$c$ 为来流角度为 0°（顺坝冲刷）时的常数。

通过对大量丁坝、桥墩实测冲刷资料及各类公式计算冲刷数据的分析研究，选取$\frac{q}{bU_z(\cos\alpha+c)}$为自变量；取板桩桩径为 B，选无量纲冲刷深度 h_s/B 为因变量。借助对大量类似丁坝冲刷数据进行的回归分析，得到 h_s/B 与$\frac{q}{bU_z(\cos\alpha+c)}$的相关关系为：

当 $q<2.5\ \mathrm{m^2/s}$ 时

$$\frac{h_s}{B}=\frac{5.581}{P}\left(\frac{q}{bU_z(\cos\alpha+c)}\right)^3-\frac{12.837}{P}\left(\frac{q}{bU_z(\cos\alpha+c)}\right)^2+\frac{13.522}{P}\frac{q}{bU_z(\cos\alpha+c)}-0.6234 \tag{8-17}$$

当 $q\geqslant 2.5\ \mathrm{m^2/s}$ 时

$$\frac{h_s}{B}=4.535P^{0.1}\ln\left(\frac{q}{kbU_z(\cos\alpha+c)}\right)+14.59 \tag{8-18}$$

式中 h_s——冲刷坑深度，m；

B——板桩桩径，m；

P——透水率；

q——单宽流量，$\mathrm{m^2/s}$，$q=h_0v_0$；

b——坝长，m；

k——河床粗化系数，$k=\mathrm{e}^{\frac{d_c}{d}-1}$，$d_c=1.5$ mm，当 $d\leqslant d_c$ 时，取 $d=d_c$；

U_z——泥沙止冲流速，m/s，$U_z=k_1U_c$，k_1 与泥沙组成及粗化程度有关；

α——丁坝轴线和水流流向之间的夹角，(°)；

c——系数，经分析取 $c = 0.5$。

$$U_c = \left(\frac{h}{d}\right)^{0.14}\left(17.6\frac{\gamma_s - \gamma}{\gamma}d + 0.000\,000\,605\frac{10 + h}{d^{0.72}}\right)^{0.5} \tag{8-19}$$

式中 U_c——初始泥沙起动流速；

h——行近水深，m；

d——泥沙粒径，m；

γ_s——泥沙重度，kg/m³；

γ——水流重度，kg/m³，取 $\frac{\gamma_s - \gamma}{\gamma} = 1.65$。

根据大量实例计算验证，无量纲冲刷深度与无量纲综合水沙边界因子具有较好的相关性（见图 8-18），可以推荐为黄河下游可移动不抢险潜坝坝头冲刷深度计算公式，潜坝坝身部位冲刷深度可按坝头冲刷深度 0.85 系数折减确定。

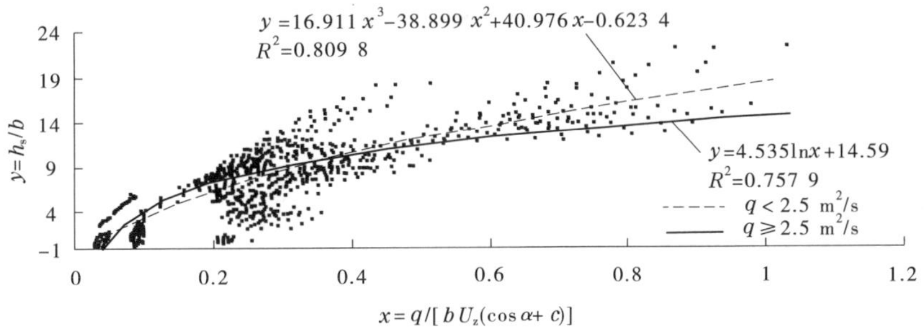

图 8-18 无量纲冲刷深度与无量纲综合水沙边界因子相关曲线

同时，荷兰代尔伏特水力学所的非淹没透水丁坝冲刷深度计算公式也是一个比较接近实际的公式，予以推荐。但建议公式中的流速取用坝前行近流速，冲刷初始水深取用行近水深，考虑到河道的游荡性，丁坝压缩河宽计算：大洪水时按 30°夹角推算垂直丁坝长度，中常洪水时按 60°夹角推算垂直丁坝长度，小水时按 90°夹角推算垂直丁坝长度。

$$h_0 + y_{s,\mathrm{local}} = K_{总}\left(h_0 u_1 \frac{B_{ch}}{B_{ch} - b}\right)^{2/3} \tag{8-20}$$

$$K_{总} = K_{结构}K_{护底}K_{漂流物} \tag{8-21}$$

式中 $K_{总}$——经验系数，$m^{-1/3}s^{2/3}$，与护岸结构形式有关；

B_{ch}——工程上游河宽，m；

b——工程压缩河宽的长度，m；

u_1——工程上游行近流速，m/s；

h_0——工程上游行近水深，m；

$y_{s,\mathrm{local}}$——局部最大冲刷深度，m；

$K_{结构}$——与透水率有关的系数，取值见表 8-7；

$K_{护底}$——与河床护底有关的系数，取值见表 8-7；

$K_{漂流物}$——与漂浮物情况有关的系数，取值见表 8-7。

表 8-7　经验系数取值

桩坝工作及其环境情况		$K_{结构}$	$K_{护底}$	$K_{漂流物}$
桩坝透水率（%）	0	2.4		
	50	1.6～2.0		
	60	1.5～1.8		
	70	1.4～1.6		
	80	1.2～1.3		
桩坝附近河床护底情况	河床无护底		1.0	
	河床有护底		1.1	
坝前河水漂浮物情况	无漂浮物			1.0
	漂浮物厚度≤1.0 m			1.2
	漂浮物厚度>1.0 m			1.3

第九章　主要结论和建议

第一节　主要创新点

（1）首次提出并应用了可移动不抢险潜坝设计理念。

根据已有河道工程控导河势效用分析数据，结合不同的河势控制要求和工程管理需要，利用预制管桩、盖梁、销柱有机组合，拼装成不同长度的钢筋混凝土透水桩坝（见图 9-1）：若是修建临时导流坝工程，桩坝长度可控制在 500 m 左右；若是修建永久性河道整治工程，则应根据规划需要确定桩坝长度。

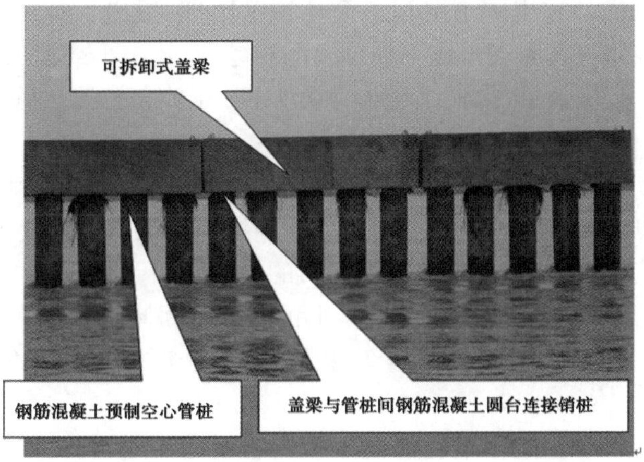

图 9-1　组装式钢筋混凝土预制管桩坝局部释义

可移动：所说的移动，就是采用组装式、可拆卸、可迁移的结构设计，是按设计间距和走向一字布置的多根管桩通过对应长度的一节盖梁，相互连接成一个长度为 8 ~ 10 m 的“桩联”式框架结构，多个“桩联”结构体再按设计走向一字布设组成不同长度要求的桩坝。修建时，首先将空心管桩按设计间距做成排桩；然后使盖梁预留孔与管桩心孔相对，利用吊车将盖梁吊装至排桩顶；再将预制的钢筋混凝土圆台形销柱从盖梁孔插入管桩空心，实现盖梁（与预制空心管桩之间的顶部铰接式连接）；最后利用石子将盖梁预留孔中圆台形销柱周围的空隙填塞密实，逐节吊装盖梁，将排桩逐渐连接成需要长度的钢筋混凝土预制透水桩坝。移动时，利用吊车将盖梁吊离排桩顶，拆掉圆台形销柱，再利用高压射水拔桩器和吊车将管桩逐根从河道中拔除，然后将管桩、盖梁、销柱搬运到需要修建桩坝的地方。按照以上修坝程序修建透水桩坝，实现了桩坝的移动。该技术要求：坝体构件在修建、拆除、搬运过程中都不允许受到损伤。

潜坝：允许坝顶溢流过洪，无论是大于 800 m^3/s 洪水溢流，还是大于 4 000 m^3/s 洪水溢流，都能发挥不同程度要求的导流、护岸作用。为此，要求桩坝管桩间距不能过大，设计管桩净间距取值 30 cm。

不抢险：就是遵循深基做坝原则，一次性将达到设计强度、长度的管桩插入河床，使每根管桩都满足抗冲稳定的要求，不发生倾倒、歪斜和折断等情况。为此，要求桩坝管桩具有足够的强度和长度。根据水流冲击桩坝观测、模型试验和坝前水深计算结果，以及坝体管桩在河床的锚固和科学用材要求，桩坝管桩长度可布置成阶梯状：修建坝顶平 4 000 m^3/s 对应水位的桩坝，其位于河道深处的末尾 80 ~ 100 m 坝体的管桩长度取值 22 ~ 24 m，靠向河岸的其他坝体管桩长度可取值 18 ~ 20 m；修建坝顶平 800 m^3/s 流量对应水位的桩坝，其管桩长度可分别取值 18 ~ 20 m 和 15 ~ 17 m。

确定的可移动不抢险潜坝的总体布置形式及主要设计参数，包括设计流量、设计水位、桩长和坝顶高程等，为该坝型的推广应用和其他类似工程提供了设计参考依据；根据物理模型试验以及结合黄河下游实测资料分析，提出的适合可移动不抢险潜坝工作特点的冲刷深度计算公式，为今后该类坝型的结构设计提供了技术支持。

(2)根据水射流破坏桩周围土层和正循环护壁原理，提出了高压射水新型拔桩施工方法，解决了被拔桩体与其周围土体不易分离的难题，有效减小或消除了土层对桩的摩阻力及下吸力，提高了拔桩效率，保证了桩体完整无损，并扩大了被拔管桩尺寸和埋深的选择范围。

(3)首次开发研制了适合于软土地质条件下的圆形管桩高压射水拔桩器，在不损害桩体的情况下，为修建和拆除预制管桩桩坝或支挡结构提供了关键设备；利用仿真技术原理，确定了喷嘴最佳布置方式，以及喷嘴至刀刃的最佳距离，提高了射水拔桩效果；通过在拔桩器断面设置 V 形缺口，解决了钢筋混凝土预制桩体因倾斜紧挨一起造成拔桩器沿桩体不能下沉的问题，实现了透水桩坝、连续管桩桩坝(或支挡结构)均能拔除的目标，拓宽了拔桩器的适用范围。

(4)通过对深埋冲积土层中钢筋混凝土预制管桩的无伤害拔除试验，提出了高压射水拔桩器软土地基拔桩的施工技术与工艺；编制的钻机造孔插桩、高压射水拔桩器插桩和高压射水拔桩器拔桩等相关施工定额，为推广该项施工技术提供了技术支撑。提出的拔桩器及其供水系统运行实时监测控制指标和安全施工技术规程，为安全、高效使用该设备提供了经验和依据。

第二节　主要结论

(1)研究与实践表明，将钢筋混凝土预制管桩、钢筋混凝土预制盖梁、钢筋混凝土预制销柱设计成拼装式透水桩坝结构形式，利用高压水流射孔器、吊车等机械设备进行滩地插桩做坝和拔桩、拆除及搬运移动施工，安全可靠，简单快捷，与传统方法比较，还具有坝体材料不受损伤、投资小等特点，特别是一次性投入施工设备和桩体材料，每次再花费有限的拆除、搬运费用，即可多年重复使用的独特坝型设计，非常适用于旨在调整畸形河势、工程抢险而需快速修建的临时导流工程(见图 9-2)。

(2)根据试验工程建设检验，采用预制管桩、连接销柱、连系帽梁有机组合的拼装式

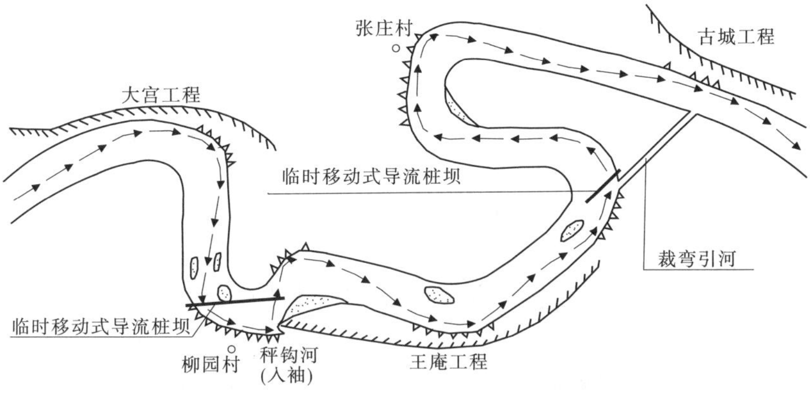

图 9-2　调整畸形河势和工程抢险而临时修建导流桩坝工程示意图

结构,实现了不抢险潜坝简便拼装、拆分;利用研制的高压射水拔桩器和吊车、发电机等设备配合,可以方便快捷地进行不抢险潜坝管桩的拔出和异地再建,实现了不抢险潜坝的“移动”;通过计算选定坝顶高程、管桩尺寸和配筋等参数指标,可以实现桩坝淹没溢流情况下的工程不出险。

(3)根据物理模型试验结果资料,对于坝顶平 800 m^3/s 水位桩坝的控导河势作用,在 $Q \geq 800$ m^3/s 时,管桩坝对河势有较好的控导作用,可以控导深槽河势。但随着大河流量的加大,坝顶溢流量增加,桩坝对河势的控导作用逐渐减弱。$Q > 4\ 000$ m^3/s 时,管桩坝坝顶溢流水深为 2.0 m 左右,管桩坝对弯道洪水河势仍起一定的控导作用,管桩坝对维持深槽凹岸集中过流和稳定有辅助作用。$Q > 8\ 000$ m^3/s 时,坝顶溢流水深进一步增大(为 3.0 m 左右),翻过管桩坝的坝后滩地分流比增大,河水越过桩坝趋直趋势明显,管桩坝对控导、维持坝前过流基本失去作用。$Q > 12\ 000$ m^3/s 时,坝顶溢流水深达到 3.5 m 以上,洪水趋直,河道排洪顺畅,漫坝水流的水位差一般为 0.05 ~ 0.15 m,坝前顶冲区最大行近流速为 2.8 ~ 3.0 m/s,坝顶溢流流速达 2.92 ~ 3.25 m/s,管桩坝对控导、维持坝前过流完全失去作用。由此我们推断,修建坝顶平 800 m^3/s 水位黄河下游可移动不抢险潜坝工程与现有的河道整治工程配合使用,不仅不影响大洪水期间的河道安全排洪和滩槽水沙交换,而且可有效约束和控制大、中、小河道水流均能在规划的设计流路内排泄或流动。

(4)水流冲击不同透水率、不同顶部高程的管桩坝,其附近河床冲刷特点不同。桩坝透水明显降低了坝前河床冲刷坑深度,但也同时降低了桩坝导流和控制河势的效果与作用;坝顶溢流可以有效避免坝前河床冲刷,但产生坝后河床冲刷,大洪水河势控导作用减弱。由此,有效减小坝前河床冲刷水深的途径是将坝体设计成透水和坝顶溢流形式,但要根据河势控导要求科学计算确定桩坝透水率和坝顶高程。

(5)可移动导流坝的应用前景广阔。通过对可移动不抢险潜坝工程布置、工程结构、冲刷深度等方面进行的深入研究,提出的黄河下游可移动不抢险潜坝结构为今后河道整治工程建设提出了一种可供选择的新坝型:可根据河道整治需要,用于修建平 800 m^3/s 或 4 000 m^3/s 水流对应水位的不同坝顶高程导流工程,对已有中水河槽整治工程进行上延或下续方式的补充与完善,进一步稳定主槽。同时,该坝型结构及其特有施工和移动技术也为解决黄河下游游荡性河段河道整治工程布局争议而进行黄河下游原型试验提供了可能和手段。

另外,在城市高层建筑基坑开挖施工中,针对挖深大、不能放坡开挖的实际特点,还可以通过应用钢筋混凝土预制管桩修做基坑围护支挡桩墙,进行基坑直立开挖,待高层建筑基础工程完工、基坑回填完成后,再利用拆除技术将管桩拔走异地使用,以降低工程施工成本和减小基坑开挖对邻近建筑物的影响。因此,该研究成果应用领域十分广泛。

第三节 几点建议

黄河下游可移动不抢险潜坝应用技术研究目前仅仅是进行了滩地做坝移动的成功探索,水上施工作业还有很多困难和技术“瓶颈”有待研究攻克,插桩、拔桩施工的一些细节还有些粗糙和肤浅,制约着该成果的推广与应用。同时,黄河下游游荡性河段畸形河势时常出现和发育,急需遏制和规顺。因此,作如下建议:

(1)修建临时性的调整畸形河势和抢险工程,建议修建坝顶平 800 m^3/s 流量对应水位、管桩净间距 0.3 m、联系盖梁(宽×高×长)0.8 m×0.5 m×9.9 m、坝头和坝身管桩长分别为 18~20 m 和 15~17 m、桩坝长度 800 m、管桩内外径分别为 0.3 m 和 0.6 m 的桩坝工程。修建永久性的河道整治工程,可根据规划情况修建坝顶平 4 000 m^3/s 流量对应水位、管桩净间距 0.3 m、联系盖梁(宽×高×长)0.8 m×0.5 m×9.9 m、坝头和坝身管桩长分别为 22~24 m 和 18~20 m、管桩内外径分别为 0.3 m 和 0.6 m、符合规划要求长度的桩坝工程;也可按照临时性抢险工程参数修建平 800 m^3/s 水位的永久性河槽稳定工程。

(2)应在黄河滩地拼装式不抢险潜坝修做和拆除研究基础上尽快开展黄河下游导流桩坝水上插拔技术专题研究,全方位完善和丰富可移动不抢险潜坝应用技术,以建立符合黄河下游实际的调整畸形河势、双岸约束式节点整治、导流抢险的系列技术及方法。

(3)受时间和经费限制,利用高压射水拔桩器进行滩地拔桩试验数量偏少,地层代表性不强,应在今后的此类工程施工中进一步收集、整理和分析相关资料及数据,对高压射水拔桩器滩地拔桩定额进行优化完善。

(4)在高压射水拔桩器性能参数检验、拔桩施工、试验工程修建时沉桩等试验中,拔桩器配套设备操作协调性不足,经常出现故障而影响整个工程的顺利实施。同时,供水系统中部分管件实用性不强,有漏水、松脱损坏等情况,均需按照规范、标准化要求进行优化、加固,以提高产品质量。

(5)该项目研究目前申请专利 5 项,已授权 3 项,不少有意单位实体来信来函,要求成果转化,反映出成果的良好应用前景。同时,根据试验工程修建和在 2009 年黄河调水调沙中的良好表现,以及黄河下游游荡性河段河势急需进一步控制的实际,建议尽快将成果应用到黄河下游河道整治工程建设中,应用到畸形河势控制与调整的工程抢险中,实现稳定主槽、探索抢险新方法的目标。

(6)利用该成果修建导流坝时,建议结构形式采用透水、一定流量级顶面溢流结构。坝体冲刷深度计算建议采用第八章第五节推荐公式,并要考虑具体平面布置情况,分部位区别采用不同计算冲深,以减小坝体附近河床冲刷,在保证工程稳定的基础上,降低工程投资。

第二篇　可移动空心排桩支挡技术应用

第十章　空心排桩支挡概述

第一节　概　述

将钢筋混凝土预制管桩、钢筋混凝土预制盖梁、钢筋混凝土预制销柱设计成拼装式的排桩结构形式，在河、湖、江、海近岸的滩涂松软含水地层中，预先利用高压水流射孔器、吊车等机械设备进行地面无损伤插桩入欲防冲的地方，拼装构成一道天然屏障，以削减洪水巨浪的冲刷，即是守滩防冲护岸的一种工程措施。当其使命完成后，还可以进行地面无损伤拔桩、拆除，移动搬运、重新无损伤施工到新的地点拼装组合，安全可靠，简单快捷，一次性投入施工设备和桩体材料，即可多年重复使用，而且在城市高层建筑基坑开挖施工中，针对挖深大、不能放坡开挖的实际特点，还可以通过应用钢筋混凝土预制管桩修做基坑围护支挡桩墙，进行基坑直立开挖。

一、支挡结构与建筑基坑内涵

为保持结构物两侧土体、物料有一定高差的结构称为支挡结构。如以刚性较大的墙体支撑填土和物料并保证其稳定的为挡土墙；而对于具有一定柔性的结构，如板桩墙、开挖支撑称为柔性挡土墙或支护结构。

支挡结构在各种土建工程中得到了广泛的应用，如公路、铁路的挡土墙，桥台，水利、港湾工程的河岸及水闸的岸墙，民用与工业建筑的地下连续墙，开挖支撑等。随着大量土木工程在地形复杂地区的兴建，支挡结构显得愈加重要，支挡结构的设计将直接影响到工程的经济效益和安全。

建筑基坑是指为进行建筑物（包括构筑物）基础与地下室的施工所开挖的地面以下的空间。开挖后，产生多个临空面，构成基坑围体，围体的某一侧面称为基坑侧壁。基坑的开挖必然对周边环境造成一定的影响，影响范围内的既有建（构）筑物、道路、地下设施、地下管线、岩土体及地下水体等，统称为基坑周边环境。为保证地下结构施工及基坑周边环境的安全，对基坑侧壁及周边环境采用的支挡、加固与保护措施，称为基坑支护。

改革开放以前，基础埋深较浅，基坑开挖深度一般在 5 m 以内，一般建筑基坑均可采用放坡开挖或用少量钢板桩支护。随着大量高层建筑的建造及地下空间的开发，同时为了满足高层建筑抗震和抗风等结构要求，地下室由一层发展到多层，相应的基坑开挖深度也越来越深，如北京中国国家大剧院基坑最深处达 35 m。

当前，中国的深基坑工程在数量、开挖深度、平面尺寸以及使用领域等方面都得到高速的发展，深、大基坑已非常常见，放坡开挖或用少量钢板桩已经难以保证地下结构施工及基坑周边环境的安全。为此，实践中已发展多种支护方式，如排桩：即以某种桩型按队列式布置组成的基坑支护结构；地下连续墙：即用机械施工方法成槽浇灌钢筋混凝土形成的地下墙体；水泥土墙：即由水泥土桩相互搭接形成的格栅状、壁状等形式的重力式结构；土钉墙：即采用土钉加固的基坑侧壁土体与护面等组成的支护结构，以及上述方式的各类组合支护方式。

二、基坑支挡与施工的主要方法

（一）排桩凿井法

在松软含水层中预先用打桩机将排桩打入欲开凿的井筒周边，然后在板桩的保护下进行掘土凿井。

（二）排桩锤击下沉法

排桩锤击下沉法，指的是利用不同质量的落锤或柴油动力锤对排桩施打，以冲击下沉至设计要求的深度的方法。

排桩锤击下沉法适用于淤泥和泥炭等软土、松散的中粗和粗粒砂土，以及无岩块掺杂的砾土。

当锤击下沉法用于密实的细砂土、中粗或粗粒砂土或砂砾土、硬土与软性—中硬性岩层时，介质岩土层会增加锤击打入地层的摩阻力。届时，一是加大锤重或动力使其顺利下沉；二是考虑改用射水法来辅以下沉施工。

另外，排桩锤击下沉法对相对湿性土壤、浸水或饱和的土壤，下沉摩阻力同样会增大。届时，比较可行的施工方法是改用射水法，而一般不能借助加大锤重及功率的办法去实施。因为，排桩在湿润饱和土壤中往往是排板与下沉围土两者呈啮合状，下沉极为困难。

（三）排桩振动下沉法

排桩振动下沉法，指的是以桩机的振动暂时扰动桩周围的土壤，使土壤出现轻度液化，从而降低土壤对桩的下沉阻力，使得只用桩机本身的自重就可将板桩顺利下沉到设计要求深度的一种施工方法。

排桩振动下沉法适用于圆粒砂土、砾土和软土，其次可用于尖角砂土与坚硬土壤。一般而言，采用振动下沉法进行排桩施工时，干性土壤的打桩阻力大于湿性土壤、浸水或饱和土壤的打桩阻力。

如果颗粒土壤因振动而被挤紧，阻力会进一步加大，将造成无法用振动下沉打桩。届时，可采用射水下沉法或爆炸下沉法进行处理。

（四）排桩射水下沉法

排桩射水下沉法，是指在桩尖处装有一个高压水喷头，并经桩内的管路连接到地面上的供水泵，通过高压水射流使排桩周围的土壤疏松并带走其土石，以降低桩尖的阻力和排桩表面与锁扣处的摩擦力，最终以排桩下沉打入设计要求的地层深度的一种施工方法。

依其水压高低来划分，排桩射水下沉法分为低压射水下沉法与高压射水下沉法两种方法。

(1)低压射水下沉法,是指以工作压力为 2 MPa、单管水流量为 120 ~ 240 L/min 的射水作用力,使土壤疏松并带走其土石,降低排桩表面及锁口处的摩擦力下沉板桩的施工方法。

(2)高压射水下沉法,是指以工作压力为 25 ~ 50 MPa、单管水流量为 60 ~ 120 L/min 的射水作用力,使土壤疏松并带走其土石,降低排桩表面及锁口处的摩擦力下沉排桩的施工方法。

(五)排桩静压下沉法

排桩静压下沉法,是指以液压为动力,由液压压头将排桩或连成排墙垂直压入地层的一种施工方法。

目前,我国建筑行业已广泛采用无声液压桩机对方形钢筋混凝土预制桩进行压桩,用于基础处理,提高基础承载力施工。

(六)地连墙排桩法

地连墙排桩法,是指用射水下沉方式将排桩按一定间距依次打入地层设计深度,再用射水下沉方式将排桩依次打入预留间距的地层设计深度,并留一定富裕后,将排桩空心中的射水机具改换成水下混凝土浇筑输送装置,在利用混凝土输送泵输送混凝土浆液的同时利用吊车将桩慢慢拔出(此时排桩起到水下浇筑混凝土导管的作用),向桩底下的空隙中灌注浆液并使其凝固即可形成地连墙——排桩灌注墙。为此,地连墙排桩法又称为排桩灌注墙施工法。

地连墙排桩法是将排桩和灌浆技术结合运用的防冲防渗的施工技术。该工法效果之一是体现在钢材用量上,降低造价,它的允许水力坡降可达到 $J=30$ 左右,使用年限 40 年以上。该方法目前尚处在设想和试验阶段。

三、基坑支挡设计及施工要点

一般情况下,基坑支护工程是临时性工程,因此安全与经济的平衡是尤其重要的,不能为了安全而忽略经济,更不能为了经济而忽略安全。基坑工程一般位于城市中,地质条件和周边环境条件复杂,有各种建筑物、构筑物、管线等,一旦失事就会造成生命和财产的重大损失。目前,我国基坑工程成功率低的问题异常突出,各大城市均有已建成基坑出现工程事故的例子,地质条件较好的地区(如北京)、地质条件差的地区(如上海、海口、惠州等)浅基坑和深基坑都有,其结果是给国家造成了巨大的经济损失,影响人民生活。

基坑开挖时,随着土体应力的解除和临空面的产生,将可能引起土体与支护结构的失稳。土体与支护结构的失稳主要表现为几种类型,分别是整体失稳、基坑底土隆起失稳、基坑底土突涌失稳、基坑渗流失稳(产生管涌现象)、支护结构踢脚失稳,另外还有支护结构的强度破坏,如支锚结构锚杆被拔出、桩墙底部向基坑内产生较大位移、桩墙弯曲破坏等,如图 10-1 所示。当支护结构与土体发生上述失稳现象时,必将引起支护结构侧移和地表沉降,引起邻近建筑(构筑)物、道路、地下设施与管线的变形,严重的将产生灾难性的后果。

因此,在基坑支护工程的设计和施工过程中,一定要做到以下几点:

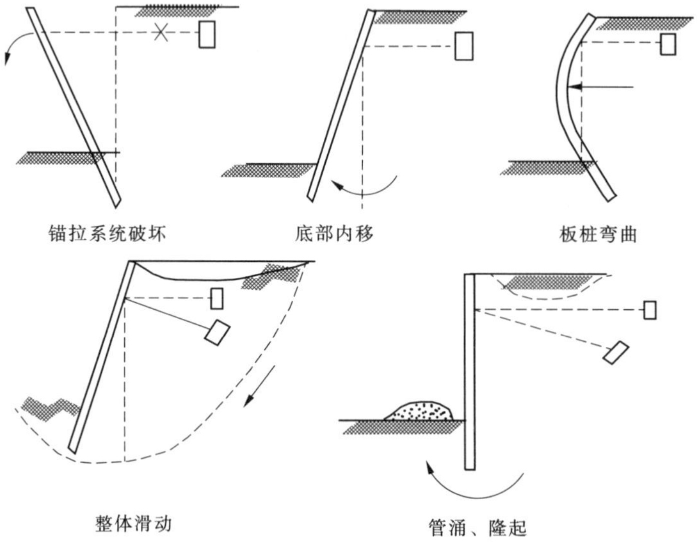

图 10-1　支护结构失稳示意图

(1)对地质条件和周边环境进行充分考察,根据周边环境的要求制定出经济合理的支护方案,并据此提出支护结构的水平位移和周边地层的垂直沉降控制标准。

(2)在设计阶段,应根据工程勘察报告,结合经验综合选取设计参数。

(3)在分析支护结构受力和变形时,应充分考虑施工的每一阶段支护结构体系和外荷载的变化,同时要考虑施工工艺的变化、挖土次序和位置的变化、支撑和留土时间的变化等。

(4)基坑设计人员应充分认识到在基坑施工过程中还会遇到在很多设计阶段难以预测到的问题。因此,设计人员应密切和施工人员联系,全面把握施工进展状况,及时处理施工中遇到的意外情况。

(5)基坑施工过程中应制定完备的监测方案,设计应根据监测结果实施动态优化设计。监测人员对监测结果应及时总结,一旦发现问题应及时向设计、施工等方反映,以便分析异常原因,及时提出解决方法。

(6)基坑工程的施工必须完全按照设计文件的要求去做,需要变更施工工艺和施工顺序的,应提前向设计人员提出,设计人员重新计算分析许可后方可进行变更。

第二节　适用条件和范围

射水式是利用桩尖能量高度集中的射水冲击并切割桩尖下部局部很小区域的地层,对这个区域内的土体结构施加很大的冲压力,当这个冲压力超过土体的临界承载力时,土体结构就受到破坏的一种排桩下沉施工方法。因不同地质结构的地层抗射水冲击破坏的能力不同,所以排桩下沉时,不同的射水方式适应条件也有很大程度的不同。

低压射水下沉排桩主要用于密实的无黏性土层。特别是采用可变偏心的振动打桩机时,该工法特别成功。

高压射水下沉排桩主要用于特别密实的土层，以及在施打过程中可能发生地面沉降危险的地带，诸如白垩土、漂石土和其他硬土层等。

水利工程和海洋工程的施工现场自然环境都比较复杂，有的在陆地，有的在海上，有的在沿海滩涂的潮间带，给传统施工技术带来了很多困难，工程造价也会大幅度增加。射水下沉排桩技术由于实现了工厂化、预制化生产，又形成了一整套独特的施工设备和机具，因而能够满足在多种复杂环境下进行工程建设的需要。水中的施工速度与在陆地上没有太大的差别，由于它省掉了修筑围堰、降水、开挖基坑、打基础等大量的工作，加之其桩体空心可与基坑降水结合使用，避免了基坑降水井施工，又因减小了基坑涌水面积而提高了基坑降水效果，所以在复杂环境与城市建筑施工中进行射水下沉排桩的优势也更为明显。主要适用于防洪抢险、水资源堤防、水下桥墩围堰，以及工业民用建筑和交通能源深基坑支护等。

射水下沉排桩技术在水利工程、海洋工程、桩基工程和建筑工程方面都具有广泛的推广应用前景。它的优势主要表现在以下五个方面：

(1)施工建设速度快。射水下沉排桩技术是基于一种水平抗载桩体工程技术，除桩体结构形状可以任意变化外，施工速度的优势十分明显。松花江防洪堤坝工程选用射水下沉排桩，一套设备一天建设堤坝 137 m，施工速度方面的优势为提高工程质量和降低工程造价创造了条件。

(2)整体连接性能好。射水下沉排桩技术是为了建设地下连续墙才研制出来的，它解决的第一个问题就是如何使分散单块的射水下沉排桩进入地层之后连接成为整体挡土抗冲墙体。山东胜利油田 1991 年申报的第一项发明专利的核心技术也是解决了这一问题。这项整体连接技术在 10 年的发展时间里始终没有停止过研究和改进工作。先后形成了六代技术涉及八项专利，从而使水力插板在整体连接方面达到了这样一个水平：连接强度完全可以满足工程设计的需要，密封状况在注浆固缝之后两板接合部的密封程度远远超过了钢筋混凝土板本体的性能，其原因在于两板之间在地下形成了一种带夹心钢板的混凝土。这一技术特征为从根本上解决防洪堤坝的渗漏和管涌问题创造了条件。

(3)基础入地深度大。为了抵抗洪水的冲刷及风暴潮造成的破坏，基础入地深度具有极其重要的作用。俗话说的"基础不牢地动山摇"即是这个道理。增加基础入地深度目前虽然也有多种办法，但在无损伤施工和施工速度、工程造价、安全稳定性能方面也都不同程度地面临着一些问题。而射水下沉排桩工程是在地面上预制成型的钢筋混凝土射水下沉排桩，基础入地深度完全可以满足工程建设的实际需要。在已经建设的工程中，有的射水下沉排桩单桩长度已达 34 m。这项技术独特的施工方法使得增加基础入地深度这项工作变得十分简单、快捷和节省投资。

(4)结构形状多样化。结构形状多样化主要指两个方面，一是射水下沉排桩本身的结构形状可以多样化。射水下沉排桩是在地面上预制成型的一种钢筋混凝土桩板，根据工程建设的实际需要，可以充分发挥设计人员的想象空间，形成多种多样的桩板结构形状，而独特的插桩技术又解决了这些形状各异的桩板能够快速进桩的问题，这一技术特征为优化设计方案、控制工程造价创造了充分必要条件。二是工程的结构形状可以多样化。应用射水下沉排桩及其配套的整体连接技术建设工程与摆积木的方法十分相似，可以根据工程建设的实际需要应用射水下沉排桩技术建设成多种多样的工程结构形式，并为优化设计方案、控制工程造价创造了条件，而且可以满足在很多复杂环境中进行施工的特殊需要。

(5)利用射水下沉排桩独特的施工方式建设多种多样的工程设施。射水下沉排桩工程施工主要包括两个环节，一个是预制空心桩板，另一个是无损伤插入地下形成工程建筑物。在施工现场，传统的施工建设方式变成了工厂化、预制化生产，这一变化为建设港口码头、道路交通桥、提升泵站、水中人工岛、污水处理池、地下涵洞、地上水闸、渡槽、水渠，以及深基坑支护等工程设施创造了极为有利的条件。以建设在胜利油田黄河边上的一座引黄水闸为例，按照传统技术施工已经建成的一座同等流量的水闸投资为396万元(1995年价格水平)，而采用射水下沉排桩施工投资仅为30万元，施工建设周期只有7天。更重要的是，这座水闸的建设位置处在黄河的主河槽边，必须承受黄河水的冲刷和适应河水流路的变化，传统修建模式建设的水闸安全稳定和取水方便是一个突出问题。这座射水下沉排桩引黄闸的基础入地深度为10 m，且可以根据河水主流变化进行无损伤拆除、异地重复利用再建，有效地解决了水闸稳定与永久和临时结合使用这一难题，最大限度地保证了引水和降低投资。这座水闸虽然是一个特殊环境条件下的例子，但也反映了射水下沉排桩用于工程建设方面的一些优势。

应用射水下沉排桩建设地下涵洞同样也能反映出它的特殊优势。建设地下涵洞传统的做法都是首先进行基坑降水，然后开挖基坑、浇铺混凝土垫层、绑扎钢筋、现浇混凝土、覆土等，之后形成涵洞，普遍存在施工周期长、占地面积大、工程造价高的问题。应用射水下沉排桩建设地下涵洞就是将整个的施工程序颠倒过来。首先预制空心桩板，按照规定的涵洞宽度插入地下形成两道地下连续墙，然后绑扎钢筋，现浇顶层形成整体，最后才挖掉洞中泥土，形成涵洞。这一改变有效地解决了传统施工方式中存在的几个问题。

1997年以来，先后利用射水下沉排桩技术建设护堤岸、海岸防潮堤、防浪堤21处，水闸13座，道路交通桥9座，提升泵站5座，污水处理池7个，黄河打水船码头、渔港3座，地下输水涵洞、渡槽5处，输水渠道6处，以及外拉内撑式钢筋混凝土板桩作厂房深基坑围护、单锚钢筋混凝土板桩作码头深基坑围护、城市污水处理场(池)深基开挖临时防护等众多的工业民用建筑深基坑支护和钢筋混凝土板桩码头桩基加固，节省了大量的人力、物力和财力，产生了巨大的经济效益。

第三节　基坑支护设计原则

支挡结构应当保证填土、物料、基坑侧壁及构筑物本身的稳定，构筑物应具有足够的水平承载力和刚度，保证结构的安全正常使用。同时，在设计中还应做到技术先进、经济合理及施工方便。设计的基本原则如下：

(1)为保证支挡结构安全正常使用，必须满足承载能力极限状态和正常使用极限状态的设计要求，对于支挡结构应进行下列的计算和验算：

①承载能力极限状态计算，内容应包括：

ⓐ根据支挡结构形式及受力特点进行土体稳定性计算。稳定性验算通常应包括以下

内容：

支挡结构的整体稳定验算，即保证结构不会沿墙底地基中某一滑动面产生整体滑动；

支挡结构抗倾覆稳定验算；

支挡结构抗滑移验算；

支护结构的抗隆起稳定验算；

支挡结构抗渗流验算。

ⓑ支挡结构的受压、受弯、受剪、受拉承载力计算。

ⓒ当有锚杆或支撑时，应对其进行承载力计算和稳定性验算。

②正常使用极限状态计算，内容应包括：

ⓐ支挡结构周围环境有严格要求时，应对结构的变形进行计算。

ⓑ对钢筋混凝土构件的抗裂度及裂缝宽度进行计算。

(2)应根据工程用途的要求、地形及地质等条件，综合考虑以确定支挡结构的平面布置及其高度。

(3)应认真分析地形、地质、填土性质、荷载条件、当地的材料供应及现场地区技术经济各种条件，确定支挡结构类型及截面尺寸。

(4)应保证支挡结构设计符合相应规范、条例的要求。

(5)在设计中应使支挡结构与环境协调，满足环保要求。

(6)设计工作中给出质量监测及施工监控的要求。

(7)为保证支挡结构的耐久性，在设计中应对使用中的维修给出相应规定。

(8)基坑开挖与支护设计应具备下列资料：

①岩土工程勘察报告；

②建筑总平面图、地下管线图、地下结构的平面图和剖面图；

③邻近建筑物和地下设施的类型、分布情况和结构质量的检测评价。

一、极限状态设计

基坑支护结构应采用以分项系数表示的极限状态设计表达式进行设计，基坑支护结构极限状态分为下列两类。

(一)承载能力极限状态

承载能力极限状态对应于支护结构达到最大承载能力或土体失稳、过大变形导致支护结构或基坑周边环境破坏。这种状态表现为任何原因引起的基坑侧壁破坏。一般情况下，支护结构上的作用效应和结构抗力应符合下式要求：

$$R - S \geqslant 0 \tag{10-1}$$

式中 S——结构的作用效应；

R——结构的抗力。

按照《建筑地基基础设计规范》(GB 50007—2002)，支护结构的荷载效应包括下列各项：

(1)土压力；

(2)静水压力、渗流压力、承压水压力；

(3)基坑开挖影响范围以内建(构)筑物荷载、地面超载、施工荷载及邻近场地施工的作用影响；

(4)温度变化(包括冻胀)对支护结构产生的影响；

(5)临水支护结构尚应考虑波浪作用和水流退落时的渗透力；

(6)作为永久结构使用时尚应按有关规范考虑相关荷载作用。

(二)正常使用极限状态

这种状态主要表现为支护结构的变形影响地下室边墙施工及基坑周边环境的正常使用。支护结构的变形和裂缝应符合下式要求：

$$S_d \leqslant C \tag{10-2}$$

式中 S_d——变形、裂缝等荷载效应的设计值；

C——设计对变形、裂缝等规定的相应限值。

二、侧壁安全等级及重要性系数

基坑侧壁安全等级划分难度较大,很难定量说明。《建筑基坑支护技术规程》(JGJ 120—99)中采用了结构安全等级划分的基本方法,按支护结构的破坏后果分为很严重、严重、不严重三种情况,分别对应于三种安全等级,其重要性系数的选用与《建筑结构可靠度设计统一标准》(GB 50068—2001)相一致,见表 10-1。

表 10-1 基坑侧壁安全等级和重要性系数

安全等级	破坏后果	γ_0
一级	支护结构破坏、土体失稳或过大变形对基坑周边环境及地下结构施工影响很严重	1.1
二级	支护结构破坏、土体失稳或过大变形对基坑周边环境及地下结构施工影响一般	1.0
三级	支护结构破坏、土体失稳或过大变形对基坑周边环境及地下结构施工影响不严重	0.9

第四节 支挡设计阶段和设计内容

支挡结构的设计阶段和设计内容均取决于整体工程的设计阶段、设计内容及对组成文件的要求。有时为了争取工期,也可能早于整体工程的设计阶段。通常可将设计阶段分为以下两种：

(1)两阶段设计:初步设计和施工设计。

(2)一阶段设计:施工设计。根据工程的要求,确定设计阶段后,其相应的设计文件组成与内容,将根据工程设计阶段、工程种类及要求而定。

初步设计阶段：

根据设计任务书中确定的主要技术条件,确定支挡结构修建的可行性,对平面布置的确定、结构类型的选择作出综合考虑，确定其最佳方案，并给出工程量及造价的概算。对个别控制工程拟出设计原则。

施工设计阶段：

最后确定支挡结构的平面布置，选定支挡结构类型、截面形式及构造，决定整个结构的全部尺寸，给出工程数量及造价。对控制工程及独立的高墙作出单独设计。应给出平面布置图、纵平面图、墙的大样图、相关的一些构造图、工程量及造价计算表、设计说明表。在必要时应包括基坑的平面图和断面图。

如果是一设计阶段，将上述两设计阶段工作结合起来一次完成。

基坑开挖与支挡计算时，应根据场地的实际土层分布、地下水条件、环境控制条件，按基坑开挖施工过程的实际工况设计。基坑采用放坡开挖是最经济、有效的方式，当有条件时，基坑应采用局部或全部放坡开挖，放坡坡度一般根据经验确定，但应满足其稳定性要求。

按照《建筑地基基础设计规范》(GB 50007—2002)，基坑开挖与支护设计内容应包括对支护结构计算和验算、质量检测及施工监控的要求。具体内容如下：

(1)支护体系方案技术经济比较和选型。

(2)支护结构的承载力、稳定和变形计算。

(3)基坑内外土体稳定性验算。

(4)基坑降水或上水帷幕设计以及围护墙的抗渗设计。

(5)基坑开挖与地下水变化引起的基坑内外土体的变形及其对基础桩、邻近建筑物和周边环境的影响。

(6)基坑开挖施工方法的可行性及基坑施工过程中的监测要求。

(7)排桩支护结构应根据其自身和周围影响范围内建筑物的安全等级，按承载能力极限状态与正常使用极限状态的要求，分别进行下列计算：

①基坑支护结构均应进行承载能力极限状态的计算，计算内容应包括：

ⓐ根据基坑支护形式及其受力特点进行土体稳定性计算；

ⓑ基坑支护结构的受压、受弯、受剪承载能力计算；

ⓒ当有锚杆或支撑时，应对其进行承载能力计算和稳定性及基底稳定验算；

ⓓ对预制钢筋混凝土板桩还应进行吊运阶段的强度、刚度验算。

②支护结构设计应考虑其结构水平变形、地下水的变化对周边环境的水平与竖向变形的影响，对于安全等级为一级以及对支护结构变形有限定的二级建筑基坑侧壁，应按式(10-2)对基坑周边环境及支护结构变形进行验算。

ⓐ根据周边环境的重要性、对变形的适应能力及土的性质等因素确定支护结构的水平变形限值。

ⓑ对支挡结构在施工各阶段的横向变形与竖向变形及其抗裂度与裂缝宽度进行计算和验算，支挡结构变形、岩土开挖及地下水条件引起的基坑内外土体变形应按以下条件控制：

不得影响地下结构尺寸、形状和正常施工；

不得影响既有桩基的正常使用；

对周边已有建(构)筑物引起的沉降不得超过《建筑地基基础设计规范》(GB 50007—2002)有关规定的要求;

不得影响周边管线的正常使用。

③当场地内有地下水时,应根据场地及周边区域的工程地质条件、水文地质条件、周边环境情况和支护结构与基础形式等因素,确定地下水控制方法。当场地周围有地表水汇流、排泄或地下水管渗漏时,应对基坑采取保护措施,进行地下水控制计算和验算。

ⓐ抗渗透稳定性验算;

ⓑ基坑底突涌稳定性验算;

ⓒ根据支护结构设计要求进行地下水位控制计算。

第五节　支挡工程勘察

目前基坑工程的勘察很少单独进行,大多数是与地基勘察一并完成的,但由于有些勘察人员对基坑工程的特点和要求不是很了解,提供的勘察成果不一定能满足基坑支护设计的要求。例如,地基勘察往往对持力层、下卧层研究较仔细,而忽略浅部土层的划分和取样试验;侧重于针对地基的承载性能提供土质参数,而忽略支护设计所需要的参数;只在规定的建筑物轮廓线以内进行勘探工作,而忽略对周边环境的调查了解等。因此,根据《建筑基坑支护技术规程》(JGJ 120—99)、《建筑地基基础设计规范》(GB 50007—2002)、《岩土工程勘察规范》(GB 50021—2001)的有关要求,对土质基坑工程勘察论述如下。

一、勘察阶段

基坑工程的勘察与其他工程的勘察一样,可分阶段进行,一般分为初步勘察、详细勘察和施工勘察。

二、勘察要求

在初步勘察阶段,应根据岩土工程条件,初步判定开挖可能发生的问题和需要采取的支护措施;在详细勘察阶段,应针对基坑工程设计的要求进行勘察;在施工阶段,必要时还应进行补充勘察。

三、详细勘察阶段的勘察工作

在详细勘察阶段,宜按下列要求进行勘察工作。

(一)工程地质勘察

(1)勘察范围。勘察的平面范围宜超出开挖边界外开挖深度的(2~3)倍,在深厚软土区,勘察范围尚应适当扩大。

(2)勘察深度。一般土质条件下,悬臂桩墙的嵌入深度大致为基坑开挖深度的2倍,因此勘察深度宜为开挖深度的(2~3)倍,在此深度内遇到坚硬黏性土、碎石土和岩层,可根据岩土类别和支护设计要求减小深度,在深厚软土区,勘察深度尚应适当扩大。

(3)勘探点布置。勘探点间距应视地层条件而定，可在 15 ~ 30 m 内选择，地层变化较大时，应增加勘探点，查明分布规律。

(4)在开挖边界外，勘探点布置和勘察深度可能会遇到困难，勘察手段以调查研究、收集已有资料为主，但对于复杂场地和斜坡场地，由于稳定性分析的需要或布置锚杆的需要，必须有实测地质剖面，应适量地布置勘探点。

(5)在受基坑开挖影响和可能设置支护结构的范围内，应查明岩土分布、土的常规物理试验指标，分层提供支护设计所需的抗剪强度指标，土的抗剪强度试验方法应与基坑工程设计要求一致，符合设计采用的标准，并应在勘察报告中说明。

土的抗剪强度是基坑支护设计最重要的参数，但不同的试验方法可能得出不同的结果。由于三轴试验受力明确，可以控制排水条件，因此《建筑地基基础设计规范》(GB 50007—2002)中规定，在基坑工程中确定饱和黏性土的抗剪强度指标时应采用三轴剪切试验方法。由于基坑一般采用机械开挖，速度较快，支护结构上的土压力形成很快，为与其相适应，采用不排水剪是合理的，对于饱和软黏土，由于灵敏度高，取土易扰动，为使结果不致过低，可在自重压力下进行固结后再进行不排水剪。

在采取土样时，为减少对土样的扰动，应采用薄壁取土器取样。

(6)周边环境调查。环境保护是基坑工程的重要任务之一，在建筑物密集、交通流量大的城区尤其突出。由于对周边建(构)筑物和地下管线情况不了解，盲目开挖造成损失的事例很多，有的后果非常严重，因此基坑工程勘察，应进行环境状况的调查，查明邻近建筑物和地下设施的现状、结构特点以及对开挖变形的承受能力。在城市地下管网密集分布区，可通过地理信息系统或其他档案资料了解管线的类别、平面位置、埋深和规模，若确实收集不到资料，必要时应采用开挖、物探、专用仪器或其他有效方法进行地下管线探测。

基坑周边环境调查具体包括以下内容：

①查明影响范围内建(构)筑物的结构类型、层数、基础类型、埋深、基础荷载大小及上部结构现状；

②查明基坑周边的各类地下设施，包括水管、电缆、煤气、污水、雨水、热力等管线或管道的分布和性状；

③查明场地周围和邻近地区地表水汇流、排泄情况，地下水管渗漏情况以及对基坑开挖的影响程度；

④查明基坑四周道路的距离及车辆载重情况。

(二)水文地质勘察

当场地水文地质条件复杂，在基坑开挖过程中需要对地下水进行治理(降水或隔渗)时，应进行专门的水文地质勘察。

基坑工程的水文地质勘察工作不同于供水水文地质勘察，其目的包括两个方面：一是满足降水设计(包括降水井的布置和井管设计)需要，二是满足对环境影响评估的需要。前者按通常的供水水文地质勘察工作的方法即可满足要求，而后者因涉及的问题很多，要求就更高，当降水和基坑开挖可能产生流砂、流土、管涌等渗透性破坏时，应有针对性地进行勘察，分析评价其产生的可能性及对工程的影响。当基坑开挖过程中有渗流时，地下水的渗流作用宜通过渗流计算确定。

场地水文地质勘察应达到以下要求：

（1）查明开挖范围及邻近场地地下水含水层和隔水层的层位、埋深及分布情况，查明各含水层（包括上层滞水、潜水、承压水）的补给条件和水力联系。

（2）测量场地各含水层的渗透系数和渗透影响半径。

（3）分析施工过程中水位变化，可能产生的流砂、流土、管涌等工程现象对支护结构和基坑周边环境的影响并进行评价，提出应采取的措施。

四、岩土工程评价

岩土工程勘察，应在岩土工程评价方面有一定的深度，只有通过比较全面的分析评价，才能使支护方案选择的建议更为确切、更有依据。因此，基坑工程勘察应针对以下内容进行分析，提供有关计算参数和建议：

（1）边坡的局部稳定性、整体稳定性和坑底抗隆起稳定性；

（2）坑底和侧壁的渗透稳定性；

（3）挡土结构和边坡可能发生的变形；

（4）降水效果和降水对环境的影响；

（5）开挖和降水对邻近建筑物及地下设施的影响。

岩土工程勘察报告中与基坑工程有关的部分应包括下列内容：

（1）与基坑开挖有关的场地条件、土质条件和工程条件；

（2）提出处理方式、计算参数和支护结构选型的建议；

（3）提出地下水控制方法、计算参数和施工控制的建议；

（4）提出施工方法和施工中可能遇到的问题，并提出防治措施；

（5）对施工阶段的环境保护和监测工作的建议。

第十一章　支挡土体稳定性分析

第一节　概　述

对有支护的基坑全面进行基坑土体稳定性分析，是基坑支护设计的重要一环，其目的在于：在给定条件下设计出合理的基坑侧壁支挡结构嵌固深度或验算已拟定的结构设计是否合理和稳定。目前分析方法主要有工程地质类比法和力学分析法。工程地质类比法是通过大量已有工程的实践，结合设计项目的实际情况来确定支护结构的嵌固深度；力学分析法是采用土力学的基本理论，结合拟设计支护结构情况进行土体稳定性分析。两种分析方法都有其局限性，在具体分析过程中应相互补充、相互验证。

基坑土体稳定性分析主要有如下内容：

(1)整体稳定性分析。一般采用圆弧滑动的简单条分法进行分析，介于支护结构如内支撑、锚杆等的作用，同时支护墙体一般为垂直面，因此它与一般边坡的圆弧滑动法有所区别。有支护时滑动面的圆心一般在基坑内侧附近，并假定滑动面通过支护结构的底部，可通过试算确定最危险的滑动圆弧及最小安全系数，主要目的是确定拟支护结构的嵌固深度是否满足整体稳定。

(2)支护结构踢脚稳定性分析。主要验算有支撑支护结构的最下道支撑以下的主、被动压力绕最下道支撑支点的转动力矩是否平衡。

(3)基坑底部土体抗隆起稳定性分析。开挖将导致基坑开挖面以下土体的原有应力解除，当支护结构嵌固深度不足时，基坑底部将可能产生隆起破坏。因此，基坑底部土体抗隆起稳定性分析主要是验算支护结构嵌固深度是否满足抗隆起稳定要求。

(4)基坑渗流稳定性分析。支护结构和土体开挖改变了原有土体中的渗流场，如未采取适当降排水措施，当支护结构的嵌固深度不足时，地下水的渗流将在基坑内产生诸如流砂、管涌甚至渗流隆起等工程问题，因此基坑渗流稳定性分析的任务就是验算支护结构嵌固深度是否满足渗流稳定要求。

(5)基坑底部土体突涌稳定性分析。当基坑底部隔水层较薄，而其下具有较大水头的承压水层时，有可能隔水层土体自重不足以抵消下部水压而导致基坑底部隆起破坏，支护结构产生失稳。因此，基坑底部土体突涌稳定性分析就是验算隔水层土体自重与下部水压是否平衡。

第二节　基坑整体稳定性分析

基坑的整体稳定性分析是对具有支护结构的直立土坡进行稳定性分析，基本方法还是采用土力学中的土坡稳定分析方法。因此，本节首先讨论砂性土土坡与黏性土土坡的稳定分析方法，由于其坡面长度比高度尺寸大，可视为平面变形问题，取一延米进行分析。

一、砂性土土坡稳定性分析

根据实际观测，由均质砂性土构成的土坡，破坏时滑动面大多近似于平面，成层的非均质的砂类土构成的土坡，破坏时的滑动面也往往近于一个平面，因此在分析砂性土的土坡稳定时，一般均假定滑动面是平面，如图 11-1 所示。

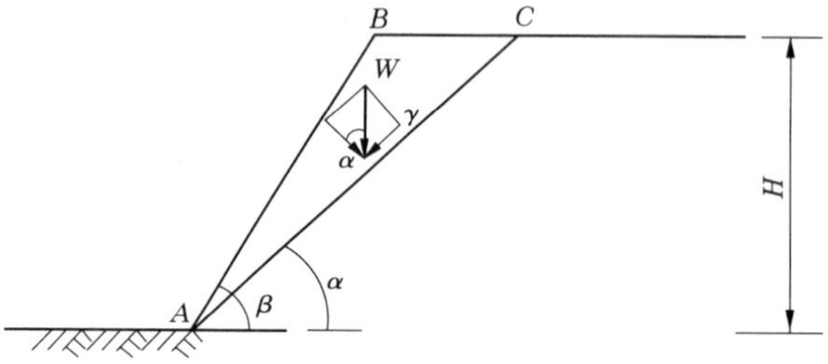

图 11-1　砂土土坡稳定分析

如图 11-1 所示，假定土坡高为 H，坡角为 β，土的重度为 γ，土的抗剪强度 $\tau_f=\sigma\tan\varphi$。若假定滑动面是通过坡脚 A 的平面 AC，AC 的倾角为 α，则可计算滑动土体 ABC 沿 AC 面上滑动的稳定安全系数 K 值。沿土坡长度方向截取单位长度土坡，作为平面应变问题分析。已知滑动土体 ABC 的重力为：

$$W=\gamma(\triangle ABC)$$

W 在滑动面 AC 上的平均法向分力 N 及由此产生的抗滑力 T_i 为：

$$N=W\cos\alpha$$

$$T_i=N\tan\varphi=W\cos\alpha\tan\varphi$$

W 在滑动面 AC 上产生的平均下滑力 T 为：

$$T=W\sin\alpha$$

土坡的滑动稳定安全系数 K 为：

$$K=\frac{T_i}{T}=\frac{\tan\varphi}{\tan\alpha} \tag{11-1}$$

安全系数 K 随倾角 α 而变化，当 $\alpha=\beta$ 时，滑动稳定安全系数最小。

上述安全系数公式表明，砂性土土坡所能形成的最大坡角就是砂土的内摩擦角，根据这一原理，工程上可以通过堆砂锥体法确定砂土的内摩擦角。

工程中一般要求 $K\geqslant 1.25\sim1.30$。

二、黏性土土坡稳定性分析

黏性土土坡稳定性分析方法非常多，目前工程上普遍使用的是费伦纽斯(W. Fellenius)于 1927～1937 年间提出的土坡稳定性的圆弧滑动分析法——条分法。

如图 11-2 所示土坡，取单位长度土坡按平面问题计算。设可能的滑动面是一圆弧 AD，其圆心为 O，半径为 R。将滑动土体 $ABCDA$ 分成许多竖向土条，土条宽度一般可取 $b=0.1R$，费伦纽斯条分法假设不考虑土条两侧的条间作用力效应，由此得出土条 i 上的

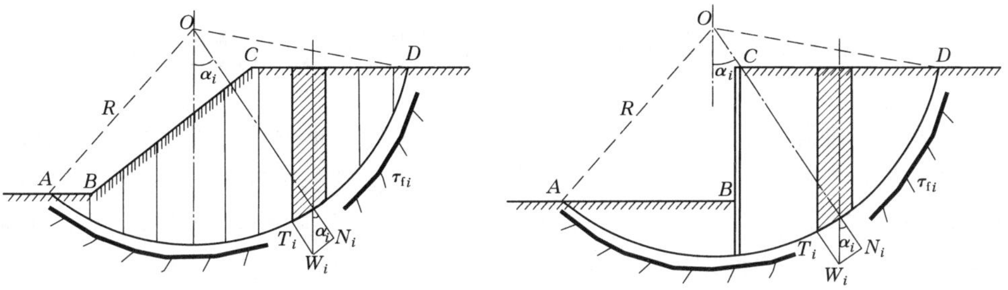

图 11-2　土坡稳定分析的条分法

作用力对圆心 O 产生的滑动力矩 M_s 及抗滑力矩 M_τ 分别为：

$$M_s = T_i R_i = W_i R_i \sin\alpha_i$$

$$M_\tau = \tau_{fi} l_i R = (W_i \cos\alpha_i \tan\varphi_i + c_i l_i) R$$

而整个土坡相应于滑动面 AD 的稳定安全系数为：

$$K = \frac{M_\tau}{M_s} = \frac{\sum_{i=1}^{n} (W_i \cos\alpha_i \tan\varphi_i + c_i l_i)}{\sum_{i=1}^{n} W_i \sin\alpha_i} \tag{11-2}$$

上述稳定安全系数 K 是对于某一个假定滑动面求得的，因此需要试算许多个可能的滑动面，相应于最小安全系数的滑动面即为最危险滑动面。也可以采用如下费伦纽斯提出的近似方法确定最危险滑动面圆心位置，如图 11-3 所示。

图 11-3 中的 α、β 的取值见表 11-1。

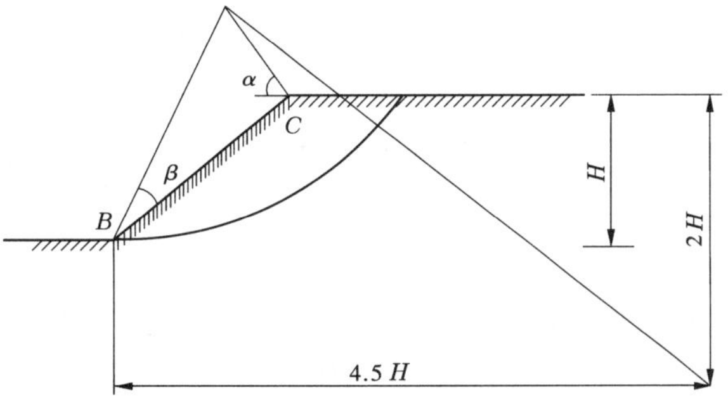

图 11-3　费伦纽斯近似确定最危险滑动面圆心位置的方法

表 11-1　α、β 的取值

土的坡度	α(°)	β(°)
1.0∶1	28	37
1.5∶1	26	35
2.0∶1	25	35
3.0∶1	25	35
4.0∶1	25	36

第三节　基坑底部土体抗隆起稳定性分析

板桩入土深度除保证本身的稳定外，还应保证基坑底部在施工期间不会出现隆起。

在软土中开挖较深的基坑，当桩背后的土柱重量超过基坑底面以下地基土的承载力时，地基的平衡状态受到破坏，常会发生坑壁土流动、坑顶下陷、坑底隆起的现象（见图 11-4(a)）。为避免这种现象的发生，施工前需对地基进行稳定性验算。

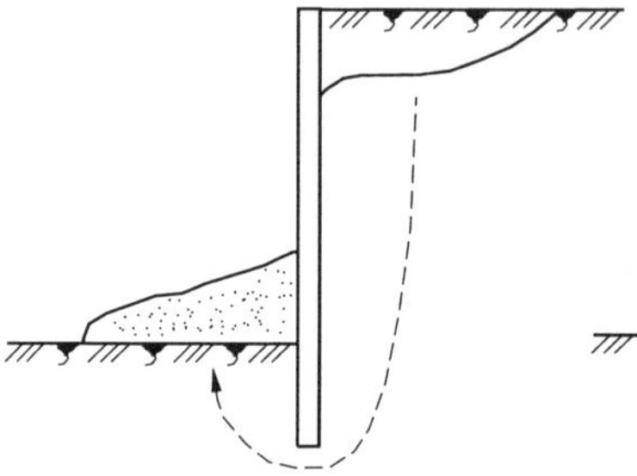

(a)地基隆起情况

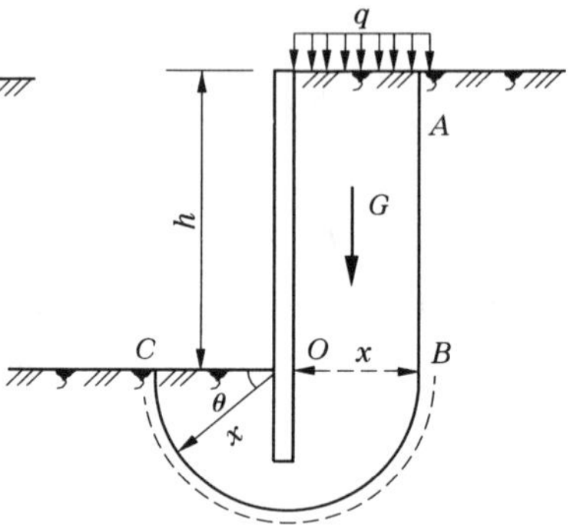

(b)地基隆起计算简图

图 11-4　地基的隆起与验算

如图 11-4(b)所示，假定在坑壁土重力 G 作用下，其下部的软土地基沿圆柱面 BC 产生滑动和破坏，失去稳定的地基土绕圆柱面中心轴转动，则：

转动力矩　　$M_{ov} = G\dfrac{x}{2} = (q + \gamma h)\dfrac{x^2}{2}$

稳定力矩　　$M_r = x\int_{\theta}^{x}\tau(x\mathrm{d}\theta)$

当土层为均质土时，则：

$$M_r = \pi\tau x^2$$

式中，τ 为地基土不排水剪的抗剪强度，在饱和性软黏土中：

$$\tau = 0$$

地基稳定力矩与转动力矩之比称抗隆起安全系数，以 K 表示，若 K 满足下式，则地基土稳定，不会发生隆起：

$$K = \frac{M_r}{M_{ov}} \geqslant 1.2 \tag{11-3}$$

当土层为均质土时，则：

$$K = \frac{2\pi c}{g + \gamma h} \geqslant 1.2 \tag{11-4}$$

式(11-4)中 M_r 未考虑土体与板桩间的摩擦力以及垂直面 AB 上土的抗剪强度对土体下滑的阻力，故偏于安全。

第四节　支挡结构踢脚稳定性分析

支护结构在水平荷载作用下,对于内支撑或锚杆支点体系,基坑土体有可能在支护结构产生踢脚破坏时出现不稳定现象。对于单支点结构,踢脚破坏产生于以支点处为转动点的失稳,对于多层支点结构,则可能绕最下层支点转动而产生踢脚失稳。其计算简图如图 11-5 所示。

踢脚安全系数验算公式如下:

$$K_T = \frac{M_p}{M_a} \tag{11-5}$$

式中　M_p——基坑内侧被动土压力对 A 点(最下层支点处)的力矩;

M_a——基坑外侧主动土压力对 A 点的力矩。

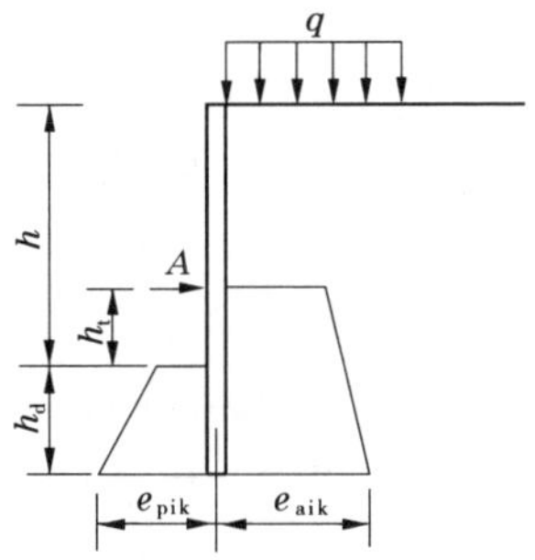

图 11-5　踢脚计算简图

为求得均质土中由式(11-5)表达的安全系数,需对 M_p、M_a 进行定量计算分析,根据图 11-5 及主动土压力与被动土压力计算公式可得支护结构底部土压力:

$$e_{aik} = \left[\gamma(h + h_d) + q\right]K_a - 2c\sqrt{K_a} \tag{11-6}$$

$$e_{pik} = \gamma h_d K_p + 2c\sqrt{K_p} \tag{11-7}$$

分别对 A 点取矩,A 点以下 M_p 为:

$$M_p = \frac{1}{2}\gamma h_d K_p h_d\left(\frac{2}{3}h_d + h_t\right) + 2c\sqrt{K_p}h_d\left(\frac{1}{2}h_d + h_t\right) \tag{11-8}$$

A 点以下 M_a 为:

$$M_a = \frac{1}{3}\gamma K_a(h_d + h_t)^3 + \frac{1}{2}K_a\left[q + \gamma(h - h_t) - \frac{2c}{\sqrt{K_a}}\right](h_d + h_t)^2 \tag{11-9}$$

第十二章　支挡结构设计计算理论与方法

第一节　概　述

支挡初期理论主要是基于挡土墙设计理论,根据土压力计算理论按静力平衡方法进行挡土墙的抗倾覆、抗滑移以及挡土结构内力计算。对于桩、墙式支挡结构经常是按等值梁法计算支点及结构内力,等值梁法是建立在极限平衡理论基础上的一种结构分析方法,其假定作用在桩、墙式支挡结构上的荷载和抗力为土的极限状态下的土压力,没有考虑支护结构与周围环境的相互影响、墙体变形对侧压力的影响、支锚结构设置过程中墙体结构内力和位移的变化、内侧坑底土加固或坑内外降水对支护结构内力和位移的影响,以及无法考虑到复合式结构的共同受力状态,无法从理论上反映支挡结构的真实工作性状和受力机理,按等值梁法计算的结果与内力实测结果相比在大部分情况下偏大,在使用上受到了较大的限制。然而,由于它具有计算方法简单、概念明确的特点,对于普通挡土墙或开挖深度不深的支护是比较成熟的,在《建筑基坑支护技术规程》(JGJ 120—99)中也明确了对于悬臂式及单支点支护结构嵌固深度应按上述方法确定,同时也可用于悬臂式及单支点支护结构的内力计算。因此,在今后一段时期内还会在一定范围内得到应用。

随着基坑深度不断加深、基坑平面尺寸不断加大,支挡结构的变形对基坑周边环境的影响越来越大。由于等值梁法计算假定简单,难以表达支护结构体系各参数变化的要求,因此在多支点支护结构设计中逐渐被弹性支点法所取代。弹性支点法是在弹性地基梁分析方法基础上形成的一种方法,它能考虑支点刚度及土体应力与变形,能较好地预估支护结构的变形,并考虑变形计算结构内力,其计算结果更接近实际测试结果,因而得到了更为广泛的应用。随着计算技术的发展,弹性支点法从平面问题逐步发展到可以考虑支撑体系的空间问题,使支护结构的设计更趋合理。特别是随着计算机技术的进步,在一些岩土计算软件(如同济大学杨敏教授开发的启明星软件 JK 系列中的深基坑支护工程结构分析计算软件 FRWS、中航勘察设计研究院秦四清博士后开发的深基坑支护之星软件、北京理正软件设计研究所开发的“深基坑支护结构计算软件 F - SPW”等)中,平面有限元计算方法已经得到应用并取得了较好的效果,一些研究者利用大型三维空间有限元计算软件(如 ABAQUS、ANSYS 等)对基坑支护的变形与内力进行模拟的三维空间研究正在展开,在个别特深基坑中也得到了很好的应用。

目前,用有限元方法来解决深基坑的问题越来越为众多学者所接受,国内也出现了许多有关基坑支护的有限元计算软件,如同济大学杨敏教授开发的启明星软件 JK 系列中的深基坑支护工程结构分析计算软件 FRWS、中航勘察设计研究院秦四清博士后开发的深基坑支护之星软件、北京理正软件设计研究所开发的“深基坑支护结构计算软件 F - SPW”、浙江省建筑设计研究院研制开发的基坑支护结构分析软件包 PRSA 等,这些软件多采用平面单元进行计算。大型三维空间有限元计算软件(如 ABAQUS、ANSYS 等)在基坑支护设计中的应用,使得基坑支护设计计算将更接近实际,但由于这些软件在应用上受到较多的实际情况的限制,因此仍待进一步研究摸索。

从上述论述中可知,支护结构设计计算的理论主要有等值梁法、弹性支点法以及有限元法。从理论上讲,有限元法可精确地预测围护墙的变形、基底隆起、墙后地表沉降及周围地层的移动,预测周围建筑物、地下构筑物、管线的变形等,是一种非常有用的方法。但由于土体的本构关系复杂,土体的参数难以确定、运算复杂,目前实际工程中这种方法用得并不多。而等值梁法和弹性支点法计算简单,参数易于得到,因此目前应用上主要以这两种方法为主。

第二节　悬臂式空心排桩入土深度与最大弯矩计算

悬臂式板桩指顶端不设支撑或锚杆,完全依靠打入足够的入土深度来维持其稳定。由于易产生较大变位,一般用于深度较小的临时性支护工程。其板桩布置如图 12-1 所示。

悬臂式板桩的入土深度和最大弯矩的计算一般按以下步骤进行(见图 12-2):

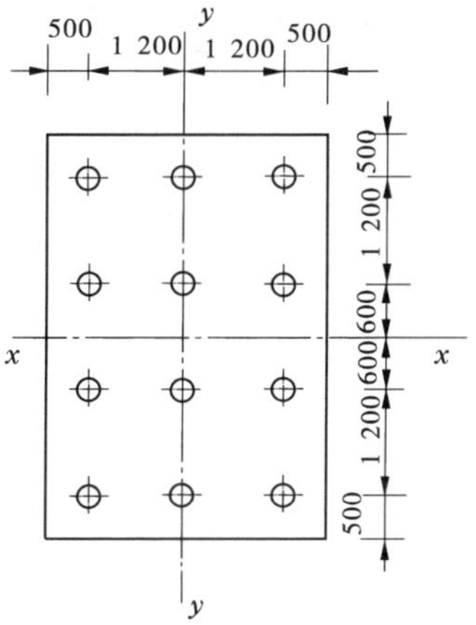

图 12-1　桩基平面图　(单位:mm)

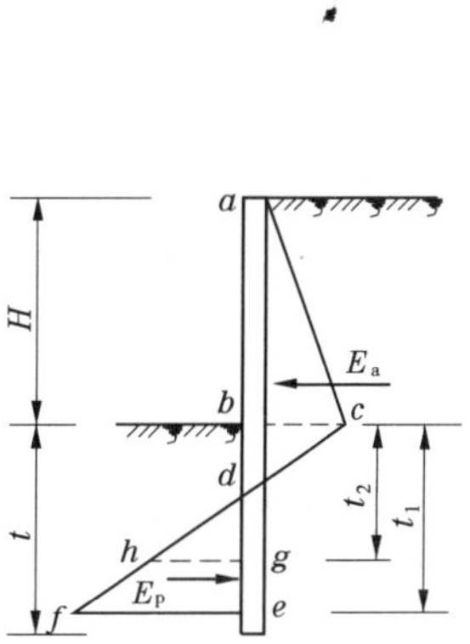

图 12-2　悬臂式板桩计算简图

(1)试算确定埋入深度 t_1。先假定埋入深度 t_1,然后将净主动土压力 *acd* 和净被动土压力 *def* 对 e 点取力矩,要求由 *def* 产生的抵抗力矩大于由 *acd* 所产生的倾覆力矩的 2 倍,即防倾覆的安全系数不小于 2。

(2)确定实际所需入土深度 t。将通过试算求得的 t_1 增加 15%,以确保板桩的稳定。

(3)求入土深度 t_2 处剪力为零的点 g。通过试算求出 g 点,该点净主动土压力 *acd* 应等于净被动土压力 *dgh*。

(4)计算最大弯矩,此值应等于 *acd* 和 *dgh* 绕 g 点的力矩之差值。

(5)选择板桩截面,根据求得的最大弯矩和板桩材料的容许应力(钢板桩取钢材屈服应力的 1/2),即可选择板桩的截面、型号。

对于中、小型工程，长 4 m 内的悬臂板桩，若土层均匀，已知土的重度 γ、内摩擦角 φ、悬臂高度 h，亦可参考表 12-1 来确定最小入土深度 t_{min} 和最大弯矩 M_{max}。

表 12-1　不同悬臂长度时的最小入土深度 t_{min} 和最大弯矩 M_{max}

内摩擦角 φ(°)	不同悬臂长度(m)时的最小入土深度 t_{min}(m)						不同悬臂长度(m)时的最大弯矩 M_{max}(kN·m)					
	1.5	2.0	2.5	3.0	3.5	4.0	1.5	2.0	2.5	3.0	3.5	4.0
20	0.9	2.2					17	44				
25	0.6	1.4	2.6				13	26	52			
30	0.5	0.9	1.7	3.0			7	16	34	58		
35		0.6	1.1	2.1	3.4	4.0	5	10	23	42	66	84
40		0.5	0.8	1.5	2.3	3.0	4	8	15	28	45	59
45		0.5	0.7	1.1	1.6	2.4		6	11	20	30	46
50			0.5	0.8	1.1	2.0		5	8	16	21	41

注：本表适用于土重度为 15.5 ~ 18.0 kN/m^3 的情况。

第三节　单锚式空心排桩入土深度与最大弯矩计算

单锚（支撑）式板桩是指在板桩顶部设置支撑或锚杆，以提高板桩的刚度。

单锚式板桩按入土深度的深或浅，分为以下两种计算方法：

(1)单锚浅埋板桩计算。假定上端为简支，下端为自由支撑。这种板桩相当于单跨简支梁，作用在墙后的为主动土压力，作用在墙前的为被动土压力（见图 12-3）。

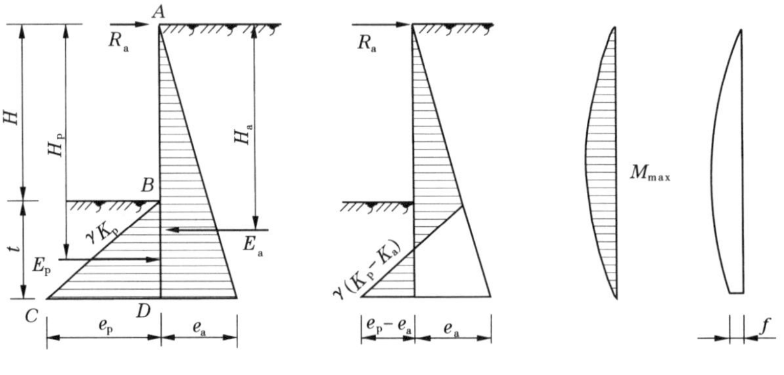

图 12-3　单锚浅埋板桩计算简图

主动土压力最大压强为：

$$P_a = \gamma(H+t)K_a \tag{12-1}$$

主动土压力为：

$$E_a = \frac{1}{2}P_a(H+t) = \frac{1}{2}\gamma(H+t)^2K_a$$

被动土压力最大压强为：

$$P_p = \gamma t K_p \tag{12-2}$$

被动土压力为：

$$E_p = \frac{1}{2}P_p t = \frac{1}{2}\gamma t^2 K_p$$

为使板桩保持稳定，在 A 点的力矩应等于零，即 $\sum M_A = 0$，亦即

$$E_a H_a - E_p H_p = E_a \frac{2}{3}(H+t) - E_p\left(H + \frac{2}{3}t\right) = 0$$

整理后即可求得所需的最小入土深度 t_{min}：

$$t_{min} = \frac{(3E_p - 2E_a)H}{2(E_a - E_p)} \tag{12-3}$$

再根据 $\sum x = 0$，即可求得作用在 A 点的锚杆拉力 R_a：

$$R_a = E_a - E_p \tag{12-4}$$

根据求得的最小入土深度 t_{min} 和锚杆拉力 R_a 可画出作用在板桩上的所有的力，并依此可求得剪力为零的点，在该点截面处可求出最大弯矩 M_{max}，根据最大弯矩去选用板桩的截面。

由于 E_a 和 E_p 均为 t 的函数，通常先假定 t 值，然后进行验算，若不合适，再重新假定 t 值，直至合适。

板桩的入土深度 t 主要取决于被动土压力，计算时，被动土压力一般不取全部（$\triangle BCD$），而只取其一部分，安全系数多取 2。

（2）单锚深埋板桩计算。单锚深埋板桩上端为简支，下端为固定支撑。其计算常用等值梁法。其基本原理如图 12-4（a）所示。ab 为一梁，其一端简支，另一端固定，正负弯矩在 c 点转折。如在 c 点切断 ab 梁，并于 c 点置一自由支撑，形成 ac 梁，则 ac 梁上的弯矩保持不变，此 ac 梁即为 ab 梁上 ac 段的等值梁。

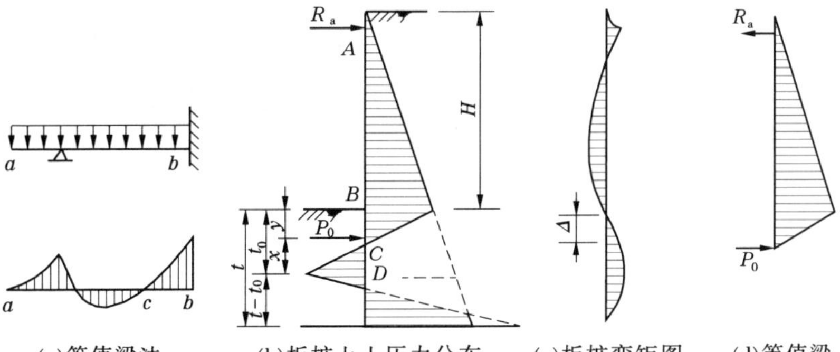

(a)等值梁法　(b)板桩上土压力分布　(c)板桩弯矩图　(d)等值梁

图 12-4　用等值梁法计算单锚板桩简图

用等值梁法计算板桩，为简化计算，常用土压力等于零的点的位置来代替正负弯矩转

折点的位置。板桩的计算步骤和方法如下：

①计算作用于板桩上的土压力强度，并绘出土压力分布图。计算土压力强度时，应考虑板桩墙与土的摩擦作用，将板桩墙前和墙后的被动土压力分别乘以修正系数（为安全起见，对主动土压力则不予折减）。板桩的被动土压力修正系数见表 12-2，t_0 深度以下的土压力分布可暂不绘出。

表 12-2 板桩的被动土压力修正系数

土的内摩擦角 φ(°)	40	35	30	25	20	15	10
K	2.30	2.00	1.80	1.70	1.60	1.40	1.20
K'	0.35	0.40	0.47	0.55	0.64	0.75	1.00

②计算板桩墙上土压力强度等于零的点离挖土面的距离 y，在 y 处板桩墙前的被动土压力等于板桩墙后的主动土压力，即

$$\gamma KK_p y = \gamma K_a(H+y) = P_b + \gamma K_a y$$

$$y = \frac{P_b}{\gamma(KK_p - K_a)} \tag{12-5}$$

式中 P_b——挖土面处板桩墙后的主动土压力强度值；

K_p——被动土压力系数；

K——被动土压力修正系数，见表 12-2；

K_a——主动土压力系数；

γ——土的重度。

③按简支梁计算等值梁的最大弯矩 M_{max} 和两个支点的反力（即 R_a 和 P_0）。

④计算板桩墙的最小入土深度 t_0，$t_0 = y + x$。

x 可根据 P_0 和墙前被动土压力对板桩底端的力矩相等求得，即

$$P_0 = \frac{\gamma(KK_p - K_a)}{6}x^2$$

$$x = \sqrt{\frac{6P_0}{\gamma(KK_p - K_a)}} \tag{12-6}$$

板桩实际埋深应位于 x 之下（见图 12-4(b)），所需实际板桩的入土深度为：

$$t = (1.1 \sim 1.2)t_0$$

一般取下限 1.1，当板桩后面为填土时取 1.2。

用等值梁法计算板桩是偏于安全的。

第十三章　可移动空心排桩支挡结构设计及施工

第一节　概　述

我国幅员辽阔，支挡结构周边环境、水文地质、施工工艺等各地不一，支护结构的类型应根据基坑周边环境、开挖深度、工程地质与水文地质、施工作业设备和施工季节等条件综合考虑，因地制宜地合理选择。《建筑基坑支护技术规程》(JGJ 120—99)介绍了几种支护结构的类型，并给出了包含基坑侧壁安全等级、开挖深度及地下水情况的适用条件，见表13-1。

表13-1　支挡结构选型

结构形式	适用条件
排桩或地下连续墙	1. 适于基坑侧壁安全等级一、二、三级 2. 悬臂式结构在软土场地中不宜大于5 m 3. 当地下水位高于基坑底面时，宜采用降水、排桩加截水帷幕或地下连续墙
水泥土墙	1. 基坑侧壁安全等级宜为二、三级 2. 水泥土桩施工范围内地基承载力不宜大于150 kPa 3. 基坑深度不宜大于6 m
土钉墙	1. 基坑侧壁安全等级宜为二、三级的非软土场地 2. 基坑深度不宜大于12 m 3. 当地下水位高于基坑底面时，应采取降水或截水措施
逆作拱墙	1. 基坑侧壁安全等级宜为二、三级 2. 淤泥和淤泥质土场地不宜采用 3. 拱墙轴线的矢跨比不宜小于1/8 4. 基坑深度不宜大于12 m 5. 当地下水位高于基坑底面时，应采取降水或截水措施
原状土放坡	1. 基坑侧壁安全等级宜为二、三级 2. 施工场地应满足放坡要求 3. 可独立或与上述其他结构结合使用 4. 当地下水位高于坡脚时，应采取降水措施

支挡结构可按表13-1选用排桩、地下连续墙、水泥土墙、土钉墙、逆作拱墙、原状土放坡或采用上述形式的组合，同时应考虑结构的空间效应和受力特点，采用有利支挡结构材料受力性状的形式。

软土场地可采用深层搅拌、注浆、间隔或全部加固等方法对局部或整个基坑底土进行加固，或采取降水措施提高基坑内侧被动抗力。

可移动空心排桩支挡结构，主要用预制钢筋混凝土空心桩为主要受力构件。可以是桩与桩互相挨靠，也可以是桩间预留一定距离，仅仅顶部拼装式连接，或用挡土板置于桩与桩之间形成围护结构。为保证结构的稳定和具有一定的刚度，可设置内支撑或锚杆。

一、排桩式支挡结构分类

(1)柱列式排桩支护。当边坡土质较好，地下水位较低时，可利用土拱作用，以稀疏空心桩支挡土体。

(2)连续排桩支护。在软土中不能形成土拱，支挡桩应该连续密排。密排的空心桩可以互相搭接、相互挨靠，可以是阴阳榫对接，还可在桩与桩空当后面置入挡土板。

(3)组合式排桩支护。在地下水位较高的软土地区，可采用排桩与水泥土桩防渗墙组合的形式。

二、排桩支护按基坑开挖深度及支挡结构支撑情况的分类

(1)悬臂(无支撑)支挡结构。当基坑开挖深度不大时，可利用悬臂作用挡住墙后土体。

(2)单支撑(或拉锚)支挡结构。当基坑开挖深度较大时，为保证支挡结构安全和减小变形，在支挡结构顶部附近设置一道支撑(或拉锚)。

(3)多支撑支挡结构。当基坑开挖深度较深时，可设置多道支撑(或拉锚)。

排桩式支挡结构是比较传统的支挡结构。它靠桩体插入土中和支撑体系(或拉锚)抵抗墙后的水、土压力，保证支挡结构安全。利用并列的排桩组成围护墙体，由于施工简单，墙体刚度较大，造价比较低，因此在工程中应用较多。根据上海地区的经验：对于开挖深度小于6 m的基坑，可选用ϕ800 mm密排悬臂空心桩，桩与桩之间可用树根桩密封；对于开挖深度为6~8 m的基坑，根据场地条件和周围环境可选用ϕ600 mm密排、顶部设一道圈梁和支撑形式的高强预应力预制空心桩支挡结构；对于开挖深度8~10 m的基坑，可选用ϕ800 mm密排、顶部设一道圈梁和支撑形式的高强预应力预制空心桩支挡结构，间隔一定数量进行排桩空心降水，并要视土质情况、周围环境及对围护结构变形要求适当增设2~3道内支撑；对于开挖深度大于10 m的基坑，可选用ϕ1 000 mm密排、顶部设一道圈梁和多道内支撑形式的高强预应力预制空心桩支挡结构，间隔一定数量进行排桩空心降水。

同样，排桩式支挡结构也在公路、铁路工程中得到了广泛应用。一般悬臂式排桩支挡结构应用于挡土较低的情况，而拉锚式排桩支挡结构应用比较广泛。

第二节 空心排桩支挡结构构造

一、柱列式预制空心管桩构造

预制空心管桩直径一般不宜小于 500 mm，悬臂式桩直径不宜小于 600 mm。桩间距应根据排桩受力及桩间土稳定条件确定，一般不大于桩径的 1.5 倍。在地下水位较低地区，当墙体没有隔水要求时，中心距还可再大些，但不宜超过 2 倍桩径。为防止桩间土塌落，可采取在桩间土表面抹水泥砂浆钢丝网混凝土护面或对桩间土注浆加固等措施予以保护，但对于有拆除重复利用要求的空心排桩，需要在基坑回填过程中及时清除桩间土表面的保护钢丝网混凝土等硬物，防止其对射水拔桩的影响。

在地下水位较高地区采用预制空心排桩作支挡围护墙时，必须在基坑开挖前先进行降水，防止基坑渗水影响桩间土拱的形成。图 13-1 为采用降水开挖后排桩与土拱共同构成的支挡墙体构造。如果基坑降水受到某种限制，必须在墙后设置隔水帷幕，但由于施工偏差，桩间树根桩或注浆体往往难以封堵钻孔桩的间隙而导致地下水流入基坑，且影响将来的排桩拔除。因此，开挖深度超过 5 m 时，必须慎重使用。

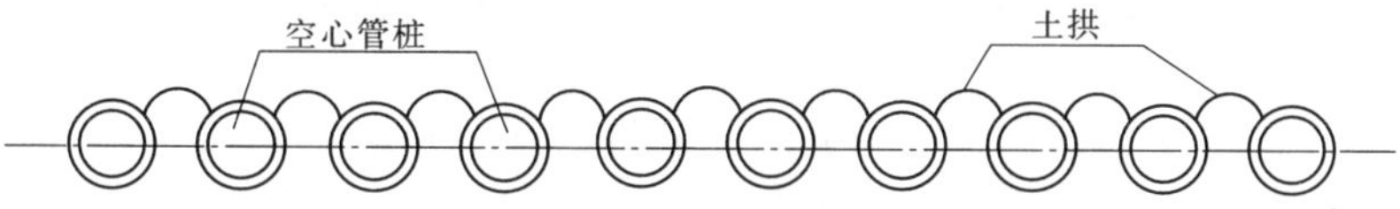

图 13-1 柱列式预制空心管桩平面布置示意图

桩体顶部必须设与桩顶装配式相连的圈梁（冠梁），冠梁为钢筋混凝土矩形梁，宽度（水平方向）不宜小于桩径，梁高（竖直方向）不宜小于 400 mm。桩与冠梁的混凝土等级宜大于 C20，当冠梁作为连系梁时可按构造配筋。

二、预制钢筋混凝土排桩构造

钢筋混凝土板桩截面尺寸应根据受力要求按强度和抗裂计算结果确定，并满足吊桩受力要求。

墙体一般由预制钢筋混凝土空心管桩或板桩组成。当考虑重复使用时，宜采用预制的预应力混凝土空心桩。桩身截面通常为圆环形，如图 13-2 所示，也可以用矩形截面。

板桩两侧一般做成凹凸榫，如图 13-3 所示，也有做成 Z 形缝或其他形式的企口缝的。阳榫各面尺寸应比阴榫小 5 mm，板桩的桩尖沿厚度方向做成楔形。为使邻桩靠接紧密，减小接缝和倾斜，在阴榫一侧的桩尖削成 45° ~ 60° 的斜角，阳榫一侧不削。角桩及定位桩的桩尖做成对称形。矩形截面板桩宽度通常为 500 ~ 800 mm，厚度为 400 ~ 500 mm，混凝土强度等级不宜小于 C25，预应力板桩不宜低于 C40，考虑沉桩时桩端可能的撞击损伤和拔桩施工，桩端都应配 4 ~ 6 层钢筋网，桩顶以下和桩尖以上各 1.0 ~ 1.5 m 范围内箍筋间距不宜大于 100 mm，中间部位箍筋间距 250 ~ 300 mm，在榫壁内应配构造筋。

在基坑转角处应根据转角的平面形状做成相应的异形转角桩，转角桩或定位桩的长

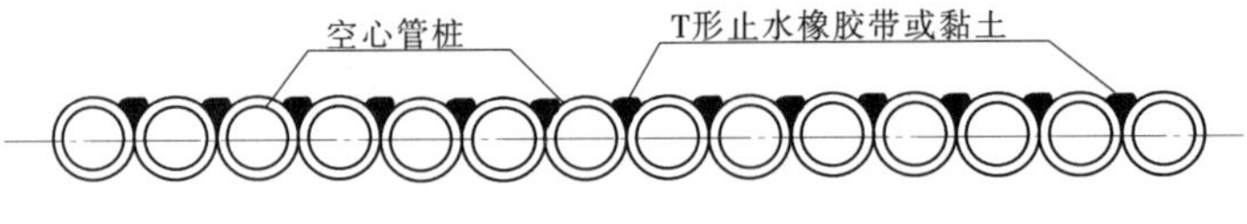

图 13-2　预制钢筋混凝土空心管桩支挡示意图

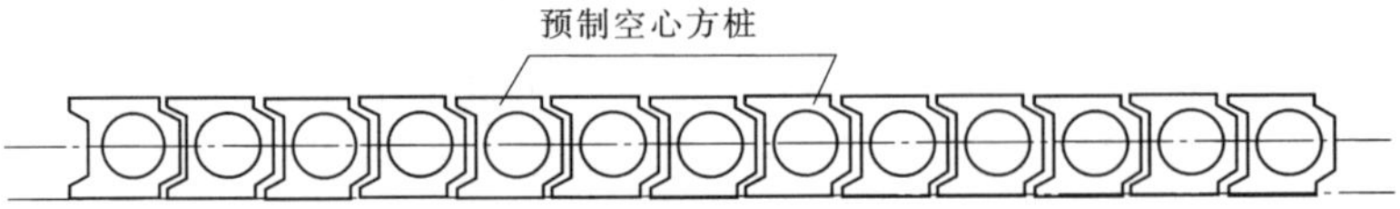

图 13-3　预制钢筋混凝土空心方桩支挡示意图

度应比一般部位的桩长 1 ~2 m。

当钢筋混凝土板桩墙形成后,桩的头部应找平并用钢筋混凝土冠梁嵌固。

锚杆一般用钢筋,可用螺栓与排桩连接。挖方时用土锚,填方时用锚定板拉住锚杆。

铁路、公路常用板桩挡土墙,它是由板桩和桩间的墙面板共同组成的,板桩截面一般为矩形。墙面板可采用槽形板,也可用空心板。

第三节　可移动空心排桩支挡结构施工工法原理

可移动空心排桩支挡结构施工的关键环节是射水沉桩和射水拔桩,其最根本的工作原理是把高压水送到桩尖处或需拔桩体周围,在高压水流的冲击下,桩尖附近或需拔桩体周围的土层被射水冲开,土层在桩尖处或需拔桩体周围的承载能力或阻力消除,与此同时,由于桩被流向地面的水所包围,桩与土壤间的摩擦力也随之消失,桩就借自身重量而下沉。停水后,桩周围的土壤会沉淀并固结起来,从而使桩牢牢地固定在地层中,并排连续沉桩则可成墙。或被吊车拔除,实现空心排桩的移动和异地修建。

射水法的作用机理,是由射水沉桩器或拔桩器中的射水喷嘴喷射出的高速水流,切割破坏由砂、土与卵石构成的地层,与此同时,利用卷扬机带动沉桩器或拔桩器上下往复运动,进一步破坏地层,沉桩器或拔桩器上下运动过程中,槽孔内形成循环的高速水流,由于高速水流的存在,地层中的砂、土与卵石颗粒被高速水流带走,造成桩下或周围的空腔,方便桩体的自由下沉或被吊出。

一、高压射水

前面已经说过,射水法造墙是利用高压水流冲击并切割地层,形成规则的槽孔。在喷射水流冲击地层时,由于能量高度集中作用于一个很小的局部区域,对这个区域内的土体结构施加了很大的冲压力,当这个冲压力超过土体的临界承载力时,土体结构就受到破坏。

射水造墙机成槽器上高压水流喷嘴始终在水中,射流过程呈现圆截面淹没射流,其结构如图 13-4 所示。根据流体力学理论,在圆截面轴对称射流主体段中,轴心射流速度沿射程变化的规律可用式(13-1)表示:

$$v_m/v_0 = 0.966/(2aS/d + 0.294) \tag{13-1}$$

而射流半径沿射程的变化可用式(13-2)表示：

$$R/d = 1.7/(2aS/d + 0.294) \tag{13-2}$$

式中 v_m——计算点的轴心流速,m/s；

v_0——喷口处的轴心流速,m/s；

S——喷射水流射程,m；

R——射流半径,m；

d——喷嘴直径,m；

a——紊流系数。

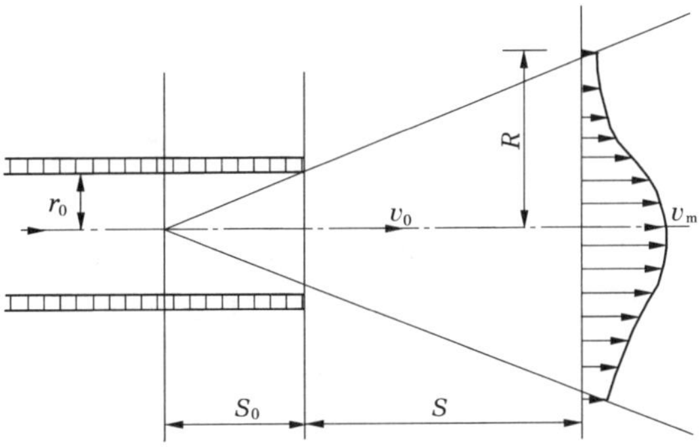

图 13-4 圆截面射流结构示意图

根据喷嘴的尺寸、喷嘴离土体的距离以及喷口处的轴心流速,可以计算出射流到达土体时在射流半径范围内横断面上各点的流速。或者,反过来,根据高压水泵的压力,设计出沉桩器或拔桩器喷嘴尺寸及其箱体宽度,从而能得出其冲击土体能力的性能指标。

高压喷射流的冲压力可表示为：

$$P_o = \rho A v^2 \quad 或 \quad P_o = \rho Q v \tag{13-3}$$

式中 P_o——喷嘴出口水流的冲压力,kN · m/s²；

ρ——水的重度,kN/m³；

A——喷嘴面积,m²；

Q——喷嘴出口水流流量,m³/s；

v——喷嘴出口水流的平均流速,m/s。

从式(13-3)可以看出,水流的冲压力与喷嘴流速的平方成正比,与流量和流速的乘积成正比,流速越大,冲压力越大；流量越大,冲压力越大。

在射水成槽过程中,水流的冲压力会有损耗和衰减,其损耗系数 β 可表示为：

$$\beta = P_o/P \tag{13-4}$$

式中 P_o——喷嘴出口水流的冲压力,kN · m/s²；

P——喷嘴入口水流的冲压力,kN · m/s²。

水流冲压力的衰减规律,则可用经验式(13-5)表示：

$$H_L = K d^{0.5} H_o / L^n \tag{13-5}$$

式中 H_o——喷嘴出口处的压力水头,m;

H_L——离喷嘴出口 L 处的压力水头,m;

d——喷嘴直径,m;

L——距喷嘴出口的距离,m;

K、n——经验系数,与喷射水流周围的介质有关,根据经验,在空气中喷射时,取 $K=8.3$,$n=0.2$,在水中喷射时,取 $K=0.01$,$n=2.4$。

在实践中,应尽量使喷嘴接近待切割的土体结构,以减少水流冲压力的衰减,提高水流的冲切能力。高压射水喷射流对土体的破坏机理,包括喷射水流本身的动水压力,它的脉冲振动破土效应,它的水楔破碎效应,它的气穴效应,以及它的锤击破坏作用。

二、泥浆固壁

原状土在各种外力合力作用下处于稳定状态。但沉桩器或拔桩器的射水冲击与切割使土体平衡受到破坏。由于地下水的作用,孔壁的抗剪强度将降低,并出现向孔内的渗流压力,土体如果不密实,孔壁就有坍塌的危险。特别是砂土层结构疏松且经常含水,成孔后孔壁不稳定,易产生坍塌和流沙等现象。要保证地下水位以下的土层孔壁不坍塌,应具备以下条件:被挖掘的槽孔空间要充满液体,槽孔内要具有一定的由孔内施加给孔壁的压力,孔壁不能透水,以断绝水在土层中渗流的通道。

由于泥浆的比重大于水的比重,所以当泥浆面高于地下水位时,泥浆的压力就会大于地下水的压力,该压力可抵抗作用在槽壁上的侧向土压力和水压力,相当于一种液体支撑,可以防止槽壁坍塌和剥离,并防止地下水渗入(见图13-5)。与此同时,泥浆还要往地层里渗透。渗透情况不仅与地层的结构和性质有关,而且与泥浆的性能有关。在泥浆向地层里渗透的同时,泥浆材料与黏土颗粒由于过滤作用沉积在槽壁上或由于化学作用附着在槽壁上,形成一层不透水或透水性很低的膜,称做泥膜或泥皮。这种泥皮不但能阻止泥浆不断渗进周围地层中去,防止泥浆失水和泥浆漏失,而且能防止地下水浸入槽内与泥浆混合,同时,又是泥浆压力的作用面,所以泥皮的形成大大促进了泥浆的固壁作用(见图13-6)。

泥浆固壁的能力取决于它的固壁侧压力(由泥浆水头与它的重度决定)、强度与泥皮强度以及泥浆流动的向上拖曳力。一般的泥浆固壁,都是按规范要求,保持孔内浆液面在合理的高度(导墙顶面以下30~50 cm)上。由于射水法造孔的高速水流就是泥浆水,它不断射入孔中破坏地层,又不断从孔中流出,因此相比其他工法,它的固壁侧压力提高了(泥浆水位能达到孔顶),又能充分利用其向上的拖曳力,从而达到较好的固壁效果。

泥浆固壁的目的就是保证孔壁的稳定。固壁泥浆应当满足:泥浆的比重要大于清水的重度。使得在孔壁上任何一点,其泥浆的压力都大于土层中的水压力;桩孔中泥浆面应高于地下水位,通过水头差使泥浆浸入孔壁,泥浆黏土颗粒吸附在孔壁的空隙中形成泥皮,阻断泥浆水分向孔壁土层渗透的通道;泥浆和地下水的压力差与孔壁土压力平衡,以维护孔壁的稳定;泥浆应具有挟带钻渣排出孔外的能力。只有在孔壁稳定的条件下,沉桩器或拔桩器才能在射流水冲击的作用下制造桩下或其周围空腔。

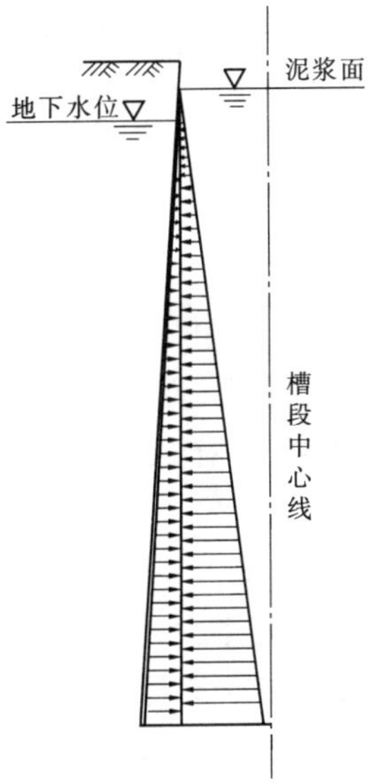

图 13-5　泥浆对孔壁的压力作用示意图

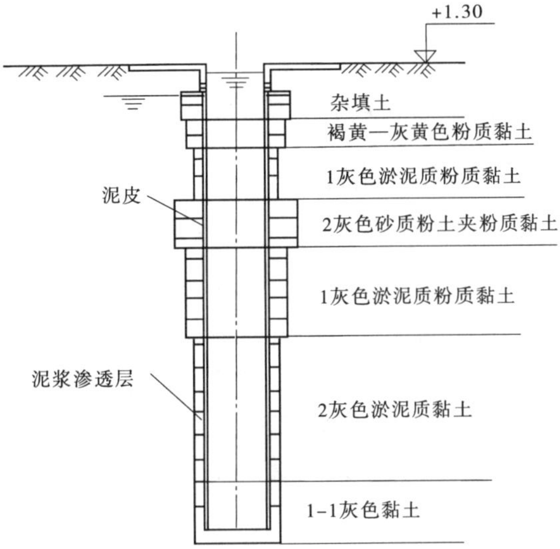

图 13-6　泥浆的固壁作用示意图

第四节　可移动空心排桩支挡结构施工

科学、合理的施工工艺是可移动空心排桩支挡结构施工成败的关键，工程开始施工前，一定要根据施工地区地质、排桩等情况，科学计算和选择施工所需水压与吊车等相关施工参数及机具设备。具体施工步骤如下。

一、施工准备

在施工前，除通常必须要做的诸如现场踏勘、气象水文资料收集等工作外，对射水沉桩或拔桩而言，必须做好如下施工准备：

(1)施工组织设计。包括组织机构与人员配置，以及施工规划。在项目负责制的前提下，组织机构一定要健全。由项目经理领导，下设施工规划与设计部门，负责整个工程施工的总体工程、分部工程及单元工程和设计与施工组织；施工质量监督与控制部门，负责施工质量管理与监督；施工安全部门，负责施工设备与人员的安全监督；后勤服务与财务部门等。人员配置要健全，包括水力学、地质力学、材料力学、测量等专业，并有对射水工法较为熟悉的工程师与熟练操作人员。施工规划包括分部工程与单元工程的施工安排与调度，确保在合理的工期内完成施工任务。

(2)平整施工场地和施工放线，合理进行施工场地布置，尤其是施工供水池和沉渣池布置应方便射水和循环利用，不影响排桩的运输、起吊，射水机具安装和测量定位等，确保桩位施工准确和交通安全、方便。

(3)试桩。在大面积施工前，一般应选择在有代表性的地段先进行试验段施工。通过试验段施工(包括质量检查),以便对地质情况有更准确的掌握。检查各种机械运行是否正常,各个连接部件是否牢固可靠,尤其是高压供水管路长度是否适宜,施工进度与工艺组织措施配套是否合适,以及人员安排、施工质量、工期、施工安全能否得到保证等。如此,可为以后的顺利施工积累经验和对重要的施工参数能心中有数。

二、机械设备配置

在陆地地面承载力符合要求时,可直接配备吊高满足要求的吊车、发电机、高压水泵、配电盘及配套的附属机具等;若在岸边或浅水处,应对施工场地进行垫土、提高地面承载能力后,按陆地施工要求配置机械设备和机具;在较深水中打桩时,要根据工地使用机械及水上作业的设备要求配备必要的水上施工平台。

(一)排桩设备和电源要求

排桩加上射水沉桩或拔桩用的沉桩器或拔桩器,两者重量本身不是很大,一般的吊车即可满足吊重要求。但由于排桩一般都很长,需要吊车吊高很大,所以在选配吊车时,应充分考虑起吊高度要求,这样配备的吊车一般都有主、副两个吊钩,一个吊车即可实现起吊排桩及其配套的沉桩器或拔桩器的不同步提升或降落,减少吊车使用数量。

射水沉桩用2台多级离心泵从蓄水池抽水供给沉桩器或拔桩器喷嘴,扬程211 m,出水量154 $m^3/h\times2$,各配55 kW电动机1台;同时配备相应的从附近水源或新打机井中抽水到蓄水池的混流泵1台,配1.5 kW电机;配备容量大于实际用电量的变压器,考虑到板桩和灌缝等其他设备及照明用电,配套了开关柜。电缆线选用容量大于用电量20%的电缆。

(二)射水水源要求

射水多级离心泵要求使用固体物含量(按质量计)不大于9.1%的净水源,用水量较大,再考虑沉渣水的循环利用容量。为此,利用取土坑塘,周围用推土机筑堤,修筑蓄水池容量不应小于5 000 m^3,取水泵吸入口要加过滤罩。

输水管的管路用4吋钢管、法兰连接多级离心泵,送入两根ϕ2.5吋、长20~35 m的高压胶管供水管路,胶管的末端用钢管和射水沉桩器或拔桩器的射水喷嘴相连接。

(三)射水供水泵组要求

(1)水泵结构形式。水泵选用单吸多级分段式离心泵吸送清水,扬程211 m,$Q=154$ m^3/h,功率55 kW。为便于调节,两泵安装在一个底盘上,与电动机采用轴传动方式;在泵上方0.5 m处设置1.5 m×1.8 m×1.2 m的贮水箱,箱上部设有调节水量的出水孔,两泵进水口与贮水箱底部相连,出水口安装单向阀和控制阀门。

(2)泵的控制要求。泵组配置功率大于泵组配套电机功率30 kW的控制柜。控制柜要求降压启动或软启动,并配时间继电器、电机保护器,电缆的功率大于泵组配套电机功率的30%,长度约50 m。

(3)泵的运行要求。运行前用手转动应感觉灵活,转动方向正确,运行中水泵轴承升温不超过70 ℃,轴承串动量保持5~6 mm,填料压紧程度应保证均匀漏水(10~20滴/min),泵入口应有防止杂物堵塞的过滤网。

三、排桩施工

（一）射水沉桩

沉桩前再一次检查桩体是否符合质量要求、桩位是否准确无误，沿轴线安放导向扶正器，扶正器由两根 ϕ200 mm 钢管组成，长约 9 m，两管间距比板厚宽 10 mm，一端焊死，中间可每隔 2.2 m 用 ϕ40 mm 横螺栓连接，另一端敞口，敞口长度 2.4 ~ 2.5 m，顶端两侧埋地锚用导索拉紧，尾端由人工调整。板桩由吊车放入扶正器，使第一块板的滑板进入扶正器的滑道，再向地层插入，下插速度根据地层土质调节泵的出水量。施工时，先将射水沉桩器安装、连接到待沉排桩的空心通道中，射水沉桩器进水管与高压水泵出水管连接，做好充水准备，然后用吊车将沉桩和射水沉桩器一并起吊到预定位置上方，待桩下端与地基将要接触，并不再晃动时，打开充水设备，按 10 ~ 50 kg/cm^2 水压加压通水，从射水沉桩器喷嘴内射出的高速水流迅速使土壤液化，喷射高压水成孔，吊车也将沉桩徐徐下落，插入到液化的土壤中，至设计高程后关掉供水设备，固定桩位，解开桩体吊绳，解除沉桩器与沉桩的连接，吊出沉桩器，则完成第一个桩的沉桩。

需要说明的是，应根据地层情况对水泵供水参数进行合理的调整。水泵的额定压力是 6.0 MPa，可利用泵出水口的闸阀来调整泵压与泵量。如果在砂性地层中进尺较快，为使泥浆固壁更好，以及减小扩径系数，应适当降低泵压与泵量。相反，当沉桩遇到较为坚硬的土层（如黏性土层），沉桩较慢时，则可适当增加泵压与泵量，以及可以利用吊车的快速降落操作，将桩体提起 1.5 ~ 2.0 m 快速放绳，通过待沉桩体的惯性下蹲、反复自由下落冲击破坏其下土层，以加快沉桩速度。沉桩或拔桩器的上下运动频率由操作人员控制，一般为 30 ~ 70 次/min。对砂性地层，可降低频率，对黏性地层则可提高频率。

（二）射水拔桩

拔桩前，先将所需拔桩体顶部周围土体挖除，露出桩头，将连接法兰和钢丝绳与待拔桩体顶部连接成吊耳，射水拔桩器进水管与高压水泵出水管连接，做好充水准备，然后用吊车将射水拔桩器起吊到待拔桩体上方，套住桩头并下落，待射水拔桩器与地基将要接触时，打开充水设备，按 10 ~ 50 kg/cm^2 水压加压通水，从射水拔桩器喷嘴内射出的高速水流迅速使待拔桩体周围的土壤液化，喷射高压水成孔，吊车也将拔桩徐徐下落，插入到液化的土壤中，至预定高程后关小供水设备，将连接桩顶的吊绳与吊车吊钩连接，将桩体连同拔桩器一并吊出或拔出，则完成第一个桩的拔桩。也可以先吊出拔桩器，然后进行拔桩。

拔桩器的供水参数调整和操作需要说明的除沉桩情况外，还需要说明的是，基坑支挡拔桩前，应首先按安全要求进行基坑回填，并随着回填抬升及时将支挡内支撑、桩间坚硬块体，从下到上陆续清除，待基坑内外水压平衡、桩体支挡力消失后，再选择较易拔出的桩体，先行拔出，待有好的工作场面后，再开始分两侧依次拔出。

拔出的排桩应按要求堆放，避免堆放中意外损失，以便重复使用。

（三）沉拔桩劳力组合

共需两个班组，昼夜不停。每个班组 14 人即可，其中 1 人负责安全兼指挥，1 人操作泵组，2 人测量定位，2 人扶正，8 人托水管、安卸水管接头，连同管理人员在内，共需 30 人左右。

（四）桩间缝隙控制

在沉桩开始前，首先在桩位两侧选择适宜、牢靠的地方预先安装支墩，设计控制桩位的担杠、吊绳和吊点，按照设计桩位、桩顶标高和担杠情况推算支墩平面位置及安设高程，桩间缝隙控制主要是通过控制沉桩垂直度来实现，控制排桩下沉一定要在其下及周围影响自由下落的土体全部被射水所击打破碎之后的情况下，当测量发现桩体在其设定桩位不是垂直、自由下落时，要及时将桩体提升至垂直状态下的桩位处，射水修正、自由下沉，沉至设计高程再按设计间距固定桩位，自然也就控制了桩间缝隙。设计要求板桩间预留缝宽为 25 mm，相邻板桩板缝允许偏差为 25 mm（即板与板之间最大缝宽为 50 mm）。桩体宽度为 1 000 mm，导向架格板间净宽为 1 015 mm，格板厚度 10 mm。因此，板桩间缝宽即可控制在 10 ~ 40 mm，实际操作可控制最大偏差为 15 mm。

（五）板桩高程控制

在沉桩至设计深度并稍有富裕时，停止射水下沉，将设计的担杠穿入预先与桩顶连接的吊绳内，并在吊车的辅助下准确地将桩顶固定在设计高程，及时向整体周围的孔隙均匀回填 0.5 m^3 左右的碎石子后，再均匀回填 3.0 m^3 左右的砂性土，即可进行邻近排桩的插桩施工。为保证板桩沉降以后标高能满足要求，安装排桩时在担杠下加高 50 mm 的垫块，使实际板顶标高比设计标高高出 50 mm，使沉降稳定以后仍能满足规范要求。利用手推晃动的方式判断桩体周围土体初步稳定、固结，桩体稳固后方可撤掉担杠及其支墩和吊绳。

为便于用水准仪观测板桩沉降量，同时经过沉降观测之后，了解沉降规律，沉桩前应在桩顶预先选定稳固、明显、有代表性的凸点，便于立尺和寻找。

（六）安全施工注意事项

排桩插打完毕、顶部冠梁安装紧固后即可降水开挖。但需要注意的是，对于设计有支撑的围堰，要随降水开挖随时支撑，开挖（或抽水）到设计深度要及时支撑，并检查各节点是否顶紧，排桩与导梁之间的缝隙是否用木楔一一楔紧，防止导梁受力不均而出现开挖（或抽水）事故；开挖（或抽水）速度不能过快，且要随时观察支挡结构的变化情况。对于围堰性质的支挡结构，当锁口不紧密漏水时，应用板条、棉絮等在内侧嵌缝或嵌塞；当漏缝较深时，可以通过潜水员在漏缝处外侧贴护止水胶带，或用袋装下放到漏缝附近徐徐倒撒大量木屑、谷糠等，使其由水挟带至漏水处自行压紧止水或堵塞。

第十四章　空心排桩可能应用案例分析

第一节　天津市海河堤岸钢筋混凝土板桩防护

一、概述

天津市海河综合开发堤岸改造工程位于古文化街狮子林桥与金汤桥之间，海河右岸张自忠路侧堤岸，全长642延m。该工程段前沿地下结构主要由两部分组成：护岸段预制板桩和码头段现浇钢筋混凝土地连墙。预制板桩有两种规格：从狮子林桥到拟建码头端有53块板桩，尺寸为7 650 mm×1 000 mm×300 mm；从拟建码头端到金汤桥有319块板桩，尺寸为10 650 mm×1 000 mm×350 mm。板桩桩顶标高均为+0.15 m。该工程板桩成槽与施工地连墙成槽基本相同，而板桩的安装定位与以往施工的板桩有所不同。板桩桩顶标高为+0.15 m，导墙顶标高为+1.40 m，即板顶离导墙顶面1.25 m，板顶不露出水面。

该施工段原地面标高为+4.00 m，从+4.00 m到−14.00 m，第一层为杂填土，层厚0.60～1.80 m；第二层为素填土，层厚1.70～4.20 m；第三层主要为粉质黏土，层厚1.40～3.80 m，局部为淤泥质黏土或淤泥，层厚2.20～6.40 m；第四层为粉土，层厚1.20～9.60 m；第五层为粉质黏土，层厚2.70～7.00 m。施工断面地表原护岸浆砌块石及杂填土已清除换填，回填土深度为2.00～4.00 m，土质松软。地下水位约1.60 m，施工期间海河水面标高约0.2 m。

二、施工工艺及流程

（一）施工工艺流程

施工工艺流程如图14-1所示。

（二）成槽

（1）工艺特点：本工程板桩成槽工艺采用气举反循环成槽施工工法，双钻抱管（喷导管）钻孔成槽，冲击钻修槽。具有成槽速度快，泥浆置换、沉渣清除彻底，槽面平整等优点。

（2）单套成槽设备组成：QZ−80型潜水钻机2台（功率22 kW/台），成槽架1副（2台卷扬机总功率24 kW），空气压缩机1台（功率45 kW），3PN泥浆泵1台（功率22 kW），喷导管1根（ϕ273 mm、长14.5 m），钻头2个（ϕ500 mm），冲击扩孔钻头1个（宽655 mm），泥浆渣斗2个（5 m^3/个）。

（三）插板

（1）验槽：当插板的单元槽段的深度、宽度、泥浆重度、沉渣厚度符合设计与规范要求并经验收合格后才能进行插板。

（2）导向架安装：用吊车起吊，将导向架两端的端线对准导墙上划分单元段的钢筋标

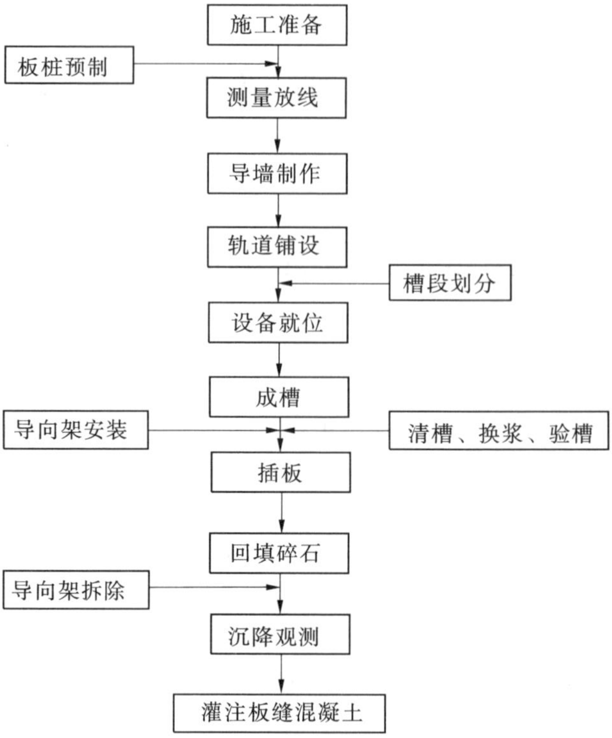

图 14-1　施工工艺流程

记,垂直并贴陆侧导墙安放导向架,靠河侧用 30 mm 厚的木楔将导向架与导墙挤紧,并在导墙上用手电钻钻眼,下销钉,将导向架固定。

(3)板桩安装:用 50 t 履带吊车主、副钩水平起吊板桩,空中换位,待板桩垂直后,由主钩吊板桩顶端吊环,人工扶正,对准导向架板孔,贴导向架河侧垂直下插板桩,下插到位后,用担杠将板桩担在导墙上,再通过吊环起吊板桩,摘掉钢丝绳,担扛穿过吊环担在导墙上的垫块上(垫块厚度 50 mm),固定板桩。垫块起到预留沉降量的作用,其另一用途是便于板桩稳定后,拆除担杠和吊环,以便担杠和吊环重复利用。板桩在插入导槽前要将水平起吊的 4 个吊点钢筋割掉,切口处要用乳化沥青涂抹防腐。

(4)回填碎石:板桩安装调整就位后,立即回填板与槽壁之间的缝隙,用 4 ~ 6 cm 碎石回填,使板与槽壁间被碎石和泥浆填满,有利于板桩稳定。回填碎石前应先将板与板间的槽孔用水泥袋封堵,防止碎石掉进板缝间的凹槽孔中。

(5)灌注板缝混凝土:回填碎石板桩稳定后,拆除导向架,累积安装完 50 块板左右,进行一次集中灌缝。灌注前先将槽孔中的水泥袋拔除,然后将与槽孔吻合的布袋用竹竿插到槽孔底,再向布袋内灌注 C20 细石混凝土。

三、效果

板桩施工结束后,开挖验收板桩施工质量,全部满足设计与规范要求,而且,由于利用导向架能够方便有效地对板桩进行定位,不但很好地保证了工程质量,还大大提高了施工进度，平均每台设备一天能安装 20～30 块板桩，取得了较好的经济效益。

四、排桩替代方案分析

该方案是采用钻机造孔、冲击钻修孔成型后再向孔中插桩的方法，取得了良好效果。如果利用钢筋混凝土预制空心射水排桩直接射水插桩，则省去了钻机造孔和冲击钻修孔程序，缩短了泥浆固壁时间，减小了桩体与孔壁之间的缝隙和回填工程量，则可进一步提高施工效率，压缩施工时间。因此，天津市海河堤岸钢筋混凝土板桩防护设计与施工有进一步优化的可能。

第二节　浙江省钱塘江海塘防潮涌用钢筋混凝土板桩防冲墙

一、概述

浙江省钱塘江潮涌为举世无双的天下奇观，其能量巨大，往往严重地危害海塘堤脚与堤身的安全。为此，设计工程师经过多次反复研讨，针对此情况，在海塘堤脚设置混凝土沉井和板桩防冲墙。即在浙江省杭州市城市防洪堤一期工程的 K3 + 088.92 ~ K3 + 884 堤脚设置 8 m 或 10 m 长、截面尺寸为 0.3 m × 0.5 m 的钢筋混凝土板桩防冲墙，共有板桩 1 580 根，在深水区施工。

二、施工工艺流程

板桩施工工艺流程如图 14-2 所示。

（一）测量定线

用红外线测距仪测设出板桩外缘线的转折点，将 ϕ150 mm 钢管打入河床定位。转折点间直线每 50 m 一定位桩加密，引测临时水准点、控制桩顶标高。

（二）打桩船平台的拼装

船平台采用 60 t 铁驳两艘搭拼。搭拼时，设置一型钢架底座，以加宽整个船平台，船平台上设钢管滚筒，上置 DJ25 型振动打桩机（附属起吊设备一套），使船平台一次定位以后可以完成 4～5 m 的板桩墙，减少船平台位移次数。

（三）水泵选型，水枪安装

水泵选型依据本工程土质条件确定，桩内射水采用 9 节高压泵和 6 节高压泵高压射水，进水采用 4 吋 QY 潜水泵各 1 台送水，出水采用直径为 50 mm 的高压胶管送水。桩外射水采用 2 吋 3RA－9 型离心水泵，进水采用 4 吋 QY 潜水泵各 1 台导水，出水采用直径为 50 mm 的高压胶管送水。

根据该土质，射水嘴处水压需要 1.0 MPa 左右。因此，水压采用闸阀调节，射水冲沉时，可根据板桩入土深度变化需要，调整出水压力掌握下沉速度均匀为宜，应防止高压胶管与射水管连接处受阻。

射水管采用直径为 50 mm 的钢管，加长 0.05 m 后取 10.55 m 和 8.55 m 两种，射水嘴采用孔径 12 mm，侧壁设 3 个斜孔，水管的壁厚采用 9 mm。

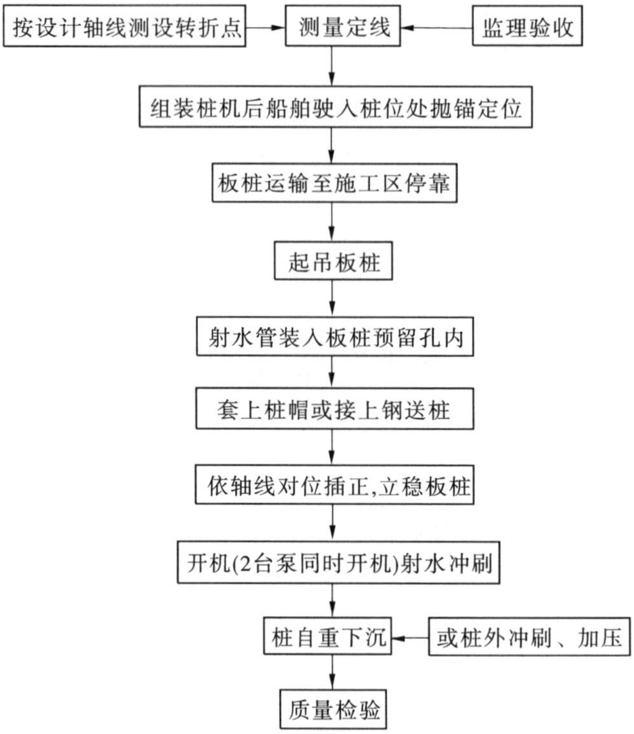

图 14-2　板桩施工工艺流程

(四)板桩的运输

本工程板桩由杭州市构件二厂生产,堆放场地为构件二厂江边码头。在构件厂码头吊装到板桩运输船,运至各施工点。材料员在领取板桩时必须按每组桩型布置领取。按施工沉降缝为 6 m 的要求,每 18 m 需Ⅰ型板桩 33 根,Ⅱ、Ⅲ、Ⅳ型各 1 根,共 36 根。

(五)船舶定位

船舶平台定位采用横向停靠,装有桩机的船头朝板桩,船尾靠岸侧。

船舶定位四角主锚缆设计成由卷扬机控制可调节张紧度的结构,在船舶初定位后即利用该机构控制,4 台卷扬机同步操作统一指挥协调,使船平台迅速固定。

四角锚碇位置须设置在离船平台较远处,一方面增加船平台的稳定性;另一方面在船平台移位处,可使其中上游(或下游)的两只主锚碇不动,放松卷扬机钢丝绳,而将另两只主锚移向下游(或上游)设置,这样可大大节约船平台移位时间。

(六)板桩施工

板桩采用桩内射水下沉法为主、侧向桩外射水为辅、桩顶加压或振动设备,称之为内射、外射、振动加压“三合一”法。按设计要求,板桩打设采用高程控制法。

打桩时原则上以桩内射水冲沉法施工,当中心射水下沉到一定深度,水压已数次调高,下沉速度明显缓慢时,采取桩外两侧射水和振动锤自重加压,当桩外射水和加压而下沉速度仍无明显变化时,采用振动锤击振、内射、外射“三合一”法下沉。板桩沉放允许偏差:板桩顶标高 ±5 cm,板桩轴线偏移允许误差 5 cm,板桩垂直允许偏差 10 cm,板桩间垂直缝隙小于2.5 cm(施工过程中争取控制在2.0 cm以内)。板桩沉放到位后,为防止板桩沉放时引起相邻板桩下沉或偏位,更好地控制板桩的间隙,可采用以下方法加以控制:沉放好的板桩可在桩侧利用型钢进行固定,轴线控制可采用两侧用锚钩葫芦纵向牵拉,同时及时对冲坑进行回填,增加摩擦力。

(七)质量保证措施

(1)导向。利用板桩顶以下0.3 m的预留孔,配两根长4 m的20号槽钢用ϕ16~ϕ20 mm螺杆对销夹住,每个桩定位后向前推进0.5 m即夹住,在夹板与已沉入桩间穿螺杆时加一块垫片,确保后一根板桩既能有导向作用,又留有3 cm空隙,且在槽钢端部加设一横梁进行围护,以固定桩位。打试桩时,采取加强加长桩帽的措施,使桩帽长达1.2 m,并在桩顶以下30 cm和100 cm的预留孔内用螺杆固定,使与桩身连接基本密合,限制桩顶晃动,并以此将桩机导向滑道与板桩导向紧紧结合在一起。

(2)船平台固定问题。除四角主锚缆外,另增加2对副锚缆,以增加打桩船的稳定性,船舱内增加型钢配重,共配约50 t,舱内注入一定量的水,进一步压舱,提高船平台的稳定性。

(3)冲沉措施。当板桩冲沉几根后纵向上方会产生V形,即下口紧靠,上口间隙呈现V形,可在后一根板桩下沉发现V形时,用一只5 t手拉葫芦,随沉随拉,必要时前数根板桩用一只葫芦锁紧,后一根板桩加一只葫芦单独拉紧。

(4)钢送桩措施。一般水汛水位在高程4.30 m时,必须用钢送桩方法进行施工,送桩以1.00~1.50 m为宜,当采用钢送桩时,必须严格控制好高程。

(5)桩的垂直度控制。在施工中,由于桩的上顶力会使打桩船在纵轴线方向有微小的倾斜,采用桩机本身的前倾角、后倾角及移动压舱重来调整桩的垂直度,以满足桩的垂直度要求。

三、效果

通过上述钢筋混凝土板桩墙建筑,以及混凝土沉井设置,杭州城市防洪堤—钱塘江海堤K3+088.92~K3+884施工段,自1999年竣工以来,该段堤防稳定,每年的潮涌从未带来任何险情和出现影响安全的征兆。因此,该工程的设计与施工可以说是比较经典的成功实例。

第三节　江苏省如皋市新跃涵洞闸塘钢筋混凝土板桩围堰

新跃涵洞位于江苏省如皋市长江北汊左岸,建于1975年,洞身为双管ϕ200 cm、壁厚3 cm的水泥钢丝网结构,洞身长18 m,沿洞身壁外每3 m设一钢筋混凝土加筋肋圈,管身无底板。涵闸自运行以来,工程在挡潮防洪、引水灌溉和排水除涝等方面发挥了重要作用。由于当时涵洞挡潮防洪等方面设计标准低,又历经数次堤防土方加高培厚,洞顶荷载增大,工程存在诸多隐患。经检测表明:涵洞洞身断裂,洞壁裂缝贯穿,洞身失圆,裂缝最宽达4 cm;上下游防冲设施损坏,堤防渗径长度不够,结构严重老化等,加之涵洞的孔径远远不能满足受益区农田排涝要求,必须进行拆除重建。

根据方案设计,采用钢筋混凝土板桩围堰,具体在新跃涵洞下游防冲槽末端外布置两排钢筋混凝土防渗板桩幕墙，板桩间填筑渗透系数小的土料，形成钢筋混凝土板桩围堰。涵洞主体工程施工完毕后，再将板桩打入河床，这样可使板桩在涵洞施工期间为挡潮围堰的主体结构，涵洞运行期又成为涵洞下游防冲消能部分的“抗冲板桩墙”，以防止涵洞外岸线的崩坍影响涵洞的安全，起了“一桩二用”的作用。闸塘开挖及围堰平面布置见图 14-3，板桩围堰立面见图 14-4。

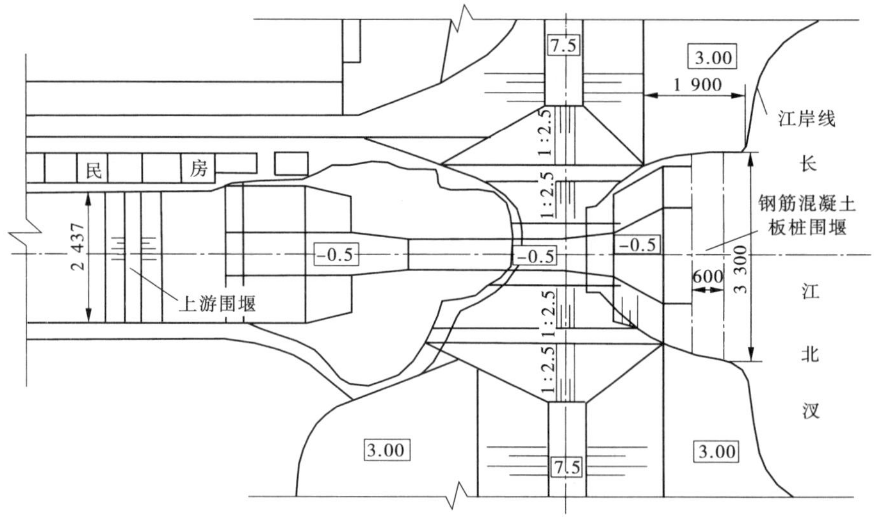

图 14-3 新跃涵洞闸塘开挖及围堰平面布置图 （单位：高程 m，其他 cm）

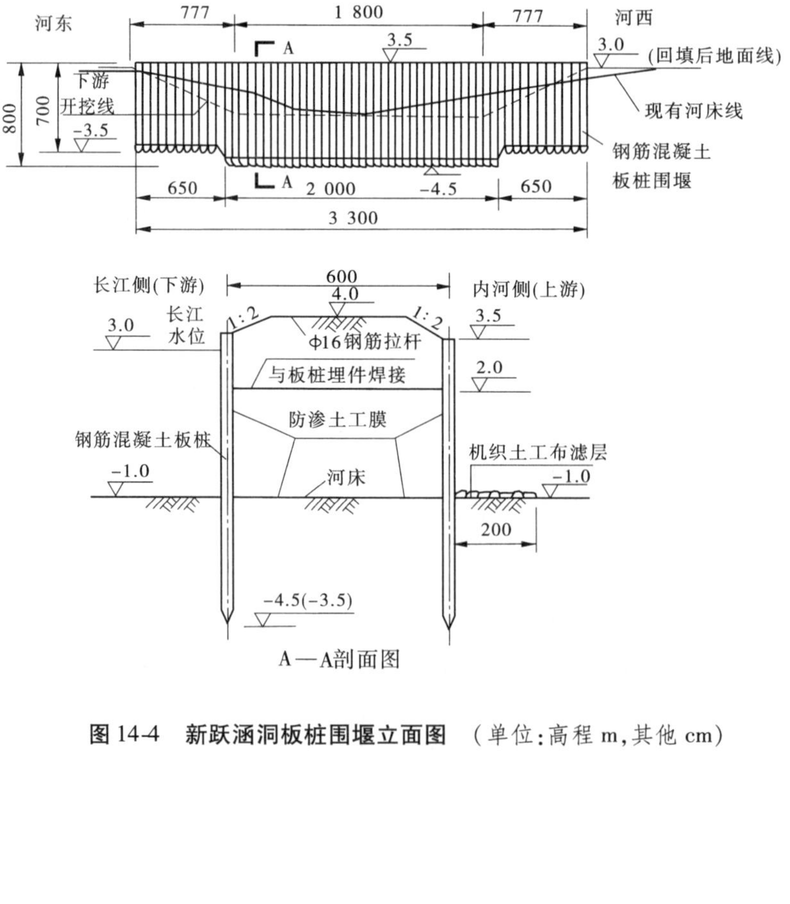

图 14-4 新跃涵洞板桩围堰立面图 （单位：高程 m，其他 cm）

第四节　上海市徐家汇地下商场静压板桩基坑围护施工

一、概述

上海徐家汇地下商场位于地铁 1 号线徐家汇站北端西侧。商场长 108 m，宽度为东侧 28.9 m，西侧 22.9 m（见图 14-5），商场主体为单层地下结构，底深 7.25 m，商场北面为设备用房，地下二层结构，底深 12.0 m。与地下商场相连的出入口共设有 5 个，编号依次为 10～14 号，设计深度各不相同。

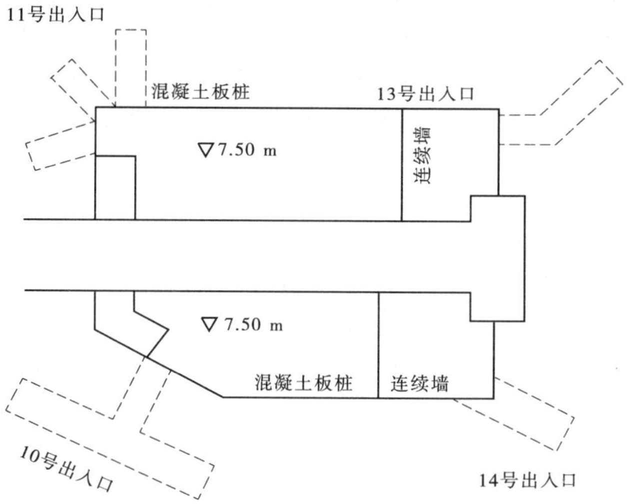

图 14-5　徐家汇地下商场基坑平面示意图

地下商场各部分开挖施工时的基坑围护结构体首选方案曾主要是采用地下连续墙，壁厚 600～800 mm 不等。经技术经济比较论证后，确定为地下商场主体部分改用钢筋混凝土板桩支护，板桩截面 350 mm×500 mm，桩长 12.5 m。紧贴板桩墙内侧再设置混凝土衬墙。商场北端的设备用房的基坑围护仍采用壁厚为 800 mm 的地下连续墙。墙底深 20.4 m，且直接用做结构外墙而不再设内衬墙。上述 5 个出入口处的围护，则根据其不同的设置深度，分别采用钻孔灌注桩或钢筋混凝土板桩。其中，基坑深度超过 7.5 m 时，用直径为 800 mm 的钻孔灌注桩；挖深小于 7.5 m 的基坑，则采用上述主体结构工程中采用的同样尺寸和断面的钢筋混凝土板桩。这样，整个地下商场基坑开挖中共设置了 301 根板桩，其中包括 2 根角桩。

钢筋混凝土板桩支护墙的施工制作经方案比较，确定选用静力压入法施工，为确保工期与质量，板桩选用商品桩。压桩机选用 WTY160 型步履式静力压桩机。

二、施工效果

（1）采用钢制围栏导向架导向。板桩墙支护结构的施工制作，应力求相邻两桩间企口接榫的密贴，确保成墙平直，使墙体中轴线同心度达到不大于 50 mm 的控制标准。但由于按板桩设计标准图集定制的商品桩桩尖形状有偏斜，在压桩过程中，桩中心总是趋向有尖角的一侧倾斜。虽然试图通过调整压桩的4只千斤顶将桩中心线铅垂扶正，但收效甚微。为便于实施成墙平直，在压入作为定位桩用的角桩后，在压入桩墙主体桩时，采用了特制的钢围栏以作导向用。钢制围栏采用两排25号槽钢，中间用厚10 mm的钢板焊接而成，围栏槽钢的内间距为360 mm，即较板桩厚度350 mm大出10 mm。围栏以每5根板桩为一组，边施工，边安装，沉桩后拆除。采用了钢制围栏导向后，施工后的板桩墙中心线的偏差均小于10 mm，达到了板桩成墙的平直要求。

(2)修改静压板桩桩尖。为求得沉桩后桩身与地面垂直、相邻桩体间相互靠拢的沉桩效果，须力求桩尖中心对称和企口不夹带或少夹带泥土。为此，设计单位将桩尖改为中心对称状。但在沉桩实施中，按修改成对称桩尖的板桩仍发生相邻两桩企口无法密贴合拢的情况，据分析，原因可能如下：对称桩尖板桩入土后，桩尖两侧的泥土将随着桩身的不断沉入而向侧上方向挤出，桩入土深度越大，向侧上外挤的泥土也越多。当全长12.5 m的板桩全部沉入后，相邻板桩企口多已完全脱开，最大的脱开距离已达到7～9 cm。显然，这样制成的板桩支护墙是无法起到防渗止水作用的。

三、方案分析

该商场基坑支护方案分别采用了壁厚为800 mm的地下连续墙、直径为800 mm的钻孔灌注桩和墙厚为350 mm的预制钢筋混凝土板桩支护墙，需要三种不同的施工设备进行实施，实施中还进行了一系列改进和完善，但最终仍然没有达到预期的效果。因此，可以说该基坑的支护设计和施工方案不是较优的方案，主要反映在以下四点：

(1)支挡结构选型过多，在狭小的厂区使用三种不同的施工机械不利于施工布置和提高效率，不能交叉作业和协同施工，工期较长。

(2)在松软的泥质地层中进行地下连续墙和钻孔灌注桩施工，施工质量不如预制钢筋混凝土板桩支护墙容易保证。

(3)在松软的泥质地层中进行静力压桩施工，在桩体布置紧密时桩尖两侧的泥土容易随着桩身的不断沉入而向侧上方向挤出，桩入土深度越大，向侧上外挤的泥土也越多，造成桩体不能紧密挨靠。

(4)地下连续墙和钻孔灌注桩不能彻底清除，有可能成为未来施工的障碍。

较为优化的方案应是射水下沉不同墙厚和深度的预制空心钢筋混凝土板桩支护墙，采用一种施工机械，便于协同施工和场地布置，减少相互干扰，提高施工效率；松软的泥质地层容易被射水击破、被泥浆带走，不存在桩尖两侧的泥土被挤出外翻，再者射水沉桩企口不夹带泥土，射水下沉的排桩很容易形成紧密挨靠的钢筋混凝土板桩支护墙，既支挡还止水，而且，在工程完工后还可以拆除和回收利用，降低投资。

第五节　箱涵基坑钢筋混凝土板桩支护

一、概述

某工程为钢筋混凝土双孔箱涵(每孔内径尺寸为4.25 m×3.50 m)，壁、底、顶板厚度均为0.45 m(个别段加厚);箱涵为混凝土框架结构,顶部设透气井7座、检查井6座、接管口4座;箱涵穿越大小桥梁6座,除GH路桥外均需拆除,拆除时不中断交通。

(1)依据地质报告、河道构造和周围实际环境,并结合箱涵的施工方法,Z_B—1段支护板桩采用单支撑式结构。北岸桩长7.20~8.00 m,南岸桩长7.50~8.70 m;截面均为500 mm×250 mm;桩长7.50 m以内主筋为Φ12,桩长超过7.5 m主筋为Φ14;混凝土强度等级C30。

(2)其他施工段依据河床断面构造及建筑分布情况,分别采用钢筋混凝土板桩及水泥土深层搅拌重力墙两种支护结构,除水泥土深层搅拌重力墙段外,支护板桩采用2道支撑式结构,混凝土强度等级为C30。

(3)南岸凡距板桩10 m(含10 m)以内有4层及以上高大建筑物及重大构筑物或有特殊要求的建筑物者:桩长9 m,桩厚由250 mm改为300 mm(留槽位置不变,保持打桩后内侧平),自桩尖起向5 500 mm范围内增加1 Φ8钢筋,加筋放在板桩外侧。非桩长9 m者截面及配筋不变。

(4)北岸除电杆处外,桩长8 m,截面及配筋不变。有电杆处以电杆为中心的3 m范围内除桩厚改为300 mm外,其余均不变,但加厚的板桩留槽位置不变,保证打桩后桩内侧平。

二、效果

箱涵基坑采取钢筋混凝土板桩结合井点降水、板桩接缝处砂浆堵渗等措施,最终使基坑止水防渗,以及支护稳固,获得良好效果。

三、方案优化

根据施工暴露的板桩偏薄,吊装、堆放容易断裂,空心直径不能设大,不便兼作射水通道和降水管井使用,以及水平承载能力较低等问题,应将板桩厚度改为不小于400 mm。

第六节　射水插板技术建设防洪堤坝与水闸

一、松花江防洪堤坝

2005年11月13日,吉林石化爆炸污染松花江事件引起了全国的震惊,几个与吉林石化相距很近的油田因为受松花江水的冲刷,部分油井已经紧贴江岸,一旦井场冲坏,油井套管折断,更大的污染事件将在松花江重演。为此,上级领导决定必须在2006年洪水到来之前修筑6.5 km防洪堤坝把几个油田保护起来。这个地区的冻土层5月底还不能化透,7月初就是汛期,现场实际施工的时间非常短,采用任何一种现有的施工技术都无法按时完成任务,针对这一情况,经中石油安全环保部负责人推荐,确定采用射水插板进行施工。开工之后在工地上完全看不到传统的施工场面,施工单位在一个月的时间内将5 100块长15.0 m、厚300 mm、宽1 000 mm的预制钢筋混凝土空心板桩全部射水插进了地层,按时完成了6.5 km防洪堤坝的建设任务,在松花江上建成了一种世界上独一无二的水力插板防洪堤坝,为建设大江大河的防洪堤坝和沿海地区的防潮堤坝提供了一种新模式。

松花江6.5 km水力插板防洪堤坝建设位置：松花江与第二松花江交汇处的油田防护工程。第一工程段1 878 m位于交汇处下游松花江右岸新民，第二工程段4 080 m位于交汇处下游第二松花江右岸新木，第三工程段520 m位于第二工程段下游集输。

通过松花江防洪堤坝的建设，我们可以清楚地看到以下几方面的情况：

(1)射水沉桩能够建成一种长治久安的防洪堤坝，主要原因在于堤坝基础入地深度完全按照安全稳定的实际需要进行建设，消除了基础不牢的问题。

(2)射水沉桩建设防洪堤坝在施工速度方面占有独特优势，其原因在于它独特的过程建设模式，能够承接松花江这项任务的原因也在于此。随着射水沉桩技术的不断发展，施工速度方面的优势也必将会进一步增大。

(3)射水沉桩防洪堤坝在工程造价方面也具有优势。松花江6.5 km射水沉桩防洪堤坝工程总造价3 500万元，远远低于这个地区按照传统技术建设的同类型工程。堤坝建成后基本上不存在维修工作量，可以减少运行费用，更不需要在用射水沉桩建设防洪堤坝的地方组织防洪抢险工作。射水沉桩防洪堤坝在安全稳定性能、工程建设速度和控制工程造价方面具有明显的优势，形成了一种建设大江大河防洪堤坝及沿海地区防潮堤坝的新模式。

对比松花江水力插板防洪堤坝和美国人打入钢板桩建设的防洪堤坝，一个共同的特点是两种堤坝都通过地下生“根”的办法解决了溃堤垮坝的问题，也能拔除、回收利用，而且钢筋混凝土结构比钢结构抗腐蚀、水平承载能力强，工程造价也较为低廉。因此，其具有广阔的推广应用前景。

二、黄河口射水插桩水闸

传统方式建设水闸施工周期长，工程造价高，在黄河岸边建闸，水流平缓的地方容易淤积，水流冲击严重的地方安全稳定问题又难以保证，采用射水插桩建闸从根本上改变了这一状况，施工过程中取消了打围堰、降水、开挖基坑、打基础等大量的工作，采用类似摆积木的施工方法将一座水闸分解成若干块预制的钢筋混凝土空心板桩，预制成型的混凝土板依次射水插入地层，通过注浆固缝形成水闸的主体，地面以上部分通过绑扎钢筋，现浇提升闸板的框架之后，一座水闸就建设成功。不仅施工速度快，工程造价低，在安全稳定性能方面更具有优势。一座黄河引水闸，建设位置在黄河主河槽的边上，取水能力20 m^3/s，按照常规技术建设这座水闸工程造价超过300万元，建设工期6个月。采用射水插桩技术进行建设，从现场射水插桩到建成只用了7天，工程造价30万元，安全稳定方面由于基础入地深度为10 m，抵抗黄河水冲刷淘空的能力明显增强。

第三篇　09YG101 混合配筋预应力混凝土管桩

第十五章　编制说明

第一节　前　言

在预应力混凝土管桩中加入一定数量的非预应力钢筋，形成一种新型的混合配筋预应力混凝土管桩。本图集管桩型号为 PRC－Ⅰ型和 PRC－Ⅱ型，即分别采用全截面对称配置非预应力钢筋的管桩和扇形截面对称配置非预应力钢筋的管桩。

《混合配筋预应力混凝土管桩图集》由郑州大学综合设计研究院主编，经河南省住房和城乡建设厅审查，批准为河南省工程建设标准图集，并于 2009 年 12 月 10 日发布，图集号为 09YG101，统一编号为 DBJT 19－34－2009，自 2010 年 1 月 2 日起施行。

第二节　适用范围

（1）混合配筋预应力混凝土管桩除保留传统预应力混凝土管桩的性能外，还提高了传统管桩的水平承载力，改善了性能，适用于一般工业与民用建筑的基坑支护及低承台桩基础，也可用于刚性桩复合地基。铁路、公路与桥梁、港口、水利、市政、构筑物等工程的基础设计可参考使用。

（2）本图集管桩适用于非抗震和抗震设防烈度 6 度、7 度、8 度地区的桩基工程。

（3）本图集管桩除适用于承受竖向荷载作用的情况外，也适用于承受水平荷载作用的情况。受地震作用及水平承载的桩，桩身受弯承载力和受剪承载力应按有关规范进行验算。

（4）基础用管桩处于侵蚀性环境中或可能处于裂缝工作状态时，应符合国家现行有关规范的规定，进行相应的耐久性验算。

（5）管桩不宜用于下列工程：

①深厚淤泥等超深软土地基，且基础埋深较浅（小于两层地下室）的高层建筑桩基工程。

②水平位移较大或可能造成管桩弯曲变形较大的基坑工程。

第三节　编制依据

《建筑结构可靠度设计统一标准》(GB 50068);
《混凝土结构设计规范》(GB 50010);
《建筑地基基础设计规范》(GB 50007);
《建筑抗震设计规范》(GB 50011);
《混凝土结构工程施工质量验收规范》(GB 50204);
《建筑地基基础工程施工质量验收规范》(GB 50202);
《先张法预应力混凝土管桩》(GB 13476);
《预应力混凝土用钢棒》(GB/T 5223.3);
《建筑桩基技术规范》(JGJ 94)。

第四节　管桩的规格和型号

(1)管桩编号:

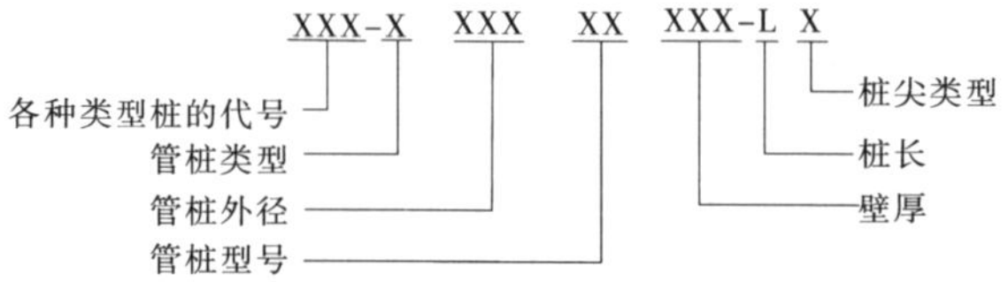

例如:PRC－Ⅱ型管桩,外径 500 mm,B 型,壁厚 100 mm,桩长 15 m,a 型桩尖——十字形桩尖,编号为 PRC－Ⅱ500B100－15a。

(2)按现行国家标准《先张法预应力混凝土管桩》(GB 13476)的规定,PRC－Ⅰ型、PRC－Ⅱ型管桩按桩身有效预压应力分为 AB 型、B 型、C 型、D 型四种,其力学性能应分别符合表 15-1 及表 15-2 和附录 A。

表 15-1　混合配筋预应力混凝土管桩(PRC－Ⅰ型)力学性能

管桩编号	混凝土有效预压应力 σ_{pc}(MPa)	抗裂弯矩 M_{cr}(kN·m)	极限弯矩检验值 M_u(kN·m)	弯矩设计值 M(kN·m)	抗剪承载力设计值 V_u(kN)	抗裂剪力 Q(kN)	管桩桩身竖向承载力设计值 R_p(kN)	理论重量(kg/m)
PRC－Ⅰ 400B95	9.06	89	185	148	170	199	2 100	228
PRC－Ⅰ 400D95	12.3	110	219	169	183	213		
PRC－Ⅰ500AB100	7.79	151	323	263	237	268	2 900	317
PRC－Ⅰ 500B100	8.89	164	362	292	243	274		
PRC－Ⅰ 500C100	10.62	184	384	303	253	284		
PRC－Ⅰ 500D100	12.1	202	421	327	261	292		

续表 15-1

管桩编号	混凝土有效预压应力 σ_{pc}(MPa)	抗裂弯矩 M_{cr}(kN·m)	极限弯矩检验值 M_u(kN·m)	弯矩设计值 M(kN·m)	抗剪承载力设计值 V_u(kN)	抗裂剪力 Q(kN)	管桩桩身竖向承载力设计值 R_p(kN)	理论重量(kg/m)
PRC - Ⅰ 600AB110	7.71	250	532	434	314	361	3 900	447
PRC - Ⅰ 600B110	8.54	266	581	471	321	367		
PRC - Ⅰ 600C110	10.53	304	633	500	336	382		
PRC - Ⅰ 600D110	11.63	327	680	531	344	391		
PRC - Ⅰ 700AB110	7.27	354	724	593	394	431	4 700	514
PRC - Ⅰ 700B110	8.65	395	843	682	406	443		
PRC - Ⅰ 700C110	10.87	458	929	732	426	463		
PRC - Ⅰ 700D110	11.78	485	984	767	435	472		
PRC - Ⅰ 800B110	8.15	527	1 095	891	468	513	5 500	601
PRC - Ⅰ 800C110	11.11	644	1 291	1 051	500	545		

注:管桩应按本图集 8.6.2 进行抗剪性能试验,当加载至本表中的抗裂剪力时,桩身不得出现裂缝。

表 15-2　混合配筋预应力混凝土管桩(PRC - Ⅱ型)力学性能

管桩编号	混凝土有效预压应力 σ_{pc}(MPa)	抗裂弯矩 M_{cr}(kN·m)	极限弯矩检验值 M_u(kN·m)	弯矩设计值 M(kN·m)	抗剪承载力设计值 V_u(kN)	抗裂剪力 Q(kN)	管桩桩身竖向承载力设计值 R_p(kN)	理论重量(kg/m)
PRC - Ⅱ400B95	9.32	90	174	138	168	200	2 100	227
PRC - Ⅱ400D95	12.63	111	208	159	185	214		
PRC - Ⅱ500AB100	8.03	152	301	243	239	269	2 900	314
PRC - Ⅱ500B100	9.29	167	330	263	246	277		
PRC - Ⅱ500C100	10.93	186	363	284	255	286		
PRC - Ⅱ500D100	12.59	205	391	300	264	295		
PRC - Ⅱ600AB110	8.08	253	476	383	317	364	3 900	442
PRC - Ⅱ600B110	8.92	270	527	421	324	370		
PRC - Ⅱ600C110	10.98	309	581	453	339	386		
PRC - Ⅱ600D110	12.11	332	630	486	348	394		
PRC - Ⅱ700AB110	7.56	358	657	532	396	433	4 700	507
PRC - Ⅱ700B110	9.14	403	747	596	411	448		
PRC - Ⅱ700C110	11.35	465	854	665	431	468		
PRC - Ⅱ700D110	12.39	495	896	689	440	477		
PRC - Ⅱ800B110	8.62	537	962	770	473	518	5 500	592
PRC - Ⅱ800C110	11.7	657	1 169	905	506	551		

注:管桩应按本图集 8.6.2 进行抗剪性能试验,当加载至本表中的抗裂剪力时,桩身不得出现裂缝。

(3)本图集管桩按外径划分有以下规格:

PRC - Ⅰ型:400 mm、500 mm、600 mm、700 mm、800 mm;

PRC - Ⅱ型:400 mm、500 mm、600 mm、700 mm、800 mm。

附　录　A

（资料性附录）

管桩带裂缝工作阶段短期抗弯钢度计算

A.1　混合配筋预应力混凝土管桩带裂缝工作阶段短期抗弯钢度 B_s 可采用现行国家标准《混凝土结构设计规范》（GB 50010）的公式计算：

短期刚度

$$B_s = \frac{0.85E_cI_0}{k_{cr} + (1 - \kappa_{cr})\omega}$$

$$k_{cr} = \frac{M_{cr}}{M_k}$$

$$\omega = \left(1.0 + \frac{0.21}{\alpha_E\rho}\right)(1 + 0.45\gamma_f) - 0.7$$

$$M_{cr} = (\sigma_{pc} + kf_{tk})W_0$$

式中　α_E——钢筋弹性模量与混凝土弹性模量的比值，即 E_s/E_c；

I_0——换算截面惯性矩；

γ_f——受拉翼缘截面面积与腹板有效截面面积的比值，取为 $\gamma_f = \frac{(b_f - b)h_f}{bh_0}$；

b_f、h_f——受拉区翼缘的宽度、高度；

k_{cr}——预应力混凝土受弯构件正截面的开裂弯矩 M_{cr} 与弯矩 M_k 的比值，当 $k_{cr} > 1.0$ 时，取 $k_{cr} = 1.0$；

σ_{pc}——混凝土有效预压应力（考虑非预应力筋作用）；

M_k——按荷载效应标准组合计算的弯矩，取计算区段内的最大弯矩值；

ρ——纵向受拉钢筋配筋率；

f_{tk}——管桩混凝土抗拉强度标准值；

W_0——管桩换算截面受拉边缘的弹性抵抗矩。

A.2　本图集编制过程中进行的抗弯标准试验所测得的常用管桩挠度变形值，设计时可参考使用。

表 A.1　标准试验条件下挠度试验值

管桩编号	标准试验条件下挠度试验值（mm）	
	开裂	破坏
PRC－Ⅱ500AB100	7.6	37
PRC－Ⅱ500B100	6.9	31
PRC－Ⅱ500C100	8.5	33
PRC－Ⅱ600AB110	8.4	37
PRC－Ⅱ600B110	9.0	41

第十六章　材料及构造要求

第一节　混凝土

(1)制作管桩用混凝土质量应符合现行国家标准《混凝土质量控制标准》(GB 50164)、《先张法预应力混凝土管桩》(GB 13476)的规定,并应按上述标准的规定进行检验。

(2)水泥应采用强度等级不低于425级的硅酸盐水泥、普通硅酸盐水泥、矿渣硅酸盐水泥、粉煤灰硅酸盐水泥,其质量应分别符合现行国家标准《硅酸盐水泥、普通硅酸盐水泥》(GB 175)、《矿渣硅酸盐水泥、火山灰质硅酸盐水泥》(GB 1344)的规定。

(3)细骨料宜采用洁净的天然硬质中粗砂或人工砂,天然砂细度模数宜为2.5~3.2,采用人工砂时,细度模数可为2.5~3.5,质量应符合现行国家标准《建筑用砂》(GB/T 14684)的有关规定,且砂的含泥量不大于1%,氯离子含量不大于0.01%,硫化物及硫酸盐含量不大于0.5%。

(4)粗骨料应采用碎石或破碎的卵石,粗骨料最大粒径应不大于25 mm,且不得超过钢筋净距的3/4和壁厚的1/3,其质量应符合现行国家标准《建筑用卵石、碎石》(GB/T 14685)的规定,且石的含泥量不大于0.5%,硫化物及硫酸盐含量不大于0.5%。

(5)混凝土拌和用水应符合现行行业标准《混凝土拌和用水标准》(JGJ 63)的规定。

(6)外加剂的质量应符合现行国家标准《混凝土外加剂》(GB 8076)的规定,不得使用氯盐类外加剂。

(7)掺合料不得对管桩产生有害的影响,使用掺合料必须符合现行国家标准《先张法预应力混凝土管桩》(GB 13476)的规定,并符合以下要求:

①掺合料宜采用硅砂粉、粉煤灰或硅灰等,硅砂粉质量应符合JC/T 950—2005中表1的有关规定,矿渣微粉的质量不低于GB/T 18046—2008表1中S95级的有关规定;粉煤灰的质量不低于GB/T 1596—2005中Ⅱ级F类的有关规定;硅灰的质量应符合GB/T 18736—2002中表1的有关规定。

②当采用其他品种的掺合料时,应通过试验鉴定,确认符合管桩混凝土质量要求时,方可使用。

(8)对于有抗冻、抗渗或其他特殊要求的管桩,其所使用的骨料应符合相关标准的有关规定。

第二节　钢　材

(1)预应力钢筋应采用预应力混凝土用钢棒,其质量应符合现行国家标准《预应力混凝土用钢棒》(GB/T 5223.3)中低松弛螺旋槽钢棒的规定,且抗拉强度不小于1 570 MPa,

规定非比例延伸强度不小于1 420 MPa，断后伸长率应满足大于现行国家标准《预应力混凝土用钢棒》（GB/T 5223.3）中延性35级规定的要求。

（2）非预应力钢筋采用HRB400钢筋，详见本图集第17页、第18页。

（3）螺旋箍筋宜采用低碳钢热轧圆盘条、混凝土制品用冷拔低碳钢丝，其质量应分别符合现行国家标准《低碳钢热轧圆盘条》（GB/T 701）、现行行业标准《混凝土制品用冷拔低碳钢丝》（JC/T 540）的规定。

（4）端板、桩套箍采用Q235钢板。其材质性能应符合现行国家标准《碳素结构钢》（GB/T 700）中的规定。

第三节　焊接材料

（1）手工焊的焊条应符合现行国家标准《碳钢焊条》（GB/T 5117）的规定，焊条型号应与主体构件的金属强度相适应。

（2）自动焊或半自动埋弧焊的焊丝应符合现行国家标准《熔化焊用铜丝》（GB/T 14957）的规定。二氧化碳气体保护焊用焊丝应符合现行国家标准《气体保护焊用碳钢低合金钢焊丝》（GB/T 8110）的规定。焊丝材料型号与强度应与主体构件的金属力学性能相适应。自动焊和半自动焊采用的焊剂应符合现行国家标准《碳素钢埋弧焊用焊剂》（GB/T 5293）的规定。

（3）焊缝质量应符合现行国家标准《钢结构设计规范》（GB 50017）和《钢结构工程施工质量验收规范》（GB 50205）的规定。

第四节　构造要求

（1）管桩构造要求应符合现行国家标准《先张法预应力混凝土管桩》（GB 13476）的规定。

（2）管桩的预应力钢筋及PRC－Ⅰ型管桩的非预应力钢筋应沿其分布圆周均匀布置，间距允许偏差为±5 mm；PRC－Ⅱ型管桩的非预应力钢筋应分别在管桩的受拉区和受压区（管桩产品应标注）均匀轴对称布置。

第十七章　技术要求

第一节　预应力钢筋要求

预应力钢筋 PCB－1570－35－L－HG 钢棒的几何特性及理论重量、力学性能应分别符合表 17-1 和表 17-2 的要求。

表 17-1　PCB－1570－35－L－HG 钢棒的几何特性及理论重量

公称直径(mm)	基本直径(mm)	公称截面面积(mm^2)	理论重量(kg/m)
7.1	7.25	40.0	0.314
9.0	9.15	64.0	0.502
10.7	11.10	90.0	0.707
12.6	13.10	125.0	0.981

注:1. 基本直径指钢棒的外接圆直径;

2. 公称截面面积指钢棒的实际有效横截面面积,本图集均按公称截面面积计算;

3. 公称直径为供设计采用的直径,等于按公称截面面积换算成的圆的直径,本图集均用公称直径表示。

表 17-2　PCB－1570－35－L－HG 钢棒的力学性能

符号	规定非比例延伸强度 $R_{p0.2}$ (MPa)	抗拉强度 f_{ptk}(MPa)	抗压强度 f'_{py}	断后伸长率(%)	弹性模量 E_s(N/mm^2)	1 000 h 松弛值(%)
ϕ	≥1 420	≥1 570	400	≥7.0	2.0×10^5	≤2.0

张拉应力控制。预应力钢筋的张拉采用超张拉工艺,张拉控制应力为 σ_{con},本图集取预应力钢筋抗拉强度标准值的 0.72 倍,即 $\sigma_{con}=0.72f_{ptk}$。

HRB400(非预应力)钢筋的力学性能、几何特性及理论重量应符合现行国家标准《混凝土结构设计规范》(GB 50010)的要求。

第二节　混凝土力学性能要求

本图集管桩采用的混凝土强度等级为 C60,其力学性能按表 17-3 采用。

在预应力混凝土管桩开裂验算中,离心混凝土抗拉强度标准值应乘以离心工艺系数 k。

表 17-3 混凝土力学性能

混凝土强度种类		符号	指标
混凝土强度标准值（N/mm^2）	轴心抗压	f_{ck}	38.5
	轴心抗拉	f_{tk}	2.85
混凝土强度设计值（N/mm^2）	轴心抗压	f_c	27.5
	轴心抗拉	f_t	2.04
弹性模量（N/mm^2）		E_s	3.6×10^4

PRC－Ⅰ型、PRC－Ⅱ型管桩中钢筋的混凝土保护层厚度不得小于 40 mm。同时，对于应用于特殊要求环境下的管桩，保护层厚度应符合相关标准或规程的要求。

第三节 施工注意事项及管桩的拼接

(1)第一节管桩插入地面时的垂直度偏差不得大于 0.5%。沉桩过程中，桩锤、桩帽或送桩器与管桩的中心线应重合；应及时观测桩身的垂直度，若桩身垂直度偏差超过 1%，应找出原因并设法纠正；当桩尖进入较硬土层后，严禁用移动桩架等强行回扳的方法纠偏。

(2)每根桩宜一次性连续打(压)到底，接桩、送桩应连续进行，尽量减少中间停歇时间，且尽可能避免在接近设计持力层时接桩。

(3)沉桩过程中，出现贯入度、压桩力反常，桩身倾斜、位移、折身或桩顶破损等异常情况时，应查明原因，进行必要的处理后，方可继续施工。

(4)冬季施工的管桩工程应按现行行业标准《建筑工程冬季施工规程》(JGJ 104)的有关规定进行。

(5)管桩工程的基坑支护开挖应符合下列规定：

①严禁边打桩边开挖基坑。

②自然放坡的基坑宜在桩基完成后开挖，有支护结构的基坑应在桩基完成后施工支护结构。

③饱和黏性土、粉土地区的基坑开挖宜在打桩全部完成 15 天后进行。

④应制定合理的施工方案，挖土宜分层均匀进行，桩周土体高差不宜大于 1 m；注意基坑支护结构和边坡的稳定，土方堆放、大型机械设备对基坑和已施工管桩的影响。

(6)基坑支护工程桩不宜接桩，需要接桩时应对接桩处断面强度进行验算或采取其他有效措施。桩身承载力验算时应考虑管桩挤土效应对土压力的影响。

(7)上、下节桩拼接成整桩时，宜采用端板焊接连接，接头连接强度应不小于管桩桩身强度。有成熟技术与经验时可采用机械连接。

(8)当管桩需要接长时，其入土部分下节管桩的桩头宜高出地面 0.5～1.0 m。

(9)接桩前应将接桩的接头处清理干净，下节桩的桩头处宜设导向箍，以便上节桩的正确就位。接桩时上下节桩应保持对直，上下节桩中心线偏差不宜大于 2 mm，节点弯曲矢高不得大于桩段长的0.1%。

(10)上下两节桩接头处如有空隙,应采用厚度适当、加工成楔形的铁片填实焊牢。

(11)管桩采用端板焊接连接时,应符合下列规定:

①焊接前应先确认管桩接头是否合格,上下端板表面应用钢丝刷清理干净,坡口处应刷至露出金属光泽,并清除油污和铁锈。

②焊接时宜先在坡口圆周上对称点焊4~6点,待上下节桩固定后拆除导向箍再分层施焊,施焊宜对称进行。

③焊接层数宜为三层,内层焊渣必须清理干净后方可施焊外一层,焊缝应连续饱满,其外观质量应符合二级焊缝的要求。焊接连接接头详图见本图集第22页。

④焊好的焊接接头应在自然冷却后方可继续沉桩,自然冷却时间不宜少于8 min,严禁用水冷却或焊好后立即沉桩。

第十八章　管桩计算

预应力损失计算。预应力损失按现行国家标准《混凝土结构设计规范》(GB 50010)的有关规定计算。

第一节　管桩抗裂弯矩

抗裂弯矩按以下公式计算：

$$M_{cr} = (\sigma_{pc} + kf_{tk})W_0 \tag{18-1}$$

式中　M_{cr}——桩抗裂弯矩，MN·m；

σ_{pc}——混凝土有效预压应力(考虑非预应力筋作用)，N/mm²；

k——混凝土离心工艺系数，$k=2$；

f_{tk}——管桩混凝土抗拉强度标准值，N/mm²；

W_0——管桩换算截面受拉边缘的弹性抵抗矩，mm³。

第二节　管桩极限弯矩

管桩极限弯矩按以下公式计算：

$$M_u = \alpha_1 f_{ck}A(r_1 + r_2)\frac{\sin\pi\alpha}{2\pi} + f_{py}'A_pD_p\frac{\sin\pi\alpha}{2\pi} + (f_{ptk} - \sigma_{p0})A_pD_p\frac{\sin\pi\alpha_t}{2\pi} + f_{yk}A_sD_s\frac{(\sin\pi\alpha + \sin\pi\alpha_t)}{2\pi} \tag{18-2}$$

其中

$$\alpha = \frac{0.55\sigma_{p0}A_p + 0.45f_{ptk}A_p + 0.5f_{yk}A_s}{\alpha_1 f_{ck}A + f_{py}'A_p + 0.45(f_{ptk} - \sigma_{p0})A_p + f_{yk}A_s} \tag{18-3}$$

$$\alpha_t = 0.45(1 - \alpha) \tag{18-4}$$

式中　M_u——管桩极限弯矩，kN·m；

A——管桩桩身横截面面积，mm²；

α_1——受压区混凝土矩形应力图的应力值与混凝土轴心抗压强度设计值的比值，按现行国家标准《混凝土结构设计规范》(GB 50010—2002)第7.1.3条的规定计算；

A_p——预应力钢筋面积，mm²；

r_1、r_2——管桩桩身环形截面内、外半径，m；

D_p——预应力钢筋中心所在圆周直径，m；

α——受压区混凝土面积与全截面面积之比；

α_t——受拉区纵向预应力钢筋与全部预应力钢筋面积之比；

σ_{p0}——预应力钢筋合力点处混凝土法向应力等于零时的预应力钢筋应力，N/mm^2；

f_{yk}——非预应力钢筋抗拉强度标准值，N/mm^2；

A_s——非预应力钢筋面积，mm^2；

D_s——非预应力钢筋中心所在的圆周直径，m；

f_{ptk}——预应力钢筋抗拉强度标准值，N/mm^2；

f'_{py}——预应力钢筋抗压强度设计值，N/mm^2；

f_{ck}——混凝土轴心抗压强度标准值，N/mm^2，按现行国家标准《混凝土结构设计规范》(GB 50010—2002)采用。

第三节　管桩弯矩设计值

管桩弯矩设计值按以下公式计算：

$$M_u = \alpha_1 f_c A(r_1 + r_2)\frac{\sin\pi\alpha}{2\pi} + f_{py}'A_p D_p \frac{\sin\pi\alpha}{2\pi} + f_k A_s D_s \frac{(\sin\pi\alpha + \sin\pi\alpha_t)}{2\pi} + (f_{py} - \sigma_{p0})A_p D_p \frac{\sin\pi\alpha_t}{2\pi} \tag{18-5}$$

其中

$$\alpha = \frac{0.55\sigma_{p0}A_p + 0.45 f_{py}A_p + 0.5 f_y A_s}{\alpha_1 f_c A + f_{py}'A_p + 0.45(f_{py} - \sigma_{p0})A_p + f_y A_s} \tag{18-6}$$

$$\alpha_t = 0.45(1 - \alpha) \tag{18-7}$$

式中　M_u——管桩弯矩设计值，kN·m；

f_y——非预应力钢筋抗拉强度设计值，N/mm^2；

f_{py}——预应力钢筋抗拉强度设计值，N/mm^2；

f_c——混凝土轴心抗压强度设计值，N/mm^2；

其他符号含义同前。

第四节　管桩桩身剪力设计值

管桩桩身剪力设计值可将环形截面按两个圆形截面(直径分别为管桩外径 D 和管桩内径 d)等效成矩形截面，按现行国家标准《混凝土结构设计规范》(GB 50010—2002)有关规定计算，二者抗剪承载力之差即为管桩剪力设计值，计算公式如下：

$$Q_u = 0.7 f_t (A_D - A_d) + f_{yv}\frac{A_{sv}}{s}h_0 + 0.05(A_D - A_d)\sigma_{pc} \tag{18-8}$$

$$A_D - A_d = 1.76 \times 1.6(\frac{D^2}{4} - \frac{d^2}{4}) \tag{18-9}$$

$$h_0 = 0.8D$$

式中 Q_u——管桩桩身剪力设计值,N;

f_t——混凝土轴心抗拉强度设计值,N/mm^2;

D——管桩外径,mm;

d——管桩内径,mm;

f_{yv}——箍筋抗拉强度设计值,N/mm^2,按现行国家标准《混凝土结构设计规范》(GB 50010—2002)中表4.2.3-1中的f_{yv}值采用;

A_{sv}——配置在同一截面内箍筋的横截面面积,mm^2;

s——箍筋的间距,mm;

σ_{pc}——混凝土有效预压应力,N/mm^2。

第五节　抗裂剪力

抗裂剪力计算方法同桩身剪力设计值计算,但忽略箍筋作用,混凝土采用抗拉强度标准值,计算公式如下:

$$Q = 0.7f_{tk}(A_D - A_d) + 0.05(A_D - A_d)\sigma_{pc} \tag{18-10}$$

式中 Q——抗裂剪力;

f_{tk}——混凝土轴心抗拉强度标准值,N/mm^2;

其他符号含义同前。

第六节　管桩桩身材料强度允许的竖向承载力设计值

(1)桩轴心受压时,管桩桩身材料强度允许的竖向承载力设计值按下式计算:

$$R_p = \Psi_c f_c A \tag{18-11}$$

式中 R_p——管桩桩身材料强度允许的竖向抗压承载力设计值,N;

A——管桩桩身横截面面积,mm^2;

f_c——混凝土轴心抗压强度设计值,N/mm^2;

Ψ_c——基桩成桩工艺系数,按现行行业标准《建筑桩基技术规范》(JGJ 94—2008)取0.85。

(2)在进行基础设计时,桩身强度应符合下式要求:

$$Q \leqslant R_p \tag{18-12}$$

式中 Q——相应于荷载效应基本组合时的单桩竖向力设计值。

(3)管桩桩身受拉承载力设计值应符合下列规定:

①管桩桩身受拉承载力值:

$$N \leqslant f_{py}A_p + f_y A_s \tag{18-13}$$

②对于不得出现裂缝的桩基:

$$N \leqslant \sigma_{pc}A \tag{18-14}$$

③对于一般不出现裂缝的桩基：

$$N \leqslant (\sigma_{pc} + f_t)A \tag{18-15}$$

式中 N——管桩桩身轴向拉力设计值，N；

f_{py}——预应力钢筋抗拉强度设计值，N/mm^2；

A_p——预应力钢筋面积，m；

f_y——非预应力钢筋抗拉强度设计值，N/mm^2，按现行国家标准《混凝土结构设计规范》(GB 50010—2002)中表4.2.3-1采用；

A_s——非预应力钢筋面积，mm^2；

其他符号含义同前。

第十九章　管桩的制作、检验和验收

第一节　管桩制作

一、钢模板要求

制作管桩用钢模板应有足够的刚度，模板的接缝不应漏浆，模板与混凝土接触面应平整光滑。

二、模板隔离剂要求

布料前或脱模后应及时清模并涂刷模板隔离剂。模板隔离剂应采用效果可靠、对钢筋污染小、易清洗的非油质类材料，涂抹模板隔离剂应保证均匀一致，严防漏刷或雨淋。

三、预应力钢筋的加工

(1)钢筋应清除油污，切断前应保持平直，不应有局部弯曲，切断后端面应平整，单根管桩同束预应力钢筋下料长度的相对误差不应大于 $L/5\ 000$。同根管桩中钢筋长度的相对差值：长度小于等于 15 m 时不得大于 1.5 mm，长度大于 15 m 时不得大于 2 mm。

(2)预应力筋墩头强度不得低于该材料标准强度的 90%。

(3)预应力筋和螺旋筋焊接点的强度不得低于该材料标准强度的 95%，松脱的焊点应用钢丝绑扎。

(4)钢筋笼骨架成型后，应按照现行国家标准《先张法预应力混凝土管桩》(GB 13476)的规定，进行外观质量检测。

(5)预应力钢筋张拉采用先张法模外预应力工艺。总张拉力应符合设计规定，在应力控制的同时检测预应力钢筋的伸长值，当发现两者数值有异常时，应检查、分析原因，及时处理。

四、混凝土

(1)混凝土搅拌应采用强制式搅拌机进行搅拌，搅拌机的出料容量必须与管桩最大规格相匹配，每根管桩用混凝土的搅拌次数不宜超过 2 次(大直径管桩或长管桩除外)。

(2)混凝土采用离心工艺成型，离心按慢速、中速、高速进行，以保证混凝土密实及壁厚均匀。离心制度应根据管桩的规格、品种、原材料等在试验基础上确定。

(3)混凝土质量控制应符合现行国家标准《混凝土质量控制标准》(GB 50164)的规定。

(4)经离心成型的管桩应采用常压蒸汽养护或高压蒸汽养护。常压蒸汽养护采用带模养护，其养护工艺按预养、升温、恒温、降温四个阶段进行，升温速率每小时不宜超过 25 ℃，恒温温度不宜超过 90 ℃。高压蒸汽养护在脱模以后按升压升温、恒压恒温、降压降温三个阶段进行。蒸养制度应根据所用原材料及设备条件通过试验确定。

五、放张、脱模

（1）预应力钢筋放张顺序应采取对称、相互交错放张。放张预应力钢筋时，桩的混凝土的抗压强度不得低于设计混凝土强度等级的 100%。

（2）管桩脱模后应按产品标准规定在桩身外表标明永久标识和临时标识。

第二节　管桩检验和验收

管桩的检验和验收应符合现行国家标准《先张法预应力混凝土管桩》（GB 13476）的规定，管桩出厂前进行抗弯和抗剪的试验检验，管桩验收时应及时提交产品合格证。

一、抗弯试验

（一）加载装置

管桩的抗弯试验采用图 19-1 所示对称加载装置，其中，P 的方向垂直于地面，L 为管桩长度。

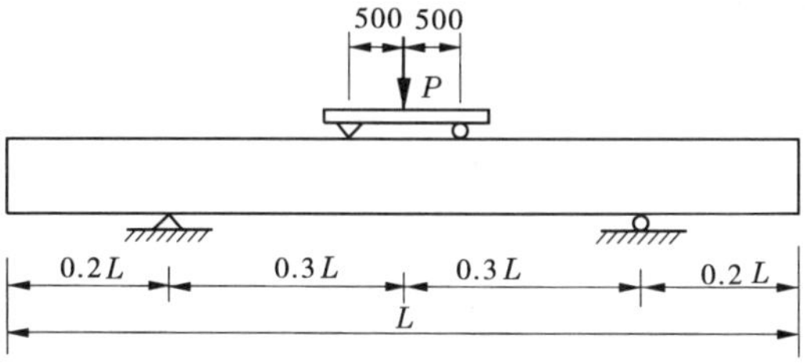

图 19-1　抗弯试验加载装置

（二）加载步骤

第一步：按照理论抗裂弯矩的 20% 的级差由零加载至抗裂弯矩的 80%，每级荷载的持续时间为 3 min。

第二步：按照抗裂弯矩的 10% 的级差加载至抗裂弯矩的 100%；如果在抗裂弯矩的 100% 时未出现裂缝，则按抗裂弯矩的 5% 的级差加载至裂缝出现，每级荷载的持续时间为 3 min，测定和记录裂缝的出现、发展和宽度。然后按极限弯矩 5% 的级差继续加载直至试验桩破坏，具体表现为受拉区预应力钢筋的拉断或受压区混凝土被压碎，标志试验桩已经破坏，停止试验。其破坏时极限弯矩不小于按式（18-2）计算的极限弯矩。

二、抗剪试验

（一）加载装置

管桩的抗剪试验采用图 19-2 所示对称加载装置，其中，P 的方向可垂直于地面，也可平行于地面(管桩的轴线均与地面平行)。剪跨 b 取 $1.0D$,试件悬出长度 L_1 取 $(1.25 \sim 2.0)D$。详见《先张法预应力混凝土管桩》(GB 13476)。

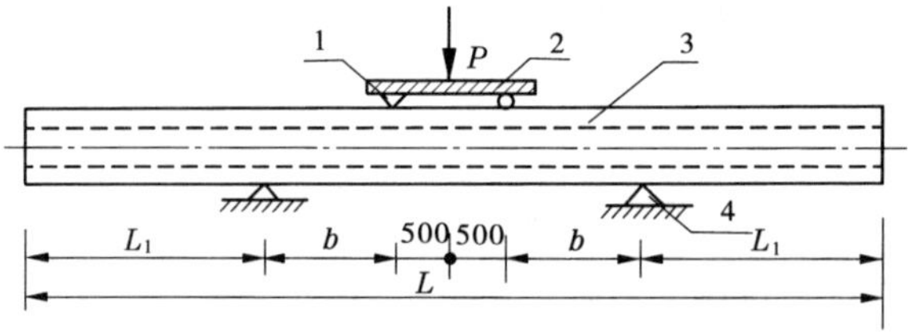

1—分配梁支点;2—分配梁;3—管桩;4—支墩;

L—试验用管桩长度;L_1—管桩悬出长度;b—剪跨

图 19-2　抗剪试验加载装置

(二)加载步骤

第一步:按抗裂剪力的 20% 的级差由零加载至抗裂剪力的 80%,每级荷载的持续时间为 3 min;然后按剪力的 10% 的级差继续加载至抗裂剪力的 100%,每级荷载的持续时间为 3 min,观察是否有裂缝出现,测定并记录裂缝宽度。

第二步:如果在抗裂剪力的 100% 时未出现裂缝,则按抗裂剪力的 5% 的级差继续加载至裂缝出现,每级荷载的持续时间为 3 min,测定并记录裂缝宽度。其斜裂时剪力不小于式(18-10)计算的抗裂剪力值。

(三)实测抗裂剪力计算

实测抗裂剪力按下式计算:

$$Q = \frac{P_c}{2} \tag{19-1}$$

式中　Q——抗裂剪力,kN;

P_c——剪跨内产生斜拉裂纹时的荷载,kN。

三、抗裂荷载的确定

当在加载过程中第一次出现裂缝(抗弯为竖向裂缝,抗剪为斜向裂缝)时,应取前一级荷载作为抗裂荷载实测值;当在规定的荷载持续时间内第一次出现裂缝时,应取本级荷载值与前一级荷载值的平均值作为抗裂荷载实测值;当在规定的荷载持续时间后第一次出现裂缝时,应取本级荷载值作为抗裂荷载实测值。

第三节　管桩储存和吊运

(1)管桩堆放场地必须坚实平整,并应有排水措施。

(2)场地许可时宜单层堆放,需叠层堆放时,最下层的桩应按图 19-3 所示的两支点位置设置两个垫木支撑点,垫木支撑点应在同一水平面上,底层最外缘管桩的垫木处用木楔塞紧。若堆放场地经过加固处理,也可采用着地平放。

(3)管桩应按品种、规格、类型、型号、壁厚、长度分别堆放,堆放过程中应采取可靠的

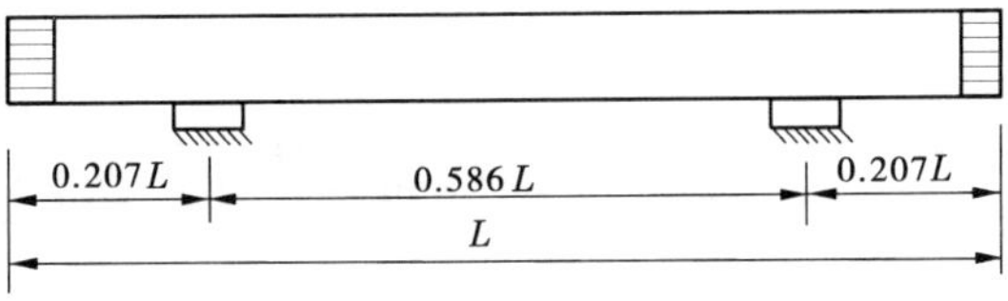

图 19-3 两支点法位置

防滑动、防滚动等安全措施。堆放层数不宜超过表 19-1 规定。

表 19-1 管桩堆放层数

外径 D(mm)	400	500～600	700～800
堆放层数	9	7	5

(4)长度不大于 15 m 的管桩吊装宜采用两点吊法,两支点法的两吊点位置距离桩端 0.21L,如图 19-4 所示。长度大于 15 m 且小于 30 m 的管桩,应采用四点吊法,如图 19-5 所示。管桩吊装时桩身保持水平,吊索与桩身水平夹角不得小于 45°。管桩在吊运过程中应轻起轻放,严禁抛掷、碰撞、滚落。管桩放张后需吊运时,应根据管桩放张时的混凝土强度确定调运方案。

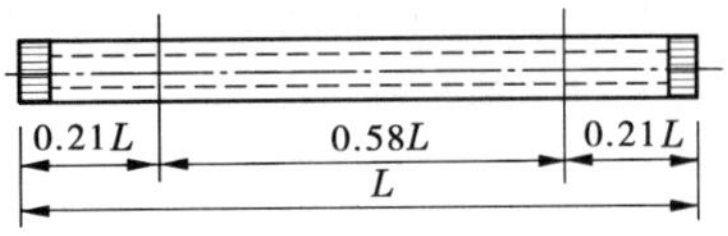

图 19-4 两点吊法吊点位置示意图

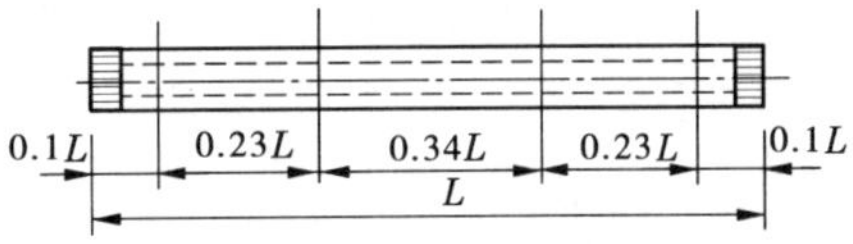

图 19-5 四点吊法吊点位置示意图

(5)管桩运输和起吊的动力系数为 1.5,管桩运输过程中的支撑应符合第(2)条的规定。运输过程中,桩与运输工具之间必须可靠固定。

(6)施工时管桩的吊立吊点见图 19-6,若改变吊点位置,应另行验算。

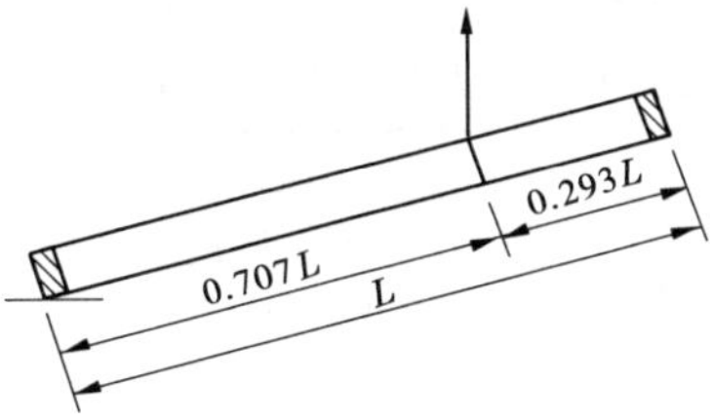

图 19-6 管桩的吊立吊点位置

第二十章　管桩设计附图

管桩设计附图主要有 PRC－Ⅰ型管桩配筋图（见图 20-1）及其配筋表（见表 20-1）、PRC－Ⅱ型管桩配筋图（见图 20-2）及其配筋表（见表 20-2）、管桩接长焊接连接接头结构图（见图 20-3）、管桩接长焊接连接接头详图（见图 20-4），以及端板结构图（见图 20-5）、桩套箍剖面图（见图 20-6）和管桩端板参数。

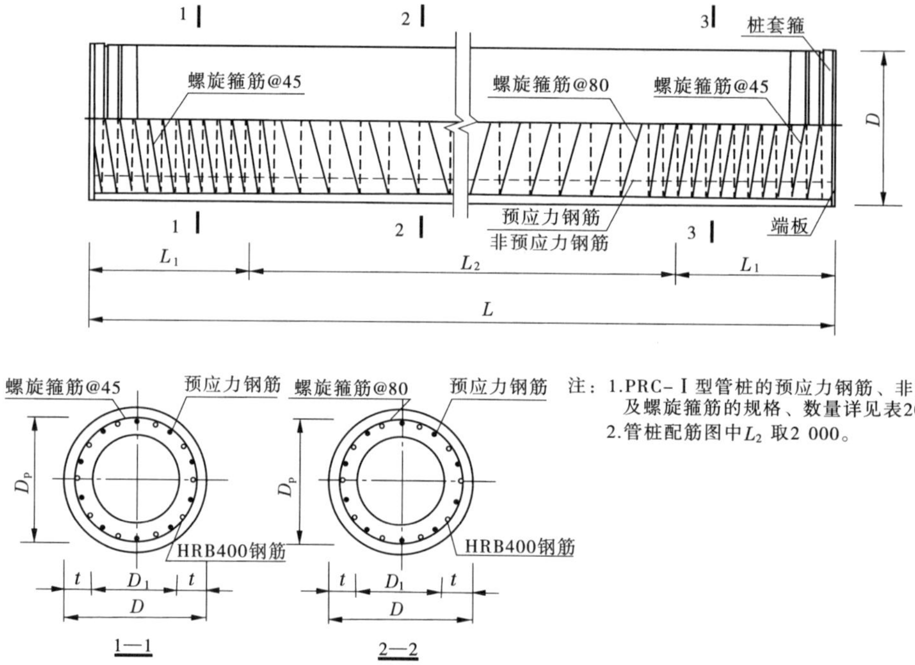

注：1.PRC－Ⅰ型管桩的预应力钢筋、非预应力钢筋及螺旋箍筋的规格、数量详见表20-1。
2.管桩配筋图中L_2 取2 000。

图 20-1　PRC－Ⅰ型管桩配筋图

表 20-1　混合配筋预应力混凝土管桩（PRC－Ⅰ型）配筋表

管桩编号	外径 D（mm）	壁厚 t（mm）	单节桩长（m）	混凝土强度等级	预应力筋中心所在圆的直径 D_p（m）	型号	预应力钢筋	螺旋箍筋	非预应力筋
PRC－Ⅰ400B95	400	95	≤15	C60	308	B	10 Φ 10.7	Φ^b4	10 Φ 10
PRC－Ⅰ400D95						D	10 Φ 12.6	Φ^b4	10 Φ 10
PRC－Ⅰ500AB100	500	100	≤15	C60	406	AB	12 Φ 10.7	Φ^b5	12 Φ 12
PRC－Ⅰ500B100						B	14 Φ 10.7	Φ^b5	14 Φ 12
PRC－Ⅰ500C100						C	12 Φ 12.6	Φ^b5	12 Φ 12
PRC－Ⅰ500D100						D	14 Φ 12.6	Φ^b5	14 Φ 12

续表 20-1

管桩编号	外径 D（mm）	壁厚 t（mm）	单节桩长（m）	混凝土强度等级	预应力筋中心所在圆的直径 D_p（m）	型号	预应力钢筋	螺旋箍筋	非预应力筋
PRC－Ⅰ600AB110	600	110	≤15	C60	506	AB	16 Φ 10.7	$\Phi^{b}5$	16 ⏀ 12
PRC－Ⅰ600B110						B	18 Φ 10.7	$\Phi^{b}5$	18 ⏀ 12
PRC－Ⅰ600C110						C	16 Φ 12.6	$\Phi^{b}5$	16 ⏀ 12
PRC－Ⅰ600D110						D	18 Φ 12.6	$\Phi^{b}5$	18 ⏀ 12
PRC－Ⅰ700AB110	700	110	≤15	C60	590	AB	18 Φ 10.7	$\Phi^{b}6$	18 ⏀ 12
PRC－Ⅰ700B110						B	22 Φ 10.7	$\Phi^{b}6$	22 ⏀ 12
PRC－Ⅰ700C110						C	20 Φ 12.6	$\Phi^{b}6$	20 ⏀ 12
PRC－Ⅰ700D110						D	22 Φ 12.6	$\Phi^{b}6$	22 ⏀ 12
PRC－Ⅰ800B110	800	110	≤15	C60	690	B	24 Φ 10.7	$\Phi^{b}6$	24 ⏀ 12
PRC－Ⅰ800C110						C	24 Φ 12.6	$\Phi^{b}6$	24 ⏀ 12

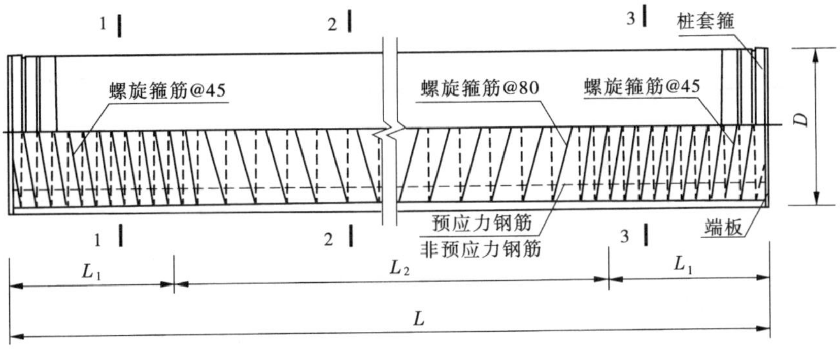

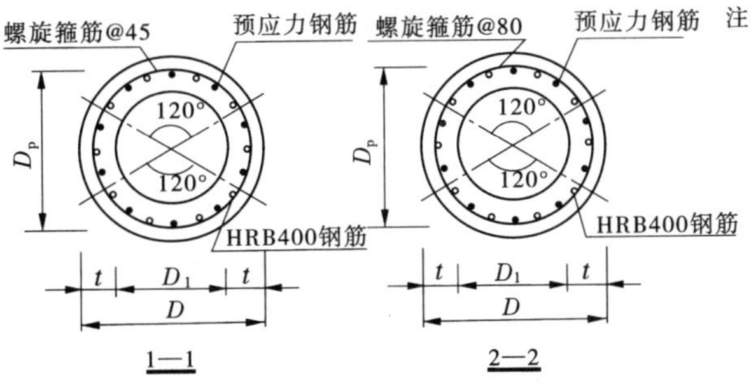

注：1.PRC－Ⅱ型管桩的预应力钢筋、非预应力钢筋及螺旋箍筋的规格、数量详见表20-2。
2.管桩配筋图中L_2取2 000。

图 20-2　PRC－Ⅱ型管桩配筋图

表 20-2　混合配筋预应力混凝土管桩(PRC－Ⅱ型)配筋表

管桩编号	外径 D（mm）	壁厚 t（mm）	单节桩长（m）	混凝土强度等级	预应力筋中心所在圆的直径 D_p（m）	型号	预应力钢筋	螺旋箍筋	非预应力筋
PRC－Ⅱ400B95	400	95	≤15	C60	308	B	10 Φ 10.7	Φ^b4	6 $\mathbf{\Phi}$ 10
PRC－Ⅱ400D95						D	10 Φ 12.6	Φ^b4	6 $\mathbf{\Phi}$ 10
PRC－Ⅱ500AB100	500	100	≤15	C60	406	AB	12 Φ 10.7	Φ^b5	8 $\mathbf{\Phi}$ 12
PRC－Ⅱ500B100						B	14 Φ 10.7	Φ^b5	8 $\mathbf{\Phi}$ 12
PRC－Ⅱ500C100						C	12 Φ 12.6	Φ^b5	8 $\mathbf{\Phi}$ 12
PRC－Ⅱ500D100						D	14 Φ 12.6	Φ^b5	8 $\mathbf{\Phi}$ 12
PRC－Ⅱ600AB110	600	110	≤15	C60	506	AB	16 Φ 10.7	Φ^b5	8 $\mathbf{\Phi}$ 12
PRC－Ⅱ600B110						B	18 Φ 10.7	Φ^b5	10 $\mathbf{\Phi}$ 12
PRC－Ⅱ600C110						C	16 Φ 12.6	Φ^b5	8 $\mathbf{\Phi}$ 12
PRC－Ⅱ600D110						D	18 Φ 12.6	Φ^b5	10 $\mathbf{\Phi}$ 12
PRC－Ⅱ700AB110	700	110	≤15	C60	590	AB	18 Φ 10.7	Φ^b6	10 $\mathbf{\Phi}$ 12
PRC－Ⅱ700B110						B	22 Φ 10.7	Φ^b6	10 $\mathbf{\Phi}$ 12
PRC－Ⅱ700C110						C	20 Φ 12.6	Φ^b6	10 $\mathbf{\Phi}$ 12
PRC－Ⅱ700D110						D	22 Φ 12.6	Φ^b6	10 $\mathbf{\Phi}$ 12
PRC－Ⅱ800B110	800	110	≤15	C60	690	B	24 Φ 10.7	Φ^b6	10 $\mathbf{\Phi}$ 12
PRC－Ⅱ800C110						C	24 Φ 12.6	Φ^b6	10 $\mathbf{\Phi}$ 12

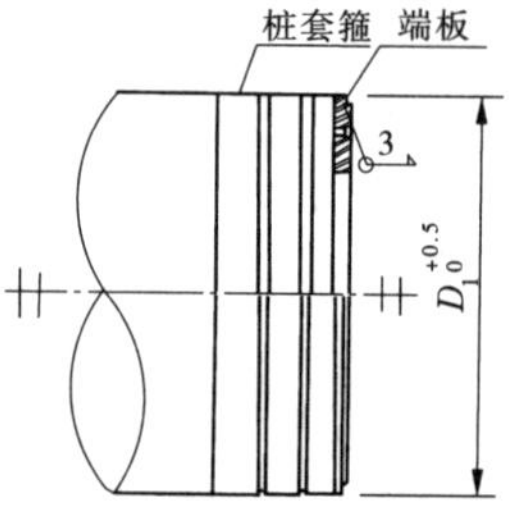

焊接连接接头构造图

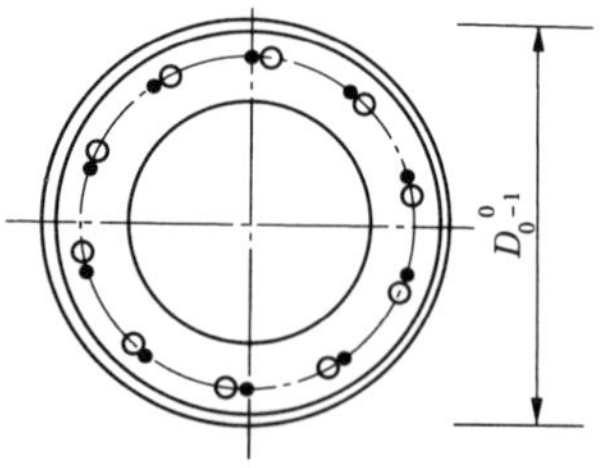

焊接连接接头端板图

桩接头参数表

项目	代号	外径				
		400	500	600	700	800
D_0	PRC－Ⅰ、PRC－Ⅱ	399	499	599	699	799

注：1.桩接头由套箍和端板组合而成。
2.此桩接头适用于焊接连接。
3.桩套箍的剖面图及构造参数见图20-6及表20-3。

图 20-3　管桩接长焊接连接接头结构图

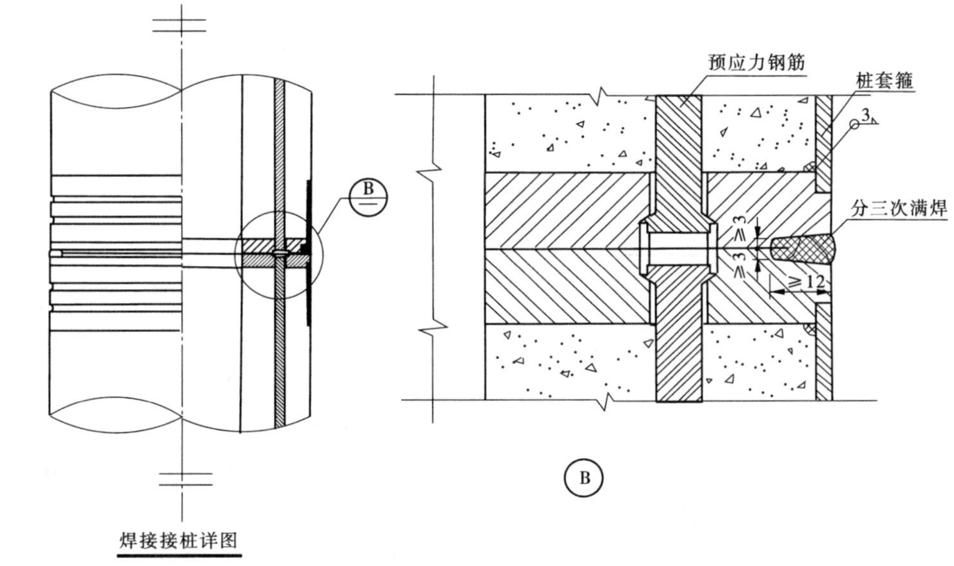

图 20-4　管桩接长焊接连接接头详图

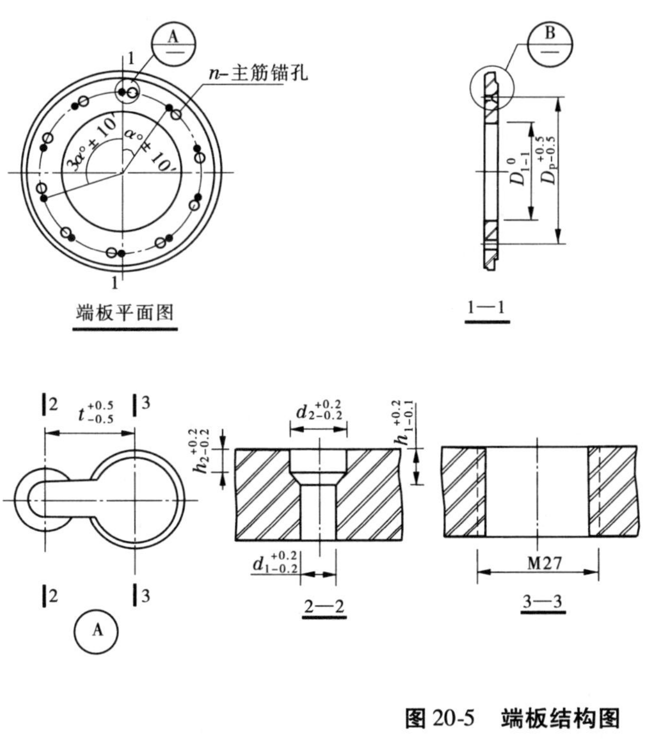

注：1.主筋锚孔应均匀分布，α公差为 ± 10′且其累积公差不得大于10′。
2.端板材料采用Q235钢。
3.PRC-Ⅰ型、PRC-Ⅱ型管桩端板参数详见表20-4。
4.本图端板适用于焊接接头。

图 20-5　端板结构图

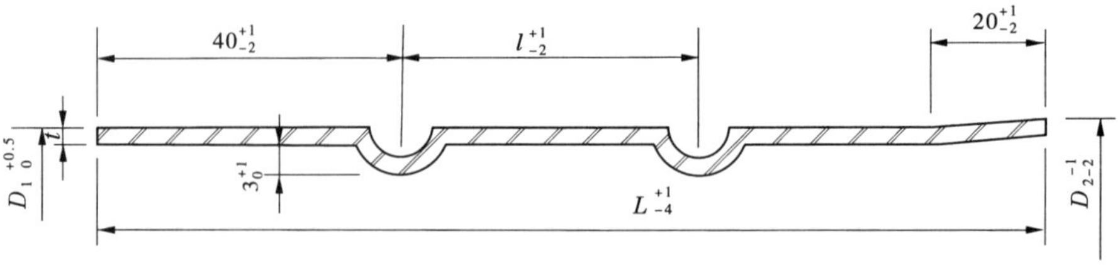

图 20-6　桩套箍剖面图

表 20-3　桩套箍构造参数

桩外径	项目				
	400	500	600	700	800
D_1	399	499	599	699	799
D_2	403	503	603	703	803
t	1.5	1.5	1.5	1.6	1.6
L	120	120	120	150	150
l	50	50	50	50	50

注：1. 桩套箍为钢板卷压成圆柱状，接缝处焊接，并整圆；

2. 两个凹痕也可制成两个凸痕，或其他形式，具体根据工程实际情况确定；

3. 桩套箍材料为 Q235 钢。

表 20-4　（PRC－Ⅰ、PRC－Ⅱ）管桩端板参数

管桩编号	D_0	D_1	D_2	D_3	D_p	主筋	n	α(°)	d_1	d_2	h_1	h_2	t	t_1	a	H_0	h
PRC－400B95	399	210	394.5	376	308	Φ10.7	10	36	12	20	9.5	6	25	20	12	6.5	6
PRC－400D95						Φ12.6			14	23	11	7	28	24			
PRC－500AB100	499	300	494.5	476	406	Φ10.7	12	30	12	20	9.5	6	25	20	12		
PRC－500B100							14	25.71									
PRC－500C100						Φ12.6	12	30	14	23	11	7	28	24			
PRC－500D100							14	25.71									
PRC－600AB110	599	380	594.5	576	506	Φ10.7	16	22.5	12	20	9.5	6	25	20	12		
PRC－600B110							18	20									
PRC－600C110						Φ12.6	16	22.5	14	23	11	7	28	24			
PRC－600D110							18	20									
PRC－700AB110	699	480	694.5	676	590	Φ10.7	18	20	12	20	9.5	6	25	20	12		
PRC－700B110							22	16.36									
PRC－700C110						Φ12.6	20	18	14	23	11	7	28	24			
PRC－700D110							22	16.36									
PRC－800B110	799	580	793.5	766	690	Φ10.7	24	15	12	20	9.5	6	25	20	12		
PRC－800C110						Φ12.6			14	23	11	7	28	24			

参 考 文 献

[1] 武汉水利电力学院. 水力计算手册[M]. 北京:水利电力出版社,1983.

[2] 尉希成. 支挡结构设计手册[M]. 2 版. 北京:中国建筑工业出版社,2004.

[3] 黄河水利委员会,黄河水利科学研究院. 不同透水率桩坝导流落淤效果研究模型试验报告汇编[G]. 2001.

[4] GB 50286—98　堤防工程设计规范[S]. 北京:中国计划出版社,1998.

[5] JGJ 120—99　建筑基坑支护技术规程[S]. 北京:中国建筑工业出版社,1999.

[6] JGJ 94—2008　建筑桩基技术规范[S]. 北京:中国建筑工业出版社,2008.

[7] 张俊华,等. 河道整治及堤防管理[M]. 郑州:黄河水利出版社,1998.

[8] 齐璞,孙赞盈,刘斌,等. 黄河下游游荡性河道双岸整治方案研究[J]. 水利学报,2003(5).

[9] 史宗伟. 黄河下游稳定主槽之节点整治[J]. 水利学报(增刊),2007(10).

[10] 姚文艺,王普庆,常温花. 护岸式透水桩坝缓流落淤效果及桩部冲刷过程[J]. 泥沙研究,2003 (2).

[11] 黄志鹏,余强,董建军,等. 射水法[M]. 北京:中国水利电力出版社,2006.

[12] 邵政权,杨金平,董建军,等. 射水法[M]. 北京:中国水利电力出版社,2006.

[13] 魏山忠,藤建仁,朱寿峰,等. 射水法[M]. 北京:中国水利电力出版社,2006.

[14] 熊智彪. 建筑基坑支护[M]. 北京:中国建筑工业出版社,2007.

[15] 李晓庆,唐新军. 对《堤防工程设计规范》推荐冲刷深度公式的探析. 水资源与水工程学报, 2006, 17(2).

[16] 蒋焕章. 对桥墩局部冲刷影响因素的分析[C]// 桥渡冲刷学术讨论会论文集. 北京: 交通部科学研究院,1964.

[17] 赵世强. 丁坝的冲刷机理和局部冲刷计算[J]. 重庆交通学院学报, 1989(1).

[18] 姚乐人. 江河防洪工程[M]. 武汉: 武汉水利电力出版社, 1999.

[19] 张义青, 杜小婷. 丁坝的平衡冲刷及冲刷计算[J]. 西安公路交通大学学报, 1997, 17(4).

[20] 王福军. 计算流体动力学分析——CFD 软件原理与应用[M]. 北京:清华大学出版社,2004.

[21] 孙文怀. 基础工程设计与地基处理[M]. 北京:中国建材工业出版社,1999.

[22] 田复兴. 工程建设常用最新国内外大型起重机械实用技术性能手册[M]. 北京:中国水利水电出版社,2004.

[23] 严大考. 起重机械[M]. 北京:水利电力出版社,2002.

[24] 戴泽墩. 理论力学[M]. 北京:北京理工大学出版社,2004.

[25] 禹华谦. 流体力学[M]. 北京:高等教育出版社,2004.

[26] 陈文义,张伟. 流体力学[M]. 天津:天津大学出版社,2004.

[27] 成大先. 机械设计手册(1-5)[M]. 北京:化学工业出版社,2008.

[28]《简明管道工设计手册》编写组. 简明管道工设计手册[M]. 北京:机械工业出版社,1993.

[29] 范德明. 工业泵选用手册[M]. 北京:化学工业出版社,1998.

[30] 邵蕴秋. ANSYS8.0 有限元分析实例导航[M]. 北京:中国铁道出版社,2004.

[31] 赵海峰,蒋迪. ANSYS8.0 工程结构实例分析[M]. 北京:铁道工业出版社,2004.

[32] 王国强. 虚拟样机技术及其在 ADAMS 上的实践[M]. 北京:铁道工业出版社,2002.

[33] Laursen, E. M. Analysis of relief bridge scour[J]. Journal of Hydraulic Division, 1963, 89(3).

[34] Arved J. Raudkivi, Robert Ettema, Clear water scourat cylindrical piers[J]. Journal of Hydraulic Engi-

neering, 1983, 109(3).

[35] Terry W. Sturm. Clear water scour around abutments in floodplain[J]. Journal of Hydraulic Engineering, 1994, 120(8).

[36] Gijs J. C. M. Hoffmans. Local scour downstream of hydraulic structures[J]. Journal of Hydraulic Engineering, 1995, 121(4).

[37] Ansari, S. A. Influence of cohesion on scour around bridge piers[J]. Journal of Hydraulic Research, 2002, 40(6).

[38] Er. Shri Ram CHAURASIA. Local scour around bridge abutements[J]. International Journal of Sediment Research, 2002, 17(1).

[39] Melville, B. W. Local scour at bridge abutments[J]. Journal of Hydraulic Engineering, 1992, 118(4).

[40] Terry W. Sturm. Clear water scour around abut2ments in floodplain[J]. Journal of Hydraulic Engineering, 1994, 120(8).